HAYMON verlag

Carl Djerassi

Der Schattensammler

Die allerletzte Autobiografie

Aus dem Amerikanischen
von Ursula-Maria Mössner

Auflage:
4   3   2   1
2016 2015 2014 2013

© 2013
HAYMON verlag
Innsbruck-Wien
www.haymonverlag.at

ISBN 978-3-85218-720-4

Umschlag- und Buchgestaltung:
hœretzeder grafische gestaltung, Scheffau/Tirol
Umschlagfoto: Karen Ostertag

Alle Fotos, so nicht anders angegeben, stammen aus
dem Privatarchiv von Carl Djerassi.
Die grau gedruckten Texte stellen Zitate aus bereits
erschienenen Werken sowie Auszüge aus der Korrespondenz
Carl Djerassis dar.

Gedruckt auf umweltfreundlichem,
chlor- und säurefrei gebleichtem Papier.

*Die Vergangenheit geht nicht
unverfälscht in die Gegenwart über.*
Bruce Bawer

Inhalt

Caveat Lector

„Der Leser möge sich hüten." Das ist ein riskanter und unkluger Auftakt, egal zu welchem Buch, insbesondere aber zu einer Autobiografie. Obwohl ich mir des Risikos vollkommen bewusst bin, muss ich dennoch mit diesen Worten beginnen: weil es mir die Offenheit gebietet.

Ich habe bereits eine umfangreiche Autobiografie verfasst; sie trägt den klangvollen Titel *The Pill, Pygmy Chimps, and Degas' Horse* (deutsch: *Die Mutter der Pille*). Sie wurde 1992 veröffentlicht, als ich 69 Jahre war, also in einem Alter, das für Autobiografen als „angemessen" betrachtet werden kann. Eine eingehendere Prüfung, der in dem gnadenlos zudringlichen Zeitalter von Google nichts verborgen bliebe, würde jedoch nicht weniger als drei Autobiografien zählen. Wenn das zutrifft, muss ich darauf gefasst sein, der Megalomanie bezichtigt zu werden, wenn ich anlässlich meines 90. Geburtstags eine vierte vorlege – also erneut durch die immer staubiger werdende Brille der Erinnerung zurückblicke. Oder zeigen sich bei mir nur die ersten Symptome der Vergesslichkeit, und zwar darin, dass ich mich nicht mehr erinnern kann, was ich damals geschrieben habe, als ich mich Ende der 1980er Jahre vom Chemiker zum Schriftsteller wandelte? Darum möchte ich damit beginnen zu beschreiben, welcher besonderen Art diese „Autobiografien" waren, und dann skizzieren, warum ich diesem autobiografischen Mount Everest noch eine weitere Schaufel Lebensgeschichte hinzufügen will.

Ende 1987 wurde ich um einen Beitrag zu einer Reihe naturwissenschaftlicher Autobiografien gebeten. Die von Jeff Seeman herausgegebene Sammlung sollte die Lebensgeschichten von 22 bedeutenden organischen Chemikern aus 13 Ländern enthalten. Nach kurzem Zögern willigte ich ein; der Band wurde 1990 von der *American Chemical Society* unter dem Titel *Steroids Made It Possible*[1] veröffentlicht. Obwohl es sich eindeutig um eine Auto-

---

[1] Carl Djerassi: *Steroids Made it Possible*. American Chemical Society Books, Washington D.C. 1990

biografie handelte, behaupte ich, dass sie im gegenwärtigen Kontext fairerweise nicht mitgezählt werden sollte. Erklärter Zweck dieser Reihe, die den Titel *Profiles, Pathways, and Dreams* trug, war es, in den Worten des Herausgebers, „die Entwicklung der modernen organischen Chemie zu dokumentieren, indem einzelne Chemiker ihre jeweilige Rolle bei dieser Entwicklung darlegen". Der Band, in dem es nur so von obskuren chemischen Symbolen wimmelte, wandte sich ausschließlich an Chemiker und war für das breite Publikum folglich so unverständlich wie hieroglyphische Höhlenzeichnungen, die die zweimal jährlich stattfindende Wanderbewegung des zottigen Mammuts darstellen.

Dieser erste Versuch, mein Leben als Naturwissenschaftler zu beschreiben, so trocken und fern des gefühlsbetonten Pulsschlags einer breiten Leserschaft er letztendlich auch war, versetzte mich jedoch geradewegs in eine „autobiografische Stimmung". Tatsächlich wurde ich zu diesem Zeitpunkt meines Lebens mit Fragen zu meiner Vergangenheit geradezu bombardiert. Kurz zuvor hatte ich geheiratet, und meine Frau, Diane Middlebrook, war von der lebhaften Neugier gepackt, die jeder neuen Ehe innewohnt (vor allem dann, wenn es für beide Seiten die dritte ist). Als hoch angesehene Biografin und Professorin für englische Literatur an der *Stanford University* wollte sie natürlich etwas über die ersten fünfzig Lebensjahre ihres neuen Gatten erfahren; ich musste nicht lange überredet werden, um ihre Neugier zu befriedigen. Überzeugend war auch ihre Feststellung, dass ich eine außergewöhnliche Zeitspanne europäischer Geschichte miterlebt hatte, die es in hohem Maße verdiente, anhand persönlicher Lebensbilder dokumentiert zu werden. Demografisch betrachtet umspannt mein Leben eine in der Weltgeschichte einmalige Periode: Seit meiner Geburt im Jahre 1923 hat sich die Weltbevölkerung fast vervierfacht, ein Vorgang, der sich auf unserem gefährdeten Planeten Erde nie mehr wiederholen wird. Meine beruflichen Tätigkeiten, sei es meine Beteiligung an der ersten Synthese eines oralen Kontrazeptivums (der Pille) im Alter von 28 Jahren, sei es das Buch mit dem Titel *Sex in an Age of Technological Reproduc-*

tion[2] (deutsch: *Sex im Zeitalter der technischen Reproduzierbarkeit*), das ich mit 85 schrieb, waren auf die eine oder andere Weise von dieser monumentalen Tatsache geprägt. Meine andauernde Beschäftigung mit ihren schrecklichen Folgen wird zweifellos bis zu meinem Tod anhalten.

Statt den Wünschen meiner Frau nachzukommen und eine „richtige" Autobiografie in chronologischer Abfolge zu schreiben, entschied ich mich, sie in eigenständigen Kapiteln zu verfassen, basierend auf unterschiedlichen Ereignissen meines Lebens, ob bedeutend wie die Synthese der Pille, amüsant wie meine Erlebnisse als in die USA eingewanderter Teenager, der im Mittleren Westen Vorträge in Kirchen hielt, oder tragisch wie der Freitod meiner Tochter. Die einzelnen Kapitel waren im Wesentlichen in sich abgeschlossen und konnten daher in beliebiger Reihenfolge gelesen werden. Das Buch, das daraus wurde, *The Pill, Pygmy Chimps, and Degas' Horse*[3], erwies sich als so lesenswert, dass es in sieben Sprachen übersetzt wurde. Bis auf die chinesische und die ungarische Fassung sind heute alle Ausgaben schon vergriffen.

Zehn Jahre später begab ich mich auf den schlüpfrigen Boden der Memoiren, bei denen es sich fast immer um verhinderte Autobiografien handelt. Meine Betrachtungen zum 50. Geburtstag der Pille[4] enthielten so viele persönliche Gedanken und Kommentare, dass sie gerechterweise als autobiografisch gelten müssen.

Egal wie man zählt, die Frage, warum ich mich nun auf eine weitere Autobiografie einlasse, ist noch immer nicht beantwortet. Eigennützige Motive zu leugnen wäre müßig: Niemand würde einem mehrfachen Autobiografen glauben, und sollte er sie noch so vehement abstreiten. Lassen Sie mich daher den Spieß umdre-

---

2 Carl Djerassi: *Sex in an Age of Technological Reproduction: ICSI and Taboos* (mit Begleit-DVD). University of Wisconsin Press, Madison 2008
3 Carl Djerassi: *The Pill, Pygmy Chimps, and Degas' Horse: An Autobiography*. Basic Books, New York 1992
   Carl Djerassi: *Die Mutter der Pille: Eine Autobiografie*. Haffmans Verlag, Zürich 1992
4 Carl Djerassi: *This Man's Pill – Reflections on the 50th Birthday of the Pill*. Oxford University Press, London, New York 2001
   Carl Djerassi: *This Man's Pill. Sex, die Kunst und Unsterblichkeit*. Haymon Verlag, Innsbruck 2001

hen: Falls man schon einmal eine Autobiografie veröffentlicht hat, dann lohnt es sich vielleicht, noch dazu im Abstand von zwei Jahrzehnten, sie wieder aufzugreifen und einige ihrer tieferen Bedeutungen neu zu interpretieren, wenn sich das Leben ihres Autors rapide seinem Ende nähert und damit die Erkenntnis einhergeht, welch große Rolle das Unbehagen darin gespielt hat. Das ist nicht gerade originell, wenn man bedenkt, was Flaubert einmal sagte: „Eine Autobiografie? Bevor man über ein schmerzliches Erlebnis schreibt, sollte man 20 Jahre warten." Was ich in diesem Buch zum Thema Unbehagen – ein schmerzliches Synonym für die besonders dunklen Schatten im Leben – zu sagen habe, wird voraussichtlich das letzte Wort dazu sein, nun, da ich auf die 90 zugehe. Außerdem ist in den vergangenen 20 Jahren sehr viel passiert – was in meinem Fall dazu geführt hat, dass ich in mehrfacher Hinsicht ein völlig neues Leben lebe: als Schriftsteller und Bühnenautor statt als Naturwissenschaftler. Es lohnt sich, die Gründe für diese Verwandlung zu schildern, als nützliches Beispiel, um zu beweisen, dass es nie zu spät ist, sich zu verändern und zu wachsen, aber auch als Warnung, weil es viele Dinge gibt, die ich heute nicht mehr tun würde, wenn ich noch einmal von vorne anfangen könnte.

Aber es gibt neben all dem auch andere Gründe, warum ich noch immer über mich selbst schreibe. Zum einen will ich möglichst schnörkellos von meiner Methode erzählen, mit Kummer und Schicksalsschlägen fertig zu werden, aus der möglicherweise etwas Nützliches zu lernen ist. Dazu gehört auch darzulegen, wie es mir gelingt, mit einem überwältigenden Gefühl der Einsamkeit weiterzuleben. Im Alter von 90 Jahren ist das eine unheilbare Krankheit, die ich jedoch zu tolerieren gelernt habe, nämlich dank einer Therapieform, die bei echten Psychoanalytikern vermutlich nicht anerkannt ist: mit Hilfe der Autopsychoanalyse. Die Art Romane und Theaterstücke, die ich in den letzten zwei Jahrzehnten geschrieben habe, haben mich etwas erreichen lassen, das bei einer herkömmlichen Autobiografie schlicht unmöglich ist: den eigenen psychischen Filter zu umgehen und somit Analytiker und Analysand gleichzeitig zu sein.

Ich sage dies, weil Autobiografien per definitionem Lücken aufweisen – ob aus Versehen oder mit Absicht –, sowohl aus Gründen der Diskretion als auch aus Scham, Verlegenheit oder auch nur als Folge eines schlechten Gedächtnisses. Außerdem weisen faktisch alle Autobiografien automythologische Züge auf, da sie den psychologischen Filter des Autors durchlaufen müssen, in dem die eigene Person bewusst oder unbewusst „gereinigt" wird. Doch die Romane und Theaterstücke, die ich im Laufe der letzten 25 Jahre veröffentlicht habe, ermöglichten es mir, dem Naturwissenschaftler, dem es an Selbstreflexion mangelte, mich unter dem Deckmantel der freien Erfindung mit den unauslöschlichen Spuren zu beschäftigen, die die Kultur der naturwissenschaftlichen Zunft, der ich über ein halbes Jahrhundert lang angehörte, bei mir hinterlassen haben. Leser, die sich bei Google, Facebook oder auch Wikipedia über die Person Carl Djerassi informieren sollten, werden die wirklich entscheidenden Aspekte dort nicht entdecken. Diese sind versteckt in den zahlreichen Charakteren, männlichen wie weiblichen, meiner Kurzgeschichten, meiner fünf Romane und meiner neun Theaterstücke zu finden, die insgesamt in über 20 Sprachen übersetzt wurden. Ich werde keinen Stein von Rosette zu den persönlichen Geheimnissen liefern, die ich dort enthüllt habe, einfach deshalb, weil ich sie selbst noch nicht vollständig entschlüsselt habe. Aber ich bin inzwischen überzeugt, dass die zentralen Themen meiner literarischen Arbeit allesamt unbewusst einem inneren Verlangen entsprungen sind, diese in meinem eigenen Leben so wichtigen Themen unter dem Deckmantel der Fiktion unter die Lupe zu nehmen.

Als ich meine erste Autobiografie schrieb, war ich noch Naturwissenschaftler, für den alles frei Erfundene von Berufs wegen tabu war, bevor er das Territorium des Schriftstellers betrat. Im Laufe dieser Verwandlung wurde mir klar, dass sich die Wahrheit nur in der Fiktion – genau gesagt unter dem Deckmantel der Fiktion – mitteilen lässt. Falls Autobiografie also per definitionem eine Art freie Erfindung ist, da sie innerhalb des engen Rahmens eines inneren Filters verfasst wird, dann sind die Romane und Dramen, die ich geschrieben habe, das genaue Gegenteil, nämlich auf Tatsachen beruhende, ungeschminkte Biografie. Manche Romanautoren sind verkappte Autobiografen, und ich hege nicht den geringsten Zweifel, dass ich zu dieser Untergruppe gehöre.

Wer sich an dieser Stelle fragt: „Na und? Wen interessiert das schon?", der sollte erst gar nicht weiterlesen. Denn ob es uns gefällt oder nicht, Autobiografien sind nun einmal mit einem Hauch Exhibitionismus behaftet, und Leser von Autobiografien sind zumindest teilweise auch Voyeure, die sich, selbst wenn sie es nicht zugeben, für die skandalösen oder unerwarteten Aspekte im Leben des Autobiografen interessieren. Da ich mehrere Autobiografien geschrieben habe, bin ich mir dieses Problems zumindest bewusst und ehrlich genug, das zu sagen. Diese „allerletzte" Autobiografie wird sicherlich auch persönliche Dinge enthalten, die die voyeuristischen Vorlieben der Leser bedienen, aber sie wird auch viele Probleme und Themen behandeln, die mich seit Jahrzehnten beschäftigen. Einige davon seien hier genannt: die wachsende Kluft zwischen den Naturwissenschaften, den Geisteswissenschaften, den Sozialwissenschaften und der Massenkultur; der Abstand zwischen den Ländern der Ersten Welt und den Entwicklungsländern, die ich inzwischen als geriatrische beziehungsweise pädiatrische Länder bezeichne; die Probleme der Bevölkerungsexplosion, wobei sich das Hauptaugenmerk in den geriatrischen Gesellschaften jetzt auf die Empfängnis richtet und in den pädiatrischen auf die Empfängnisverhütung; die Rolle des Theaters als „Edutainment"; die Bedeutung des Freitods und vieles mehr. Sie alle besitzen eine didaktische Komponente, manchmal absichtlich, manchmal ungewollt. Gewiss ist das der Grund, weshalb mir von neueren Freunden, insbesondere von Frauen, gelegentlich vorgeworfen wird: „Du hältst mal wieder Vorträge." Dazu kann ich nur sagen: *nolo contendere.* Mittlerweile ist mir diese Schwäche schon zu sehr in Fleisch und Blut übergegangen, um mich noch ändern zu können.

Ein letzter Grund, mich abermals auf autobiografisches Terrain zu begeben, ist die sich verändernde Leserschaft, an die ich mich wende. *Der Schattensammler,* mit der im Untertitel implizierten Garantie, meine *allerletzte Autobiografie* zu sein, wird zuerst in deutscher Übersetzung erscheinen, der Sprache meiner frühen Jahre bis zu der erzwungenen Emigration aus Österreich (aber nicht die Sprache, in der ich heute schreibe oder träume) – eine Sprache, die vorrangig in einigen der geriatrischsten Ländern der Welt gesprochen wird. Obwohl ich mich noch immer für geistig hellwach und für jünger halte, als ich eigentlich bin, ist mir bewusst, dass ich als ein Mensch schreibe, der binnen eines Jahrzehnts tot sein wird, nach Ablauf dessen fast ein Viertel der Bevölkerung Deutschlands und Österreichs über 65 sein wird. Folglich wird das, was ich in diesem Buch zu sagen habe, eher ein älteres Segment der Bevölkerung ansprechen, das im Übrigen vermutlich mehr liest als seine jüngeren Gegenstücke. Dies wiederum hat mich veranlasst, diese letzte Autobiografie rückwärts zu erzählen, beginnend in der Zukunft und endend mit früheren Abschnitten meines Lebens, die ich bereits in meinen früheren Autobiografien geschildert habe, die ich nun aber noch einmal aufgreife, um bewusst die Schatten in den Fokus zu rücken. Ich werde daher ausführlich aus diesen inzwischen zumeist vergriffenen Autobiografien zitieren, ohne mich, wie ich hoffe, des Selbstplagiats schuldig zu machen; außerdem werde ich bestimmte Passagen (die sich durch einen anderen Schriftsatz abheben) aus meinen Romanen, Kurzgeschichten und Theaterstücken zitieren, um mir in Erinnerung zu rufen und dem Leser zu demonstrieren, wie viel von meinem persönlichen Leben nur dort enthüllt wurde, und das oft unbewusst. Dennoch wird nicht alles düster sein, weil ich immer daran denken muss, was Cynthia Ozick einmal so großartig ausgedrückt hat: „Heutzutage lebt ein heißer Sud aus Erinnerung und Fantasie in der Ader meiner Freude." In Anbetracht meines Alters besteht kein Zweifel, dass dieses Buch für mich zur „Pflichtarbeit" wurde, auch wenn ich realistisch genug bin einzusehen, dass es dadurch nicht zur Pflichtlektüre wird. Was die Lektüre betrifft, so habe ich bewusst von einer chronologischen Verbindung zwischen den einzelnen Kapiteln abgesehen, die jeweils Themen behandeln, die mich in den letzten zwei Jahrzehnten stark beschäftigt haben – und mit denen ich mich für den absehbaren Rest meines Lebens befassen werde. Ich möchte den Leser ermuntern, das eine oder andere Kapitel ganz nach Belieben zu lesen, zu überfliegen oder sogar zu überspringen. Unverblümt gesagt, habe ich mich an Goethes Empfehlung in der Einleitung des „Faust" gehalten:

Wer vieles bringt, wird manchem etwas bringen;
Und jeder geht zufrieden aus dem Haus.

Gebt ihr ein Stück, so gebt es gleich in Stücken!
Solch ein Ragout, es muß euch glücken;
Leicht ist es vorgelegt, so leicht als ausgedacht.
Was hilft's, wenn ihr ein Ganzes dargebracht?
Das Publikum wird es euch doch zerpflücken.

Und was ist mit Danksagungen? Faktisch jeder wissenschaftliche Artikel enthält Danksagungen an institutionelle Geldgeber und an Kollegen, die zu der jeweiligen Arbeit beitrugen. Ich selbst konnte mir ausgefallene, aber sachlich korrekte Danksagungen gelegentlich nicht verkneifen. In einem Aufsatz über die chemischen Eigenschaften brasilianischer Seegurken, veröffentlicht in der Fachzeitschrift *Tetrahedron*, dankte ich der Rockefeller-Stiftung für die finanzielle Unterstützung und der brasilianischen Luftwaffe dafür, dass man mir einen B-27-Bomber leihweise überlassen hatte. Ich bin ein großer Fan literarischer Danksagungen und sehe in jedem Buch als Erstes nach, wie der Autor seiner Dankbarkeit Ausdruck verleiht und ob es sich um mehr handelt als die routinemäßige Verneigung vor dem Literaturagenten (ich habe keinen), vor dem Lektor, vor der Sekretärin (ich habe eine wunderbare Sekretärin, der ich aber nicht mehr zur Last falle, da ich mit einer Computertastatur gut umgehen kann) oder vor seiner Frau, die die häufige Abwesenheit des Autors klaglos ertragen hat (ich bin Witwer).

Aber es gibt Danksagungen, die zu lesen und zu bedenken sich lohnt. Eines meiner liebsten Beispiele ist der schlichte Satz: „Mein Dank gilt Prof. J. W. McBain von der Stanford University, der mir seinen Füller lieh, um dieses Buch zu schreiben." Er stammt aus einer 1947 erschienenen Monografie über die Chemie der Muskelkontraktion von Albert Szent Györgyi, der für die Entdeckung des Vitamins C den Nobelpreis erhielt. Für mich schwingen in diesen knappen Worten so viele Interpretationsmöglichkeiten mit, dass sie ohne weiteres den ersten Satz eines Romans abgeben könnten. Kein Wunder, dass es mir peinlich ist, meine Danksagung in *Vier Juden auf dem Parnass* (das ich ohne jedes Schamgefühl für das beste Buch halte, das ich je geschrieben habe), die volle sechs eng bedruckte Seiten umfasst, damit zu vergleichen. Für diese Wortfülle gibt es eine einfache Erklärung: *Vier Juden auf dem Parnass* ist eine Biografie – wenn auch keine gewöhnliche, da sie in Dialogform geschrieben ist –, die umfangreiche archivalische Recherchen und Interviews erforderte, die alle erwähnt zu werden verdienten. Kein Wunder, dass Biografien im Allgemeinen die längsten Danksagungen aufweisen. Aber da mein *Schattensammler* nicht nur eine Autobiografie ist, sondern auch eine Autopsychoanalyse, kann ich mich nur bei mir selbst bedanken und keinem anderen die Verantwortung zuschieben. Dennoch möchte ich dem tapferen Leser danken, der bereit ist, trotz der ausdrücklichen Warnung, die ich dem Buch vorangestellt habe, die Lektüre dieser egozentrischen Selbstbeschreibung von Carl Djerassi fortzusetzen. Ich kann nur hoffen, dass er aus Neugier und Interesse weiterliest und nicht aufgrund eines wie auch immer gearteten literarischen Masochismus oder womöglich gar, um besser einschlafen zu können.

Freitod

Associated Press, 30. Oktober 2023: MITERFINDER DER PILLE UND AUTOR CARL DJERASSI VERMISST. VERMUTLICH SELBSTMORD.

Carl Djerassi, Miterfinder steroidaler oraler Kontrazeptiva und bisweilen einer der Väter oder die Mutter der Pille genannt, ist einen Tag vor seinem 100. Geburtstag unter mysteriösen Umständen verschwunden. Djerassi war ein halbes Jahrhundert lang ein renommierter Naturwissenschaftler – nur einer von zwei amerikanischen Chemikern, dem sowohl die National Medal of Science als auch die National Medal of Technology verliehen wurde – und viele Jahre Professor für Chemie an der Stanford University, bevor er in seinen Sechzigern ein neues Leben als produktiver Verfasser von Romanen, Theaterstücken und Autobiografien begann, in denen er in „didaktischer Absicht", wie er selbstbewusst erklärte, Naturwissenschaft und Literatur nahtlos miteinander verband.

Laut Aussage seines Sohnes, Dale Djerassi, verließ sein Vater am 28. Oktober das Haus, um wie jeden Morgen ein Fitnessstudio in San Francisco aufzusuchen, wo er bei weitem der älteste Kunde war. Er traf dort nie ein, sondern fuhr offenbar auf der Küstenstraße nach Süden zu einem Strand im San Mateo County, den Djerassi als langjähriger Besitzer der nahegelegenen SMIP-Ranch gut kannte, auf der auch das Djerassi Resident Artist Program angesiedelt ist, eine der bekanntesten Künstlerkolonien Amerikas. Am Vormittag des 29. Oktober, seinem 100. Geburtstag, wurde sein Wagen – ein seltenes rotes 1998er-Volvo-Cabrio – verlassen am Strand von San Gregorio entdeckt. Ein Jogger hatte im Sand nahe am Wasser einen Schuh mit fehlendem Schnürsenkel sowie einen Spazierstock gefunden, der später wegen seines ungewöhnlichen Ebenholzgriffs als der von Djerassi identifiziert wurde. Eine Suchaktion der Küstenwache brachte keine Hinweise.

Reuters, 4. November 2023. CHEMIKER UND AUTOR
CARL DJERASSI VERMUTLICH TOT.

*Nach einem heftigen Sturm am Pazifik, der an den Stränden des San
Mateo County schwere Schäden verursachte und etwaige weitere
Spuren an der Stelle vernichtete, wo Djerassis Wagen, sein Schuh,
sein Spazierstock und eine silberne Pillendose mit den Initialen CD
gefunden wurden, ist davon auszugehen, dass der Naturwissenschaftler und Schriftsteller am Vorabend seines 100. Geburtstags Selbstmord durch Ertrinken beging. (Die Analyse des Doseninhalts ergab,
dass es sich um Saccharin handelte.) An der privaten Trauerfeier,
einem symbolischen Ausstreuen der Asche im San Gregorio Creek,
der durch die SMIP (Sic manebimus in pacem) genannte Ranch der
Familie fließt, nahmen nur die engsten Angehörigen teil: sein Sohn
Dale, ein preisgekrönter Dokumentarfilmer, der auf der SMIP-Ranch
lebt; sein Enkel Alexander, der renommierte Samuel-Dvir-Profes-
sor für Völkerrecht an der Georgetown University und regelmäßiger
Radio-Kommentator; sowie Pamela Djerassi, das einzige Urenkel-
kind, genannt nach Djerassis Tochter Pamela, die 1978 Selbstmord
beging und zu deren Andenken das Djerassi Resident Artist Program
gegründet wurde. Ebenfalls anwesend war Djerassis Stieftochter Leah
Middlebrook, Dekanin des College of Arts and Sciences der Universität Oregon und Tochter von Djerassis dritter Frau, Diane Middlebrook. Zum Andenken an Carl Djerassi bittet die Familie um Spenden für das American College in Sofia, Bulgarien, die Schule, an der
Djerassi nach seiner Flucht aus Österreich im Jahre 1938 Englisch
lernte, bevor er in die USA emigrierte.*

Leserbrief in der New York Times vom 6. November 2023.

*Lange Nachrufe in der New York Times und wichtigen europäischen
Zeitungen meldeten, dass der renommierte Chemiker und Schriftsteller Carl Djerassi am 28. Oktober 2023, einen Tag vor seinem
100. Geburtstag, Selbstmord durch Ertrinken beging, obwohl seine
Leiche nicht gefunden wurde. In Ihrem Nachruf führen Sie seine
bekanntesten Leistungen an – 1951 die erste Synthese eines oralen*

Kontrazeptivums und im selben Jahr die erste Synthese von Cortison auf pflanzlicher Basis –, Leistungen, die ihm zahlreiche Auszeichnungen eintrugen, darunter 31 Ehrendoktorate. Außerdem erwähnt der Nachruf seine 11 Dramen und seine Roman-Tetralogie im Genre „Science-in-Fiction", beginnend mit „Cantors Dilemma", das derzeit die 41. Auflage erlebt.

Ich finde es erstaunlich, dass Ihr ansonsten so ausführlicher Nachruf keinen Hinweis auf Djerassis Roman „Marx, verschieden" enthält, der 1995 erschien und schon lange vergriffen ist. Dieser Roman handelt von der Obsession eines berühmten Schriftstellers, seine eigenen Nachrufe zu lesen, was ihn dazu bringt, seinen eigenen Tod bei einem Segelunfall im Long Island Sound zu inszenieren und sich incognito nach San Francisco zu begeben, um dort unter einem Pseudonym ein neues literarisches Leben zu führen. Djerassis Theaterstück „EGO" (später umbenannt in „Drei auf der Couch"), das knapp zehn Jahre nach dem Roman entstand, wurde in London und New York uraufgeführt, gefolgt von einer Deutschland-Tournee durch 68 Theater. Bemerkenswerterweise geht es auch in „EGO" um einen inszenierten Selbstmord. Als Autorin einer literarischen Monografie über Djerassi (Der intellektuelle Polygamist: Carl Djerassis Grenzgänge in Autobiografie, Roman und Drama. Berlin 2008) drängte sich mir die folgende Frage auf: Woher wissen Sie eigentlich, dass Djerassi tatsächlich tot ist? Vielleicht sitzt der Hundertjährige ja irgendwo und lacht sich ins Fäustchen.

Ingrid Gehrke
Professorin für Interkulturelle Kommunikation
Fachhochschule Joanneum
Graz, Österreich

Was veranlasst mich, mit der Meldung von meinem fiktiven Selbstmord zu beginnen? Ich bin nicht suizidgefährdet, bin es nie gewesen, obwohl ich schon in meiner Kindheit mit dem Thema Freitod in Berührung gekommen bin. Meine Tante Grete – eine echte Schönheit und Europameisterin im Fechten, die in Wien mit uns zusammen im Haus meiner Großmutter wohnte – nahm sich mit Mitte 30 das Leben, angeblich als Reaktion auf den Tod

Mutter Alice Friedmann um 1916 und Tante Grete Friedmann um 1933

ihres Geliebten Alexander Moissi im Jahre 1935, dem damals wohl bekanntesten Schauspieler des deutschsprachigen Theaters. Nach unserer Einwanderung in die Vereinigten Staaten drohte meine Mutter bei zahlreichen Anlässen damit, Selbstmord zu begehen – eine Form der emotionalen Erpressung, die es mir schließlich unmöglich machte, noch länger darauf zu reagieren, und die schließlich zu unserer Entfremdung führte. Dennoch wurde sie 91 Jahre alt, sie starb an Demenz. Doch dann folgte die größte Tragödie meines Lebens: der Freitod meiner Tochter, auf den ich in diesem Buch an anderer Stelle näher eingehen werde.

Obwohl ich keine Selbstmordabsichten hege, habe ich im Hinblick auf eine besondere Situation gelegentlich schon an Selbstmord gedacht. Obwohl ich inzwischen allein lebe und anderen somit nicht zur Last fiele, würde mich die Vorstellung, Alzheimer oder eine ähnliche den Verstand beeinträchtigende Krankheit zu bekommen, zweifellos veranlassen, mich umzubringen. Tatsächlich habe ich, als ich in den 1990er Jahren mein Labor schloss, eine Flasche mitgenommen, die ich bei mir zu Hause versteckte, wobei ich nur meinem Sohn verriet, wo sie sich befindet. Es handelt sich

Tochter Pamela mit 25

um eine Flasche Kaliumcyanid, die ausreichen würde, ein ganzes Löwenrudel zu töten. Ich bat meinen Sohn, sich das Versteck gut einzuprägen und es mir zu zeigen, falls ich den entsprechenden Zustand geistiger Verwirrtheit erreichen sollte. Das Problem ist nur, dass ich in diesem Stadium nicht nur vergessen hätte, wo sich die Flasche befindet, sondern vermutlich auch vergessen würde, meinen Sohn danach zu fragen.

Da mich die tiefere Bedeutung eines „Freitods im Notfall" nicht mehr losließ, hielt ich es für angebracht, mich mit ihr auf der einzigen Ebene auseinanderzusetzen, auf der ich mich imstande fühle, so persönliche Themen offen zu erörtern, nämlich in meinen Büchern. Und so beginnt mein zweiter Roman, *Das Bourbaki Gambit*, mit den folgenden Sätzen:

„Wie würden Sie Selbstmord begehen?"
Das ist der erste Satz aus ihrem Mund, an den ich mich erinnere. Jedenfalls behaupte ich das heute, obgleich wir beide wissen, dass das nicht ganz stimmt.

Und einige Seiten weiter fahre ich fort:

Es kam mir plötzlich in den Sinn, dass ich es womöglich mit einer Verrückten zu tun hatte, einer potentiellen Selbstmörderin – oder Schlimmerem. Ich beschloss, ganz ruhig zu bleiben und so zu antworten, als würde mir diese Frage jeden Tag gestellt. „Mit Cyanid", sagte ich bedächtig.

„Hm", nickte sie, „vermutlich schon. Aber wo würde ich Cyanid bekommen?"

„Sie haben mich gefragt, wie ich Selbstmord begehen würde. Ich habe in meinem Labor jede Menge Cyanid."

„Würden Sie mir etwas davon abgeben?", fragte sie. Sie hätte mich ebensogut bitten können, ihr das Salz zu reichen.

„Natürlich nicht", sagte ich lachend. „Das würde mich ja zum Komplizen machen." Ich kniff die Augen zusammen, um sie besser in den Brennpunkt zu rücken. „Es ist Ihnen doch nicht ernst damit?"

„Dass ich Cyanid haben möchte? Todernst. Aber nicht mit dem Selbstmord. Ich möchte lediglich welches haben – nur für alle Fälle."

Ich runzelte die Stirn und wartete darauf, dass sie das „nur für alle Fälle" näher erläuterte, doch da stand sie auf.

Gemäß Anton Tschechows berühmtem Diktum, dass man kein geladenes Gewehr auf die Bühne legen sollte, sofern man es nicht abzufeuern gedenke, fuhr ich mit dem Cyanid-Szenario fort, feuerte die sprichwörtliche Waffe jedoch erst im letzten Kapitel ab. Neugierige Leser werden dort Carl Djerassis eigene „Nur-für-alle-Fälle"-Alternative finden.

Eine ganz andere und viel hässlichere Selbstmord-Variante, nämlich nicht zu wissen, ob der angekündigte Freitod tatsächlich ausgeführt wurde, verfolgt mich so sehr, dass sie ebenfalls Eingang in eines meiner Werke fand – in diesem Fall in das Drama *EGO*.

STEPHEN: Morgen ist mein 50. Geburtstag. Ich weiß, wie ich ihn feiern werde ... indem ich dich ... die sich nach Gewissheit sehnt ... ins Purgatorium der ewigen Ungewissheit stoße. Da ... schau her. (*Zieht ein Zellophantütchen, in dem sich ein weißes Pulver*

befindet, aus der Tasche und legt es auf den Tisch.) Das habe ich
mitgebracht zum Beweis, dass ich nicht bluffe.
MIRIAM: Wie kannst du es wagen, mir so zu drohen!
STEPHEN: Wenn du mir nicht glaubst, dann gib es doch deiner heiß-
geliebten Katze. Was mich angeht, wirst du nie erfahren, was
aus mir geworden ist.

Der Grund, mich mit diesem „Was wäre, wenn" zu beschäftigen,
hängt nicht vorrangig mit den Selbstmorddrohungen meiner
Mutter zusammen, sondern mit dem Entsetzen und der absoluten Verzweiflung, die ich empfand, als mein Schwiegersohn mir
den Abschiedsbrief meiner Tochter vorlas und wir tagelang nicht
wussten, was tatsächlich passiert war, da wir ihren Leichnam noch
nicht gefunden hatten.

Bevor ich dieses Thema abschließe, sollte ich wohl die einzigen anderen Bedingungen nennen, die mich im hohen Alter unter
Umständen veranlassen könnten, einen Freitod in Betracht zu ziehen: wenn ich nicht mehr in der Lage wäre, zu schreiben und zu
lesen – ein unerträglicher Verlust geistiger Unabhängigkeit, den
ich als wesentlich schlimmer empfinden würde, als bettlägerig
oder anderweitig bewegungsunfähig zu sein. Aber da ich bis heute
nur selten eine Brille brauche und noch jeden Tag wie besessen
schreibe, wollen wir das traurige Thema der ungewissen Zukunft
lieber fallen lassen und in der angekündigten Richtung fortfahren.
Vermutlich werde ich dann Antworten auf die Frage finden, die
Paul Klee, mein Lieblingskünstler, der in späteren Kapiteln dieses
Buches mehrmals auftreten wird, in einem seiner letzten Aquarelle stellte, das er kurz vor seinem Tod im Jahre 1940 vollendete:
woher? wo? wohin?

Nachdem ich das erste Kapitel mit drei fiktiven Zeitungsaus-
schnitten begonnen habe, möchte ich es mit einer vor Anglizismen
strotzenden echten Annonce aus der Rubrik *Kennenlernen* beenden, auf die ich in einer Ausgabe der Wochenzeitung DIE ZEIT
gestoßen bin, in der an anderer Stelle ein Artikel über mich stand.

Complicated Mission – High Reward. Wir helfen uns beide! Ich
suche eine herrliche junge Dame, Musik, Theater, Humor (viel),

good English, intelligent, unkompliziert, natürlich, slim, NR. Ich, ein sehr alter Mann, Jewish, German/US/UK background, leichte Gehbeschwerden, Entrepreneur, very clever, möchte viel reisen und auch im Ausland leben. Ready to travel? Bildzuschriften: ZA55024 *DIE ZEIT*, 20079 Hamburg.

Kleinanzeigen in der ZEIT, vom Stil her ähnlich denen in anspruchsvolleren amerikanischen Blättern wie der *New York Review of Books*, richten sich bei der Suche nach Bekanntschaften gezielt an Akademiker und Selbstständige. Sie sind so abgefasst, dass fast nie sexuelle Beiklänge mitschwingen. Aber wird mir in Anbetracht dessen, wie ich dieses Kapitel begonnen habe, irgendjemand glauben, dass ich *nicht* der Verfasser dieser Annonce bin?

Abgesehen von zwei kleineren Berichtigungen – ich habe nicht *kleinere*, sondern *größere* Gehbeschwerden, da mein linkes Knie nach einem Skiunfall versteift werden musste, und ich bin *österreichischer*, nicht deutscher Abstammung – trifft diese Wunschliste in jedem Punkt auch auf mich zu; nur dass ich der Selbstbeschreibung noch meine heftige Abneigung gegen Jeans und Mobiltelefone hinzugefügt hätte. Gibt es in Hamburg etwa einen deutschen Doppelgänger von Carl Djerassi? Allerdings wäre mir nicht im Traum eingefallen, eine solche Anzeige aufzugeben, weder in einer Zeitung noch im Internet. Wenn ein „sehr alter Mann" eine „herrliche junge Dame" sucht – selbst wenn man einmal außer Acht lässt, dass das von 31 bis 57 alles heißen kann, je nachdem, wo man „sehr alt" zwischen 69 und 95 Jahren ansiedelt –, dann kann das nur bedeuten, dass er bereit ist, sich entweder dem Gespött der Öffentlichkeit auszusetzen oder aber die Rolle des Sugardaddy zu übernehmen. Beides widerstrebt mir, ganz einfach deshalb, weil ich zwar nach Jahren sehr alt bin, mich aber weder meinem Alter entsprechend fühle noch verhalte, und auch nicht gewillt bin, ausschließlich kraft meiner Vermögensverhältnisse zu einer Partnerin zu kommen. Die Alternative heißt, mit Würde die Schatten der Einsamkeit zu akzeptieren, auf die ich in späteren Kapiteln näher eingehen werde.

Die bittersüße Pille

Wie gesagt, diese allerletzte Autobiografie ist in umgekehrter Richtung geschrieben, da sie am Ende beginnt, genau gesagt mit meinem vermeintlichen Freitod im Jahre 2023. Aber warum folgt darauf jetzt die Pille? Freilich ist die Pille durchaus eine wichtige wissenschaftliche Entdeckung mit gewaltigen gesellschaftlichen Konsequenzen, aber meine Mitwirkung daran begann vor über 60 Jahren und wurde von mir bereits mehrfach dokumentiert, unter anderem in nicht weniger als drei Kapiteln meiner früheren Autobiografie (*Die Geburt der Pille, Die Pille mit zwanzig, Die Pille mit vierzig: Was nun?*). Abgesehen von einigen ausgewählten Passagen werde ich das dort Gesagte hier nicht wiederholen, sondern den interessierten Leser an die genannte Quelle verweisen. Also, warum mit der Pille fortsetzen?

Die Antwort lautet schlicht: weil ich an dieser Stelle die Schatten in meinem Leben in den Fokus rücken möchte, also auch die Schatten meiner eigenen Leistungen. Was meine persönliche Beziehung zur Pille betrifft, so haben mich in jüngster Zeit drei Dinge mehr beunruhigt, als ich erwartet hatte. Seit 2008 kam es immer wieder zu Vorfällen, die ich als Verleumdung einstufen würde, nämlich seit der Ära von Google und Wikipedia, wo jedes Nachrichtentröpfchen, und sei es noch so absurd, in Sekundenschnelle aufgesaugt und für alle Zeiten konserviert wird. Hätten sich diese Zwischenfälle zwei Jahrzehnte früher ereignet, als Google noch nicht existierte und Internet, selbst E-Mail längst nicht so verbreitet waren wie jetzt, so hätte ich sie höchstwahrscheinlich ignoriert. Heute dagegen lässt sich kein Fehler, ob aus Versehen oder mit Absicht, keine Beleidigung, und sei sie noch so primitiv und manipulativ, keine Behauptung, ob wahr oder falsch, löschen oder korrigieren. Alles ist schlicht im Cyberspace fixiert und wird von schludrigen Journalisten und einem großen Teil der surfenden Öffentlichkeit aufgepickt, die den ganzen Cybermüll für die in Stein gemeißelte Wahrheit halten oder zumindest für Wasser auf journalistische Mühlen. Ich beginne mit zwei Beispielen, weil das erste die Schlamperei vieler Massenmedien illustriert, während das zweite den unauslöschlichen Charakter einer vorsätzlich falschen Darstellung demonstriert.

Anfang 2009 wurde ich in San Francisco plötzlich von amerikanischen Reportern und Rundfunksendern mit Anfragen zu meiner angeblichen Verdammung der Pille bombardiert. Zunächst hielt ich das Ganze für eine Art Jux, doch eine Schnellsuche im Internet förderte eine Flut von Einträgen zutage (die noch heute existieren), zum Beispiel auf Sites wie „Christian and American", mit der Überschrift: „Carl Djerassi, Erfinder der Antibabypille, verdammt diese", um dann zu verkünden: „Der 85-jährige Carl Djerassi, der an der Erfindung der empfängnisverhütenden Pille beteiligte österreichische Chemiker, sagt heute, dass seine Mitentdeckung zu einer ‚demografischen Katastrophe' geführt hat. Die Attacke begann mit einem persönlichen Kommentar von Carl Djerassi in der österreichischen Tageszeitung *Der Standard*, wo er das ‚Horrorszenario' umriss, zu dem es aufgrund der veränderten Bevölkerungspyramide gekommen ist, für das seine Erfindung mitverantwortlich ist."

Ich fand schnell heraus, dass nicht nur am rechten Rand angesiedelte Publikationen wie „Christian and American", sondern auch etablierte Zeitungen wie der englische *Guardian* ähnliche Artikel auf ihren Websites hatten. Das veranlasste mich am 18. Januar 2009, einen Widerruf zu verlangen:

Ich wurde informiert, der Wiener Kardinal Christoph Schönborn habe mich am 21. Dezember 2008 im österreichischen Fernsehen ORF als den „Erfinder der ‚Antibabypille'" bezeichnet und mich dahingehend zitiert, Österreich stehe vor einer demografischen Katastrophe, bei der es nur zwei Alternativen gebe, entweder drei statt 1,4 Kinder pro Familie zu haben oder eine vernünftigere Einwanderungspolitik zu betreiben.

Während diese Sendung mit dem Kardinal sowohl den Kontext als auch den allgemeinen Tenor meines Artikels komplett ignorierte, sind die mir zugeschriebenen Äußerungen korrekt. Die daraus resultierenden Schlussfolgerungen, die vom englischen *Guardian* am 7. Januar 2009 auf seiner Website und von verschiedenen Zeitungen in den USA und anderen Ländern unter Überschriften wie „Pillen-Erfinder verdammt die Pille" oder „Mitentdecker der Anti-Baby-

Pille spricht jetzt von einer Katastrophe" veröffentlicht wurden, sind infame Unterstellungen, die an Verleumdung grenzen. Lassen Sie mich die Gründe für meine Empörung und für die völlig absurde Natur dieser verleumderischen Schlussfolgerungen darlegen, die von schludrigen oder unaufrichtigen Journalisten verfasst wurden, die das ursprüngliche Quellenmaterial nicht überprüft haben. Am 21. Oktober 2008 sprach ich an der *Medizinischen Universität Graz* und am 11. November 2008 an der Universität Wien, in beiden Fällen auf Einladung dieser Institutionen, über meine Betrachtungen zum 70. Jahrestag des Anschlusses durch Nazi-Deutschland. Gegen Ende meines Vortrags verurteilte ich das Erstarken einer rechtsgerichteten Partei mit ausgeprägten fremdenfeindlichen Tendenzen bei den letzten Nationalratswahlen. Später fasste ich diese Bemerkungen in einem leicht bearbeiteten Artikel zusammen, der im Standard erschien (Seite A-3 der Wochenendausgabe vom 13. Dezember 2008).

Verhütung, Geburtenkontrolle, Abtreibung und die Pille wurden in meinem Beitrag mit keinem Wort erwähnt. Ich habe einzig und allein den Anstieg einer neuen fremdenfeindlichen Wählerschaft kritisiert, die offenkundig der Illusion verhaftet ist, dass ihr kleines Land nicht im Herzen Europas liegt, sondern auf einer Insel, wo sie von Gottes Gnaden völlig unbehelligt ihre Schnitzel genießen können. Ich warnte vor einer drohenden demografischen Katastrophe, sofern diese xenophoben Österreicher nicht mindestens 3 Kinder auf die Welt setzten (was ich für absolut unwahrscheinlich hielt) oder weiterhin jede Einwanderung ablehnten. Ich verwies auf Bulgarien – ein in puncto Bevölkerungszahl, Alterspyramide und durchschnittliche Familiengröße vergleichbares Land –, dem sich die Alternative Einwanderung nicht bietet, da kein Mensch nach Bulgarien auswandern will, im Gegensatz zu Österreich und anderen westeuropäischen Ländern. Infolgedessen wird sich die derzeitige Bevölkerung Bulgariens Schätzungen zufolge bis zum Jahr 2050 um 34 Prozent reduziert haben! Und ich wies darauf hin, dass Deutschland angesichts der Durchschnittsgröße der Familie, die mit der österreichischen praktisch identisch ist, eine jährliche Zuwanderung von etwa 200.000 Menschen benötigt, nur um seine gegenwärtige Bevölkerungszahl aufrechtzuerhalten. Ich betonte die Bedeutung einer weiteren Zuwanderung für Österreich, da ein Land ohne Einwanderung etwa 2,1 Kinder pro Familie benötigt, um seinen demografischen Status quo zu halten. Zu unterstellen, ich hätte Österreichs niedrige Geburtenrate (die in den rein katholischen Ländern Italien und Spanien sogar niedriger ist) auf die Pille zurückgeführt, ist absurd. Dass die Menschen nicht mehr Kinder zeugen, hat nichts mit der Verfügbarkeit von Verhütungsmitteln zu tun, sondern mit persönlichen, ökonomischen, kulturellen und sonstigen Umständen, vor allem aber mit dem veränderten Status und Lebensstil der Frauen während der letzten 50 Jahre. Das lässt sich nicht zuletzt an Japan ablesen, das noch größere demografische Probleme hat als Europa, obwohl die Pille dort erst 1999 eingeführt wurde und nach wie vor nicht weit verbreitet ist. Japans eklatante Fremdenfeindlichkeit macht eine Einwanderungspolitik, wie die USA sie praktizieren, außerdem sehr unwahrscheinlich.

In verschiedenen Artikeln des *Katholischen Nachrichtendienstes*, die vom *Guardian* und anderen Zeitungen brav abgedruckt und für bare Münze genommen wurden, wird behauptet, ich habe in meinem Artikel Österreichs und Europas demografische Probleme mit der Pille in Verbindung gebracht und bedaure inzwischen, an ihrer Entwicklung beteiligt gewesen zu sein. Der Satz im *Philadelphia Bulletin* (9. Januar 2009) „Ein Miterfinder der Antibabypille, der österreichische Chemiker Carl Djerassi, sagt heute, sein Werk habe zu einer ‚demografischen Katastrophe' geführt", werden vom Guardian fast wortwörtlich wiederholt. Ich weise eine solche Schlussfolgerung mit aller Entschiedenheit zurück und bestehe auf der Veröffentlichung eines Widerrufs. Man muss nur meine Memoiren „This Man's Pill: Reflections on the 50th Birthday of the Pill" (Oxford University Press, 2001) lesen, um meine persönlichen Ansichten über Empfängnisverhütung, die Pille und die faktische Trennung von Sex und Reproduktion zu finden, mit denen sich die katholische Kirche früher oder später in realistischer und menschlicher Weise wird auseinandersetzen müssen.

Ich muss einen weiteren wichtigen Punkt ansprechen. Es genügt nicht, einen einzeiligen Widerruf oder eine Berichtigung zu veröffentlichen. Die Sache hat sich inzwischen wie ein Flächenbrand im Internet ausgebreitet und ist in den zurückliegenden zwei Wochen in so vielen Publikationen erschienen – zumeist in katholischen Medien –, dass eine umfassende Richtigstellung erscheinen muss, die auf die exakte Quelle dieser üblen Unterstellung hinweist. Letzteres gilt nicht nur für mich persönlich (d.h. zu behaupten, ich würde die Pille heute verdammen), sondern auch für die absurde Schlussfolgerung, der Rückgang der Geburtenrate in Österreich und anderswo sei mit der Pille verknüpft. In meiner Widerlegung habe ich deutlich gemacht, warum das Ganze grotesk ist. Ich muss betonen, dass die Zeit drängt, da diese falschen Anschuldigungen bereits zu schnelle und zu weite Verbreitung finden, um durch eine schlichte Berichtigung oder auch eine völlige Zurücknahme wettgemacht zu werden.

Als seriöse Zeitung übernahm der *Guardian* sofort die Verantwortung und veröffentlichte eine lange Richtigstellung, die auch Schritte einschloss, um den fehlerhaften Artikel aus dem Internet zu entfernen. Ähnliche Aufforderungen schrieb ich auch an die wichtigsten katholischen Medien, doch niemand antwortete und niemand entfernte die religiös inspirierten Verleumdungen, die bis zum heutigen Tag im Internet zu finden sind.

Wütende Reaktionen von virulenten Gegnern der Pille schlugen sich auch in Schmähbriefen an mich nieder, doch da diese nur von mir gelesen wurden, konnte ich sie ignorieren oder dem Absender eben direkt antworten. Ich will ein einziges Schreiben zitieren, das ich 2008 erhielt, nur wenige Monate, bevor die Sache in den Printmedien explodierte, um zu zeigen, welch rabiater Fanatismus auch ein halbes Jahrhundert nach Einführung der Pille noch herrscht. Am Tag nach meinem Auftritt in einer beliebten deutschen Talkshow (*Menschen bei Maischberger*), in der es um „Die neue sexuelle Revolution" ging und die angeblich von 1,3 Millionen Zuschauern gesehen wurde, erhielt ich folgende E-Mail:

Guten Tag Herr Djerassi,

Ich an Ihrer Stelle würde mich einmal fragen wieviele Menschen wegen Ihnen nie geboren wurden, wieviele Menschen wegen Ihnen nie gezeugt und nie dieser Sonne Licht erblickt haben. Entschuldigen Sie bitte da ich so bitter über Sie und Ihre Arbeit nachgedacht habe, aber es liegt mir fern das auch nur ein Mensch deswegen nie geboren wurde, weil ein Mensch den Willen dazu gehabt hatte, dieses Leben nie vollkommen werden zu lassen.

Heute urteilt die Geschichte über Leute wie Hitler und seine Sekte, ich hoffe das gleiches Urteil in spätere Zeit einmal über Sie getroffen wird. Wieviele Menschen Sie auf dem Gewissen haben, wieviele Stunden Freude und aber auch Leid Sie vermieden haben mögen – darüber mag ein Geschichtsschreiber urteilen können. Wievielen Menschen aber Sie höchst persönlich dieses Leben genommen haben und damit alle was sie je hätten haben können – Licht, Sonne, Wärme, Kälte – einfach alles auf diesem Planeten – ob schön oder unschön), darüber mag die Geschichte später urteilen.

Für mich persönlich sind Sie viel schlimmer als die Nazis die in unserem Deutschland gewütet haben – entschuldigen Sie bitte, aber der größte Faschist unter dieser Sonne sind meiner Meinung nach Sie! Sie sind noch viel schlimmer als die Nazis – Sie sind der Obernazi der ganzen braunen Sippe.

Sie halten sich für freiheitlich, aufgeklärt und liberal? Weit gefehlt, denn was Sie betreiben ist Faschismus in Reinform – hätten die Nazis einen Mann wie Sie gehabt der eine solche Erfindung auf die Welt gebracht hätte, so wären die Nazis die allerersten gewesen die sich Ihrer Erfindung bedient hätten. Das Sie das nie kapieren werden ist mir klar. Sie sind halt nur die größte Leuchte unter all den dämmerten Nazischergen und werden trotzdem nicht mal auf dem Sterbebett erkennen was Sie überhaupt angerichtet haben. Genau wie die Nazis die bis zum Ende hin meinten sie wären für eine gute Sache eingetreten.

Mißachtungsvoll
Prof. Dr. A. H.

Der Leser wird sich fragen, warum ich mich damit abgab, auf eine derartige Tirade überhaupt zu antworten. Aber dass ausgerechnet ich, der vor den Nazis geflohen war, mit diesem Abschaum gleichgesetzt wurde, brachte mich in Harnisch. Hier meine Antwort:

Herr H.,

Ihre Mail ist nicht nur unglaublich frech, sondern auch total unlogisch. In welchem Jahrhundert leben Sie eigentlich? Die Pille wurde in Japan erst 1999 erlaubt, aber die niedrige Anzahl von Kindern (1,5 Kinder pro Familie) ist schon vor Jahrzehnten dort passiert. In katholischen Ländern wie Italien und Spanien gibt es durchschnittlich 1,3 Kinder pro Familie, was schon seit den siebziger Jahren der Fall ist. In den achtziger Jahren haben weniger als 5 % der italienischen Frauen die Pille genommen, Abtreibung war aber da schon legal.

Heutzutage existiert die größte Anzahl an illegalen Abtreibungen in den katholischen Ländern Lateinamerikas.

Niemand zwingt eine Frau, die Pille zu nehmen, und meiner Meinung nach ist es auch nicht die ideale Lösung für alle. Aber es ist eine Option, die unter anderem Millionen von Abtreibungen verhindert hat. Wie ich im Fernsehen angedeutet habe, gibt es jede 24 Stunden ca. 100 Millionen Sexualakte, die ca. 1 Million Befruchtungen *jede* 24 Stunden produzieren; 50 % von diesen sind unerwartet und wiederum 50 % von diesen *unerwünscht*, d.h. ca. 250.000 jede 24 Stunden! Das Resultat: 150.000 Abtreibungen (*täglich*, und leider auch noch öfters illegal – und wie gesagt insbesonders in den überwiegend katholischen Ländern). Meiner Meinung nach hat die Pille diese Art von Tragödien teilweise verhindert.

Ich weiß nicht, was für ein Professor Sie sind, aber sich zu erlauben, mich als „der Obernazi der ganzen braunen Sippe" zu beschimpfen, ist, wie wir in Amerika sagen, „beyond the pale". Sie sollten sich schämen. Hoffentlich hat man Ihnen schon lange verboten, irgendeinen Kontakt mit Schülern oder Studenten zu haben. Ich hoffe, dass der Besitzer einer so giftigen Zunge und eines solchen Geistes selber keine Kinder hat.

Carl Djerassi

Am Ende war ich froh, diese Tirade, die von jemandem stammte, der nicht einmal den Mut hatte, seinen vollen Namen zu nennen, nicht ignoriert zu haben. Mein Brief löste folgende Reaktion aus:

Entschuldigen Sie – es war wirklich eine Frechheit von mir. Ich war emotional viel zu aufgewühlt. Bitte Sie höflichst um Verzeihung.

Prof. Dr. A. H.

Bevor ich später in diesem Kapitel auf einen noch dunkleren Schatten zurückkomme, will ich zunächst die frühe Geschichte der Pille beschreiben. Denn nur wenn man Licht auf dieses Thema wirft, lassen sich die Schatten genauer betrachten. Beginnen wir also mit dem Wort „Pille" und der Frage, wie dieser simple Begriff zu einem Synonym für orale Kontrazeptiva wurde.

„Die Pille": der Ursprung des Wortes

Ich habe mir immer vorgestellt, dass es einer dieser Journalisten der späten 1950er Jahre gewesen ist, der im Zuge der Arbeit an einem saftigen Artikel über orale Verhütungsmittel plötzlich beschloss, dem Wort „Pille" immer den bestimmten Artikel voranzustellen, um daraus ein starkes Reizwort zu machen. Seit damals hat man die Pille alles Mögliche genannt, vom Patentrezept bis zum Gift für die Frau, ja sogar die Ursache für die soziale Kastration der Männer. Als ich in den 1970er Jahren *The Politics of Contraception* vorbereitete, mein erstes Buch, das sich an ein breites Publikum wandte, las ich noch einmal Aldous Huxleys 1958 erschienene Essaysammlung *Wiedersehen mit der Schönen neuen Welt* – seine maßgeblichen Reflexionen über *Schöne neue Welt* aus dem Jahre 1932. Und dort entdeckte ich in Anführungszeichen das Wort „Pille", umrahmt von erstaunlich weisen Worten:

[Das Bevölkerungsproblem] wird mit jedem Jahr ernster und drohender. Und es ist dieser bedrohliche biologische Hintergrund, vor dem sich alle politischen, wirtschaftlichen, kulturellen und psychologischen Dramen unserer Zeit abspielen … Das Problem des Verhältnisses der sich schnell vergrößernden Bevölkerungsdichte zu den Rohstoffreserven, zu gesellschaftlicher Stabilität und zum Wohlbefinden des Individuums – dies ist nun das zentrale Problem der Menschheit; und es wird ganz gewiss für ein weiteres Jahrhundert und vielleicht mehrere Jahrhunderte das zentrale Problem bleiben ... Zweifellos müssen wir mit größtmöglicher Geschwindigkeit die Geburtenzahlen bis an den Punkt verringern, wo sie die Sterblichkeitsrate nicht mehr überschreiten. Gleichzeitig müssen wir mit möglichster Beschleunigung die Nahrungsmittelerzeugung steigern, wir müssen eine weltweite Politik zur Erhaltung unseres Ackerlandes und unserer Wälder einleiten und durchführen, wir müssen geeignete Ersatzstoffe, vorzugsweise weniger gefährliche und sich weniger schnell erschöpfende als Uran, für unsere gegenwärtigen Betriebs- und Brennstoffe entwickeln ... Das alles aber ist – selbstverständlich – fast unendlich leichter gesagt als getan. Der jährliche Geburtenzuwachs sollte verringert werden. Aber wie? ... Die meisten von uns wählen die Geburtenbeschränkung – und sehen sich sogleich einem Problem gegenüber, das für die Physiologie, die Pharmakologie, die Soziologie, die Psychologie und sogar die Theologie gleichermaßen verwirrend ist. „Die Pille" wurde noch nicht erfunden

Wie ich bereits in einer früheren Autobiografie erwähnte und an dieser Stelle wörtlich wiederhole, war ich jahrelang überzeugt, dass hier der Ausdruck „die Pille" zum ersten Mal in Druck erschien. Doch in der zweiten Ausgabe des *Oxford English Dictionary* wurde ich eines Besseren belehrt. Das Buch zitiert einen gewissen C. H. Rolph, der 1957 über „the quest now going on for what laymen like myself insist on calling ‚the Pill'" schrieb („die derzeit stattfindende Suche nach dem, was Laien wie ich selbst unbeirrt ‚die Pille' nennen"). Doch wer war C. H. Rolph und in welchem Kontext hatte er das geschrieben? Ich hatte noch nie von ihm gehört, aber jemand, dem die erste moderne Verwendung des Begriffs „die Pille" zugeschrieben wird, hatte zweifellos Beachtung verdient. Ich entdeckte diese Bezeichnung schließlich in seinen Memoiren, in dem Band *Further Particulars*. Es freute mich, dass ausgerechnet ein Mann mit so vielfältigen Interessen der linguistische Vater von „the Pill" gewesen sein soll. Außerdem fällt sein 100. Geburtstag (als Cecil Hewitt) mit dem 50. Geburtstag der Pille zusammen. Seine berufliche Laufbahn begann bei der Londoner Polizei, aus der er nach 25 Jahren im Alter von 45 im Range eines Chief Inspectors ausschied. Er hatte schon, als er noch im Polizeidienst war, zu schreiben begonnen und unter dem Pseudonym C. H. Rolph Artikel in Zeitschriften veröffentlicht, vom *Police Reporter* bis hin zum *New Statesman*. In seiner zweiten Karriere war er dann hauptberuflich als Journalist, Essayist, Buchautor und Interviewer für die BBC tätig. Seine Neigungen – für Musik, Literatur, Rechtswissenschaften und liberale Gesellschaftspolitik – waren so breit gefächert, dass seine Abhandlung sich fast wie ein „Who's Who" Großbritanniens des 20. Jahrhunderts liest. Seine Bemerkungen zur Pille erschienen im einführenden Kapitel einer Anthologie, *The Human Sum*, für die es Hewitt alias Rolph gelungen war, einen illustren Kreis von Autoren zu gewinnen, darunter Julian Huxley und Bertrand Russell. Rolph schreibt dort:

Er [Dr. A. S. Parkes vom Medical Research Council] *legt einen mäßig aufregenden Bericht vor über die derzeit stattfindende Suche, in biologischen Laboratorien in verschiedenen Teilen der Welt, nach dem, was Laien wie ich selbst unbeirrt „die Pille" [the Pill] nennen; und mit diesem Begriff, den Dr. Parkes, wie alle Männer der Naturwissenschaft, zweifellos ablehnen würde, meine ich das unkomplizierte und absolut zuverlässige Empfängnisverhütungsmittel, das durch den Mund eingenommen wird.* [Tatsächlich erwähnt Parkes in seinem Kapitel mit keinem Wort die damals bereits stattfindende Forschung mit oral wirksamen Steroiden, was Rolph nur als einen noch größeren Propheten erscheinen lässt.] *Dieses Mittel, und daran ist kaum zu zweifeln, wird eines Tages für die Kontrolle der menschlichen Fortpflanzung zur Verfügung stehen, überall auf der Welt, bei den rückständigsten wie bei den fortschrittlichsten Gemeinschaften der menschlichen Rasse; und seine enormen Auswirkungen müssen, bei nüchterner Betrachtung seitens aller, die ein soziales Gewissen haben, jede andere Überlegung, die in diesem Buch dargelegt ist, klein und unwichtig erscheinen lassen.*

Ich war erstaunt, dass der Ausdruck „the Pill" von A. S. Parkes geprägt worden sein soll, einem Autor aus Rolphs *The Human Sum*. Denn 1993 hatte ich die Ehre, die erste der jährlich stattfindenden

Parkes Memorial Lectures der *Society for the Study of Fertility* der Universität Cambridge halten zu dürfen, mit denen dieser hervorragende englische Reproduktionsbiologe geehrt wird. Ein Kreis hatte sich geschlossen!

Selbst wenn Huxley tatsächlich der Zweite gewesen sein sollte, so war er doch der eleganteste Verfechter des inzwischen gebräuchlichen Ausdrucks „die Pille". Drei Jahre nach seiner im Druck erschienenen Äußerung genehmigte die FDA (Food and Drug Administration) 1960 die Verwendung von oralen gestagenen Steroiden zur Empfängnisverhütung, und bald darauf wurde der Begriff „the Pill" sowohl im amerikanischen *Webster* als auch im *Oxford English Dictionary* sanktioniert, den wichtigsten enzyklopädischen Wörterbüchern dieser Länder: „*often cap*: an oral contraceptive – usu. used with *the.*"

Nachdem ich all das über die landläufige Bedeutung von „the Pill" im Englischen gelernt hatte, fragte ich mich unwillkürlich, wie es sich wohl in anderen Sprachen verhielt. Und, was noch wichtiger ist, ob die gebräuchliche Bezeichnung, für die man sich in einem Land entscheidet, etwas über die Einstellung zur Geburtenkontrolle verrät, die dort vorherrscht.

Ich begann mit den Sprachen, in denen ich zumindest lesen und einen Text verstehen kann. Im Französischen, Spanischen und Italienischen handelte es sich durchwegs um Variationen des Rolph-Huxley-Themas: „la Pilule", „la Píldora", „la Pillola". Nicht so im Deutschen. Unter „Pille, die" fand ich in meinem damaligen Duden-Wörterbuch die knappe Definition: „Arzneimittel in Form eines Kügelchens". Die für mich aufschlussreichere Erklärung musste ich unter dem Buchstaben A nachschlagen, wo ich auf „Antibabypille" und die umständliche Definition stieß: „empfängnisverhütendes Mittel in Pillenform auf hormonaler Grundlage". Also, keine Rede von einem niedlichen „Kügelchen". Warum dieses harte, ja fast brutale Wort „Antibabypille"? Hatte sich etwa die Kirche dieses linguistischen Terrains bemächtigt, bevor sich Journalisten auf das knappe „die Pille" einigen konnten?

Hormonelle orale Kontrazeptiva waren zu keiner Zeit als Mittel gegen Kinder gedacht. Da die Pille auf den Körper einer Frau einwirkt, die nicht schwanger ist, kann auch nie ein Baby betroffen sein. Wohl eher handelt es sich doch um die ultimative Entwicklung „pro Frau". Sofern man die Interessen einer Frau nicht als „anti-Baby" wertet, lässt sich nur schwer verstehen, wie sich ein solcher Begriff einbürgern konnte. Ich persönlich zögere nicht, von der „Probabypille" zu sprechen, da sie letztendlich dem Ziel dient, dass jedes Kind ein Wunschkind ist. Angesichts der deutschen Vorliebe für komplizierte Wörter wäre „die Antiunerwünschtesbabypille" kein gar zu abwegiger Vorschlag, aber ich bezweifle, dass selbst der Duden dieses Ungetüm aufnehmen würde. Während die meisten öffentlichen Medien in Deutschland und Österreich weiterhin stur an „Antibabypille" festhalten, ist das abwertende Präfix in der Umgangssprache glücklicherweise mehr oder weniger verschwunden. Ist dies nur eine weitere Manifestation der linguistischen Coca-Colanisierung einer jüngeren Generation? Oder ist es ein Anzeichen für eine realistischere Einstellung in einem Land, in dem die Pille – anti oder pro – die gebräuchlichste Methode der Geburtenkontrolle geworden ist?

Es gibt noch einen weiteren Grund, „Antibabypille" aus dem Vokabular der deutschen Sprache zu streichen. Das Wort bestärkt das weitverbreitete – und keineswegs auf Deutschland und Österreich beschränkte – Missverständnis, die Pille sei für den rapiden Rückgang der Geburtenzahlen in den Industrienationen verantwortlich, ein Argument, das ich bereits in meinem Brief an den *Guardian* zurückwies.

Wenn der Zusammenhang zwischen Empfängnisverhütung und dem Wort „Pille" linguistisch also tatsächlich bereits vor ihrer wissenschaftlichen Entdeckung hergestellt wurde, lohnt es sich, näher darauf einzugehen, wie aus einer Pille „DIE PILLE" wurde. Ich erzähle auch diese Geschichte von hinten und beginne im Jahr 1985, das nur scheinbar in keinem Zusammenhang mit der Geschichte der Pille steht. Es war ein traumatisches Jahr in meinem Leben, da bei mir Darmkrebs diagnostiziert wurde und ich mich umgehend einer schweren Operation unterziehen musste. Wie ich in einem späteren Kapitel berichten werde, war das einer der Gründe, die mich in der Folge veranlassten, die Chemie aufzugeben und mich der Literatur zuzuwenden.

Nach einer Krebsoperation gibt es eine Zeit, in der dem Patienten fast nach Belieben Morphium zugestanden wird. Die Wirkung der letzten Injektion hatte nachgelassen, und ich hatte nach der Schwester geklingelt, damit sie mir wieder eine Spritze gab. Ich konzentrierte mich auf die schokoladenfarbene, teflonglatte Haut der Oberarme der Schwester und strich leicht darüber. „Wie sind Sie denn zu so tollen Muskeln gekommen?", fragte ich. „Ich mache Bodybuilding", antwortete sie und fuhr dann fort: „Sind Sie wirklich der Vater der Pille?"

Diese Frage wird mir bis heute auf diese phallozentrische Art gestellt. Hätte die Frage, wenn ich eine Frau wäre, gelautet: „Sind Sie die Mutter der Pille?" Gewöhnlich antworte ich, indem ich darauf hinweise, dass unsere phallozentrische Gesellschaft sich unweigerlich auf das väterliche Erbteil einer wissenschaftlichen Entdeckung konzentriert und nach dem „Vater von" sucht. Doch bei der Geburt eines Arzneimittels bedarf es vor allen Dingen einer Mutter und meist auch einer Hebamme oder eines Geburtshelfers. Jedes synthetische Medikament, einschließlich steroidaler oraler Kontrazeptiva, beginnt mit einem Chemiker. Bevor dieser, ob Mann oder Frau, es erfunden hat, d.h. die chemische Struktur konzipiert und das Molekül synthetisiert hat, kann gar nichts geschehen. Aus diesem Grund behaupte ich, dass in der Genealogie jedes synthetischen Arzneimittels, einschließlich des ovulationshemmenden gestagenen Bestandteils der Pille, der Chemiker – egal welchen Geschlechts – symbolisch die Mutter und das chemische Produkt die Eizelle verkörpert. Erst dann tritt der Biologe auf den Plan, der eine Vielzahl von Experimenten durchführt, die ich mit den Spermien gleichsetze, die um das Ovum herumschwimmen. Das entscheidende Experiment, das die antizipierte biologische Wirksamkeit bestätigt oder unerwartete neue Wirkungen nachweist, kann dann als das mit der eigentlichen Befruchtung verbundene Spermium betrachtet werden. Somit spielt nach meiner Vorstellung der Biologe – wiederum egal welchen Geschlechts – die Rolle des Vaters, während die darauffolgende Arbeit der Kliniker der Funktion des Geburtshelfers und die des Pädiaters der

Entwicklung bis zur Marktreife entspricht. Oder einfach ausgedrückt: Die Entwicklung eines Arzneimittels ist eine interdisziplinäre Leistung, bei der weder einer einzelnen Disziplin noch einer einzelnen Person tatsächlich die alleinige Rolle zuzuschreiben ist. Aber um genau zu sein, muss man die Genealogie der Pille mindestens bis zu den Großeltern und einigen Onkeln zurückverfolgen. Von der Definition her stammt jedes synthetische Medikament aus dem Labor eines Chemikers; was mit diesem chemischen Stoff jedoch passiert, nachdem er synthetisiert wurde, wie er letztendlich zu einem Arzneimittel wird, das den Verbraucher erreicht, das hängt in hohem Maße von den Umständen ab. Häufig wird eine Substanz, die im Zusammenhang mit einem bestimmten chemischen Problem synthetisiert wurde, erst im Nachhinein, manchmal sogar erst nach Jahren, einem umfangreichen pharmakologischen Screening unterzogen, in der Hoffnung, quasi als Bonus eine irgendwie geartete nützliche Wirkung festzustellen. So wurde die insektizide Wirkung von DDT durch ein solches Screening entdeckt, und zwar Jahrzehnte nach der erstmaligen Synthese dieser Substanz in einem deutschen Universitätslabor. Andererseits kann eine Substanz – ein klassisches Beispiel ist Viagra – auch für einen spezifischen biologischen Zweck synthetisiert werden, sich in dieser Hinsicht als inaktiv erweisen und dann einer umfassenderen pharmakologischen Prüfung unterzogen werden, weil man hofft, doch noch irgendetwas zu retten. Die Geschichte der Arzneimittelchemie ist voller Beispiele dafür, wie durch willkürliches Screening unerwartete biologische Wirkungen entdeckt wurden, die den Anstoß zu weiteren chemischen, pharmakologischen und klinischen Untersuchungen gaben.

Es ist kaum verwunderlich, dass der moderne Arzneimittelchemiker über diesen Sachverhalt alles andere als glücklich ist. Die Voraussagbarkeit ist die Essenz der Wissenschaft und nicht der blinde Zufall, besonders in der Chemie. Seit Paul Ehrlich, der Anfang des 20. Jahrhunderts die moderne Chemotherapie begründete, haben Chemiker versucht, Beziehungen zwischen chemischer Struktur und biologischer Wirkung nachzuweisen, die *a priori* zur Voraussage eines potentiell nützlichen Medikaments führen. Die Entwicklung steroidaler oraler Kontrazeptiva ist ein erstaunliches

Beispiel für diese voraussagende Vorgehensweise, denn es war unsere erklärte Absicht, eine Substanz zu synthetisieren, die die biologische Wirkung des weiblichen Sexualhormons Progesteron nachahmt, wenn sie oral verabreicht wird. Progesteron selbst ist auf diesem Wege weitgehend inaktiv, es sei denn, es wird in sehr hohen Dosen verabreicht.

Einige Leute, insbesondere Autoren und Historiker weiblichen Geschlechts, haben meine Idee, den Chemiker als die Mutter eines Arzneimittels – in diesem Fall der Pille – zu bezeichnen, verhöhnt oder ignoriert. Sie suchten angestrengt nach einem mit Ovarien ausgestatteten weiblichen Wesen statt nach einer metaphorischen Mutter. Ihr Ärger galt dem Umstand, dass die an der Entwicklung oraler Kontrazeptiva beteiligten Wissenschaftler allesamt Männer waren. Sie ließen dabei jedoch außer Acht, dass in den 1950er Jahren die Naturwissenschaft im Allgemeinen und die Reproduktions-wissenschaft im Besonderen eine Domäne der Männer war, und zwar aus Gründen, die wir heute beklagen, die aber faktisch nichts mit der Art der Forschung zu tun hatten.

Diese Tatsache hat Frauen jahrzehntelang zu schaffen gemacht. Die berühmte Anthropologin Margaret Mead drückte es Ende der 1960er Jahre so aus: „[Die Pille] ist ausschließlich die Erfindung von Männern. Und warum haben sie sie erfunden? (...) Weil sie äußerst abgeneigt sind, mit dem eigenen Körper zu experimen-tieren (...) und weil sie höchst geneigt sind, mit dem Körper der Frau zu experimentieren (...) Es wäre viel sicherer, an Männern herumzupfuschen statt an Frauen ...“

Meads Verärgerung mag durchaus verständlich sein, basiert aber trotzdem auf einer groben Vereinfachung, weil sie außer Acht lässt, dass die Natur den Wissenschaftlern einen entscheidenden Hinweis geliefert hatte, auf dem sie aufbauen konnten: nämlich dass Frauen aufgrund der ständigen Sekretion von Progesteron während einer Schwangerschaft nicht schwanger werden können. Ein vergleichbarer Anhaltspunkt in der reproduktiven Biologie des Mannes fehlt.

Ironischerweise hat dieses historische Vorurteil gegenüber Männern dazu geführt, zwei Frauen, Margaret Mead und Kathe-rine McCormick, in den Blickpunkt zu rücken, die von Journalisten vor rund 30 Jahren zunehmend als Schlüsselfiguren bei der Entwicklung oraler Kontrazeptiva verklärt wurden. Obwohl ich diese Romantisierung irgendwie reizend und emotional verständlich finde, muss ich dennoch unterstreichen, dass beide mit der eigentlichen wissenschaftlichen Entdeckung und insbesondere mit unserer Arbeit nichts zu tun hatten. Wenn Wissenschaftlerinnen es verdienen, genannt zu werden, dann sind es – wie ich schon häufig betont habe – Elva G. Shipley, die Biologin, die als Erste die biologische Aktivität unseres 19-Norprogesteron und Norethisteron nachwies, oder Edith Rice-Wray, die in hohem Maße an den klinischen Studien beteiligt war. Von McCormick hörte ich erst 25 oder 30 Jahre nach unserer ersten chemischen Synthese und den darauffolgenden von Syntex initiierten biologischen Untersuchungen, die ganz anders gelagert waren als die biologischen Untersuchungen von Gregory Pincus, einem der Väter der Pille, dessen Labor McCormick finanziell unterstützte. Margaret Sanger war als Vorkämpferin der Geburtenkontrolle natürlich weltberühmt, aber sie zur „Mutter der Pille" zu erheben, weil sie zu Pincus gesagt haben soll, sie würde es begrüßen, wenn es eine empfängnisverhütende Pille gäbe, ist so, als würde man Präsident Nixon einen der wissenschaftlichen Väter auf dem Gebiet der Krebsforschung nennen, weil er während seiner Amtszeit dem Krebs den Kampf ansagte, den er binnen zehn Jahren zu besiegen hoffte. Sanger trug null Komma nichts zu der *Wissenschaft* der Empfängnisverhütung bei, was in keiner Weise ihre Rolle hinsichtlich der politischen und sozialen Aspekte der Geburtenkontrolle und als wichtige Persönlichkeit in der Geschichte der Empfängnisverhütung schmälern soll.

Und Katherine McCormick? Ihre finanzielle Unterstützung der frühen Forschungsprojekte in Pincus' Labor ist unbestritten, aber so lobenswert philanthropische Aktivitäten dieser Art auch sind, sie zu einer der „unbestreitbaren Mütter der Pille" zu küren (wie es Bernard Asbell in seinem Buch *Die Pille und wie sie die Welt veränderte* tat, was dann von vielen anderen Journalisten und Historikern aufgegriffen wurde, um zu guter Letzt durch Google und Wikipedia im Cyberspace verewigt zu werden) ist so weit hergeholt, als würde man John D. Rockefeller als einen der „Väter der Pille" bezeichnen. Die Rockefeller Foundation und ihr Ableger, das Population Council, unterstützten und unterstützen bis heute wesentlich mehr Forschungsprojekte auf dem Gebiet der Reproduktion und Kontrazeption, als Mrs. McCormick dies je getan hat. Rundheraus gesagt: Finanzielle Unterstützung, so wertvoll sie häufig auch ist, hat nie den gleichen Stellenwert wie Kreativität. Andernfalls müsste man die Medici ja als die größten Künstler der Renaissance bezeichnen. Stattdessen möchte ich nochmals den Namen Elva G. Shipley nennen, denn sie war buchstäblich der erste Biologe – ob Mann oder Frau –, der die hohe gestagene Wirksamkeit von oral verabreichtem Norethisteron nachwies. Wenn ihre Ergebnisse negativ gewesen wären, hätten wir das Projekt aufgegeben und das Material nicht an weitere Biologen geschickt, auch nicht an Gregory Pincus, der, wie ich im Folgenden erläutern werde, mit Fug und Recht ein „Vater der Pille" zu nennen ist. Eine interessante Tatsache, die bei anderen Autoren unerwähnt bleibt, ist, dass Pincus sein Hauptwerk *The Control of Fertility* zwar „Mrs. Stanley McCormick" widmete, und zwar wegen ihres „unerschütterlichen Glaubens an die wissenschaftliche Forschung", aber mit keinem Wort einen finanziellen Beitrag ihrerseits auch nur erwähnt, obwohl er in seiner Danksagung eine lange Liste von staatlichen Geldgebern, Einzelpersonen und Unternehmen, insbesondere G. D. Searle & Co., anführt.

Die verkannte Rolle Ludwig Haberlandts

Die unbekannteste Person in der Geschichte der Pille ist jedoch keine Frau, sondern Ludwig Haberlandt, Professor für Physiologie an der Universität Innsbruck. Er führte bereits 1919 ein ganz entscheidendes Experiment durch, indem er die Eierstöcke eines trächtigen Kaninchens einem anderen weiblichen Kaninchen einpflanzte, das, trotz häufigen Paarens, mehrere Monate unfruchtbar blieb – ein Resultat, das Haberlandt „hormonale temporäre Sterilisierung" nannte. (Parteigänger von Mrs. McCormick mögen bitte zur Kenntnis nehmen, dass diese und spätere Arbeiten Haberlandts von der Rockefeller Foundation finanziell unterstützt wur-

Ludwig Haberlandt (1925) und die Titelseite seiner Monografie von 1931

den.) Das Problem bei diesem Verfahren (abgesehen von dem erforderlichen chirurgischen Eingriff) wie auch bei späteren Versuchen, den chirurgischen Eingriff durch Verwendung von „Drüsenextrakten" zu umgehen, war, dass diese Extrakte nicht aus dem reinen Hormon bestanden, auf dem die empfängnisverhütende Wirkung beruhte. Vielmehr handelte es sich um eine Mischung aus Hormonen und anderen Proteinen, die für die Empfängerin unter Umständen toxisch sein konnte. Bemühungen, diese Extrakte „rein" zu machen, bildeten die nächste Hürde, die auf dem Weg zu einem brauchbaren oralen Verhütungsmittel zu überwinden war.

In zahlreichen Versuchen und Veröffentlichungen im Laufe der folgenden zehn Jahre unterstrich Haberlandt – der in auffallendem Gegensatz zu dem heute bei Wissenschaftlern obligatorischen Pluralis majestatis stets die erste Person Singular benutzte – die offenkundige Anwendbarkeit seiner Tierversuche für die menschliche Kontrazeption. Er erkannte, dass der verantwortliche Faktor ein Bestandteil des Corpus luteum oder Gelbkörpers war, und skizzierte 1931 in seinem bemerkenswerten Buch *Die hormonale Sterilisierung des weiblichen Organismus*, das keine 15.000 Wörter zählt und das heutzutage kaum jemand gelesen zu haben scheint, erstaunlich detailliert die Revolution auf dem Gebiet der Empfängnisverhütung, die 30 Jahre später stattfand. Er wies darauf hin, dass eine orale Verabreichung, wie er an Mäusen demonstrierte, die ideale Methode wäre und das notwendige periodische Absetzen des Hormons erlauben würde, um das Eintreten der Menses zu gewährleisten. Er forderte die Verwendung einer solchen Empfängnisverhütung aus klinischen und eugenischen Gründen und argumentierte, dass sie Eltern befähigen würde, die gewünschte Anzahl gesunder Kinder zu haben. Einwände, dass zu viele Frauen von der hormonalen Kontrazeption Gebrauch machen könnten, parierte Haberlandt mit dem Argument, dass es sich um ein verschreibungspflichtiges Präparat handeln würde, das nicht allgemein erhältlich sein werde. Er beendete sein Manifest mit einer visionären Behauptung: „So ist es wohl zweifellos, dass die praktische Auswertung der temporären hormonalen Sterilisierung des Weibes wesentlich beitragen wird zur Erreichung jenes idealen Zustandes in der menschlichen Gesellschaft, von dem in treffender Voraussage schon vor einem Menschenalter Sigmund Freud (1898) Folgendes geschrieben hat: ‚Theoretisch wäre es einer der größten Triumphe der Menschheit, wenn es gelänge, den verantwortlichen Akt der Kinderzeugung zu einer willkürlichen und beabsichtigten Handlung zu erheben.'"

Haberlandt beschränkte seine publizistische Arbeit nicht auf die wissenschaftliche Literatur. Er veröffentlichte auch in der populären Presse und gab Interviews, die zu dicken Schlagzeilen führten wie: „Mein Ziel: Weniger Kinder, aber vollwertige!" (so im Berliner *Acht Uhr Abendblatt* vom 20. Januar 1927), begleitet von den entsprechenden Kommentaren des inzwischen vertrauten Chores von Ärzten, Juristen und Theologen. Seine obsessive Beschäftigung mit den therapeutischen Möglichkeiten der Corpus-luteum-Extrakte war so bekannt, dass seine Studenten ein Banner vor seinem Haus aufhängten, auf dem der Vers stand: „Verdirb nicht Deines Vaters Ruhm mit Deinem Corpus luteum." Doch Haberlandt gab sich nicht mit der Rolle des Visionärs zufrieden. Er setzte sich mit mehreren Pharmaunternehmen in Verbindung, um beständig aktive und nicht-toxische Corpus-luteum- und Plazenta-Extrakte für klinische

Versuche am Menschen zu erhalten. In seinem 1931 erschienenen Buch konnte er mit den folgenden Worten schließlich Erfolg vermelden: „Ich bin seit fast drei Jahren mit der therapeutischen Fabrik Gideon Richter in Budapest in Verbindung [ein Unternehmen, das bis heute auf dem Gebiet der Steroide tätig ist], und es dürfte in nächster Zeit ein geeignetes Sterilisierungspräparat unter dem Namen ‚Infecundin‘ für interne Verabreichung zur klinischen Prüfung gelangen, wie ich dies bereits zu Wien [im September 1930] ankündigen konnte." Er bestätigte, dass bei Versuchen mit oral verabreichtem „Infecundin" bei Mäusen eine temporäre Unfruchtbarkeit ohne toxische Reaktionen nachgewiesen werden konnte, „denn nur in dieser Form wird wohl die neue Methode Aussichten auf vollen klinischen Erfolg haben können". Im Jahr darauf beging der 47-jährige Haberlandt Selbstmord in Reaktion auf die unaufhörliche Kritik an seiner Arbeit im konservativen Österreich. Der Name „Infecundin" überdauerte: 1966 wurde er zum Markennamen des ersten oralen Verhütungsmittels, das in Ungarn von eben jenem Unternehmen hergestellt wurde, mit dem Haberlandt 40 Jahre davor in Verbindung getreten war.

Zwei Jahre nach Haberlandts Tod wurde reines Progesteron bereits in nicht weniger als vier Laboratorien in Deutschland, den USA und der Schweiz isoliert. Seine chemische Struktur war von Karl Slotta, der später vor den Nazis nach Brasilien floh, ermittelt, und seine Synthese aus dem Sojasterin Stigmasterin war von E. Fernholz in Göttingen und von Adolf Butenandt in Danzig vollendet worden. Hätte Haberlandt zu der Zeit noch gelebt, dann hätte er seinen Traum von der temporären hormonalen Sterilisierung der Frau zweifellos ohne die Verwendung von Drüsenextrakten weiterverfolgt. Aber selbst mit reinem Progesteron hätte er nur beweisen können, dass sich die Ovulation mittels Injektion verhindern lässt, wie ein amerikanischer Forscher mit dem sinnigen Namen A. W. Makepeace 1937 bei Kaninchen und E. W. Dempsey bei Meerschweinchen nachwiesen. Haberlandt hätte noch ein weiteres Steroid benötigt, das nicht in der Natur vorkommt, aber darauf wartete, synthetisiert zu werden – was weitere 20 Jahre dauerte. Folglich geschah zunächst nichts, und Haberlandts Werk geriet so völlig in Vergessenheit, dass der nächste Biologe, der sich

Carl Djerassi (5. von links) und Gregory Pincus (9. von links, mit Tasse) beim *CIBA Foundation Colloquium*, London 1952

der Sache annahm, Gregory Pincus (der es eigentlich besser hätte wissen müssen), sich nicht einmal verpflichtet fühlte, Haberlandt unter den 1.459 Quellen seines Hauptwerks *The Control of Fertility* zu nennen. Genauso wenig wie Pincus' klinischer Mitarbeiter John Rock, dessen Buch *The Time Has Come* (1963) zwar die Arbeit von Makepeace nennt, nicht jedoch Haberlandts bahnbrechende frühere Forschungen. Doch wenn es je einen Großvater der Pille gegeben hat, dann gebührt diese Ehre vor allen anderen Ludwig Haberlandt. Abgesehen davon, dass sie Haberlandts Arbeiten nicht einmal erwähnen, enthalten die genannten Bücher von Pincus und Rock, die oft die beiden Väter der Pille genannt werden – eine interessante Variante der Parthenogenese – noch andere erstaunliche Lücken: nämlich keinen einzigen Hinweis auf die chemische Erfindung der Pille, ohne die, verständlicherweise, keine biologischen oder klinischen Forschungen zu der heutigen Pille möglich gewesen wären.

Da der Begriff „Vater der Pille" reproduktive Vorstellungen weckt, verdient die Entwicklung oraler Kontrazeptiva wohl auch eine reproduktive Metapher. Man könnte sich fragen, warum die metaphorischen Väter, also Pincus und Rock, den Partner bei diesem Prozess nicht erwähnten, die metaphorische Mutter, die, wie ich oben ausführte, ein Chemiker sein musste. Eine interessante Antwort – die meines Wissens von allen Journalisten und Historikern, die sich mit der Geschichte der Pille befassten, bisher ignoriert wurde – wurde bei einer ungewöhnlichen Sitzung geliefert, die an einem Freitagvormittag, dem 5. Mai 1978, in einem alten Landhaus in der Nähe von Boston stattfand, dem Sitz der *American Academy of Arts and Sciences*. Die Akademie veranstaltete dort eine zweitägige nicht-öffentliche Tagung zum Thema „Historische Perspektiven des wissenschaftlichen Studiums der Fertilität". Zweck der Veranstaltung war es, einen offenen Meinungsaustausch zwischen einigen der maßgeblichen Wissenschaftler in Gang zu bringen, die in den zurückliegenden 40 Jahren in den Vereinigten Staaten auf dem Gebiet der Fertilität gearbeitet hatten (kein Wunder also, dass ich, soweit ich feststellen konnte, mit meinen 55 Jahren der Jüngste war), um Quellenmaterial zusammenzutragen, auf das zukünftige Historiker zurückgreifen konnten.

Die unredigierte Abschrift jener Freitagvormittagssitzung liest sich fürchterlich: Substantive und Verben passen nicht zusammen, Tempi werden verwechselt, Satzzeichen fehlen, und viele Wörter sind falsch geschrieben oder scheinen akkustisch nicht verstanden worden zu sein. Dennoch bekommt man einen guten Eindruck von erregten Zwiegesprächen und Einwürfen, verletzten Eitelkeiten, von bislang verschwiegenen Aspekten. Hier zwei Beispiele:

HECHTER: Kann ich dazu mal was sagen?
DJERASSI: Ich bin noch nicht fertig. Ich würde gerne fortfahren, weil ich erst bei der ersten Hälfte meiner Geschichte angelangt bin.
REED: Er kann meine Zeit haben. Das ist der erste wirklich produktive ... *(unverständlich)*
GREEP: Das hier ist Geschichte aus erster Hand, und ich finde das sehr gut.
DJERASSI: Dann hatte ich das missverstanden. Wollten Sie, dass ich fortfahre?
GREEP: Ja.

Der stellvertretende Präsident für Naturwissenschaften auf dieser Bostoner Tagung der Akademie im Mai 1978 war Roy O. Greep, ein angesehener Endokrinologe aus Harvard, der die meisten Beteiligten persönlich kannte. Ein weiterer wichtiger Teilnehmer war Oscar Hechter, der viele Jahre Senior Scientist der *Worcester Foundation for Experimental Biology* gewesen war. Er hatte zwar nicht direkt mit der Entwicklung oraler Kontrazeptiva zu tun gehabt, war aber ein enger Mitarbeiter von Gregory Pincus gewesen. James Reed von der *Rutgers University* war Historiker und beschäftigte sich mit der Geschichte der Geburtenkontrolle in Amerika.

Ich fand, dass die Tagung *die* Gelegenheit war, um endlich, Jahre nach Pincus' Tod, herauszufinden, warum er so ungnädig und selektiv gewesen war, die Arbeiten anderer, die für die Entwicklung der Pille ausschlaggebend waren, nicht zu erwähnen. John Rock, der sich kaum anders verhalten hatte, war im Raum, hatte inzwischen jedoch ein Alter erreicht, in dem es ihm nicht mehr möglich war, etwas zu der Debatte beizutragen. Er war ein stummer Gast, dessen Anwesenheit uns allen jedoch sehr bewusst war. Aber dafür war Celso-Ramon Garcia zugegen, der engste klinische Mitarbeiter von Rock und Pincus, was zu folgendem Schlagabtausch führte:

GARCIA: Die Monografie *Control of Fertility*, die Pincus geschrieben hat, bringt doch ziemlich detailliert zum Ausdruck, wer seiner Meinung nach zu was beigetragen hat.

DJERASSI: Warum hat er dann keine Chemiker erwähnt, können Sie mir das vielleicht sagen?

GARCIA: Er war Biologe, so wie Sie im Prinzip Ihre Geschichte als Chemiker darstellen.

DJERASSI: Das stimmt nicht. Darum habe ich hier ja ein Paper mit biologischen Quellen vorgelegt, darunter auch Ihre.

GARCIA: Okay, aber Tatsache ist doch, dass Sie in erster Linie Chemiker sind und dass Ihr wichtigster Beitrag der eines Chemikers war.

DJERASSI: Aber das wäre ja so, als ob ich die Geschichte der oralen Kontrazeptiva schildern würde, ohne Pincus oder Rock oder Sie auch nur ein einziges Mal zu erwähnen!

In anderen Worten: Garcia – und folglich auch Pincus – fand, dass es genügte, sich bei Debatten über die Geschichte der Pille auf die Vaterrolle zu konzentrieren. Daher habe ich, als Chemiker, in früheren autobiografischen Schilderungen in erster Linie die ebenso unerlässliche „mütterliche" Rolle des Chemikers hervorgehoben, und zwar vor allem deshalb, weil die historischen und journalistischen Darstellungen sich stets auf die anschließenden biologischen und klinischen Studien konzentrierten. Das ist teilweise verständlich, da chemische Sachverhalte hauptsächlich anhand von chemischen Strukturformeln vermittelt werden, was die meisten Historiker und fachfremden Autoren eben veranlasst hat, diesen Teil der Geschichte zu überspringen oder sogar falsch darzustellen. Doch statt zu wiederholen, was ich an anderer Stelle bereits bis ins kleinste Detail geschildert habe, samt ausführlichen Verweisen auf Fachzeitschriften und Gutachterverfahren, werde ich mich lediglich auf einige persönliche Highlights konzentrieren, die den Hintergrund für meine anschließende Beschäftigung mit den „bitteren" Aspekten dessen bilden, was ich viele Jahre für eine „süße" Pille gehalten habe.

Genauso eindeutig, wie Ludwig Haberlandt der Rang des Großvaters väterlicherseits gebührt, der die Rolle des weiblichen Sexualhormons Progesteron als das Kontrazeptivum der Natur (da eine Frau während der Schwangerschaft Progesteron produziert, kann sie während der gesamten neun Monate nicht schwanger werden) klar erkannte und publik machte, hat Gregory Pincus – trotz aller Unsicherheiten, die bei einer Vaterschaft im Allgemeinen bestehen – es verdient, ein Vater der Pille genannt zu werden. Die ersten Experimente mit Kaninchen, die von M. C. Chang im Labor von Pincus durchgeführt wurden und die Haberlandts Arbeiten der 1920er Jahre bestätigten und erweiterten, waren, metaphorisch gesehen, zweifellos das Spermium, das die chemische Eizelle befruchtete. Die darauffolgende Einnistung des Embryos und das anschließende Wachstum des Fötus, also dessen, was schließlich die Pille wurde, lassen sich weitgehend, wenn auch nicht zur Gänze, weiteren Versuchen in Pincus' Labor zuschreiben, und zwar mit Substanzen, die sowohl wir als auch andere Chemiker geliefert hatten. Pincus war jedoch nicht nur ein sehr produktiver und versierter Endokrinologe, sondern auch ein Mann mit Charisma und unternehmerischen Talenten. Letzteres ist oft noch rarer als wissenschaftliche Brillanz. Es brauchte einen Unternehmergeist von Pincus' Kaliber, um die von den Chemikern gelieferten Steroide auf den Stand zu bringen, an dem klinische Versuche mit der Pille überhaupt beginnen konnten, sodass John Rock, Leiter des klinischen Teams, in den Mantel des metaphorischen Geburtshelfers schlüpfen konnte. Während Rocks Name unauflöslich mit dieser Funktion verbunden ist, trugen andere, insbesondere Celso-Ramon Garcia (der erste Professor für Gynäkologie und Geburtshilfe an der medizinischen Fakultät der Universität Puerto Rico) und Edith Rice-Wray (medizinische Leiterin der puertoricanischen *Family Planning Association*), in hohem Maße zu der Planung und Durchführung der ersten klinischen Versuche in San Juan und Umgebung bei. Rice-Wray leitete später eine Familienplanungsklinik in Mexico City, wo sie ihre klinischen Studien fortsetzte, diesmal mit Norethisteron von Syntex.

Autobiografische Anmerkungen: Cortison und orale Progestagene

Seltsamerweise begann meine eigene Mitwirkung an der Entwicklung der Pille mit Cortison – einem Wundermittel zur Behandlung rheumatischer Entzündungen, das medizinisch gesehen nichts mit Kontrazeption zu tun hatte, davon abgesehen, dass beide Substanzen für den Chemiker eine gemeinsame Basis haben: Beide sind Steroide. Und das wiederum erfordert eine vereinfachte Definition, für die ich auf die verkürzte chemische Schreibweise in der folgenden Schablone zurückgreifen muss.

Das Wort „Steroid", das „wie ein Sterol" bedeutet, stammt aus dem Griechischen. Sterole oder Sterine, wie sie im Deutschen üblicherweise genannt werden, sind feste Alkohole (griech. *stereos*, fest + ol), die weit verbreitet in Pflanzen und Tieren vorkommen – am bekanntesten ist das Cholesterin, das im Menschen und anderen Wirbeltieren am reichlichsten vorhandene Sterin. Alle Steroide (und alle Sterine) basieren auf einem chemischen Grundskelett, das aus Kohlenstoff- und Wasserstoffatomen besteht, die in vier kondensierten Ringen angeordnet sind, und das in der Nomenklatur den abschreckenden Namen „Perhydrocyclopentanophenanthren" trägt. Verständlicherweise benutzen Steroidchemiker keine vielsilbigen Zungenbrecher wie diesen, sondern grafische Darstellungen wie die oben gezeigte. Und sie machen sich das Leben noch dadurch leichter, dass sie die Symbole für Kohlenstoff (C) und Wasserstoff (H) einfach weglassen. Diese verkürzte Schreibweise hat ihren Sinn (für den Steroidchemiker), wenn man von Folgendem ausgeht: Jede Ecke ist mit einem Kohlenstoffatom besetzt, jedes Kohlenstoffatom ist vierbindig, also an vier andere Atome gebunden, und die verbliebenen Bindungen sind mit Wasserstoffatomen besetzt. Wenn man das weiß, dann stellt sich die Schablone wie folgt dar: drei Ringe (A, B, C) mit jeweils sechs Kohlenstoffatomen und einem Ring (D) mit fünf. Einige C-Atome sind mit drei nicht dargestellten Wasserstoffatomen verbunden, andere mit zwei, einige mit einem und zwei (Atome 10 und 13) mit keinem, da ihre Vierbindigkeit durch andere C-Atome gesättigt wird. Zusammen bilden diese kondensierten Ringe ein Steroid. Zu beachten ist, dass die Atome 18 und 19 nicht Bestandteil eines Ringes sind, sondern als Methylgruppen anhaften. (Die volle chemische Notation von „Methyl" ist CH_3, aber aus Kurzschriftgründen wird es schlicht durch einen senkrechten Strich dargestellt.)

Es gibt Zehntausende von synthetischen und Hunderte von natürlichen Verbindungen, die auf diesem in der Schablone gezeigten Grundskelett basieren und sich in ihrer chemischen Struktur nur geringfügig unterscheiden, gewöhnlich durch die Anbindung weiterer Atome (meist Sauerstoff) an unterschiedlichen Stellen, am häufigsten in Stellung 3 und 17. Jede noch so minimale Abweichung hat völlig andere biologische Auswirkungen zur Folge. Viele der wichtigsten biologisch aktiven Moleküle in der Natur stellen leichte Variationen des Steroid-Grundskeletts dar: die männlichen und weiblichen Sexualhormone, Gallensäuren, Cholesterin, Vitamin D, die herzaktiven Bestandteile von Digitalis, die Nebenrindenhormone, die mit dem Cortison verwandt sind und generisch als „Corticosteroide" oder kurz „Corticoide" bezeichnet werden, sowie viele Produkte auf Pflanzenbasis. Die breite Palette der biologischen Aktivität der Steroide – etwa die Tatsache, dass eines (das männliche Sexualhormon Testosteron) für die sekundären Geschlechtsmerkmale des Mannes und ein anderes (das weibliche Sexualhormon Östradiol) für die sekundären Geschlechtsmerkmale der Frau verantwortlich ist – hängt zum Teil mit dem Einbau eines dritten Elements an bestimmten Stellen des Steroidskeletts zusammen, nämlich Sauerstoff (O).

Im Herbst 1945 kehrte ich als 22-jähriger, frischgebackener, naturalisierter amerikanischer Bürger mit einem Doktortitel der Universität Wisconsin und einer Ehefrau für vier weitere Jahre aus Madison, Wisconsin, zu CIBA zurück: dem pharmazeutischen Unternehmen in New Jersey, für das ich nach Abschluss des *Kenyon College* ein Jahr lang gearbeitet hatte, um meine Forschung an Antihistaminen und anderen medizinischen Präparaten fortzusetzen. Im Frühjahr 1949 erhielt ich eines Tages aus heiterem Himmel ein Stellenangebot von Syntex, einer Firma, von der ich noch nie gehört hatte. Die Position als stellvertretender Leiter der chemischen Forschung klang zwar verlockend, aber wegen des Standorts von Syntex im wissenschaftlich rückständigen Mexiko erschien mir das Angebot doch ziemlich grotesk. Zum Glück reise ich für mein Leben gern, und als ich die Einladung las: „Besuchen Sie uns in Mexico City, Ihre Auslagen werden in vollem Umfang erstattet", fuhr ich hin. Als Dreingabe beschloss ich, mir bei dieser Gelegenheit einen touristischen Abstecher nach Havanna zu gönnen.

Die Einladung kam von George Rosenkranz, damals erst knapp über dreißig und technischer Leiter von Syntex, der mich sofort als erstklassiger Steroidchemiker beeindruckte. Aber er bezauberte mich auch als Mensch. Rosenkranz führte mich durch die ziemlich einfachen Labors, versprach mir aber jede Menge Laboranten und beträchtliche Selbstständigkeit in der Forschung, um eine praktische Cortisonsynthese zu entwickeln und andere Aspekte der Steroidchemie weiterzuverfolgen, die mich interessieren mochten. Aber obwohl die Labors primitiv waren, konnte sich Syntex doch mit einigen hochmodernen Geräten brüsten, zum Beispiel einem Infrarotspektrometer, und zwar zu einer Zeit, als weder CIBA noch meine Alma mater, die *University of Wisconsin*, über einen solchen Apparat verfügten, der sich bei der Steroidforschung als ungeheuer nützlich erwies.

Ich fing im Spätherbst des Jahres 1949 bei Syntex an, um meinen 26. Geburtstag herum. Ich habe diese Entscheidung nie bereut, obwohl mich meine amerikanischen Kollegen damals für verrückt erklärten, in ein Land zu ziehen, das zwar für Mariachi-Musik, Stierkämpfe und präkolumbianische Ruinen berühmt war, auf dem Radarschirm der internationalen Fachzeitschriften aber nur kaum wahrnehmbare Echosignale hervorgerufen hatte. Dennoch war ich überzeugt, dass der beste Weg zu der akademischen Anstellung, die sich mir noch immer entzog, darin bestand, mir in der wissenschaftlichen Literatur einen Namen zu machen. Ich spürte intuitiv, dass Mexiko der richtige Ort für mich war. Syntex und ich hatten das gleiche Ziel: Wir wollten uns einen Ruf erwerben. Unser gemeinsames Anliegen – die Synthese von Cortison aus einem pflanzlichen Rohstoff – war damals eines der aktuellsten Themen auf dem Gebiet der organischen Chemie. Ich war jung und bereit, es auf ein paar Jahre in Mexiko ankommen zu lassen – weil es mich reizte, in einem anderen Land zu leben und eine neue Sprache zu lernen, aber auch, weil ich damit rechnete, dass eine wissenschaftliche Leistung, die von einem Labor in Mexiko vollbracht wurde, wesentlich mehr Eindruck auf die akademische Welt machen musste, als wenn sie aus den üblichen Elitelaboratorien in Nordamerika oder Europa kam. Daher hatte ich im Grunde nur eine Bedingung, bevor ich das Syntex-Angebot annahm: Jede wissenschaftliche Entdeckung sollte umgehend in den Chemie-Fachzeitschriften veröffentlicht werden. Syntex war damit einverstanden und hielt sich an die Abmachung. Aufgrund meiner früheren Erfahrungen in der Industrie hatte ich volles Verständnis dafür, dass eine Firma Entdeckungen aus ihren Labors erst patentieren lassen muss, bevor sie in einer Veröffentlichung abgehandelt wer-

1951 Pressekonferenz bei Syntex in Mexico City anlässlich der ersten Synthese von Cortison aus einem Pflanzenstoff. Stehend von links nach rechts: Gilbert Stork (Berater bei Syntex), Juan Berlin, Octavio Mancera, Jesus Romo, Alexander Nussbaum. Sitzend von links nach rechts: Juan Pataki, Enrique Batres, George Rosenkranz, Carl Djerassi, Rosa Yashin, Mercedes Velasco

den können. Aber statt es Patentanwälten zu überlassen, ob und wann publiziert werden durfte, hatten bei Syntex Rosenkranz und ich das Sagen – was in einem Unternehmen der Pharmabranche höchst ungewöhnlich war. Infolge dieser Geschäftspolitik veröffentlichten wir während meiner ersten zwei Jahre bei Syntex von 1950 bis 1951 schneller als jedes andere Pharmaunternehmen oder auch viele Universitätslabors.

Bis 1951 waren tierische Gallensäuren die einzige Quelle für Cortison, aus denen es mit Hilfe eines außerordentlich komplexen Verfahrens gewonnen wurde, das 36 verschiedene chemische Umwandlungsstufen erforderte – ein Gewaltakt, der von Lewis Sarrett von Merck & Co. entwickelt worden war. Jahrelang galt dieses Verfahren als die zeitaufwändigste und komplizierteste Synthese eines chemischen Präparats in industriellem Maßstab. Doch nun, da sich Cortison als Wunderdroge erwiesen hatte – eine Entdeckung, für die die US-Amerikaner E. C. Kendall und P. S. Hench sowie der Schweizer Chemiker Tadeus Reichstein 1950 den Nobelpreis für Medizin erhielten –, wurde die Entwicklung einer alternativen Synthese aus einem pflanzlichen Rohstoff plötzlich eines der aktuellsten wissenschaftlichen Vorhaben, sodass in Europa und in den USA eine ganze Reihe bedeutender Forschungsgruppen an Universitäten und in der Industrie miteinander wetteiferten. Zunächst bemerkte kein Mensch, dass sich auch ein kleines Forschungsteam in Mexico City an dem Wettlauf beteiligte. Aber als wir im Juni 1951 unsere Synthese von Cortison aus Diosgenin vor allen anderen abschlossen, war der Medienrummel, der darauf folgte, erstaunlich.

Lange bevor Syntex unter eigenem Namen Arzneimittel verkaufte, war der internationale wissenschaftliche Ruf der Firma in der Chemie daher bereits etabliert. Als Professor Louis F. Fieser von der *Harvard University* 1959, zehn Jahre nach meiner vorübergehenden Übersiedelung nach Mexico City, das Literaturverzeichnis der neuesten Auflage seines Buches *Steroids* (die anerkannte Bibel der Steroidforschung) analysierte, stellte er fest, dass kein Labor auf der Welt – weder das einer Universität noch das eines Industrieunternehmens – in diesem Zeitraum so viel auf dem Gebiet der Steroide veröffentlicht hatte wie Syntex. Die Chemie südlich des Rio Grande hatte also endlich das Klassenziel erreicht.

Was mich schließlich zu der Pille und einem Resümee meiner persönlichen Mitwirkung an der ersten Synthese eines steroidalen oralen Kontrazeptivums bringt. Im Rahmen des vorliegenden Kapitels wäre es überflüssig, detaillierter darauf einzugehen, da ich dieses Thema ausführlich in meinen früheren autobiografischen Werken erläutert und alle relevanten chemischen und biologischen Literaturhinweise in mehreren Artikeln in der wissenschaftlichen Fachliteratur angeführt habe, samt Verweisen und zahlreichen chemischen Strukturen.

Zu der Zeit, als ich mich für die chemische Zusammensetzung von Progestinen oder gestagenen Steroiden zu interessieren begann – d.h. von Steroiden, die chemisch mit dem natürlichen weiblichen Sexualhormon Progesteron verwandt sind –, galt in der Steroidchemie der Lehrsatz, dass faktisch jeder chemische Eingriff in die Struktur des Progesteron-Moleküls dessen biologische Aktivität verringert oder zerstört.

Diese Aussage verwundert angesichts der schon damals allgemein bekannten Tatsache, dass sowohl östrogene Steroidhormone, die in der Natur in vielfältigen Formen vorkommen, als auch synthetische chemische Verbindungen, die nicht einmal auf dem Steroidgerüst basieren, ausgeprägte östrogene Wirkung aufweisen. Maximilian Ehrenstein, ein Emigrant aus Nazi-Deutschland und damals an der *University of Pennsylvania* tätig, veröffentlichte 1944 einen Artikel, der weitgehend unbeachtet blieb, aber einen tiefen Eindruck bei mir hinterlassen hatte, als ich noch Doktorand war. Mittels eines extrem mühsamen vielstufigen Verfahrens hatte Ehrenstein das in der Natur vorkommende steroidale Herz-Stimulans Strophanthidin in einige Milligramm einer unreinen öligen Substanz namens 19-Norprogesteron umgewandelt. Obgleich das Material, das er erhalten hatte, nur für Versuche mit zwei Kaninchen reichte, zeigte sein Präparat bei einem der beiden eine höhere gestagene Aktivität als das Ausgangshormon. Ein positives Resultat bei einem von zwei Tieren hätte natürlich purer Zufall sein können. Was Ehrensteins Ergebnisse so ungewöhnlich machte, war das, was das „19-Nor" im Namen des Präparats aussagte. Es bedeutete nämlich, dass Ehrenstein das Kohlenstoffatom 19 (zwischen den Ringen A und B des in der Schablone gezeigten Steroid-Grundskeletts) von der unzugänglichsten Position des Steroidmoleküls entfernt und durch ein Wasserstoffatom ersetzt hatte. Auf dem Papier – oder in Worten – scheint das keine große Sache zu sein. In Anbetracht des damaligen Standes der organischen Synthese jedoch war das eine so schwierige Operation, dass mehrere Jahre nötig gewesen waren, um sie abzuschließen. Hinzu kam, dass Ehrensteins Beobachtung, falls die biologischen Ergebnisse tatsächlich zutrafen, alle früheren Annahmen bezüglich der Unverletzlichkeit der Progesteronstruktur über den Haufen warfen. Doch da war noch ein anderes Problem: Ehrensteins ölige Substanz war unrein, nämlich eine Mischung aus mindestens drei „Stereoisomeren" – Molekülen, die von der Struktur her identisch sind, sich ansonsten aber wie Bild und Spiegelbild zueinander verhalten, also genauso ähnlich oder verschieden sind wie die linke Hand und die rechte. In der Biochemie, wo es oft darauf ankommt, dass Moleküle nahtlos zusammenpassen, kann dieser Unterschied von entscheidender Bedeutung sein. Welche der Komponenten, wenn überhaupt eine, war für die vermeintliche gestagene Aktivität verantwortlich? Es dauerte sieben Jahre, bis jemand die Antwort darauf fand. Und dass wir sie fanden, führte uns fast geradewegs zur Pille.

In meiner Dissertation an der *University of Wisconsin* hatte ich mich Anfang der 1940er Jahre unter anderem mit der Synthese der damals unzugänglichen Östrogene Östradiol und Östron aus den leichter verfügbaren Androgenen, wie Testosteron, beschäftigt. Jahrelang erhielt man Östrogene nur, indem man sie aus dem Harn schwangerer Frauen isolierte (und später aus dem Harn trächtiger Stuten, noch heute die Ausgangsbasis eines der am häufigsten verordneten Östrogenpräparate, die in der Hormonersatztherapie verwendet werden). Hans H. Inhoffen von der Schering AG in Berlin hatte die praktische Durchführbarkeit einer solchen chemischen Umwandlung nachgewiesen, doch seine Arbeit hatte während des Zweiten Weltkriegs stattgefunden und experimentelle Einzelheiten waren spärlich und mussten teilweise rekonstruiert werden. Syntex hatte begonnen, mit dem Inhoffen-Verfahren, das in Mexiko nicht patentiert worden war, bescheidene Mengen von Östron und Östradiol herzustellen. Nach Antritt meiner Stelle schlug ich Rosenkranz vor, eine andere Methode zur Östrogengewinnung direkt aus Testosteron zu untersuchen, die wir dann zum Patent anmelden konnten. Knapp drei Monate später hatten wir dieses Ziel erreicht, das im Chemikerjargon als die „Aromatisierung von Ring A konventioneller Steroide" bezeichnet wird, und veröffentlichten unser Ergebnis im *Journal of the American Chemical Society*, einer der renommiertesten Fachzeitschriften.

Diese Studien lieferten den Anstoß, der fast auf direktem Weg zur ersten Synthese eines oralen Verhütungsmittels führte. Rein technisch gesehen hielt ich bei meiner Ankunft in Mexico City die Zeit für reif, Ehrensteins Hinweis aus dem Jahre 1944 nachzugehen. Mit Hilfe verschiedener chemischer Verfahren, die wir im Zusammenhang mit unserer Östrogensynthese entwickelt hatten, sowie der Methodologie, die der australische Chemiker Arthur J. Birch perfektioniert hatte (in der Folge viele Jahre Berater bei Syntex), stellten meine Syntex-Kollegen und ich 1951 zum ersten Mal reines, kristallines 19-Norprogesteron her, das, als es von Elva G. Shipley an den *Endocrine Laboratories* in Wisconsin an Kaninchen getestet wurde, nachweislich vier- bis achtmal so aktiv war wie natürliches Progesteron. Das heißt, dass Ehrensteins Beobachtung bei einer öligen Mischung, die er an einem Kaninchen getestet hatte, mehr als bestätigt wurde: Das Ersetzen von C-Atom 19 durch ein Wasserstoffatom hatte das aktivste gestagene Steroid hervorgebracht, das damals bekannt war.

Dank dieses Anhaltspunktes wandten wir uns einer anderen zufälligen Entdeckung zu, die 1939 in Deutschland gemacht worden war, wo Chemiker der Firma Schering, wiederum unter der Leitung Inhoffens, herausgefunden hatten, dass durch Einbau einer Acetylengruppe in Stellung 17 des männlichen Sexualhormons Testosteron dessen biologische Aktivität deutlich verändert wird: Aus unbekannten und völlig unerwarteten Gründen wies diese androgene Verbindung eine schwache gestagene Aktivität auf. Und, was noch wichtiger war, sie erwies sich auch als oral aktiv. In der logischen Annahme, dass die Abspaltung des Kohlenstoffatoms 19 die gestagene Wirkung steigert und der Einbau einer Acetylengruppe für orale Wirksamkeit sorgt, verbanden wir bei Syntex diese beiden Beobachtungen miteinander. Am 15. Oktober 1951 beendete Luis Miramontes, ein junger mexikanischer Chemiker, der unter meiner Anleitung bei Syntex seine Bachelorarbeit schrieb, die Synthese des 19-Nor-Analogs von Inhoffens Verbindung – d.h. 19-Nor-17α-ethinyl-testosteron, kurz „Norethindrone" (in Europa „Norethisteron"). Es war das erste orale Kontrazeptivum, das synthetisiert wurde.

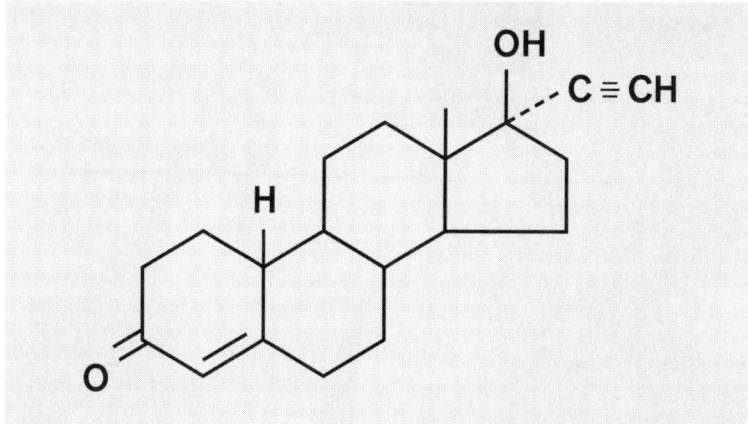

Norethindrone

Wir schickten das Präparat umgehend zur biologischen Auswertung an unser bevorzugtes Labor in Wisconsin und waren überglücklich, als Elva G. Shipley vermeldete, dass es als orales gestagenes Hormon aktiver war als jedes andere damals bekannte Steroid. In weniger als sechs Monaten hatten wir unser Ziel erreicht, einen superpotenten, oral aktiven gestagenen Wirkstoff zu synthetisieren. Um zu meiner reproduktiven Metapher zurückzukehren, vergleiche ich unsere Synthese von Norethisteron mit der Freisetzung der reifen Eizelle, die nun darauf wartete, befruchtet zu werden. Wenn einem das klar ist, dann versteht man auch die Rolle von Ehrenstein und Inhoffen als ältere Onkel mütterlicherseits. Da Ehrenstein in den Staaten lebte, kreuzten sich unsere Wege in den 1950er Jahren mehrmals bei wissenschaftlichen Kongressen. Ich weiß, dass er sich freute, dass wir seiner ursprünglichen 19-Nor-progesteron-Arbeit ihren esoterischen Charakter genommen und ihr zukunftsweisende Bedeutung verliehen hatten.

Bei Inhoffen war das anders. Wir begegneten uns nur ein einziges Mal auf einem internationalen Kongress. Seine Bemerkungen damals waren ziemlich frostig und hinterließen bei mir den Eindruck, dass meine Arbeit als Doktorand für ihn eine Einmischung in seine frühe Arbeit an der Partialsynthese von Östroge-

Hans H. Inhoffen und Huang Minlon bei der Schering A.G. in Berlin, um 1938

nen bedeutet hatte. Doch 1999 kreuzten sich unsere Wege erneut, sogar zweimal, wenn auch in seinem Fall posthum. Anfang jenes Jahres wurde mir an der Technischen Universität Braunschweig die Inhoffen-Medaille verliehen, gefolgt von einem bewegenderen Ereignis, das einige Monate später in Graz stattfand. Ich hatte dort einen typischen akademischen Vortrag über die Geschichte der Pille gehalten, und zwar auf Deutsch, was bedeutete, dass das Ganze langsamer vonstatten ging, als wenn ich Englisch gesprochen hätte. Als ich merkte, dass mir die Zeit davonlief, beschloss ich, einige Dias zu überspringen. Eines davon war ein Foto von Inhoffen, das ihn zusammen mit Huang Minlon zeigt, dem Vater der chinesischen Steroidchemie. Der Saal war voll besetzt, und ich musste viele Fragen beantworten, bevor die Veranstaltung endete. Plötzlich trat ein hochgewachsener, etwa 60-jähriger Mann mit ernster Miene auf mich zu und fragte leise: „Kannten Sie Inhoffen und seine Arbeit?" Und da erfuhr ich, dass ich mit Peter Inhoffen sprach, einem katholischen Theologen und dem einzigen Sohn von Professor Inhoffen, dem er sich völlig entfremdet hatte. An seinem Gesichtsausdruck war nicht abzulesen, ob ihn pure Neugier zu der Frage veranlasst hatte oder unterschwelliger Stolz eines Sohnes auf den Vater.

2,744,122
Patented May 1, 1956

2,744,122

Δ^4-19-NOR-17α-ETHINYLANDROSTEN-17β-OL-3-ONE AND PROCESS

Carl Djerassi, Birmingham, Mich., and Luis Miramontes and George Rosenkranz, Mexico City, Mexico, assignors, by mesne assignments, to Syntex S. A., Mexico City, Mexico, a corporation of Mexico

No Drawing. Application November 12, 1952,
Serial No. 320,154

Claims priority, application Mexico November 22, 1951

4 Claims. (Cl. 260—397.4)

The present invention relates to cyclopentanophenanthrene derivatives and to a process for the preparation thereof.

More particularly the present invention relates to Δ^4-19-nor-androsten-17β-ol-3-one compounds, having 17α-methyl or ethinyl substituents and to a process for producing these compounds.

In United States application of Djerassi, Rosenkranz and Miramontes, Serial Number 250,036, filed October 5, 1951, there is disclosed a novel process for the production of 19-norprogesterone. As set forth in this application, 19-norprogesterone has been found to be even stronger in its progestational effect than progesterone itself.

Die erste Seite des US-Patents für Norethindrone

Unsere Patentanmeldung für Norethisteron wurde am 22. November 1951 eingereicht (das erste Arzneimittel, das in der *National Inventors Hall of Fame* – der Ruhmeshalle der Erfinder – in Akron, Ohio, registriert ist), und im April 1952 erläuterte ich die Details unserer chemischen Synthese sowie die hohe orale Aktivität der Substanz auf der Tagung der Sektion Arzneimittelchemie der *American Chemical Society* in Milwaukee. Die Zusammenfassung dieses Referats wurde im März 1952 unter den Namen Djerassi, Miramontes und Rosenkranz veröffentlicht, und der vollständige Aufsatz mit sämtlichen experimentellen Einzelheiten erschien 1954 im *Journal of the American Chemical Society*. Den Leser mag diese Fülle von Datumsangaben irritieren, aber chronologische Präzision ist nun einmal wichtig, wenn es um Fragen der Priorität geht – eine Schwäche, die zu verheimlichen dumm von mir wäre.

Einige Wochen nachdem Dr. Shipley die erwartete orale gestagene Aktivität bestätigt hatte, schickten wir die Substanz an verschiedene Endokrinologen und Kliniker: zunächst an Roy Hertz am *National Cancer Institute* in Bethesda, Maryland, und an Alexander Lipschutz in Chile; später an Gregory Pincus an der *Worcester Foundation* in Shrewsbury, Massachusetts, an Robert Greenblatt in Georgia und an Edward Tyler vom *Planned Parenthood Center* in Los Angeles. Tatsächlich war es Tyler, der im November 1954 die ersten klinischen Resultate bezüglich der Verwendung von Norethisteron bei der Behandlung von Menstruationsstörungen und Fertilitätsproblemen vorlegte. All diese biologischen Untersuchungen lassen sich, um im Bild zu bleiben, mit dem Sperma vergleichen, das die Eizelle umgibt. Aber da es sich hier um Aufzeichnungen zur Geschichte der Pille handelt, müssen wir uns mit dem Ursprung und der Herkunft des speziellen Spermiums beschäftigen, das zur Befruchtung unserer chemischen Eizelle führte und damit letztendlich zur Geburt der Pille.

Obwohl uns Haberlandts Arbeit und der gestagene Status des „Kontrazeptivums der Natur" bekannt waren, dachten wir zunächst nicht an Empfängnisverhütung, nachdem wir ein orales gestagenes Präparat entwickelt hatten. Die pharmazeutische Industrie hatte 1951 kein kommerzielles Interesse an Kontrazeption. Unser

Ziel war es, für Syntex ein neues patentierbares Arzneimittel zu entwickeln, das aufgrund der erwiesenen klinischen Wirksamkeit von Progesteron zur Behandlung von Menstruationsstörungen, bestimmten Formen von Unfruchtbarkeit und, auf Forschungsebene, zur Behandlung von Gebärmutterhalskrebs bei Frauen mittels örtlicher Injektion hoher Dosen dieses Hormons Anwendung in der Medizin finden würde. Das war eine äußerst schmerzhafte Prozedur, weil dabei eine ziemlich konzentrierte Öl-Lösung großer Progesteron-Mengen in den Gebärmutterhals injiziert wurde. Wir hielten es daher für erforderlich, ein potenteres Progestin zu entwickeln, das oral aktiv war. Wie es der Zufall wollte, hatte die Progesteron-Behandlung von Gebärmutterhalskrebs nicht den gewünschten Erfolg. Dafür wurde die klinische Verwendung von Norethisteron (unter dem Markennamen Norlutin und unter Lizenz von Parke-Davis and Company, damals ein großes amerikanisches Pharmaunternehmen) 1957 von der amerikanischen Arzneimittelzulassungsbehörde FDA zur Behandlung von Menstruationsstörungen zugelassen und ist bis heute eine der therapeutischen Indikationen bei Beschwerden dieser Art.

Jeder der oben erwähnten Biologen hatte seine speziellen Fachkenntnisse und Interessenbereiche auf dem Gebiet der gestagenen Aktivität. Gregory Pincus und sein Kollege Min-Chueh Chang von der *Worcester Foundation for Experimental Biology* in Shrewsbury, Massachusetts, konzentrierten sich darauf, auf welche Weise Progesteron die Ovulation verhindert (d.h. auf den Haberlandts „temporärer hormonaler Sterilisierung" zugrunde liegenden Mechanismus und dessen Bestätigung durch Makepeace). Unter den vielen Steroiden, die 1953 von der Gruppe der *Worcester Foundation* auf eine diesbezügliche Aktivität untersucht wurden, stachen zwei deutlich hervor: unser Norethisteron sowie eine weitere Substanz, Norethynodrel, die von Frank Colton bei G. D. Searle synthetisiert worden war, einem Pharmaunternehmen in der Nähe von Chicago. Die chemische Entstehungsgeschichte von Norethynodrel wurde von mir und anderen schon häufig beschrieben, und es ist keine schöne Geschichte, da sie einen der weniger sympathischen Aspekte wissenschaftlicher Forschung illustriert: den Drang nach Priorität beim Publizieren und die Versuche, den Patentschutz zu umgehen. In diesem Fall ging es um mehr als sonst, da schon bald kommerzielle Erwägungen und Renditen ins Spiel kamen.

Der historischen Genauigkeit und der gebührenden Anerkennung wegen ist es wichtig festzuhalten, was aus den Datumsangaben der jeweiligen Patenteinreichungen hervorgeht: dass Norethynodrel, obwohl es erst über ein Jahr nach der Veröffentlichung unserer erfolgreichen Synthese von Norethisteron synthetisiert wurde, unter dem Markennamen Enovid als erstes orales Kontrazeptivum auf den Markt kam. M. C. Chang hatte bei seinen Tierversuchen festgestellt, dass Norethisteron und Norethynodrel die beiden vielversprechendsten Kandidaten waren. Doch sein Chef, Gregory Pincus, der als Berater für Searle tätig war – ein Unternehmen, das viele Forschungsprojekte von Pincus finanziell unterstützte –, wählte das Searle-Präparat für seine weiteren Untersuchungen. Syntex, das damals weder über biologische Labors noch über pharmazeutische Vertriebswege verfügte, erteilte Parke-Davis & Co. in Detroit die Lizenz, die FDA-Zulassung zu betreiben und das Produkt in den Vereinigten Staaten zu verkaufen. Die Wege der beiden trennten sich erst 1957, als sowohl Norethisteron als auch Norethynodrel die FDA-Zulassung als Arzneimittel für nicht-kontrazeptive gynäkologische Zwecke erhalten hatten. Chemisch gesehen weist Norethynodrel nur einen trivialen Unterschied zu Norethisteron auf; bei Behandlung mit einer Säure, oder auch nur mit menschlichem Magensaft, verwandelt sich Norethynodrel, wie Pincus und andere nachgewiesen haben, teilweise in Norethisteron und kann somit als ein Vorläufer von letzterem betrachtet werden. Stellt die im Magen erfolgende Synthese eines patentierten Präparats eine Verletzung eines rechtsgültigen Patentes dar? Ich drängte darauf, diese Frage gerichtlich klären zu lassen, doch Parke-Davis, unser amerikanischer Lizenznehmer, war dagegen, weil G. D. Searle auf einem anderen Gebiet ein wichtiger Kunde war.

Mitte der 1950er Jahre unterstützte Searle aktiv die klinische Erprobung der kontrazeptiven Wirksamkeit von Norethynodrel. Diese Arbeit fand in Puerto Rico statt, unter der Leitung von Gregory Pincus und vor allem John Rock, einem klinischen Endokrinologen und Gynäkologen aus Harvard. Etwa zur gleichen Zeit finanzierte Syntex entsprechende Studien mit Norethisteron in Mexico City und Los Angeles. Aber da Parke-Davis Repressalien von Seiten religiöser Kreise befürchtete, beschloss das Unternehmen plötzlich, die Ergebnisse nicht dem Zulassungsverfahren der FDA zu unterwerfen, und gab die Vertriebslizenz für kontrazeptive (nicht aber für gynäkologische) Zwecke an Syntex zurück. Alejandro Zaffaroni, Executive Vice President von Syntex, handelte schließlich einen günstigen Vertriebsvertrag mit Ortho, einer Tochterfirma von Johnson & Johnson, aus, einem Unternehmen, das sich schon lange auf dem Gebiet der Empfängnisverhütung engagierte. Doch dieser Wechsel bedeutete eine Verzögerung von fast zwei Jahren, ehe Syntex' Norethisteron von der FDA als Kontrazeptivum zugelassen wurde. 1964 vertrieben drei Unternehmen – Ortho, Syntex und Parke-Davis (wo man sich anders besonnen hatte, nachdem klar geworden war, dass es keinen Boykott von katholischer Seite gab) – das Präparat von Syntex in Dosen von je 2,0 Milligramm, sodass Norethisteron (oder sein Acetat, genannt Anovlar und von Schering in Deutschland 1961 in Lizenz von Syntex als erstes Kontrazeptivum in Europa eingeführt) zum meistbenutzten aktiven Wirkstoff der Pille geworden war.

Es steht außer Frage, dass Searle die Ehre gebührt, als Erster auf dem Markt gewesen zu sein – trotz eines möglichen Verbraucherboykotts durch Gegner der Empfängnisverhütung. In Anbetracht der außerordentlichen Bedeutung dieser Steroide fragt man sich, warum der Konzern in der wissenschaftlichen Literatur, wo jede Arbeit von anonymen Gutachtern überprüft wird, nie irgendwelche Informationen über die chemische Forschung preisgab, die zur Entwicklung seiner Pille führte, während wir dies binnen weniger Monate nach Abschluss unserer Synthese taten. Das einzige Datum, das den Anspruch auf „unabhängige gleichzeitige Entdeckung" stützt, ist der 31. August 1953, der Tag, an dem Searle das Patent angemeldet hat, was aber nur dann als „gleichzeitig" gelten kann, wenn man dieses Datum nicht neben den 21. November 1951 stellt, den Tag, an dem Syntex Norethisteron zum Patent angemeldet hat. Die unerklärliche Zurückhaltung hinsichtlich des bedeutsamsten Produktes ihrer Firmengeschichte muss daher

Carl Djerassi mit Alejandro Zaffaroni, der auf die chemische Struktur von Norethindrone (Markenname *Norlutin*) deutet, Mexico City 1959

Fragen aufwerfen. Warum verweist Gregory Pincus, der Mann, der am entscheidendsten dazu beitrug, dass Searle Norethynodrel auf den Markt brachte, in seinem 1965 erschienenen Hauptwerk *The Control of Fertility* auf keinen einzigen Chemiker hin, nicht einmal auf Frank Colton? Warum wird in seinem Buch mit keinem Wort erwähnt, wie der aktive Wirkstoff der Pille in sein Labor gelangte? Und schlimmer noch: Warum ließ Pincus den Namen Haberlandt im Orkus der Anonymität verschwinden?

Dass ich so viel Wert darauf lege, die Priorität unzweideutig zu begründen, hat nicht nur mit meinem zugegebenermaßen starken Konkurrenzdenken zu tun. Ich bin nüchtern genug einzugestehen, dass es der Welt völlig egal ist, wer was als Erster gemacht hat. Zumindest dachte ich das bis zum 27. Februar 2012: An dem Abend konnte eine Kandidatin in der deutschen Fernsehshow „Wer wird Millionär?" folgende Frage nicht richtig beantworten: „Den gebürtigen Österreicher Carl Djerassi bezeichnet man als Vater der ...?" Zur Auswahl standen: A. Antibabypille, B. Nylonstrumpfhose, C. Tiefkühlkost, D. Digitalfotografie. Statt 500.000 Euro gewann die Kandidatin daher nur 125.000. Was hätte sie sich mit den 375.000 Euro, die ihr entgangen waren, nicht alles kaufen können, wenn sie eine meiner Autobiografien gelesen hätte! Amüsanterweise nannte sie die Nylonstrumpfhose, eine Erfindung des verstorbenen Wallace Carothers, des berühmtesten Absolventen des kleinen *Tarkio College* in Tarkio, Missouri, wo ich dank eines Stipendiums 1941 ein Semester verbracht hatte.

Obgleich ich 1972 alle Verbindungen zu Syntex beendete, ist es mir wichtig, dem Unternehmen, wo alles begann, die Anerkennung zu zollen, die ihm gebührt, da Institutionen bekanntlich ein kurzes Gedächtnis haben. Im 20. Jahrhundert war Syntex das erste und vielleicht das einzige bedeutende Beispiel dafür, dass wichtige Forschungsarbeiten auf einem so hart umkämpften und technisch anspruchsvollen Gebiet auch in einem Entwicklungsland stattfinden können. Sowohl qualitativ wie quantitativ wurde die in den 1950er Jahren bei Syntex geleistete Forschung auf dem Gebiet der Steroide nie übertroffen. Mitzuerleben, wie stolz und selbstbewusst das ein Team von mexikanischen Organikern machte, die ihre Ausbildung faktisch alle bei Syntex erhalten hatten, war bewegend. Und doch gibt es dieses Unternehmen nicht mehr, da es 1994 von dem Schweizer Pharmariesen Roche übernommen und diesem prompt einverleibt wurde. Im Rahmen dieser Übernahme wurde die gesamte Forschungsabteilung von Syntex in Mexiko, die gerade neue Gebäude in Cuernavaca bezogen hatte, geschlossen. Das gesamte Forschungspersonal wurde entlassen. Ich halte die Kaltblütigkeit dieser unternehmerischen Amputation für unverzeihlich: Mir ist kein Pharmaunternehmen in Mexiko bekannt, das derzeit eine halbwegs bedeutende Rolle in der Forschung spielt.

Syntex als Unternehmen und Mexiko als Land gebührt die volle Anerkennung als institutioneller Ort der ersten chemischen Synthese eines oralen empfängnisverhütenden Steroids. Das schmälert Searles erfolgreiche Anstrengungen, die Pille als Erster auf den Markt zu bringen, keinesfalls. Die Geschichte hat jedoch ein reizvolles Ende. Im Zusammenhang mit der Übernahme von Syntex schloss Roche nicht nur die mexikanischen Forschungslabors, in denen Norethisteron zum ersten Mal synthetisiert worden war, sondern entschloss sich auch, den Bereich Kontrazeptiva aufzugeben. Und so verkaufte Roche unverzüglich die gesamte Syntex-Sparte Orale Verhütungsmittel, die noch immer ausschließlich auf Norethisteron basierte. Und wer war der Käufer? Kein anderer als G. D. Searle – das Unternehmen, das so heroische Anstrengungen unternommen hatte, das Syntex-Patent auf Norethisteron zu umgehen, und nun gutes Geld dafür bezahlen musste, um es, lange nachdem das ursprüngliche Patent abgelaufen war, als sein führendes orales Kontrazeptivum zu vermarkten. Doch damit ist die Geschichte noch nicht zu Ende. G. D. Searle selbst wurde mehrmals aufgekauft – zuerst von Monsanto, zuletzt von Pfizer, heute das größte Pharmaunternehmen der Welt. Nur wenigen ist bekannt, dass Pfizer um das Jahr 1954 von Syntex eine Option zur Vermarktung von Norethisteron hatte, von der das Unternehmen aber keinen Gebrauch machte, weil John McKeen, der damalige Vorstandsvorsitzende, in der römisch-katholischen Laienbewegung aktiv war und fand, Pfizer dürfe nichts mit einem Präparat zu tun haben, das auch nur entfernt mit Empfängnisverhütung in Verbindung stand. Ein halbes Jahrhundert später kam Pfizer mit Norethisteron auf den Markt für Kontrazeptiva, womit sich ein Kreis geschlossen hatte.

Düstere Aussichten für Kontrazeptiva

Interessanterweise ist das von Syntex entwickelte Norethisteron noch immer ein allgemein benutzter aktiver Wirkstoff oraler Kontrazeptiva, während Searles Norethynodrel schon vor Jahren vom Markt verschwand, wo es durch andere 19-Norsteroide verdrängt wurde, die alle chemisch eng mit Norethisteron verwandt sind. Diese Geschichte sowie die zahlreichen klinischen und sozialen Folgen der Pille wurden von mir und vielen anderen Autoren bereits in zahlreichen Büchern und abertausend Artikeln beschrieben. Statt mich ein weiteres Mal auf ausgetretene Pfade zu begeben, werde ich im Sinne der Schatten, um die es mir hier geht, erklären, was das „Bittere" an der Pille ist.

Mitte der 1960er Jahre bildete ich mir ein, dank des frühen Erfolgs der Pille und ihrer prompten Akzeptanz durch Millionen von Frauen werde ein neues Zeitalter in der Forschung anbrechen, mit dem Schwerpunkt auf verbesserter reversibler Empfängnisverhütung, sodass viele verschiedene Methoden entwickelt würden, um schließlich eine Art Kontrazeptiva-Supermarkt anzubieten. Frauen und Männer sollten sich aussuchen können, was ihren persönlichen, medizinischen, religiösen und anderen Bedürfnissen entsprach, da ein einzelnes Kontrazeptivum niemals für alle ideal sein kann. Im wichtigsten Artikel meiner Karriere, der sich unter dem Titel *Birth Control After 1984* mit gesellschaftspolitischen Fragen beschäftigte, umriss ich 1970 in der wissenschaftlichen Fachzeitschrift *Science*, was bezüglich wissenschaftlicher Kenntnisse, Zeit und Kosten erforderlich wäre, um grundlegend neue Kontrazeptiva wie eine Pille für Männer oder eine Monatspille für Frauen zu entwickeln, die auf einem völlig anderen biologischen Mechanismus beruhten als die oralen Kontrazeptiva, die eine Frau mindestens 250 Mal im Jahr einnehmen muss. Ich kam zu dem Schluss, dass es bei entsprechenden finanziellen Investitionen und unternehmerischen Anreizen etwa 14 Jahre dauern würde, bevor eine solche neue Methode der Empfängnisverhütung die Marktzulassung erhalten würde – daher die Jahreszahl „1984" in der Überschrift des 1970 veröffentlichten Artikels, die sich nicht allein auf Orwell bezog. Aber 1989, also 38 Jahre nach unserer ersten Synthese eines oral wirksamen gestagenen Wirkstoffs, 29 Jahre nach dessen FDA-Zulassung als Mittel zur Empfängnisverhütung und 19 Jahre nach der Veröffentlichung von *Birth Control After 1984*, wurde mir klar, dass die Prognose für einen gut ausgestatteten Kontrazeptiva-Supermarkt eine Fata Morgana geworden war. Das hatte wenig mit den wissenschaftlichen Aspekten zu tun, sondern vielmehr mit wirtschaftlichen und politischen Erwägungen sowie den geänderten Prioritäten der Pharmaindustrie, die sich zunehmend auf die Bedürfnisse einer alternden Bevölkerung konzentrierte.

In diesem Jahr, wiederum in *Science*, diesmal unter dem Titel *The Bitter Pill*, listete ich sechs fundamental neue Methoden der Empfängnisverhütung auf, die, sofern sie umgesetzt würden, die Wahlmöglichkeiten bei der Fertilitätskontrolle für alle Betroffenen enorm erweitern würden: für Arme und Reiche, für Befürworter und Gegner der Abtreibung, für Frauen und Männer. Diese Methoden könnten auch eine bequemere Anwendung, wirtschaftliche Ersparnisse für den Verbraucher und möglicherweise sogar mehr Sicherheit bieten. Man beachte, dass verbesserte Wirksamkeit heute kaum noch ein Thema ist.

1. Spermizide mit antiviralen Eigenschaften (wirksam beim normalen Koitus)
2. die Monatspille für die Frau, aber wirksam als Menstruationsauslöser
3. eine zuverlässige Vorhersage des Eisprungs („rotes" und „grünes" Licht)
4. leicht reversible und zuverlässige Sterilisation beim Mann
5. eine empfängnisverhütende Pille für den Mann
6. ein Anti-Fertilitäts-Impfstoff

23 Jahre später, da ich dies schreibe, ist nur die Ovulationsvorhersage Realität – auch deshalb, weil sie keine Toxizitätsstudien erforderte und man sich ganz auf diagnostische Wirksamkeit und Genauigkeit konzentrieren konnte. Allerdings wird diese Methode, für die ich, in einem weiteren Artikel für *Science*, den Begriff „Knaus-Ogino des Jet-Zeitalters" geprägt habe, wesentlich häufiger zu Zwecken der Empfängnis als der Empfängnisverhütung benutzt. An antiviralen Spermiziden wird noch geforscht – in erster Linie wegen ihrer Anwendbarkeit bei der Aids-Pandemie und nicht aus Gründen einer verbesserten Verhütung, bisher jedoch ohne nennenswerten Erfolg. Eine leicht reversible und zuverlässige Sterilisation des Mannes wäre in pädiatrischen wie geriatrischen Ländern von großem Vorteil, da die Vasektomie längst eine verbreitete Methode ist – vor allem in China und den USA, wenn auch nicht in Deutschland –, aber meist von Männern genutzt wird, die bereits Väter sind und keine weiteren Kinder wollen. Wenn sie garantiert rückgängig zu machen wäre – ein sehr teurer Vorschlag, da er eine große Zahl von Freiwilligen und langjährige Beobachtung erfordert –, dann würden sich vielleicht viele junge Männer für eine Vasektomie entscheiden, die einfach und sicher ist, noch bevor sie überhaupt Kinder gezeugt hätten. Für Pharmaunternehmen wäre dagegen jeder Forschungsansatz, der auf einer Umkehrbarkeit der Vasektomie basiert, ohne jegliches finanzielles Interesse.

Damit bleiben als Alternativen die Punkte 2, 5 und 6, die fundamentale Fortschritte wären und auch große Lücken in unserem kontrazeptiven Arsenal schließen würden. Die Entwicklungskosten für diesbezügliche Wirkstoffe wären jedoch gewaltig (jeweils leicht über eine Milliarde Dollar) und sehr zeitaufwändig (etwa 15 bis 20 Jahre, was folglich den einzigen Anreiz für Pharmaunternehmen, den Patentschutz, weitgehend, wenn nicht sogar ganz in Anspruch nähme und höchstwahrscheinlich auch zu Prozessen führen würde). Nur die allergrößten Pharmaunternehmen hätten die erforderlichen wissenschaftlichen und finanziellen Ressourcen für ein solches Unterfangen, und in Anbetracht der Tatsache, dass sie sich auf die Krankheiten konzentrieren, unter denen die immer älter werdende Bevölkerung in den reichen Ländern Europas, in Japan und den USA leidet, ist es nicht verwunderlich, dass derzeit kein einziges der zwanzig größten Pharmaunternehmen Forschungen auf dem Gebiet einer Pille für den Mann oder eines Fertilitätsimpfstoffes betreibt. Was bleibt also übrig?

Die wenigen größeren Arzneimittelhersteller, die nach 1975 überhaupt noch auf dem Gebiet der weiblichen Kontrazeption weiterforschten, waren die, die bedeutende Marktanteile an der Pille hatten. Die beiden wichtigsten (Schering in Deutschland und Organon in Holland) wurden in jüngster Zeit von deutschen (Bayer) und amerikanischen (Merck-Schering-Plough) Pharmariesen geschluckt, ganz ähnlich, wie es Syntex in den 1990er Jahren ergangen war. Aber selbst diese beiden Arzneimittelhersteller waren vor allem darauf aus, sich eine patentrechtlich geschützte Position zu sichern, indem sie geringfügige chemische Modifikationen an dem ursprünglichen, vor 60 Jahren entwickelten 19-Norsteroid vornahmen, statt grundlegend neue Methoden der Geburtenkontrolle in Angriff zu nehmen.

Wegen der gewaltigen Kosten, die selbst geringfügige chemische Varianten der konventionellen Pille für die Frau verursachen, haben diese Firmen sowie einige gemeinnützige Organisationen, etwa das amerikanische *Population Council*, beträchtliche Anstrengungen unternommen, neue Verabreichungsformen einzuführen: Injektionsmittel, Silikonimplantate, Pessare, Hautpflaster und Ähnliches. Nach meiner Meinung hat diese Art angewandter Forschung durchaus ihre Berechtigung, da sie die Verwendung dieser steroidalen Kontrazeptiva mehr Menschen zugänglich macht. Aber warum weiterhin „neue" orale Verhütungsmittel entwickeln, die Frauen noch immer täglich oder alle drei Wochen einnehmen müssten, um vor einer unerwünschten Schwangerschaft geschützt zu sein, selbst wenn sie nur gelegentlich Geschlechtsverkehr haben? Von wirtschaftlichen Erwägungen einmal abgesehen, besteht denn dafür tatsächlich ein gesellschaftlicher Bedarf? Und wäre das dafür aufgewendete Geld nicht besser angelegt, wenn es für die Entwicklung *fundamental* neuer Methoden eingesetzt würde? Aus gesellschaftlicher Sicht kann die Antwort darauf nur ein überwältigendes Ja sein. Aber was ist mit den wirtschaftlichen Erwägungen seitens der Pharmaunternehmen? In dieser Hinsicht, so fürchte ich, wird die Antwort wohl ein ebenso überwältigendes Nein sein. Tatsächlich hat der Markt bereits gesprochen, da keines der größeren Pharmaunternehmen derzeit Geld für derartige neue Ansätze ausgibt, und zwar aus dem einfachen Grund, weil Empfängnisverhütung, was die Dringlichkeit betrifft, in den geriatrischen Ländern keine hohe Priorität haben kann und vielleicht auch nicht haben sollte. Kaum jemand wird der Auffassung zustimmen, dass es sinnvoller wäre – gesellschaftspolitisch oder kommerziell gesehen –, ein paar Milliarden Dollar für ein neues Verhütungsmittel auszugeben, als ein Medikament gegen Alzheimer zu entwickeln. Diese Prognose rechtfertigt das Wort „bitter" in der Überschrift meines *Science*-Artikels von 1989 und im vorliegenden Kapitel.

Wo ist die Pille für den Mann?

Die unglücklichste, die bitterste Nebenwirkung der Pille ist für mich nicht medizinischer Art, sondern betrifft das Verhältnis der Geschlechter. Die Wirksamkeit und einfache Anwendung der Pille hat dazu geführt, dass viele in monogamen Beziehungen lebende Männer die Verantwortung für die Verhütung auf die Frauen abgeschoben haben, die ohnehin schon biologisch wie funktionell die gesamte Verantwortung für die menschliche Fortpflanzung tragen. Ohne die Aids-Epidemie, so behaupte ich, würden viele Männer, die heute Kondome benutzen, wahrscheinlich auch darauf verzichten. Doch Kondome und Coitus interruptus sind die einzigen Methoden reversibler Geburtenkontrolle seitens des Mannes und werden dies auch bleiben, weil es nicht um ein wissenschaftliches Problem geht, sondern um ein ökonomisches. Wissenschaftlich gesehen ist klar, wie man eine Pille für den Mann herstellt. Tatsächlich gab es in den vergangenen drei Jahrzehnten, insbesondere unter Leitung der WHO, bereits umfangreiche klinische Forschungsprojekte in Deutschland, Schottland, Australien, den USA, China, Indien, Brasilien und anderen Ländern, was jedoch keinerlei Interesse bei den 20 größten internationalen Pharmaunternehmen weckte. Abgesehen davon, dass die Pharmariesen den Schwerpunkt auf Arzneimittel für das ältere Bevölkerungssegment legen (ein überwältigendes Ja zur Behandlung von Erektionsstörungen, aber ein ebenso überwältigendes Nein zur Empfängnisverhütung), liegt das größte Problem darin, dass die reproduktive Zeitspanne eines jungen Mannes zwei- bis dreimal länger ist als die einer zwanzigjährigen Frau, die nicht danach fragt, ob die dauerhafte Verwendung der Pille sich vielleicht auf ihre Fruchtbarkeit mit 45 oder 50 auswirken wird. So mancher 20-jährige Mann würde eine eindeutige Antwort auf diese Frage einfordern, bevor er seine Pille nähme.

Um einem jungen Mann eine epidemiologisch fundierte Antwort geben zu können, würde man sehr viel Geld und Zeit brauchen und allen möglichen juristischen Pressionen Tür und Tor öffnen. Erektile Dysfunktion und Probleme mit der Prostatadrüse nehmen im höheren Alter zu und würden wohl von vielen Männern ihrer Pille zugeschrieben statt dem Lauf der Dinge.

Obwohl ich persönlich der festen Meinung bin, dass Männer mehr Verantwortung bei der Geburtenkontrolle übernehmen sollten, und mich deshalb bereits vor Jahrzehnten einer Vasektomie unterzogen habe, war ich, was die Aussichten für eine empfängnisverhütende Pille für den Mann betrifft, dennoch so pessimistisch, dass ich in meinem Buch *The Politics of Contraception* schon 1979 folgende brutale Vorhersage machte: „Jede postpubeszente Amerikanerin, die 1979 dieses Kapitel liest, wird über die Menopause hinaus sein, bevor sie sich darauf verlassen kann, dass ihr Sexualpartner seine Pille nimmt." Ich hätte es natürlich dabei belassen können, ohne in späteren Artikeln oder Vorträgen erneut darauf einzugehen. Aber das wäre ein Rückzieher, der zu einer Fehlinterpretation führen könnte, wie damals, als die *New York Times Book Review* eine lange Rezension meines Buches brachte, deren Verfasser, ein Politologe, den zitierten Satz „abstoßend" und meine Einstellung zu Frauen „deprimierend" nannte. Seine Schlussfolgerung – ich hätte wohl „größte Sympathie für Männer, die Kontrazeptiva ablehnen" – veranlasste mich, in seinem Namen, A. Hacker, eine Tätigkeitsbeschreibung zu sehen. Aber selbst die instinktive Reaktion dieses Verhackstückers, den Boten zu verurteilen, ohne sich erst damit aufzuhalten, die Botschaft zu verstehen, macht deutlich, dass die Öffentlichkeit von den ständig sinkenden Chancen einer Pille für den Mann schlicht und einfach nichts hören will. Damit ich nicht wieder verhackstückt werde, werde ich darlegen, wie ich mich auf zwei verschiedenen Ebenen, wissenschaftlich wie literarisch, mit diesem Thema befasst habe. Aber davor werde ich ein weiteres Mal vom Thema abschweifen, um von meiner Entscheidung zu berichten, mich einer Vasektomie zu unterziehen – ein Eingriff, an den ich jahrelang nicht mehr gedacht habe, der aber durchaus seine komischen Seiten hatte.

Kurz nach meiner Scheidung, in der Zeit, bevor die Furcht vor Aids grassierte und sexuelle Kontakte noch freizügiger und vielfältiger waren, beschloss ich, eine Vasektomie vornehmen zu lassen. Ich war überzeugt, dass ich nie wieder Vater werden wollte. Ich fragte einen meiner ehemaligen Studenten, von dem ich wusste, dass er sich hatte sterilisieren lassen, ob er einen Arzt empfehlen könne und rief dann in dessen Praxis an. Die Krankenschwester, die den Anruf entgegennahm, wies mich darauf hin, dass ich vor der kleinen Operation in die Praxis kommen müsse, wo man mich über den genauen Ablauf und die zweifelhafte Umkehrbarkeit des Eingriffs aufklären werde, um ein späteres juristisches Nachspiel zu vermeiden. Ich unterbrach ihren offenbar auswendig gelernten Vortrag, um ihr mitzuteilen, dass ich alles über Vasektomien wusste und im Übrigen viel zu beschäftigt sei. „Geben Sie mir einfach den letzten Nachmittagstermin, und ich unterschreibe dann die notwendigen Formulare", lautete meine ziemlich schroffe Antwort.

Einige Tage später fand ich mich um 17 Uhr in der Praxis des Arztes ein. Meine technischen Fragen machten ihm umgehend klar, dass keine weiteren Erklärungen vonnöten waren. Als er hörte, dass ich Professor an der *Stanford University* war und mich wissenschaftlich auf dem Gebiet der Kontrazeptiva betätigt hatte, kehrten sich die üblichen Machtverhältnisse zwischen Arzt und Patient auf der Stelle um. Und als ich mich erkundigte, ob die Vasektomie mit einem Spiegel durchgeführt werden könne, der es mir ermöglichen würde, die ganze Prozedur zu verfolgen, gab er der Krankenschwester prompt für den Rest des Tages frei, da die minimale Hilfeleistung, die bei dem kleinen operativen Eingriff erforderlich war, von mir selbst übernommen werden konnte. Also wusch ich mir die Hände, zog Plastikhandschuhe an, spreizte die Beine und hielt meinen Hodensack über den Spiegel, während der Arzt sich daranmachte, den kleinen Schnitt auszuführen, um dann den Samenleiter aus dem Hodensack zu heben und zu durchtrennen. Während der ganzen Zeit führten wir ein anregendes, sozusagen technisches Gespräch, das mit der vernünftigen Empfehlung des Arztes endete, einige Tage keinen Geschlechtsverkehr zu haben, um zu vermeiden, dass die Nähte rissen.

Zu der Zeit hatte ich freilich eine allzu kurze, aber aufregende Beziehung mit einer Frau, die angeboten hatte, mich am Abend mit einer kräftigenden Mahlzeit für den „Rekonvaleszenten" in meinem Ranchhaus zu besuchen. Unnötig zu erwähnen, dass sie neugierig war, Details dessen zu erfahren, was sie „die Operation" nannte, was ich jedoch mannhaft als „kleinen Schnitt" abtat. Doch bevor ich mich's versah, fragte sie: „Darf ich mal sehen?", und begann den Reißverschluss meiner Hose zu öffnen. Ihre Neugier und die Zartheit, mit der sie „die Wunde" untersuchte, hatten eine unerwartete Schwellung zur Folge, was wiederum dazu führte, dass wir uns einer der bedächtigsten, sanftesten Kopulationen hingaben, die ich je erlebt hatte. Nach der postkoitalen Feststellung, dass die kleinen Stiche an meinem Hodensack noch fest und unversehrt waren, lässt sich die darauffolgende Woche kaum als sexuell abstinent bezeichnen. Ich muss noch heute schmunzeln, wenn ich an den entsetzten Blick des Arztes denke, als ich zum Fädenziehen wieder in seine Praxis kam und von meiner Missachtung seines ärztlichen

Rates berichtete. Wenn ich darüber nachdenke, warum ich in diesem späten Stadium meines Lebens plötzlich bereit bin, eine so private Angelegenheit zu schildern, von der mit Ausnahme meiner Partnerin niemand etwas gewusst hatte, so bitte ich, darin kein offensives Zeichen von geriatrischem Exhibitionismus zu sehen, sondern nur eine ermutigende Empfehlung zugunsten einer Vasektomie für die vielen Männer, die diese einfache und dauerhafte Lösung der Empfängnisverhütung aufbauschen oder fürchten und der Meinung sind, falls Sterilisation die Antwort ist, dann sollte die Frau eine Tubenligatur vornehmen lassen, ein Eingriff, der wesentlich komplizierter ist. Offensichtlich bin ich anderer Ansicht.

Schwerter zu Pflugscharen – Ein Vorschlag für das Militär

In Anbetracht des düsteren Tons meiner obigen Schlussfolgerungen ist es vielleicht an der Zeit, einen Vorschlag wiederaufleben zu lassen, der keinen Beitrag der Pharmaindustrie noch der Regulierungsbehörden erfordert, da toxikologische Erwägungen nicht ins Spiel kommen. In der Ausgabe der wissenschaftlichen Fachzeitschrift *Nature* vom 7. Juli 1994 befassten sich der Kryobiologe Stanley Leibo und ich mit den traurigen Aussichten für eine Pille für den Mann in Anbetracht des völligen Desinteresses der großen Pharmaunternehmen, ohne deren Mitwirkung es eine solche Pille niemals geben kann. Dies veranlasste uns, eine Alternative vorzuschlagen, die von ganz einfachen Annahmen ausgeht.

Millionen von Männern – zugegebenermaßen hauptsächlich Väter mittleren Alters statt junger Männer – haben sich für die Sterilisation (Vasektomie) entschieden und tun dies auch weiterhin. Wie ich oben anhand meiner eigenen Erfahrung geschildert habe, ist der Eingriff wesentlich einfacher und weniger invasiv als eine Tubenligatur bei Frauen. In den USA hat die Sterilisation bei beiden Geschlechtern so zugenommen, dass sie bei verheirateten Paaren heute die verbreitetste Verhütungsmethode ist und selbst die Pille übertrifft. (In China, dem größten Land der Welt, ist sie die erste Wahl.) Künstliche Befruchtung ist einfach und billig. Bei fruchtbaren Paaren weist sie fast die gleiche Erfolgsrate auf wie der normale Geschlechtsverkehr. Der wichtigste Punkt für unsere Argumentation war, dass fruchtbares männliches Sperma bereits seit Jahren kostengünstig bei Temperaturen von flüssigem Stickstoff konserviert wird. Wenn nachgewiesen werden kann, dass eine Aufbewahrung dieser Art nicht nur einige Jahre, sondern über Jahrzehnte hinweg möglich ist, dann könnten junge Männer eine frühe Vasektomie, gekoppelt mit Kryokonservierung ihres fruchtbaren Spermas und nachfolgender künstlicher Befruchtung, als sinnvolle Alternative zu einer effektiven Empfängnisverhütung in Betracht ziehen. Den Männern mehr Verantwortung auf diesem Gebiet zuzuschieben, zumindest in monogamen, festen Beziehungen, schien Leibo und mir ein gesellschaftlich verantwortungsvoller Vorschlag zu sein. Sollte unser Vorschlag verwirklicht werden, so würde er Empfängnisverhütung überflüssig machen und Abtreibungen eliminieren, daneben aber auch zu erheblichen finanziellen Einsparungen führen, da man zeitlebens keine Verhütungsmittel mehr kaufen müsste.

Wie gesagt, die Aussichten für ein neues Kontrazeptivum für den Mann sind bis zum Jahr 2030 gleich null, weil die Entwicklung, Erprobung und amtliche Zulassung eines wirklich neuartigen, systemischen Verhütungsmittels für den Mann ohne weiteres 15 bis 20 Jahre in Anspruch nimmt. Aber da auf diesem Gebiet keine ernsthafte Forschung und Entwicklung seitens der großen Pharmaunternehmen betrieben wird – und nur diese können ein solches Produkt auf den Markt bringen –, ist noch bis Mitte dieses Jahrhunderts keine „Pille für den Mann" zu erwarten. Das legt den unvermeidlichen Schluss nahe, dass Kondome und Coitus interruptus die einzigen plausiblen Möglichkeiten einer *reversiblen* Empfängnisverhütung für Männer bleiben.

Da die Vasektomie nun einmal eine Methode der Geburtenkontrolle ist, die sich nicht leicht oder oft überhaupt nicht rückgängig machen lässt, sind es vor allem Männer mittleren Alters, die bereits Väter sind und keine weiteren Kinder wollen, die diese Option wählen. Aber eine Vasektomie, gekoppelt mit der Einlagerung von Sperma, kann durchaus zu einer „reversiblen Empfängnisverhütung" werden, sofern die Fruchtbarkeit des eingelagerten Spermas gewährleistet ist. Um Daten zu gewinnen, die das garantieren, wäre als erster Schritt lediglich die Einrichtung entsprechender Anlagen erforderlich, um über viele Jahre hinweg eine große Anzahl menschlicher Samenproben einzulagern, deren Spender sich dann bezüglich ihrer späteren (konventionellen) reproduktiven Erfahrungen verfolgen ließen. Die menschlichen Versuchskaninchen eines so groß angelegten Experiments müssten nur ein Mal masturbieren, statt sich einer Vasektomie zu unterziehen. Und um das Ganze in Gang zu bringen, schlugen Leibo und ich aus finanziellen und operativen Gründen sowie zur Motivation eine Art Schwerter-zu-Pflugscharen-Initiative vor.

Die Streitkräfte sind das Reservoir der größten Anzahl junger Männer mit detaillierter Krankengeschichte und haben die Möglichkeit, diese weiterzuverfolgen. Ohne größere Schwierigkeiten und mit geringfügigen Mitteln könnten Zehntausende von Freiwilligen ihr eigenes Sperma sammeln, um es dann vom Militär jahrelang kryokonservieren zu lassen. Schon allein dieser Schritt würde eine unschätzbare Quelle für das Studium der männlichen Fertilität und für eventuelle Nebeneffekte des Humangenom-Projekts darstellen.

Diese Spermaproben würden alle drei Jahre einer Laboranalyse unterzogen und somit statistisch bedeutsame und wertvolle Daten bezüglich der Fruchtbarkeit der eingelagerten Proben liefern. Alle fünf Jahre würden die Samenspender befragt, ob sie (mittels normalem Geschlechtsverkehr) Kinder gezeugt, und wenn nicht, ob sie es versucht hätten. Der Vergleich ihrer Antworten mit den Laborunterlagen ihrer Spermaproben würde die Aussagekraft letzterer nachweisen.

Männer, die im Beruf dem Risiko einer genetischen Schädigung ihres Spermas ausgesetzt sind, könnten in der Kryokonservierung eine Art genetische Versicherung sehen. Für die Streitkräfte könnte sie zweifellos relevant sein, da Fortpflanzung nach dem Tod in kriegerischen Auseinandersetzungen (oder nach Kontakt mit mutagenen Mitteln wie Strahlung) möglich wäre, wobei die Frage der Eigentumsrechte an Sperma zuvor geklärt werden müsste. Natürlich wird nur die Zukunft zeigen, ob Männer – und Frauen – das Konzept dieser neuen Form der Empfängnisverhütung akzeptieren. Der unerlässliche erste Schritt besteht darin, das Startzeichen zu geben zu einem großangelegten, langfristigen Programm zur Kryokonservierung von Sperma, verbunden mit den entsprechenden Nachuntersuchungen. Erst wenn die technischen, operativen und juristisch-ethischen Fragen zufriedenstellend geklärt sind, können dezentralisierte, von Unternehmerseite finanzierte und betriebene Programme (abgedeckt durch die Krankenversicherung) ins Auge gefasst werden.

Dazu möchte ich Folgendes anmerken: Wären die in unserem *Nature*-Artikel genannten Empfehlungen damals implementiert worden – eine Anstrengung, die operativ und finanziell äußerst einfach und billig gewesen wäre –, so würden wir heute über in 18 Jahren gesammelte außerordentlich wertvolle Informationen verfügen, die möglicherweise ausreichen würden, um die nächste Phase der eigentlichen Implementierung dieser neuen kontrazeptiven Alternative für den Mann auf praktischer Ebene in Angriff zu nehmen, ohne dass die Pharmaindustrie oder Zulassungsbehörden für Arzneimittel einbezogen werden müssten – die beiden kostenträchtigsten und zeitaufwändigsten Aspekte jeder neuen Form von Empfängnisverhütung.

Und das bringt mich zu der Überzeugung, dass bis Mitte dieses Jahrhunderts – überwiegend aufgrund der Wünsche von Frauen, nicht von Männern – die oben umrissene Alternative durchaus Realität werden könnte. Die scheinbare Anomalie, dass Frauen einen solchen Kurs für Männer unterstützen würden, ist leicht zu erklären, wenn man die dritte Komponente unseres Vorschlags betrachtet, nämlich die Notwendigkeit einer künstlichen Befruchtung unter Verwendung des eingefrorenen Spermas, sobald der Wunsch nach einem Kind auftritt. Die praktische Anwendbarkeit einer solchen Methode wird meiner Meinung nach auf den umfangreichen Forschungsarbeiten beruhen, die derzeit durchgeführt werden, um das Einfrieren von Eizellen oder Eierstockgewebe zu verbessern und um zu bestimmen, wie lange sich diese Gameten einfrieren lassen und wie effektiv sie nach dem Auftauen künstlich befruchtet werden können. Kurz gesagt: Durch die totale Trennung der Empfängnisverhütung vom eigentlichen Geschlechtsakt hat die Pille die sexuelle Betätigung ohne reproduktive Konsequenzen zur Norm gemacht hat. Aber wie akzeptabel wird das genaue

Gegenteil sein, nämlich Fortpflanzung ohne Sex? Natürlich gibt es bereits einige Millionen Kinder, die dank In-vitro-Fertilisation geboren wurden, doch das waren fast ausschließlich Kinder von Eltern, die an Unfruchtbarkeit litten, was eine Fortpflanzung mittels normalen Geschlechtsverkehrs ausschloss. Doch was ich hier postuliere, ist die künftige Verwendung von IVF-Methoden seitens *fruchtbarer* Eltern, um die 1,5 bis 2,0 Kinder zu bekommen, die eine Familie in Europa, Japan und den USA heute im Durchschnitt hat.

Aber warum sollten immer mehr Frauen daran interessiert sein, diesen Weg einzuschlagen, der nicht nur wesentlich teurer, sondern auch weniger vergnüglich ist als der traditionelle Koitus? Als Patrick Steptoe und Robert Edwards 1977 in England IVF entwickelten, machten sie sich nicht gezielt daran, die Trennung von Sex und Fortpflanzung zu ermöglichen. Genau wie anderen Klinikern ging es ihnen um die Behandlung von Infertilität. Infertilität an sich ist ein ethisch befrachtetes Thema. Offen und direkt gesagt: Warum sollte man Unfruchtbarkeit überhaupt behandeln? Global gesehen gibt es ohnehin zu viele fruchtbare Eltern, folglich gibt es auch zu viele Kinder, die häufig ungewollt sind. Der Lauf der Weltgeschichte wird sich nicht ändern, wenn kein einziger Fall von Infertilität je behandelt wird. Aber er wird sich dramatisch ändern, wenn exzessive menschliche Fertilität nicht in Schach gehalten wird. Aus *persönlicher* Sicht dagegen ist der Drang, eigene Kinder zu haben, oft übermächtig. Unfruchtbare Paare sind bereit, enorme Opfer finanzieller, psychischer und auch physischer Art auf sich zu nehmen, um selbst dann ein gesundes Kind zur Welt zu bringen, wenn die Natur dies unmöglich macht. Es stellt sich daher die Frage, ob die Verwirklichung des Kinderwunsches biologisch unfruchtbarer Paare einen ethischen Imperativ beinhaltet – pro oder kontra.

Die ungeheuren ethischen Dimensionen dieses Problems werden etwas deutlicher, wenn wir uns mit der Unfruchtbarkeit beim Mann befassen. Diese Thematik wurde 1992 angesprochen, als eine Forschergruppe (Palermo, Joris, Devroey und van Steirteghem) in Belgien einen sensationellen Aufsatz veröffentlichte, in dem sie von der Geburt eines gesunden Jungen berichtete, der von einem Mann mit schwerer Oligospermie (starker Verminderung der Spermienzahl) gezeugt worden war. Dieses Kind wurde durch die Erfindung einer IVF-Technik namens ICSI (intracytoplasmatische Spermieninjektion) ermöglicht, bei der ein einzelnes Spermium unter dem Mikroskop direkt in eine menschliche Eizelle injiziert wird. Während die Eizelle bei dem ursprünglichen englischen IVF-Verfahren mit Spermien überschwemmt wurde (wie beim normalen Geschlechtsverkehr), wurde die künstliche Befruchtung mittels ICSI mit einem einzigen Spermium unter dem Mikroskop erzielt. Die Technologie, die diese Art der Befruchtung ermöglicht, führt auch zu einer völlig neuen Definition des Begriffs Infertilität: ICSI kann nicht nur bei Männern mit geringer Spermienzahl angewandt werden, sondern auch bei Männern, die überhaupt keine reifen Spermien haben und daher (oft aus genetischen Gründen) nicht zeugungsfähig sind. Somit wird das Unvererbbare dank ICSI vererbbar!

Das erste ICSI-Baby ist jetzt über 20 Jahre alt. Seither wurden bereits hunderte von tausenden ICSI-Babys geboren. Ich glaube, dass die Fragen, die diese Technologie aufwirft, eine breitere Erörterung verdienen, als Artikel in Fachzeitschriften oder akademische Vorträge es gestatten.

Eine Pille für Männer: Fakten mittels Fiktion

Als Leibo und ich damals obigen Vorschlag in einer wissenschaftlichen Fachzeitschrift machten, die hauptsächlich von Naturwissenschaftlern gelesen wird, war ich aus Gründen, die ich in einem späteren Kapitel erläutern werde, bereits auf dem besten Weg, Romanautor zu werden. Aber die Art Literatur, die ich schrieb, war gewissermaßen nur ein Vorwand, um wichtige Informationen beim breiten Publikum einzuschleusen, weshalb es nicht weiter überraschen dürfte, dass die Reproduktionsmedizin in einigen meiner Romane und Theaterstücke ein wiederkehrendes Thema war. Lassen Sie mich daher die Gelegenheit benutzen, aufzuzeigen, wie ich mich mit dem Akzent auf Frauen, unter dem Deckmantel der Fiktion mit der Gametenkonservierung sowie der breiteren Problematik der Empfängnisverhütung durch den Mann beschäftigt habe.

Ich beginne mit einer Szene aus *Unbefleckt*, meinem ersten Theaterstück, das 1998 in Edinburgh uraufgeführt und inzwischen in 12 Sprachen übersetzt, von BBC World Service, von NPR in den USA sowie von deutschen, schwedischen und tschechischen Rundfunkanstalten ausgestrahlt und an zahlreichen Theatern inszeniert wurde. Der folgende Ausschnitt gibt ein Gespräch wieder zwischen Dr. Melanie Laidlaw, einer Reproduktionsbiologin und (in meinem Stück) Erfinderin von ICSI, und ihrem klinischen Kollegen, dem Infertilitätsspezialisten Dr. Felix Frankenthaler, der sie in ihrem Labor besucht. Nachdem sie ihm mitgeteilt hat, dass sie kurz davor ist, die erste ICSI-Injektion an einer menschlichen Eizelle vorzunehmen (ohne jedoch zu erwähnen, dass sie bei diesem Experiment ihre eigene Eizelle verwenden wird), diskutieren die beiden die möglichen Auswirkungen dieser Arbeit über die bloße Behandlung der männlichen Infertilität hinaus:

MELANIE: Wenn deine Patienten wüssten, woran ich hier arbeite, würden sie mir die Tür einrennen. Die ganzen Männer mit zu geringer Spermienanzahl in der Samenflüssigkeit, die auf dem üblichen Weg niemals Väter werden können.

FRANKENTHALER: Alles, was meine Patienten wollen, ist eine Eizelle befruchten. Ob das nun unter dem Mikroskop passiert oder im Bett, ist ihnen völlig egal ... solange es ihr eigenes Sperma ist.

MELANIE: Du bist auf männliche Infertilität spezialisiert. Das ist schließlich dein Beruf. Aber ist dir auch klar, was das für die Frauen bedeutet?

FRANKENTHALER: Klar! Ich behandle männliche Zeugungsunfähigkeit, um Frauen schwanger zu machen.

MELANIE: Felix, du hast dich nicht im geringsten verändert. Du bist ein erstklassiger Arzt ... Aber wahrscheinlich kann ich weiter sehen als du. (*Kurze Pause*) Mit ICSI könnten wir endlich die biologische Uhr überlisten. Und wenn das klappt, dann betrifft das weitaus mehr Frauen, als es überhaupt zeugungsunfähige Männer gibt. (*Grinst*). Und *ich* werde berühmt.

FRANKENTHALER: Klar wirst du berühmt … weltberühmt … aber nur, *falls* die erste ICSI-Befruchtung erfolgreich ist … und *falls* ein gesundes Baby zur Welt kommt. Aber was hat das alles mit der *(leicht sarkastisch)* „biologischen Uhr" zu tun?

MELANIE: Felix, bei deinen In-vitro-Verfahren ist es doch durchaus üblich, Embryos monate- oder sogar jahrelang einzufrieren, bevor sie einer Frau eingesetzt werden. Und stell dir dasselbe mit gefrorenen Eizellen vor.

FRANKENTHALER: Ich weiß, was mit gefrorenen Eizellen passiert … wenn man sie auftaut, funktioniert die künstliche Befruchtung nicht mehr. Und willst du auch wissen, warum?

MELANIE: Das spielt doch jetzt überhaupt keine Rolle mehr! Ich will ja keine *herkömmliche* künstliche Befruchtung durchführen … wo ein Haufen Spermien auf eine Eizelle losgelassen werden und sich selbst durch ihren natürlichen Schutzwall hindurchkämpfen müssen. *(Pause)* Wir werden direkt in das Innere der Eizelle injizieren. *(Pause)* Und wenn ICSI bei menschlichen Eizellen funktioniert … Denk doch mal an all die Frauen … meistens berufstätige … die das Kinderkriegen verschieben, bis sie Ende 30 oder sogar Anfang 40 sind. Zu dem Zeitpunkt ist die Qualität ihrer Eizellen … ihrer *eigenen* Eizellen … nicht mehr so, wie sie zehn Jahre vorher war. Mit ICSI könnten solche Frauen auf ihr Sparkonto von gefrorenen *jungen* Eizellen zurückgreifen und somit eine weitaus bessere Aussicht auf eine normale Schwangerschaft im späteren Leben haben. Und ich denke dabei nicht an Spendereier.

FRANKENTHALER: Im späteren Leben? Über die Wechseljahre hinaus?

MELANIE: Du machst doch auch aus Männern in den Fünfzigern noch erfolgreiche Spender –

FRANKENTHALER: Warum also nicht auch Frauen! Ist das dein Ernst?

MELANIE: Ich sehe nicht ein, warum Frauen diese Möglichkeit nicht haben sollten … wenigstens unter bestimmten Umständen.

FRANKENTHALER: Tja, wenn das funktioniert … dann wirst du nicht nur berühmt … sondern berüchtigt.

MELANIE: Warum denken wir nicht weiter und gehen sofort von einem umfassenderen Anwendungsbegriff von ICSI aus? Ich bin davon überzeugt, dass eines Tages – vielleicht in 30 Jahren oder sogar früher – Sex und Befruchtung völlig getrennt voneinander sein werden. Sex hat dann nur noch mit Liebe und Lust zu tun –

FRANKENTHALER: Und die Fortpflanzung findet unter dem Mikroskop statt?

MELANIE: Warum *nicht*?

FRANKENTHALER: Das heißt, Männer sind dann nur noch Spender eines einzelnen Spermiums?

MELANIE: Was ist denn daran schlecht, wenn nicht mehr die Quantität zählt, sondern die Qualität? Ich spreche ja nicht von Retortenbabys und Genmanipulation. Und ich halte auch nichts von Eierstock-Promiskuität, sodass jede Eizelle den Samen eines anderen Mannes bekommt.

FRANKENTHALER: „Eierstock-Promiskuität!" Hab ich ja noch nie gehört.

MELANIE: Jeder der entstehenden Embryonen wird genetisch geprüft, und der beste wird wieder in die weibliche Gebärmutter zurückgeführt. Wir erhöhen lediglich die Chancen für ein gesundes Kind, indem wir nichts dem Zufall überlassen. Ehe du dich versiehst, wird das 21. Jahrhundert zum „Century of Art" erklärt.

FRANKENTHALER: „Art" wie „Kunst"? Warum nicht „Wissenschaft"? Oder „Technik"?

MELANIE: Die Wissenschaft der A-R-T ... *(Kurze Pause)* ... der Assistierten Reproduktions-Technologien. Junge Männer und Frauen legen ihr persönliches Reproduktionskonto an, das aus lauter gefrorenen Spermien und Eizellen besteht, und wenn sie ein Baby wollen, gehen sie zur Bank und heben ab.

FRANKENTHALER: Und sobald sie ihr Konto angelegt haben, lassen sie sich sterilisieren?

MELANIE: Genau. Wenn meine Voraussage stimmt, wird Empfängnisverhütung bald überflüssig sein.

FRANKENTHALER: *(ironisch)* Aha. Und die Pille landet im Museum ... im „Museum of 20th Century ART".

MELANIE: Natürlich passiert das alles nicht über Nacht ... Aber das Prinzip von A-R-T führt uns in diese Richtung ... und ich sage nicht, dass es keine Nachteile hat. Zunächst einmal werden hauptsächlich die Wohlhabenden davon profitieren können ... und das noch nicht mal auf der ganzen Welt. Am Anfang wird es vermutlich ausschließlich hier in den Staaten praktiziert werden ... vor allem in Kalifornien.

FRANKENTHALER: Laidlaws schöne neue Welt. Ehe du dich versiehst, stehen alleinstehende Frauen Schlange, um durch ICSI zu den Amazonen des 21. Jahrhunderts zu werden.

MELANIE: Amazonen! Denk lieber an die Frauen, die nicht den richtigen Partner gefunden haben ... oder die sich von ihrem derzeitigen Partner trennen wollen ... oder die einfach ein Kind haben wollen, bevor es zu spät ist ... mit anderen Worten ... an Frauen wie mich.

ICSI wirft noch andere ethische und soziale Probleme auf als die, die in diesem Dialog angesprochen werden. Zum Beispiel: Seit das Sortieren von Y- und X-Chromosomen tragenden Spermien perfektioniert wurde, ist es Eltern dank ICSI heute möglich, das Geschlecht ihres Kindes mit hundertprozentiger Sicherheit zu wählen. Bei einem Paar mit drei oder vier Töchtern, das unbedingt einen Sohn will, könnte die Fähigkeit, sich das Geschlecht des Kindes auszusuchen, sogar positive Folgen für die Gesellschaft haben. Aber was ist, wenn davon in Kulturen wie China oder Indien Gebrauch gemacht wird, in denen ein Junge einem Mädchen fast immer vorgezogen wird? Dort könnte es sich als katastrophal erweisen, das Geschlechterverhältnis noch mehr zugunsten der Männer verzerren, als dies durch frühe Ultraschalluntersuchungen und Abtreibungen in China bereits der Fall ist.

Oder nehmen wir die Möglichkeit, das Sperma eines gerade erst verstorbenen Mannes zu konservieren (sagen wir 24 bis 30 Stunden *post mortem*), um Monate oder sogar Jahre später mittels ICSI ein gesundes Kind zu zeugen – ein Ziel, das bereits erreicht wurde. Aber was ist mit dem Produkt einer solchen technologischen Spitzenleistung? Die Verwendung von eingefrorenen Samen- und Eizellen verstorbener Eltern würde bereits unter dem Mikroskop Waisenkinder erzeugen. Eine groteske Vorstellung – aber braucht es wirklich viel Fantasie oder Mitgefühl, sich Umstände auszumalen, unter denen eine Witwe den Samen ihres geliebten Ehemannes benutzen könnte, um ihrer beider einziges Kind zu bekommen? Hier handelt es sich im Grunde um Grauzonen. Die Technologie nimmt eine mehrdeutige Position ein, da sie uns befähigt, unseren besten und schlechtesten Antrieben nachzugeben. Doch Naturwissenschaftler und Technologen können nicht die Antworten liefern. Das abschließende Urteil muss die Gesellschaft fällen, und das ist, im Falle von Sex und Fortpflanzung, das betroffene Individuum selbst. In letzter Konsequenz ist dieses Individuum das Kind, doch die Entscheidung muss vor seiner Geburt von den Eltern getroffen werden – oder, häufiger als uns lieb ist, von einem Elternteil allein.

Es liegt in der Natur derartiger Fragen, dass sie sich bequemen Lösungen entziehen, nicht zuletzt deshalb, weil sie sich meist schneller vermehren, als wir sie lösen können. Während die Fortpflanzung in der Vergangenheit häufig als Beispiel für das Gesetz der unbeabsichtigten Folgeerscheinungen diente, hat die hinzugekommene Technologie diesem Gesetz zusätzliches Gewicht verliehen. Bedenken Sie: Bis in die jüngste Zeit wurde der Beginn des Klimakteriums von vielen Frauen als die Befreiung von Schwangerschaften begrüßt, zu denen es durch ungeschützten und häufig ungewünschten Verkehr kam. Doch mit der Pille und anderen wirksamen Verhütungsmitteln und dem enormen Anstieg der Zahl von Frauen, die anspruchsvolle Berufe ergreifen, die sie veranlassen, mit Kindern zu warten, bis sie Ende 30 oder Anfang 40 sind, wächst nun die Besorgnis, das Klimakterium könnte sie daran hindern, überhaupt Mütter zu werden. Während die Reproduktionstechnologie in der zweiten Hälfte des 20. Jahrhunderts auf die Kontrazeption ausgerichtet war, könnte die technologische Herausforderung des neuen Jahrtausends sehr wohl die Konzeption sein (oder Infektionen, sofern es sexuell übertragbare Krankheiten betrifft). Falls sich die Kryokonservierung von Gameten, gefolgt von der Sterilisation, durchsetzt, könnte Verhütung auf lange Sicht überflüssig werden.

Sechs Theaterstücke später, in *Tabus*, beschloss ich, die gesellschaftlichen Auswirkungen der enormen Fortschritte in den Blickpunkt zu rücken, die in den vergangenen acht Jahren in der Reproduktionsmedizin gemacht worden waren. Die Gründe, mich ein weiteres Mal der Form des Dramas zu bedienen, um derart wichtige Fragen zu erörtern, lassen sich am besten im folgenden Vorwort zusammenfassen, das in meinem Buch mit dem sich selbst erklärenden Titel *Sex im Zeitalter der technischen Reproduzierbarkeit* veröffentlicht wurde.

In *Tabus* greife ich erneut das Thema Sexualverhalten im Zeitalter der technischen Reproduzierbarkeit auf, das sich auch als die bevorstehende Trennung von Sex und Fortpflanzung bezeichnen lässt. Sex – motiviert durch Liebe, Lust oder Neugier – wird es zweifellos immer geben, während die Fortpflanzung zunehmend unter dem Mikroskop oder mittels anderer „alternativer" Methoden stattfinden wird. Aber statt mich wie in *Unbefleckt* auf das technische „Yang" des Themas zu konzentrieren, beschäftige ich mich in meinem sechsten Stück mit dem sozialen „Yin" und seinen wesentlich subtileren und komplexeren Komponenten. Wie die chinesische Philosophie besagt, ist es gerade das Wechselspiel bzw. die Interaktion von Yin und Yang, die das Geschehen bestimmen – in anderen Worten: die nächste Generation von Menschen und Ideen. Begriffe wie „Ehe", „Familie" und „Eltern" hatten früher eine fest umrissene Bedeutung. Sie waren das Fundament, auf dem unsere kulturellen Werte beruhten. Begriffe wie „Embryo", „Kind" oder „Zwilling" galten ebenfalls als unzweideutig. Und Postulate wie eine Ehe müsse heterosexuell sein und ein Kind könne nicht zwei Elternteile gleichen Geschlechts haben, wurden nicht einmal formuliert, weil es daran nicht den geringsten Zweifel gab. Doch all diese Begriffe sind ins Wanken geraten, ihre einst klaren Abgrenzungen verschwimmen, ihre Bedeutung erweitert sich. Manche mögen der In-vitro-Fertilisation der letzten drei Jahrzehnte die Schuld an dieser Entwicklung geben. Faktisch jedoch sind tiefgreifende gesellschaftliche und kulturelle Veränderungen – hauptsächlich in den USA und in Europa – in weit höherem Maße für diese Umwälzungen verantwortlich, die so viel Angst und Antagonismus hervorgerufen haben, insbesondere unter den immer lauter werdenden christlichen Fundamentalisten in den USA. Warum also nicht ein Theaterstück über eine Situation schreiben, in der „Familie" und „Eltern" irritierend diffuse Bedeutungen angenommen haben? Aus diesem Grund habe ich *Tabus* in zwei sozial und politisch extrem polarisierten Teilen der USA angesiedelt: im Großraum San Francisco und im tiefen amerikanischen Süden. Aber obwohl ich mein halbes Leben in oder in der Nähe von San Francisco verbracht habe, möchte ich weder als Verfechter der einen noch der anderen extremen Meinung in *Tabus* betrachtet werden. Darum endet das Stück mit einer biblischen Note, um zu betonen, dass in einer Situation, in der es keine Gewinner geben kann, Kompromisse erforderlich sind. Ich schrieb *Tabus* hauptsächlich in London, erste Teile aber auch in Irland und Deutschland –, und zwar als ein in Europa geborener amerikanischer *agent provocateur*, der seine europäischen Wurzeln wiederentdeckt hat und damit auch eine distanziertere und nuanciertere Sicht auf die USA gewann. Zweifellos ist *agent provocateur* die Rolle, die mir als spätberufenem Bühnenautor am besten liegt, denn die meisten Themen, die mich interessieren, sind sowohl intrinsisch provokativ als auch komplex. Und wenige Themen sind so provokativ und komplex wie die aktuellen Fragen nach der sozialen Bedeutung von Elternschaft und Familie, wo sich jeder Horrorvision ein „Aber was ist wenn"-Szenario entgegenhalten lässt. Aus diesem Grund habe ich mich in *Tabus* primär der Yin-Seite der Debatte angenommen.

Im Laufe der letzten drei Jahrzehnte wurde ich bei aberhundert Vorträgen und Reden über Fortschritte auf dem Gebiet der weiblichen Kontrazeption von den Zuhörern mit den unterschiedlichsten Fragen konfrontiert. Aber eine, insbesondere von Frauen gestellte, höre ich immer wieder: „Wo ist die Pille für Männer?" Wie ich bereits weiter oben mit einem Zitat der Anthropologin Margaret Mead andeutete, wurde diese Frage Ende der 1960er Jahre häufig in vorwurfsvollem Ton gestellt: „Warum gibt es statt der Pille für die Frau keine Pille für den Mann?" Diesem impliziten Vorwurf folgte häufig der rhetorische Satz: „Hängt das vielleicht damit zusammen, dass alle relevanten wissenschaftlichen und klinischen Untersuchungen von Männern durchgeführt wurden, die keine Hemmungen haben, an Frauen herumzuexperimentieren, denen es aber widerstrebt, in irgendeiner Weise mit ihrem eigenen Geschlechtsapparat zu experimentieren?" Obwohl die Frage nicht so einfach ist, wie sie klingt, würde ein männlicher Feminist wie ich (für den eine emanzipierte Frau eine Person ist, die selbst über ihre Fertilität bestimmt) darauf antworten, dass unter diesen Umständen fast die gesamte Entscheidungsgewalt über die Schwangerschaft einer Frau weiterhin in den Händen der Männer läge.

Die angemessenere und weniger feindselige Frage lautet natürlich: „Warum gibt es neben der Pille für die Frau nicht *zusätzlich* auch die Pille für den Mann?" Ich habe diese komplizierte Frage – kompliziert deshalb, weil die Gründe vor allem ökonomischer und kultureller und nicht nur wissenschaftlicher Natur sind – anfänglich immer in der sachlichen Manier des Naturwissenschaftlers beantwortet. Doch als berufsbedingter Bigamist, der das Leben eines Naturwissenschaftlers und Romanciers führt, spreche ich diese Frage in letzter Zeit in meinen Werken in Form von Fallstudien an. Ich schreibe hauptsächlich in dem begrenzten und selten benutzten Genre der „Science-in-Fiction", das nicht mit Science Fiction verwechselt werden darf. Meine Definition von „Science-in-Fiction" setzt voraus, dass das, was darin beschrieben wird, zumindest plausibel ist, sofern es nicht bereits tatsächlich existiert.

Mein Roman *Menachems Same* (der dritte Band meiner Tetralogie im Genre „Science-in-Fiction") und sein Nachfolger *NO* widmen sich der Reproduktionsbiologie des Mannes. Darin skizziert Dr. Melanie Laidlaw gegenüber ihrem Kollegen Professor Felix Frankenthaler vielversprechende neue Ansätze bei der männlichen Kontrazeption, von denen jedoch viele, wie die in den letzten Jahren tatsächlich durchgeführten Untersuchungen zeigen, Auswirkungen auf die Libido haben.

Frankenthaler stieß einen hörbaren Seufzer aus. „Vermutlich schon. Aber es würde auch die Libido abstellen."

„Was ist mit gelegentlichen Injektionen langwirkender Testosteron-Ester?"

„Da vergeht einem ja glatt die Lust. Entschuldige", sagte er schnell, „das ist mir so herausgerutscht." Melanie schüttelte den Kopf. „Ich glaube, Geburtenkontrolle interessiert dich einfach nicht." „Das ist nicht fair, Melanie!" Seine Stimme war lauter geworden. „Ich bin nur realistisch. Selbst wenn man bei einem synthetischen LH-RH-Analog ansetzen würde – und ich will zugeben", er hob zur Betonung den Zeigefinger, „dass das theoretisch ein absolut stichhaltiges Argument ist –, dann stell dir nur mal die erforderliche Entwicklungszeit vor, die jahrelangen klinischen Tests. Wir müssten sicherstellen, dass die Sache reversibel ist. Denn wenn sie das nicht ist, wozu dann der ganze Aufwand? Dann kann man ja gleich eine Vasektomie vornehmen lassen, und das Problem ist erledigt."

„Und wie sieht das bei deiner Impotenz aus? Dauert es da etwa nicht genauso lange?"

„Bis zur Anwendung in der allgemeinen klinischen Praxis? Schon möglich, insbesondere angesichts der psychologischen Komponente, die man in Betracht ziehen muss. Aber die anfängliche Forschungsarbeit, die Überprüfung unserer Idee? Entweder man bekommt eine Erektion oder nicht. Die Zeitspanne wird in Sekunden oder Minuten gemessen, nicht in Jahren."

In anderen Worten: In meinem Roman zeige ich in Form einer simulierten, aber plausiblen „Fallstudie", dass die derzeitige wissenschaftliche Gemeinschaft und die Pharmaindustrie sich nicht für Verhütungsmittel für den Mann interessieren, sondern nur für die „glamourösere" Thematik der Impotenz und Unfruchtbarkeit beim Mann. Als Beispiel für Letzteres zitiere ich einen Monolog Melanie Laidlaws aus Kapitel 18 von *Menachems Same*, in dem sie auf ICSI zurückkommt, das ich in *Unbefleckt* behandelt habe.

Als ich damals den Titel von van Steirteghems Forschungsprojekt „ICSI gegen SUZI" sah, war ich sofort fasziniert. Es klang wie eine Klage bei Gericht oder wie ein Ringkampf. Es war der erste Antrag aus Belgien, den *REPCON* je erhalten hatte. Als ich die letzte Seite weglegte, war ich sicher, dass unser Beirat das Projekt genehmigen würde.

Ich halte nicht viel von Akronymen, aber ICSI und SUZI gefielen mir, weil sie sich wie niedliche Kindernamen anhörten. Besonders SUZI, bis ich erfuhr, dass es für *Subzonale Insemination* stand, ein Verfahren, mit dem Spermien direkt unter die Zona pellucida injiziert und dann sich selbst überlassen werden. Doch am Ende zog ich ICSI vor. Nicht wegen der offiziellen Bezeichnung *intracytoplasmatische Spermieninjektion* – also die Injektion von Spermien direkt in das Zytoplasma der Eizelle. Bei einer erfolgreichen Befruchtung muss das Spermatozoon in das Zytoplasma der Oozyte, der Eimutterzelle, gelangen. Wenn du es schon machen willst, dachte ich, dann aber auch gründlich. Was mich mehr als alle anderen praktischen Erwägungen überzeugte, war, dass ICSI die interessantere Gedächtnishilfe bot: Ich kann sicher inseminieren. Nachdem mir dieser Spruch eingefallen war, ging er mir nicht mehr aus dem Sinn. Im Übrigen war ICSI, was die Erfolgsrate betraf, van Steirteghems Antrag zufolge, um Längen der Sieger.

Der Grund, weshalb ich ICSI in zwei meiner Theaterstücke und in einem meiner Romane als Thema wählte und weshalb ich es in diesen autobiografischen Betrachtungen erneut anspreche, ist, dass ICSI den Konflikt in der heutigen Gesellschaft illustriert zwischen technologischen Durchbrüchen und den ethischen Dilemmata, die sie aufwerfen. In keinem Bereich zeigt sich das dramatischer als bei der assistierten Reproduktion – in anderen Worten: bei der Behandlung von Infertilität – und insbesondere bei ICSI, wo wir es mit einem einzigen Spermium zu tun haben.

Zum Beispiel: Wem gehört das Spermium? Hat angesichts der Tatsache, dass Männer im Laufe ihres Lebens unzählige Milliarden von Spermien verwerfen, ein einzelnes Spermium überhaupt irgendeinen Wert? Ist es etwas, das „gestohlen" werden kann? Das ist die entscheidende Frage in meinem Roman und in meinem ersten Theaterstück, wo das Thema noch komplizierter gemacht wird: Der Mann, dessen Sperma „gestohlen" wird, weiß, dass seine geringe Spermienzahl ihn unfruchtbar macht. Wenn dieses Sperma für den Mann keinerlei Wert besitzt, so kann es zusammen mit ICSI für eine Frau durchaus sehr wertvoll sein. Wo liegen in diesem Fall die Rechte und Pflichten der Elternschaft? Doch damit fangen die Fragen erst an. Sollte ICSI zur Bestimmung des Geschlechts benutzt werden? Mit ICSI kann das Sperma eines gerade erst Verstorbenen abgesaugt und jahrelang konserviert werden. Zu welchen Zwecken sollte von dieser Befruchtung *post mortem* Gebrauch gemacht werden? Der große Erfolg von ICSI hatte zur Folge, dass Hunderttausende von eingefrorenen Embryonen in Banken eingelagert wurden für den Fall, dass der erste Versuch fehlschlägt, was nun angesichts der hohen Erfolgsrate dieses Verfahrens nicht mehr nötig ist. Gelten diese Embryonen bereits als Leben? Was soll mit ihnen geschehen? Da ICSI häufig zu Mehrlingsgeburten führt, samt den damit einhergehenden Risiken für Föten und Mutter, welche ethischen Fragen wirft dann die „selektive Reduktion" auf? Selbst wenn das Verfahren durchgeführt wird, um die Geburt eines oder zweier Kinder zu garantieren, statt das Leben aller drei zu gefährden. Diese und viele weitere Probleme werden in meinem Roman und in meinem Theaterstück angesprochen. Wer sollte derart brisante Fragen entscheiden? Die Wissenschaftler oder die Öffentlichkeit? Und wer ist die Öffentlichkeit und was versteht die Öffentlichkeit von den technischen Dimensionen dieser Reproduktionstechnologien? Hinzu kommt die Politisierung dieses intimsten aller menschlichen Aspekte – Sex und Fortpflanzung –, die in den Vereinigten Staaten absurde Formen angenommen hat.

Zusammenfassend kann man sagen, dass eine Pille für den Mann noch in weiter Ferne ist. Andere Geister sind jedoch bereits aus der Flasche der männlichen Reproduktionsforschung entwichen. Die technisch unbedarfte Öffentlichkeit könnte Schlimmeres tun, als intelligente Romane oder Dramen lesen, um sich über solche Fragen angemessen zu informieren.

Eine düstere Coda

Da die Pille direkt oder indirekt fast mein ganzes Erwachsenenleben beeinflusst hat, ist es nur verständlich, dass dies eines der längsten Kapitel meiner allerletzten Autobiografie geworden ist. Das erklärt auch das Potpourri aus Gedanken, Meinungen und gelegentlich unsicheren Schlussfolgerungen, das ich im Laufe von fast fünf Jahrzehnten in Wort und Schrift zum Ausdruck gebracht habe. Ich werde das Kapitel nun mit der gleichen düsteren Note beenden, mit der ich es begonnen habe: mit einem dunklen Schatten, der erst 2011 geworfen wurde – in einem Jahr, das während der ersten zehn Monate heiter erschien.

2011 war das Jahr, in dem der 50. Jahrestag der Einführung der Pille in Deutschland von den Medien und der wissenschaftlichen Gemeinschaft gefeiert wurde. Aus diesem Anlass gab das *Journal für Reproduktionsmedizin und Endokrinologie* unter dem Titel „50 Jahre orale hormonelle Kontrazeption" im November eine 266 Seiten lange Sonderbeilage heraus, die mir gewidmet war, wie die folgenden wunderbaren Sätze der beiden Herausgeber zeigen:

Lieber Carl, ohne Ihren erfinderischen Ehrgeiz und Ihre experimentellen Fähigkeiten könnten wir in Deutschland nicht den 50. Geburtstag der Pille feiern. Wir sind froh und glücklich, dass Sie sich bester Gesundheit und ungebrochener Kreativität erfreuen und anlässlich der feierlichen Überreichung dieser Sonderbeilage im Oktober in Heidelberg einen Festvortrag halten werden.

Zu dieser Sonderbeilage steuerte ich einen langen Artikel bei, *Die Pille mit fünfzig (in Deutschland): Floriert sie oder überlebt sie nur?*, dessen ersten Absatz ich hier wiedergebe:

Welcher 50. Geburtstag?
Wie viele Menschen – abgesehen von denen, die ihr Alter zu verbergen suchen – feiern über Jahre hinweg den gleichen Geburtstag? Und warum sollte das bei einem Arzneimittel der Fall sein? Doch 2001 feierten mehrere Personen (angefangen mit Carl Djerassis Memoiren) den 50. Geburtstag der Pille, während neun Jahre später weltweit mit großem Medienrummel ein weiterer 50. Geburtstag der Pille gefeiert wurde [bezogen auf das Datum der FDA-Zulassung]. Und nun, im Jahre 2011, tun wir es wieder, indem wir das Datum begehen, an dem die Pille vor 50 Jahren in Deutschland eingeführt wurde. Im Hinblick auf den Titel dieses Artikels müsste das eigentlich bedeuten, dass die Pille floriert. Und in gewisser Weise tut sie das auch, vor allem im Lichte zweier überwältigen-

der Tatsachen des letzten halben Jahrhunderts – der weltweiten Bevölkerungsexplosion und dem Aufkommen der Frauenrechtsbewegung –, ohne die orale Kontrazeptiva nur ein weiterer medizinischer Fortschritt und keine Erfindung mit enormen gesellschaftlichen Folgen gewesen wären. Doch in diesem Artikel werde ich auch das Gegenargument anführen, dass die Pille nur deshalb überlebt, weil sich keinerlei fundamental neue Methoden der Geburtenkontrolle am Horizont abzeichnen.

Der Tag in Heidelberg, an dem ich meinen Vortrag hielt und die erste Ausgabe des Journals überreicht bekam, hatte noch einen weiteren Höhepunkt für mich parat, nämlich die Verleihung eines Ehrendoktorats der Universität Heidelberg, der ältesten Universität Deutschlands.

Auf dieses erfreuliche Geschehen fiel jedoch fünf Tage später ein so tiefdunkler Schatten, dass sich die Freude verflüchtigte. Mit der Post erhielt ich einen langen Artikel, „50 Jahre Pille in Deutschland", zu exakt dem gleichen Thema also, der auf einem Sammelsurium von 75 Zitaten beruht, von denen einige geradezu automythologischen Charakters sind, und der in der deutschen Fachzeitschrift *Chemie in unserer Zeit* erschien. Was die Autoren, zwei Chemiker namens Sabine Streller und Klaus Roth, schrieben, verschlug mir schlicht den Atem. Nicht nur wegen der Fehler, der falschen Darstellungen, der aus dem Zusammenhang gerissenen Zitate und der nicht vorhandenen Verweise, sondern wegen der persönlichen Angriffe, wie ich sie in knapp 70 Jahren als Naturwissenschaftler noch nie erlebt hatte.

Die Pille, eines der „Sieben Weltwunder der Moderne" entstand nicht durch den Geniestreich eines Einzelnen, sondern ist die Krönung jahrzehntelanger Anstrengungen, beginnend mit den ersten physiologischen Untersuchungen des weiblichen Zyklus an Labortieren über die Isolierung und Strukturbestimmung der Sexualhormone, der Synthese oral wirksamer Abkömmlinge, der Durchführung vorklinischer und klinischer Studien bis hin zur Zulassung. Unzählige Menschen in vielen Ländern trugen letztlich zur erfolgreichen Markteinführung bei, so dass es somit gänzlich unmöglich ist, einen

Menschen herauszuheben und ihm oder ihr eine exklusive „Elternschaft" zuzusprechen. Genau dies aber versucht Carl Djerassi seit vielen Jahren, indem er in zahllosen Publikationen und Interviews sich selbst einfach mal zum „Vater", manchmal auch zur „Mutter" der Pille macht. So authorisiert erklärt er den 15. Oktober 1951 zum Geburtstag der Pille. An diesem Tag synthetisierten nämlich Luis E. Miramontes, George Rosenkranz und er bei der Fa. Synthex [sic] erstmals das 19-Nor-ethinyltestosteron (Norethisteron). Ungeachtet der Tatsache, dass diese „Geburt" an allen, auch an Djerassi selbst, völlig unbemerkt vorbeiging, da sich damals niemand eine Pille vorstellen konnte. Als 1960 mit Enovid® schließlich die erste Pille auf den US-Markt kam, war Djerassis Wirkstoff nicht einmal enthalten, sondern gewann erst später an Bedeutung. Trotzdem feiert er mit kräftiger Medienbegleitung in regelmäßigen Abständen den Geburtstag der Pille und vor allem sich selbst. Als Beigabe entwickelte er einen ganzen Stammbaum der Pille, in dem Gregory Pincus das andere Elternteil (mal Vater, mal Mutter), Ludwig Haberlandt der Großvater, der Gynäkologe John Rock der Geburtshelfer und Russell Marker ein weit entfernter Großonkel sind. Anderen Schwergewichten, wie Birch, Butenandt, Doisy, Hohlweg, Inhoffen, McCormick, Miramontes, Rosenkranz, Sanger u.a., spricht Djerassi seltsamerweise jegliche Blutsverwandtschaft ab. Ein nüchterner Blick auf die Entwicklungsgeschichte der Pille zeigt eindeutig, dass alle an deren Entwicklung und Markteinführung beteiligten Personen unsere höchste Anerkennung verdienen. Wollte man überhaupt einen Stammbaum niederschreiben, müsste man sie alle am treffendsten als Patentanten und -onkel bezeichnen. Dazu zählt ganz sicher auch Carl Djerassi, aber er ist eben nicht der Einzige. Und wenn nun unbedingt Geburtstag gefeiert werden sollte, dann kann es nur der Tag sein, an dem die Frauen die Pille endlich in ihren Händen hatten. Das wäre in den USA der 18. August 1960 und in Deutschland und anderen europäischen Staaten der 1. Juni 1961.

Wenn dieses giftige Geschwafel auch nur ansatzweise korrekt wäre, dann müsste mir die *National Medal of Science* aberkannt werden, die mir 1973 im Weißen Haus für die erste Synthese eines oralen Verhütungsmittels verliehen wurde. Und die namentliche

1973 Verleihung der *National Medal of Science* durch
Präsident Richard M. Nixon im Weißen Haus

Nennung auf unserem Norethisteron-Patent müsste für nichtig
erklärt werden – das erste Arzneimittelpatent, das von der amerikanischen *National Inventors Hall of Fame* als solches gewürdigt
wurde. Ganz zu schweigen von der Rücknahme einiger deutscher
Auszeichnungen wie dem Großen Verdienstkreuz der Bundesrepublik Deutschland, der Lichtenberg-Medaille der Akademie der
Wissenschaften zu Göttingen, der Mitgliedschaft (seit 1968) in der
Deutschen Akademie der Wissenschaften (Leopoldina) und, was
bezüglich des Streller-Roth-Artikels am relevantesten wäre, die
Inhoffen-Medaille und -Dozentur der TU Braunschweig. Dagegen
wäre eine Aberkennung meines Ehrendoktorats der TU Dortmund
nicht erforderlich, da mir dieses ausschließlich für meine Arbeit
als Romanautor und Dramatiker während der letzten 25 Jahre
verliehen wurde. Und genau während dieser 25 Jahre habe ich
in jedem meiner fünf Romane und in mehr als der Hälfte meiner
neun Theaterstücke genau die Art von Eigenwerbung kritisiert,
derer ich nun beschuldigt wurde.

Ein paar Monate später veröffentlichte ich in derselben deutschen Fachzeitschrift eine lange Widerlegung, aus der ich hier nur
die folgenden einleitenden Absätze zitiere.

Lassen Sie mich die persönlichen Anschuldigungen von Streller und Roth widerlegen und auch die Gelegenheit nutzen, zumindest einige der ungeheuerlichen Fehler und Tatsachenverdrehungen in deren Artikel richtigzustellen. Dabei werde ich mich nicht nur auf meinen jüngsten Artikel [im *Journal der Reproduktionsmedizin und Endokrinologie*] beziehen, den die Autoren nicht gelesen haben können, sondern auf einige Artikel und Bücher unter meinen *zahllosen Publikationen verweisen*, von denen Streller und Roth *keine einzige zitiert haben* ... Ich halte nichts von automythologisierenden Erinnerungen oder Fantasien, bin jedoch der Meinung, dass nur exakte literarische Verweise in Fachzeitschriften mit Gutachterverfahren oder seriösen (im Gegensatz zu journalistischen) Büchern zählen. Ich überlasse es dem interessierten Leser, ob er einige davon zu konsultieren wünscht oder ob ihm bei den folgenden Widerlegungen schlicht mein Wort genügt.

Im Jahre 1966 listete ich in einem Artikel mit der Überschrift *„Steroid Contraceptives"* jeden relevanten Artikel sowohl in der chemischen wie in der biologischen Literatur auf, von denen keiner in dem Streller/Roth-Artikel zitiert wird. Das tat ich ein weiteres Mal, mit der Betonung auf den relevanten chemischen Vorgängen, in der berühmten Sonderbeilage der Zeitschrift *Steroids* von 1992, zu der alle damals noch lebenden Chemiker (z.B. Rosenkranz, Zaffaroni, Colton etc.) Beiträge lieferten und in der die Priorität der Syntex-Gruppe eindeutig dokumentiert ist ... Noch detailliertere Einzelheiten – historischer wie auch persönlicher Art – sind in vier Büchern von mir zu finden, die ich im Laufe von drei Jahrzehnten geschrieben habe, und ich finde es empörend, dass das letzte von Streller und Roth nicht einmal erwähnt wurde in Anbetracht der Tatsache, dass viele ihrer Anschuldigungen völlig aus dem Zusammenhang gerissen aus diesem Buch stammen. Folglich werde ich speziell mit der vermeintlichen Behauptung beginnen, ich hätte mich bisweilen als den *Vater* und bisweilen als die *Mutter der Pille* bezeichnet.

Was die Zuschreibung „Vater" betrifft, fordere ich jedermann auf, eine einzige Literaturstelle zu nennen, wo ich persönlich mich als diesen bezeichne. Ganz im Gegenteil habe ich bis heute oft darauf hingewiesen, dass jeweils *dem* Chemiker, nicht bloß Carl

Djerassi, die Mutterrolle bei der Entwicklung eines synthetischen Präparats zuzuweisen ist. Die meisten Leute, insbesondere Biologen und Kliniker, nehmen häufig keinerlei Notiz von Chemikern, und ich bin verblüfft, dass Streller und Roth, zwei Chemiker, dieser metaphorischen Analogie widersprechen.

Ich kenne weder Sabine Streller noch Klaus Roth, über ihre Kompetenz auf dem Gebiet der Steroide ist mir nichts bekannt. Was also konnte zwei mir wildfremde Menschen veranlasst haben, etwas derart Bösartiges zu schreiben? Und warum dieser dumme Einwand dagegen, dass ich den 15. Oktober 1951 als den wahren und einzigen Geburtstag der Pille bezeichne? Würde man Mozarts Geburtstag an dem Tag feiern, an dem seine erste Sinfonie zu hören war? Neid ist ein Phänomen, das mir im Laufe der Jahre in vielfältiger Gestalt begegnet ist, ob bei Journalisten oder in wissenschaftlichen Kreisen. Hier ist ein Beispiel, das aus meiner ersten Autobiografie stammt:

Ab den sechziger Jahren bekam ich oft die Frage zu hören: „Was halten Sie von den sozialen Auswirkungen dieser Arbeit?" Je nachdem, wie und wo sie gestellt wurde, grinste ich freundlich, zuckte bescheiden die Achseln oder antwortete sogar ernsthaft, dass es, wenn ich es noch einmal zu tun hätte, wenig gäbe, was ich *als Chemiker* anders machen würde oder könnte.

Doch es gibt *eine* Frage, häufig nur impliziert oder durch einen Blick oder eine Modulation der Stimme geäußert, die mich gereizt in die Defensive gehen lässt. Sie betrifft die Vorstellung des Fragenden von den Unsummen, die vermeintlich in meine Tasche gewandert sind, weil mein Name als erster auf der Erfinderliste des US-Patents Nr. 2 744 122 erscheint. Darauf kann ich zwei Antworten geben.

Eine ist kurz, frei von Humor und überhaupt nicht spannend. Als Vollzeitangestellter der Firma Syntex enthielt mein Arbeitsvertrag die Standardklausel, der jeder für ein pharmazeutisches Unternehmen in den USA arbeitende Chemiker zustimmt: Für 1,00 Dollar und/oder ‚andere Nebenleistungen' erklärt sich der Erfinder bereit, alle Patentanmeldungen zu unterschreiben und alle Rechte an jedwelchem erteilten Patent an die Firma abzutreten. „Andere Nebenleistungen" beziehen sich auf die Sicherheit des Arbeitsplatzes, das Gehalt, das man bekommt, und möglicherweise auch auf eine Sonderzulage oder auf Vorzugsaktien, aber niemals auf Tantiemen auf der Basis eines bestimmten Prozentsatzes eventueller Verkäufe. Letzteres blieb firmenfremden Erfindern oder anderen Dritten vorbehalten.

Ich möchte diese Frage lieber in Form der Schilderung meiner Kontroverse mit dem *Berkeley Barb* beantworten, einem boshaften Skandalblättchen, das 1980 ins Gras biss. Drei Jahre vor seinem Ableben veröffentlichte das Blatt einen langen Artikel, in dem die finanziellen Gewinne kritisiert wurden, die diversen Universitätsprofessoren zugeflossen waren infolge ihrer Verbindung mit den vielen in der neuen Biotechnologie tätigen Firmen, die im Großraum San Francisco und im Schatten Harvards und des MIT um Boston herum zu florieren begonnen hatten. Obwohl meine eigene wissenschaftliche Forschung die biotechnologische Revolution kaum beeinflusst hatte, zitierte der Reporter einen anscheinend untadeligen Professor aus Berkeley dahingehend, dass mein akademisches Amt „den Stanforder Chemiker Carl Djerassi nicht daran gehindert hatte, von ihm entdeckte Steroide zur Geburtenkontrolle privat unter seinem eigenen Namen aus Profitgier patentieren zu lassen, obwohl er sie entdeckt hatte, während er an einem von den NIH *[National Institutes of Health]* finanzierten Forschungsprojekt arbeitete. Am bezeichnendsten ist vielleicht, dass Djerassi ... für den Vertrieb dieser Steroide seine eigene Firma benutzte."

Ich gehörte nicht zu den Lesern des *Berkeley Barb*, aber von dieser Ausgabe landeten prompt mehrere Exemplare auf meinem Schreibtisch. Da die Unterstellung, ich hätte staatliche Mittel dazu benutzt, meine Schäfchen und die meines industriellen Arbeitgebers ins Trockene zu bringen, sich auf meine akademische Laufbahn und die weitere staatliche Finanzierung meiner akademischen Forschung hätten auswirken können und müssen, reagierte ich unverzüglich. Ich verwies auf die öffentlichen Unterlagen, die zeigten, dass die Patentanmeldung für das orale Kontrazeptivum im November 1951 eingereicht wurde, dass das Patent meinem damaligen Arbeitgeber Syntex erteilt wurde, dass meine Verbindung mit der *Stanford University* erst 1959 begonnen hatte und dass ich seit dieser Zeit kein einziges Patent angemeldet hatte. (Obwohl es weder unrechtmäßig noch ungehörig ist, besonders unter den derzeit geltenden staatlichen Bestimmungen, persönliche Patente für Erfindungen anzumelden, die mit Hilfe staatlicher Forschungsmittel an Universitäten gemacht wurden, habe ich es vorgezogen, mich dieser Praxis nicht anzuschließen.) Außerdem setzte ich hinzu, dass ich weder für meine Arbeit an oralen Kontrazeptiva noch für irgendeines der rund hundert anderen Patente, zu deren Erfindern ich während meiner Tätigkeit in der Industrie gehörte, niemals irgendwelche Tantiemen erhalten hatte. Der *Berkeley Barb* war nicht gerade dafür bekannt, Widerrufe zu veröffentlichen, doch in diesem Fall veröffentlichte er eine Palinodie, die eine ganze Seite einnahm.

Der Grund, weshalb ich diese Geschichte erzähle, ist der, dass der Reporter zwar ein uneingeschränktes *mea culpa* veröffentlichte, weil er weder die öffentlichen Unterlagen geprüft noch mich interviewt hatte, jedoch beteuerte, den Professor aus Berkeley korrekt zitiert und den Eindruck gewonnen zu haben, „dass Dr. Djerassis angebliche private Patente auf Mittel zur Geburtenkontrolle in der wissenschaftlichen Gemeinschaft allgemein bekannt waren". In dieser Hinsicht glaube ich, dass der Reporter absolut Recht hatte. Es gibt wenig, was ich gegen diese Auffassung unternehmen könnte, die auf eine Mischung aus akademischer Naivität und Wunschdenken samt einer gelegentlichen Spur Konkurrenzneid zurückgeht. Vielleicht hätte ich dem *Berkeley Barb* mitteilen sollen, dass die anhaltende Akzeptanz der Pille durch Millionen von Frauen überall in der Welt eine „Nebenleistung" ist, die mit allem Gold in Fort Knox nicht aufzuwiegen ist.

Noch 2011 wurde mir in einer österreichischen Talkshow die Frage gestellt: „Und wie viel Geld haben Sie bekommen?" Für mich war der Ton dieser Frage gleichermaßen geprägt von geschmackloser Neugier und offenkundigem Neid, doch in diesem Fall zuckte ich nur die Achseln und sagte: „Spielt das eine Rolle?" Ich werde diese

Meckerei meinerseits mit der Bemerkung abschließen, dass die Frage nach dem Geld unweigerlich von Männern gestellt wird. Ob das daran liegt, dass der wahre Wert der Pille vor allem Frauen nicht entgangen ist?

Heimat(losigkeit)

In keiner meiner früheren Autobiografien, und in meinen schrift-stellerischen Arbeiten nur sehr sporadisch, habe ich das Thema Heimat explizit angesprochen. Obwohl ich dieses Kapitel in Englisch schreibe, der Sprache meiner Wahlheimat, benutze ich das deutsche Wort „Heimat", weil es in meiner Muttersprache Konnotationen hat, die das englische Wort *home* schlicht nicht besitzt. Für mich betont „Heimat" wesentlich nachdrücklicher als im Englischen die zwischenmenschlichen Beziehungen, mehr als eine rein örtliche Bindung. Und so werde ich darlegen, warum ich seit über 70 Jahren keine Heimat in dem Sinne habe, wie der Duden sie definiert: *oft als gefühlsbetonter Ausdruck enger Verbundenheit gegenüber einer bestimmten Gegend.* Auch wenn ich vielleicht keine Heimat habe, so habe ich doch ein *home*, ein Zuhause, genau gesagt sogar vier, was eigentlich sehr erfreulich klingt. Doch auch die Schattenseiten werden sich bald zeigen.

San Francisco

In San Francisco besitze ich eine herrliche Wohnung mit einem fantastischen Rundblick von 361 Grad (das zusätzliche Grad steht für das optische Ausrufezeichen) auf die Bucht von San Francisco, Golden Gate, Alcatraz und die schimmernden nächtlichen Lichter der Stadt. Im vergangenen Jahr beschrieb ich diesen Blick in einer Sammlung zugegebenermaßen bitterer Gedichte (*Ein Tagebuch des Grolls*):

> San Franciscos Lichtermeer von seinem Bett aus,
> Von der Dusche,
> Selbst von der Toilette aus.
> „Das richtige Ambiente, um Durchfall zu haben",
> Prahlte er.
> Sie stimmte zu.

Der Blick von seiner Couch:
Das Leuchtfeuer von Alcatraz,
Wie ein gleißender Diamant im Sonnenlicht.
Der Nebelvorhang, der sich auf die Golden Gate Bridge senkt,
Bis er sie ganz verhüllt;
Das langsame Heben des Schleiers;
Kein Striptease, recht unamerikanisch.
Zarte Entblößung nur, mit maurischem Touch.

Meine verstorbene Frau, Diane Middlebrook, und ich schufen uns dieses Heim vor einem knappen Vierteljahrhundert, indem wir vier Wohnungen im 15. Stockwerk des höchsten Gebäudes auf dem höchsten Punkt des Russian Hill zu einer verbanden. Daneben besitze ich, eine Autostunde südlich von San Francisco, ein wunderschönes Redwoodhaus in den Santa-Cruz-Bergen nicht weit von der *Stanford University* – ein Haus, das ich vor über 40 Jahren als Wochenenddomizil gebaut habe, als ich noch mit meiner zweiten Frau, Norma, verheiratet war. 1972 wurde es vom *American Institute of Architects* als ein herausragendes Beispiel für ein Einfamilienhaus in Amerika ausgezeichnet, mit der Begründung: „Die Durchbildung und Einfachheit der Details sowie die Wärme und formale Richtigkeit aller Bauteile des Hauses machen es zu einer klassischen Schöpfung seiner Art." Dennoch mochte Norma es nie sonderlich. Als wir uns einige Jahre später scheiden ließen, war einer der wenigen Punkte, um die sie in einer ansonsten erbitterten Auseinandersetzung nicht mit mir stritt, die Aufteilung unseres gemeinsamen Immobilienbesitzes. Wir waren uns beide einig, dass ich das architektonische Juwel tief im Wald behalten würde, wo ich dann sieben Jahre lang mehr oder weniger ein Junggesellenleben führte, bis ich wieder heiratete. Norma behielt indes das Haus in Portola Valley, das wir in unmittelbarer Nähe der *Stanford University* gebaut hatten, als wir 1960 aus Mexico City nach Kalifornien zurückkehrten.

Da ich dieses Haus nach meiner Scheidung 1976 nie wieder betreten habe, bin ich versucht, nicht weiter darauf einzugehen. Doch das wäre ein Fehler, denn in den 16 Jahren, die ich dort lebte, fühlte ich mich mehr „daheim" als irgendwo sonst. Also schweife ich hier ab und zitiere aus meiner früheren Autobiografie:

Meine Frau Norma und ich fanden einen idealen Platz in Portola Valley, nur 15 Minuten mit dem Wagen von der Universität entfernt. Das Grundstück hatte knapp 8.000 Quadratmeter und lag in einer hügeligen und stark bewaldeten Gegend; es war auf drei Seiten durch Immergrüne Eichen, Erdbeerbäume, Fichten und Eukalyptusbäume von den Nachbarn abgeschirmt und bot dennoch einen wundervollen Ausblick auf die fernen Santa-Cruz-Berge. Norma erinnerte sich, dass die frühere Frau eines meiner Kollegen von der Wayne State University in Detroit nach Taliesin West gegangen war, um bei Frank Lloyd Wright Architektur zu studieren, dann einen Wright-Schüler geheiratet hatte und jetzt in Sausalito, auf der anderen Seite der Bucht von San Francisco, lebte. Als wir die beiden besuchten, um uns architektonisch beraten zu lassen, boten sie uns „aus alter Freundschaft und ganz unverbindlich" an, nicht nur einen Plan zu machen, sondern auch ein Modell zu bauen. Also führten wir sie auf unser Traumgelände und zählten unsere Wünsche auf: offene Terrassen auf drei Seiten des Hauses, dessen Grundriss einem Kreuz ähneln sollte, so dass vier separate Bereiche entstanden, und jede Menge Wandfläche für Bilder und Bücher. „Bloß keine Wohnküche und kein Esszimmer!", betonte ich. „Drei große Schlafzimmer, ein Arbeitszimmer und ein großes Wohnzimmer, mehr wollen wir nicht." Wenn ich diese Worte heute durch meine selbstanalytische Brille lese, frage ich mich, ob „kreuzförmig" und „bloß keine Wohnküche" nicht unbewusst präzise Formulierungen meiner Ansichten vom angemessenen Lebensstil eines akademischen *pater familias* waren.

Sechs Wochen später, im Oktober 1959, kamen wir aus Mexico City (wo wir damals lebten) nach San Francisco und fuhren voll gespannter Erwartung über die Golden Gate Bridge nach Sausalito. Als wir das Wohnzimmer unseres Architekten betraten, stand dort unter einem weißen Tuch unser Modell. Mit einer schwungvollen Handbewegung nahm der Architekt das Tuch ab, um sein penibel konstruiertes Modell vorzuführen. Aber wo waren die Terrassen, von denen ich all die Wochen geträumt hatte? Ich sah meine Frau an, der schiere Missbilligung ins Gesicht geschrieben stand. Der Architekt hielt meinen verzweifelten Blick fälschlicherweise für scheue Bewunderung. „Nehmen Sie mal das Dach ab", forderte er mich auf, „und sehen Sie sich das Innere an." Es war liebevoll konstruiert, wie ein Puppenhaus, aber eben völlig falsch. Ich wusste gar nicht, wo ich anfangen sollte. „Sind die Bücherregale verstellbar?", brachte ich schließlich hervor, indem ich mich auf etwas Einfaches stürzte, das für mich, den Kleinigkeitskrämer, aber äußerst wichtig war.

„Natürlich nicht." Er schien schockiert, als hätte ich eine törichte Frage gestellt. „Das sieht immer so unordentlich aus."

„Aber ich habe gesagt, dass ich verstellbare Regale haben möchte", nörgelte ich. „Wir haben jede Menge Kunstbände."

„Die können Sie ja jederzeit horizontal stapeln." Sein Ton war der eines Erwachsenen, der einem Kind beibringt, wie man ein Dreirad verstaut.

„Da ist ja kaum Platz für Bilder", bemerkte ich und deutete auf das Mini-Wohnzimmer. „Ich habe doch gesagt ..."

Mein Einwand wurde mit einer erhobenen Polizistenhand abgeblockt. „Hier", sagte er und deutete auf eine Stelle neben dem Liliputkamin, „das ist die Ausstellungsfläche. Da passt ein ziemlich großes Bild hin."

„Bild?" Es riss mich geradezu vom Sofa hoch. „Ich habe doch gesagt, wir brauchen Platz für Bilder." Ich rollte das R, als hätte das Wort gleich ein halbes Dutzend davon. „Für viele Bilder."

„Kein Problem", meinte der Architekt lächelnd, „es ist an alles gedacht. Hier befindet sich der Stauraum für die Kunst. Sie stellen immer nur ein Stück aus und lassen die anderen im Magazin. Das turnusmäßige Wechseln wird Ihnen zusagen."

Ich frage mich, was wohl der Direktor des New Yorker Guggenheim-Museums dachte, als Frank Lloyd Wright zum ersten Mal die geschwungenen Wände und die schrägen Böden seiner Entwürfe für das geplante Gebäude erläuterte. Sollen sich doch die Museumsleute damit herumschlagen, wie man große Ölgemälde an geschwungenen Wänden aufhängt! Aber hier hatte ich es nicht mit Frank Lloyd Wright zu tun, wie ich mir immer wieder sagte, und unser zukünftiges Heim war auch kein öffentliches Gebäude.

Ich wurde herablassend behandelt von einem seiner vielen Schüler, der sich die Manieren seines Lehrmeisters nur zu gut angeeignet hatte. Mittlerweile stieß ich mich nicht einmal mehr an den fehlenden Terrassen – „zu überladen", wie mir später gesagt wurde; ich wusste, dass das Projekt nicht mehr zu retten war und dass ich so viel Verstand hätte haben müssen zu wissen, dass man geschäftliche und private Kontakte auseinanderhält.

Als wir am Abend darauf bei Joshua Lederberg (dem Leiter der neuen Abteilung Genetik der *Stanford University*) zum Essen eingeladen waren und jammerten, wie viel Zeit wir bei der Planung unseres Hauses vertan hatten, lobten die Lederbergs ihren eigenen Architekten in den höchsten Tönen und gaben uns dessen Adresse. Zwei Tage später waren wir wieder in Mexico City, von wo aus ich William Hempel anrief und ihn fragte, ob er schon einmal in Mexiko gewesen sei. Da dies nicht der Fall war, lud ich ihn ein, drei Tage bei uns daheim zu verbringen, um zu sehen, wie wir lebten, und um herauszufinden, was wir von unserem Haus in Kalifornien erwarteten. Binnen eines Monats hatte uns Hempel drei verschiedene Pläne für kreuzförmige Häuser geschickt, umgeben von offenen Terrassen und mit mehr als genug Wandfläche für Bilder. Über verstellbare Bücherregale, so beschloss ich, würden wir später reden. Im Januar 1960 flogen wir wieder nach Kalifornien, um die endgültigen Pläne abzusegnen. Der Architekt und der finnische Baumeister und Zimmermann waren sprachlos, dass wir alle Detailfragen auf der Stelle entscheiden wollten, bis hin zu den Türklinken und den Badezimmerarmaturen.

„Das Haus muss am Abend des 8. September fertig sein", verkündete ich, „weil wir an dem Tag mit dem Flugzeug aus Mexico City kommen, um rechtzeitig zum Schulbeginn unserer Kinder hier zu sein. Und wir wollen gleich in der ersten Nacht hier schlafen." In der fraglichen Nacht schliefen wir tatsächlich in dem Haus, das uns vom ersten Tag an nichts als Freude machte. Es fiel mir ungeheuer schwer, es 16 Jahre später zu verlassen, als es im Rahmen unserer Scheidungsregelung an meine Frau ging.

Im Jahre 1965, als meine Tochter Pamela 15 und mein Sohn Dale 12 war, beschlossen wir, einen beträchtlichen Teil meines dank Syntex erworbenen Vermögens für ein wunderschönes Stück Land in den Santa-Cruz-Bergen auszugeben, bevor sich irgendwelche Bauträger darauf stürzten und es ruinierten. Es gab dort Redwood-Wälder, tiefe Cañons, weite Ausblicke auf den Pazifik, Hochwild, Kojoten, Rotluchse – sogar den einen oder anderen Berglöwen –, und es lag nur wenige Meilen von der *Stanford University* entfernt und in unmittelbarer Nachbarschaft eines Ballungsraums, in dem mehrere Millionen Menschen lebten. In weniger als einer Stunde konnte man mit dem Wagen von der Oper in San Francisco in die märchenhafte Einsamkeit gelangen, der ich den Namen SMIP gegeben hatte. Zunächst standen diese Buchstaben für *Syntex Made It Possible*; später erhielten sie einen bedeutsameren Sinn. Die ersten 40 Hektar, die ich kaufte, lagen mitten im Wald; in den Jahren darauf erwarb ich weitere Parzellen, die sich von den Redwoods über Gruppen von Menzieserdbäumen und Eichen bis zu den sanft gewellten Wiesen erstreckten, die der Küste zustreben – eine wahrhaft feminine Landschaft mit Brüsten, Schenkeln, Bäuchen und Pobacken, deren grasbedeckte Oberfläche im Sommer goldbraun und im Winter und Frühling üppig grün ist. Bis 1970 war aus SMIP ein knapp 500 Hektar großer Besitz – von dem zwei Drittel auf meine Kinder eingetragen waren – zu beiden Seiten der Bear Gulch Road geworden, einer gewundenen Landstraße, die am Grundstück unseres Nachbarn, des Rockmusikers Neil Young, endet. Im östlichen Teil des Besitzes, der bis auf eine Höhe von knapp 700 Metern ansteigt, errichteten wir eine zwölfseitige Scheune und ein Wohnhaus für den Verwalter der Ranch, die mitten auf offenem Weideland standen, wo wir reinrassige hornlose Shorthorn-Rinder züchteten.

Zwölfseitige Scheunen sind selten, doch zu dieser gab die Chemie den Anstoß. Da die Scheune von mehreren Anhöhen aus zu sehen ist, wollte ich ein Dach in Form eines Hexagons, des Organikers liebsten Sechserrings, der unter den Steroiden so hervorsticht. Aber da die Seiten der Scheune hauptsächlich offen sein sollten, damit die Rinder sie nach Belieben betreten und verlassen konnten, gab der Architekt zu bedenken, dass die pazifischen Winterstürme das Dach wegreißen könnten, falls es nur von sechs Pfeilern getragen sein würde. Folglich verdoppelte er ihre Zahl, so dass ein Dodekagon entstand – ein Cyclododekan-Ring, der für den Chemiker wesentlich schwieriger zu synthetisieren ist. Um diesen schwierigen Ring herum begann meine Familie drei Häuser anzuordnen, die zum Schauplatz von Ereignissen werden sollten, die mein Leben für immer veränderten.

Am Rande des Redwoodwaldes bauten meine damalige Frau Norma und ich uns ein kleines exquisites zweites Domizil, das Gerald McCue entworfen hatte, der damals den Fachbereich Architektur an der *University of California* leitete und bald darauf nach Harvard ging. Das Haus liegt so abgeschieden, dass es nicht mit dem Auto zu erreichen ist, sondern nur über rund 75 unregelmäßige, aus Eisenbahnschwellen bestehende Stufen. (Als ich ein Dutzend Jahre später, in meiner Junggesellenzeit nach der Scheidung, infolge eines Sturzes acht Monate ein Bein in Gips hatte und an Krücken ging, erwiesen sich die 75 Stufen als ein unüberwindliches Hindernis, das mich aus dem Haus trieb. Danach habe ich nie wieder ständig dort gelebt.)

Etwa zur gleichen Zeit kam mein Sohn, der an der *Stanford University* kurz vor dem Abschluss stand, in den Genuss eines Treuhandfonds, der auf einer frühen Schenkung von Syntex-Aktien basierte, deren Wert um ein Vielfaches gestiegen war. Er bat darum, den größten Teil des Geldes für den Bau seines eigenen Hauses zu verwenden, das – in der Form eines Falken – nahe eines Teichs im westlichen Abschnitt der Ranch errichtet werden sollte, etwa eine Stunde zu Fuß von meinem eigenen Haus entfernt.

1974 tat es ihm meine Tochter Pamela gleich, die damals in La Jolla in Südkalifornien lebte, während ihr Mann sein Medizinstudium in San Diego beendete. Ihr Haus samt Atelier wurde auf der Westseite der Bear Gulch Road errichtet, zu Fuß etwa eine halbe Stunde vom Haus ihres Bruders entfernt. Wenn sie auf einem ihrer

Die zwölfseitige Scheune, die SMIP-Ranch und der Pazifik

Außen- und Innenansichten des Hauses auf der SMIP-Ranch

Sohn Dale mit 27 und mit 55 Jahren

Hügel mit Blick auf den Pazifik saß und der Wind aus der richtigen Richtung kam, konnte sie manchmal Neil Young proben hören.

Pami und ihr Mann hatten ihr Haus auf der Ranch bezogen, als Steve als Assistenzarzt für Radiologie in Stanford anfing, wo sich die beiden während des Studiums kennengelernt hatten. Im Juli 1978 war ich seit fast zwei Jahren geschieden und lebte ebenfalls auf SMIP, in meinem Redwoodhaus. Über ein Jahrzehnt lang hatten wir an den Wochenenden und unter der Woche häufig auch abends lange Wanderungen auf unserem Besitz unternommen. Dennoch gab es viele Bereiche, die wir noch nie erkundet hatten; manche Stellen waren einfach zu zerklüftet oder aus anderen Gründen unzugänglich. Auf einer solchen Wanderung mit einigen meiner Studenten aus Stanford brach ich mir 1983, als ich in einer tiefen Schlucht in einem Bachbett über umgestürzte Bäume kletterte, mein steifes Bein an mehreren Stellen. Die Sanitäter und die Männer von der staatlichen Forstverwaltung brauchten sieben Stunden, um mich mit einer Winde aus der Schlucht herauszuholen, bevor sie mich in das Stanforder Krankenhaus bringen konnten, das nur 30 Minuten entfernt lag, was beweist, wie unzugänglich die Unfallstelle war.

Dale und Pamela, 20 und 23 Jahre alt

In dieser Zeit bekam ich genug Morphium, um zwei bis drei ausgewachsene Elefanten zu sedieren. Wer weiß, wie lange ich dort gelegen hätte, bis man meine Leiche gefunden hätte, wenn meine Studenten nicht bei mir gewesen wären! Aber ich überlebte, während meine Tochter damals schon tot war.

Ich bin oft gefragt worden, was SMIP bedeutet. Statt einfach zu antworten, konterte ich gewöhnlich mit der Aufforderung: „Raten Sie." Je nachdem, um wen und um welche Gelegenheit es sich handelte, bekam ich ein erstaunlich breites Spektrum an Möglichkeiten zu hören. Das überzeugte mich davon, dass SMIP als Akronym herrlich promiskuitiv ist. „Stehe mannhaft immer parat" oder „Sexy Mann instigiert Pille" waren das eine Ende der Möglichkeiten, die über „Seht, Menschen irren permanent" bis zu „Sichert mein Investment-Portfolio" und „So mogelt ihr Professoren" reichten. Am Ende hatte ich über 40 Varianten gesammelt. Doch die zutreffendste – die, die am Ende haften blieb und die Besucher nun auf einem moosbewachsenen Schild am Eingang begrüßt – lautet: „Sic manebimus in pacem", so werden wir in Frieden wohnen. Ihr Urheber ist der Physiker Felix Bloch, Stanfords erster Nobelpreisträger, der sie auf meine Herausforderung hin innerhalb von 30 Sekunden präsentierte.

Carl und Diane 1985 (im Jahr der Heirat) und 2006 (ein Jahr vor Dianes Tod)

SR

SMIP RANCH

REG. POLLED SHORTHORN CATTLE

Sic Manebimus In Pace

Auffahrt zur SMIP-Ranch

Lange Zeit dachte ich, dieses Akronym sei durch nichts zu überbieten, doch vor einiger Zeit beging ich den Fehler, „SMIP" zu
googeln und stieß zu meinem Entsetzen auf akronyme Monstro-
sitäten wie *Senior Management Institute for Police, Sorghum and
Millet Improvement Program, Switch Modularity Interface Plat-
form* und *Small Modular Immunopharmaceutical*. In Anbetracht
meiner orthopädischen Probleme, die 1957 nach einem Skiunfall
mit meiner Knieversteifung begannen, erschien mir *Sports Medicine and Injury Prevention (Sportmedizin und Unfallverhütung)* als
halbwegs passend, aber www.smip.com – eine deutsche Site mit
dem englischen Akronym *Short Message in Picture* – sah noch viel-
versprechender aus. Bis ich auf das kanadische Parlament stieß:
*Special Committee on the Modernization and Improvement of the
Procedures of the House of Commons* – ein kaum zu überbietender
Bandwurm, der eindeutig den Vogel abschoss. Seit meiner Heirat
mit Diane und meinem Umzug nach San Francisco steht das herrliche Haus auf der SMIP-Ranch, das ich nur wenige Male im Jahr
besuche, nun meist leer. Ein Zuhause ist es nicht mehr, da meine
dritte Ehe zufällig mit meiner wachsenden Eurozentrizität zusam-
menfiel.

Oxford und London

Meine Frau Diane, eine waschechte Westküsten-Amerikanerin –
geboren in Idaho, aufgewachsen im Bundesstaat Washington, wo
sie, abgesehen von einigen Jahren an der Yale University, auch studiert hatte, bevor sie an einer Universität in Kalifornien arbeitete –,
war, wie sich das für eine Professorin für Englische Literatur
geziemt, ausgesprochen anglophil. 1986, im Jahr nach unserer Eheschließung (für jeden von uns die dritte) übernahm sie die Leitung
der Stanforder Sommerkurse im englischen Oxford. Zum ersten
Mal in meinem Leben war ich die Begleitperson. Jeden Morgen
fuhr ich sie zum *Magdalen College*, wo die Kurse stattfanden, ging
schwimmen, kaufte ein und machte mich dann für den Rest des
Tages daran, Kurzgeschichten zu schreiben – eine Beschäftigung,
die mich innerhalb weniger Jahre dazu verführte, ein neues beruf-

liches Leben als Schriftsteller zu beginnen. Wir wohnten in einem zweistöckigen Haus in der Woodstock Road, wo wir Gäste der Schwiegereltern meines Sohnes waren, den Besitzern von Headington Hill Hall, einem prachtvollen Anwesen, dessen runden Swimmingpool ich benutzte. (Ich musste mich erst daran gewöhnen, im Kreis zu schwimmen, statt meine gewohnten Bahnen zu ziehen.) In der Etage über uns wohnte ein weiterer Nutznießer ihrer Gastfreundschaft, der frühere englische Premierminister Harold Wilson. Eines Nachmittags schaute er bei uns herein und unterhielt uns eine Stunde lang mit premierministerlichen Reminiszenzen aus den 1960er Jahren, die meine Frau etwas rührselig fand. Der Anglophile in mir dagegen war hingerissen.

Ich stelle fest, dass ich nun schon zweimal vom Thema abgewichen bin. Aber statt noch einmal von vorne anzufangen, meine vier Domizile zu beschreiben, glaube ich inzwischen, dass es mir nur durch beständiges Abschweifen gelingen wird, darzulegen, was „Heimat" in meinem Leben bedeutet. Also, geneigter Leser, betrachten Sie sich als gewarnt!

In jenem Sommer des Jahres 1986 in Oxford fuhren wir an so vielen Abenden nach London ins Theater, dass wir im Jahr darauf den Versuch wagten, die ganze akademische Sommerpause dort zu verbringen. Wir beide empfanden London als eine Stadt, in der es sich sehr gut leben ließ und die für unsere Arbeitsweise und unseren Lebensstil ideal war. Da wir von niemandem gestört werden wollten, war der achtstündige Zeitunterschied zwischen London und unserem kalifornischen Revier, davon abgesehen, dass wir tagsüber streng nach Plan arbeiteten (Diane an ihrer berühmten Anne-Sexton-Biografie, ich an meinem ersten Roman), der perfekte Puffer. Auch 1988 hielten wir uns den Sommer über in London auf, wo wir in „Little Venice" im Stadtteil Maida Vale eine Wohnung mieteten, die den Schriftstellerinnen Alison Lurie und Diane Johnson gehörte. Wir verliebten uns auf der Stelle in diese Gegend und kauften eine nicht allzu große Wohnung, die in den darauffolgenden drei Jahren unser Heim für den Sommer und unsere wichtigste Schreibklause wurde. Sieben Tage in der Woche sieben Stunden täglich zu schreiben; nur alle zehn Tage, in jener noch E-Mail-losen Zeit, die eingegangene Post durchzusehen, die unsere Sekretärin in Kalifornien aussortiert hatte; fast jeden Abend ins Theater oder ins Konzert oder in die Oper zu gehen; und neue Freunde kennenzulernen – zumeist Schriftsteller der einen oder anderen Art –, das alles erwies sich als der ideale Rahmen für ein neues intellektuelles Leben. Als ich eines Tages am Schaufenster eines Immobilienmaklers vorbeikam und aus reiner Neugier die ausgehängten Fotos betrachtete, stach mir eine Eigentumswohnung ins Auge, die eine spektakuläre Terrasse mit Blick auf einen großen privaten Park hatte.

Zu unserer Überraschung lag sie direkt gegenüber unserer kleinen Wohnung, und eine Woche später, das war 1991, hatten wir sie gekauft. Bis zum Tod meiner Frau im Jahre 2007 war sie unser liebstes Zuhause, und das nicht nur wegen des besonderen Charmes der Wohnung – mit den hohen Decken und großen Glastüren eines gepflegten Gebäudes aus den 1860er Jahren – oder weil wir sie als ein Zeugnis unserer wahren Zusammengehörigkeit gemeinsam möblierten. Da meine Frau den Entschluss fasste, sich in Stanford vorzeitig emeritieren zu lassen, um hauptberuflich Biografin zu werden, und ich mein Labor geschlossen hatte, um mich mehr und mehr dem Schreiben zuzuwenden, verbrachten wir von Jahr zu Jahr mehr Zeit in London.

Ich selbst war damals Ende 70, hatte aber noch nicht die Absicht, aus meinem akademischen Amt in Stanford auszuscheiden. Die chemische Forschung hatte ich aufgegeben, aber ich unterrichtete noch, wenn auch auf völlig anderen Gebieten als meine Fachbereichskollegen. Diese Gebiete waren so ungewöhnlich, dass ich in einem späteren Kapitel detaillierter darauf eingehen werde. Doch eines Tages Ende 2001, als meine 16 Jahre jüngere Frau bereits beschlossen hatte, ihre Universitätskarriere zu beenden, drehte sie sich zu mir um und sagte: „*Chemist*, warum lässt du dich nicht auch emeritieren und schreibst nur noch?" – Sie nannte mich immer „Chemist", nie Carl oder Darling, allerdings in einem unnachahmlich liebevollen Ton.

Ich war verblüfft, aber auch geschmeichelt. Geschmeichelt, weil ihre Worte bedeuteten, dass sie erkannt hatte, dass ich in Literatur

Balkon und privater Park der Londoner Wohnung

nicht bloß dilettierte – wie so viele meiner naturwissenschaftlichen Kollegen vermuteten, insbesondere diejenigen, die noch nie ein Buch von mir gelesen hatten. Sie akzeptierte nun, dass ich über den Zaun auf ihre eifersüchtig gehütete berufliche Domäne geklettert war. Aber ich war auch verblüfft, weil ich meiner Frau jahrelang mit machohafter Überheblichkeit verkündet hatte, dass ich der Strom Thurmond der akademischen Welt zu werden gedenke. Wenn Senator Strom Thurmond aus South Carolina der Erste sein konnte, der noch mit hundert Jahren im amerikanischen Senat saß, warum sollte dann ich nicht den Ehrgeiz haben, der erste nicht emeritierte 100-jährige Professor in Stanford zu werden? Ich bin nicht sicher, ob ich es wirklich ernst meinte, da immer der Anflug eines Lächelns über mein Gesicht huschte, wenn ich damit prahlte. Doch Ende 2001, als mir noch 22 Jahre bis zu Strom Thurmond fehlten, wurde mir klar, dass Diane Recht hatte. Der Fachbereich Chemie wurde damals von einem Mann geleitet – einem erstklassigen Chemiker, kulturell aber auch so beschränkt, wie ich es kaum je erlebt habe –, der seine Missbilligung über die Wendung, die mein berufliches und intellektuelles Leben genommen hatte, nicht verbarg, als er mir schrieb, „dass sich Ihre Interessen

Das Esszimmer in London

in den letzten Jahren weit entfernt haben von denen, die in unserem Fachbereich höchste Wertschätzung genießen, auch wenn sie allgemeinere Themen naturwissenschaftlicher und kultureller Art betreffen". Offen gesagt war ich nicht einmal sicher, ob seine Geringschätzung nicht auch von der Mehrzahl meiner Chemikerkollegen geteilt wurde, obwohl keiner von ihnen sie je so unverblümt zum Ausdruck brachte. Knapp eine Stunde nach der beiläufigen Bemerkung meiner Frau überraschte ich sie mit einer E-Mail, die ich an den Leiter unseres Fachbereichs zu schicken gedachte, des Inhalts, mich zum 1. April 2002 zu emeritieren. Niemand schien zu bemerken, dass ich ausgerechnet den 1. April gewählt hatte, um offiziell meinen Ehrgeiz zu begraben, der Strom Thurmond der akademischen Welt zu werden. Das mag amüsant klingen, aber die Kommentare, die darauf folgten, waren alles andere als lustig, und ich müsste lügen, wenn ich nicht zugeben würde, dass sie mir bis zum heutigen Tag zu schaffen machen.

Ich beginne zu erkennen, dass *Der Schattensammler* zu einem wahren Sturzbach von Klagen zu werden droht. Darum werde ich von Zeit zu Zeit versuchen, das Wasser im Oberlauf einzudämmen. Allerdings kann ich nicht garantieren, dass der Damm auch immer hält, und das folgende Intermezzo mag dafür ein Beispiel sein. Ich rate dem Leser daher, für den Rest dieses Kapitels, bildlich gesprochen, in einen Regenmantel zu schlüpfen.

Stanford University

Institutionen, vor allem Universitäten, haben im Allgemeinen ein kurzes Gedächtnis. Dennoch ist es üblich – und Stanford bildet da keine Ausnahme –, eine offizielle Verabschiedung auszurichten, ehe man einen neuen Professor emeritus in den Orkus der Anonymität entlässt, eine Feier, bei der es sich um ein festliches Symposium oder vielleicht die Überreichung eines gravierten Silbertellers oder eine sonstwie geartete rührselige Geste handeln kann, zumindest aber um ein Essen mit Trinksprüchen und abgedroschenen Witzen, wobei die Gestaltung und die Organisation üblicherweise dem Leiter des Fachbereichs obliegen. In meinen über 40 Dienstjahren in Stanford hatte ich an genügend Veranstaltungen dieser Art teilgenommen. Sie galten als Pflicht und erstreckten sich auch auf ausscheidende Sekretärinnen, gelegentlich sogar auf langjährige Hausmeister, obwohl es bei deren Abgang gewöhnlich nur Doughnuts, Eiskrem und alkoholfreie Getränke gab. In meinem Fall gab es gar nichts, nicht einmal labberige Kartoffelchips und lauwarme Cola. Bald darauf wurde ich 80 – ein weiterer Meilenstein, der häufig in ähnlicher Weise gefeiert wird. Während ich einige Hundert Geburtstagskarten und gute Wünsche von Studenten und Kollegen aus der ganzen Welt erhielt und man mir eine reizende Überraschungsparty am *Christ's College* der Universität Cambridge ausrichtete – eine Universität, zu der ich keine formellen Beziehungen hatte, davon abgesehen, dass sie mir in der Folge die Ehrendoktorwürde verlieh –, kam von der *Stanford University* nur eine einzige (wenn auch sehr nette) Geburtstagskarte, die meine Sekretärin geschickt hatte. Sonst nichts!

Dass mich das traf, dürfte nicht weiter überraschen. Aber der größte Affront geschah im Oktober 2010, nur wenige Tage vor meinem 87. Geburtstag und fast genau 50 Jahre nach dem Tag, an dem ich als Professor nach Stanford kam, zusammen mit meinem Freund und Kollegen von der *University of Wisconsin*, dem verstorbenen

William S. Johnson, der in Stanford die Leitung des Fachbereichs Chemie übernehmen sollte. Als im Oktober 2010 das alljährliche Johnson-Symposium über Organische Chemie stattfand – eine Veranstaltung, die ich 25 Jahre davor als Hommage an den besten Fachbereichsleiter, den wir je hatten, initiiert hatte, und zwar als dieser noch lebte und die Anerkennung würdigen konnte –, deutete ich zwei dienstälteren Kollegen gegenüber an, dass es vielleicht angebracht wäre, wenn ich die Rede nach dem Bankett halten würde, um Erinnerungen an Johnsons und meine gemeinsame Ankunft in Stanford vor einem halben Jahrhundert wach werden zu lassen, ein Ereignis, für das es außer mir keine lebenden Zeugen mehr gab. Meine Anregung wurde weder akzeptiert noch abgelehnt, sondern schlicht ignoriert. Rückblickend erscheint mir mein Verhalten als peinlich masochistisch, denn ich ließ nicht locker und schlug vor, bei mir zu Hause auf meine Kosten ein Abendessen für die Referenten des Symposiums und Fachbereichskollegen zu geben, um in Erinnerungen daran zu schwelgen, was Johnson und mich vor so langer Zeit nach Stanford geführt hatte. Meine Einladung wurde höflich abgelehnt, mit der Begründung, dass aller Wahrscheinlichkeit nach kein großes Interesse bestehen werde, daran teilzunehmen. Es ist nicht nur diese demütigende Abfuhr, die mich veranlasst, hier öffentlich preiszugeben, was ich diesen Kollegen unter vier Augen nicht sagen konnte, nämlich dass mein jahrzehntelanger Einsatz in Stanford nicht ganz unerheblich war und eine derart schroffe Zurückweisung nicht verdient hatte. Schließlich hatte ich in den ersten 30 Jahren mindestens so viele Vorlesungen gehalten wie meine Kollegen; ich hatte mehr wissenschaftliche Abhandlungen in angesehenen chemischen Fachzeitschriften veröffentlicht als jeder von ihnen; ich hatte mehr Ehrendoktorate eingeheimst als der ganze Fachbereich zusammen; ich hatte vermutlich mehr Auszeichnungen erhalten als alle, abgesehen von den ein oder zwei Nobelpreisträgern in unserer Abteilung; und ich war bis 2012 der einzige amerikanische Chemiker, dem die *National Medal of Science* und die *National Medal of Technology* von zwei amerikanischen Präsidenten im Weißen Haus verliehen wurde. Außerdem hatte ich unser *Industrial Affiliates Program* initiiert und während der ersten zehn Jahre geleitet, das für die Kasse des Fachbereichs Hundert-

William S. Johnson, Leiter des Fachbereichs Chemie der *Stanford University*, im Jahr 1986

tausende von Dollar einbrachte, und hatte, was vielleicht noch relevanter ist, ganz allein die Mittel für einen kleinen sechseckigen Pavillon aufgebracht – den sogenannten „Chemistry Gazebo" –, der bis heute der beliebteste Ort für Seminare und Treffen des Fachbereichs ist. (Ich stiftete sogar die Tantiemen eines Buches für den Kauf der Möbel.)

Aber da man ein Jubiläum so wenig nachfeiern kann wie eine Goldene Hochzeit, werde ich im folgenden Kapitel zumindest meinen Teil der Geschichte präsentieren und erzählen, warum ich nach Stanford kam. Die jetzigen Kollegen in Stanford mag es nicht weiter interessieren, andere dagegen schon.

Der Leser wird sich vielleicht wundern, weshalb ich gerade dieses Kapitel dazu benutze, derart vom Thema abzuschweifen und Betrachtungen über meine Entfremdung von der Universität anzustellen, an der ich ein halbes Jahrhundert verbracht habe. Aber während die herkömmliche Heimat im Allgemeinen ererbt ist, gibt es auch eine berufliche Heimat, in die man nicht hineingeboren wird, sondern die man erst als Erwachsener erwirbt. Für jemanden, der als Teenager heimatlos wurde, war die berufliche Heimat

Blick auf den „Chemistry Gazebo" im Jahr 2012

daher umso kostbarer. 50 Jahre in Stanford haben diese Universität
zweifellos zu meiner akademischen Heimat gemacht. Aber wie ich
bereits weiter vorn ausführte, schließt Heimat persönliche Beziehungen ein, und das bedeutet, dass die anderen Bewohner einen
freiwillig akzeptieren oder einem zumindest das Gefühl geben,
willkommen zu sein. Dass selbst meine jahrzehntelang gehegte
Überzeugung, Stanford sei meine akademische Heimat, sich am
Ende als Illusion erwies, schmerzt zutiefst. Aber wie bei so vielen
anderen Katastrophen in meinem Leben hat mir der Wechsel zur
Literatur, der auch eine Abkehr von meinem früheren akademischen Leben war, geholfen, damit fertig zu werden.

Zurück zu London. Als ich meine Tätigkeit an der *Stanford University* offiziell beendete, war London bereits zum Mittelpunkt eines neuen gesellschaftlichen Lebens geworden, das so ganz anders war als das Leben, das ich während meiner 25 Jahre dauernden zweiten Ehe mit Norma geführt hatte und das sich zumeist um meine Kollegen von der Universität oder aus der Industrie drehte. Die Zerrüttung dieser Ehe ging langsam vonstatten, war jedoch unvermeidlich: Wir veränderten uns beide, doch leider in Richtungen, die uns voneinander entfernten. Norma war eine sehr gebildete, intelligente Frau, sie war berufstätig, bis sie schwanger wurde und aus freien Stücken entschied, nur noch Hausfrau zu sein. Irgendwann passte ihr das nicht mehr, doch statt zu akzeptieren, dass es ihre eigene Entscheidung gewesen war, gab sie hauptsächlich mir die Schuld. Keiner von uns sprach das Problem offen an; wir nahmen es schweigend zur Kenntnis, was sich auch darin widerspiegelte, dass wir gesellschaftlich zunehmend getrennte Wege gingen. Bis das traurige Ende unvermeidlich wurde.

Diane, meine dritte Frau, war Akademikerin aus eigenem Recht, was unserem gemeinsamen Leben sofort eine ganz andere Basis gab. Außerdem war sie nicht nur eine fantastische Gastgeberin, sie sorgte auch dafür, dass unsere gemeinsamen Freunde eine breite Palette abdeckten, von Journalisten und Schriftstellern bis hin zu Leuten vom Theater, unter denen Wissenschaftler eindeutig in der Minderheit waren. Unser jährliches Londoner Sommerfest, bei dem sich knapp 150 Gäste meist auf der herrlichen Terrasse mit Blick auf den Park drängten, wurde zu einem wahrhaft begehrten Ereignis. Außerdem gründete Diane einen literarischen Salon, dem nur Damen angehörten, darunter einige der renommiertesten Autorinnen und Intellektuellen Londons.

Der aufmerksame Leser wird bemerken, dass ich hauptsächlich von Menschen spreche und nicht von den äußerlichen Aspekten, die dieses Heim so attraktiv machten: die Kunstwerke, die sorgfältig ausgewählten Möbel, die Bücher. Das liegt daran, dass der entscheidende Aspekt des Begriffs „Heimat" für mich die Menschen sind, mit denen man etwas gemeinsam hat und von denen man sich verstanden fühlt. Doch schon wenige Wochen nach Dianes Tod zerplatzte diese Illusion wie eine Seifenblase.

Als bei Diane 2001 plötzlich eine seltene Krebsart diagnostiziert wurde, ein Liposarkom im hinteren Bauchfell, vertraute sie nach der anscheinend erfolgreichen vierstündigen Operation in San Francisco darauf, ihre gerade erst gewählte Karriere als Biografin fortsetzen zu können. Liposarkome metastasieren in der Regel nicht, aber sie wachsen wahllos, wenn sie nicht komplett entfernt werden. Zwar war bei einer ersten Operation das meiste entfernt worden, aber nicht der ganze Tumor. So kam es 2004 zu einem explosionsartigen Wachstum, das eine zweite Operation erforderlich machte und zu einer schlechten Prognose führte: Da der Tumor nicht zur Gänze entfernt werden konnte, wurde eine brutale Chemotherapie angeordnet. Meine Frau, die immer so viel Wert auf Eleganz und eine schicke Frisur gelegt hatte, wurde kahl und musste eine Perücke tragen. Die Nebenwirkungen für den Magen waren furchtbar. Die ehrliche Antwort des Onkologen auf ihre direkte Frage: „Wie viel Zeit bleibt mir noch?", lautete: „Sechs Monate bis zwei Jahre." Ihre zweite Frage: „Wie werde ich sterben?", führte zu einer kaum hoffnungsvolleren Reaktion: „Sie werden vermutlich verhungern, aber kaum Schmerzen haben."

Die meisten Menschen hätten in diesem Moment aufgegeben, aber das kam weder für Diane noch für mich in Frage. Ich half ihr bei der Suche nach alternativen Behandlungsmöglichkeiten und stieß zunächst auf ein experimentelles immunologisches Verfahren (dendritische Zelltherapie) in Deutschland, das in den USA noch nicht zugelassen war, und danach auf einen hervorragenden deutschen Chirurgen, Professor Dr. Rainer Engemann, im Klinikum Aschaffenburg, der bereit war, eine weitere Operation zu wagen, die die amerikanischen Chirurgen für unmöglich gehalten hatten. Bei dieser Operation im Januar 2006, die über 11 Stunden dauerte, wurden mehr als fünf Kilogramm Liposarkom entfernt! Zu allem Übel hatte ich mir im Monat davor in Oxford die Hüfte gebrochen und war nicht reisefähig. Meine Stieftochter Leah Middlebrook konnte sich von ihrer Professur an der *University of Oregon* beurlauben lassen, um in Aschaffenburg bei ihrer Mutter zu sein. Zwei Tage nachdem Diane von der Intensivstation des Krankenhauses verlegt wurde, schickte mir Leah folgende E-Mail:

Heute Abend war Mom ziemlich gut drauf. Sie hat gelesen und wurde von einer Krankenschwester versorgt, die ihr Billy-Tipton-Buch auf Deutsch gelesen hatte! Sie hat auch gut zu Abend gegessen, sogar Gewürzgürkchen. Sie war munter und gefasst, nur müde. Sie meinte sogar nach etwa einer Stunde ganz lieb, ich solle ruhig gehen. Ich glaube, sie mag nicht mehr im Mittelpunkt stehen und möchte einfach nur lesen, bis sie sich so weit erholt hat, dass sie ihr normales Leben wieder aufnehmen kann! Auch das ist, wie alles andere, ein gutes Zeichen ... ihr beide werdet viel nachzuholen haben.

Ein paar Wochen danach waren wir wieder zusammen in unserer Londoner Wohnung – ich auf Krücken und meine Frau mit zurückkehrender Energie. Wir entschieden beide, Goethes Rat in *Wilhelm Meisters Wanderjahre* zu folgen: „Seelenleiden zu heilen vermag der Verstand zwar nicht, die Vernunft wenig, die Zeit viel, entschlossene Tätigkeit hingegen alles." Und daran hielten wir uns. Wir wurden richtiggehend zu Workaholics, abgesehen von den Abenden, an denen wir ins Theater gingen oder Einladungen annahmen, und den Treffen des literarischen Salons, den Diane wieder aufnahm. Wir wussten beide, dass das Damoklesschwert ihrer begrenzten Lebenserwartung über uns hing, da die 11-stündige Operation, so übermenschlich sie auch gewesen war, keine Heilung gebracht, sondern Dianes Leben nur in Maßen verlängert hatte. Das Liposarkom hatte nicht komplett entfernt werden können, und selbst der chirurgische Zauberer von Aschaffenburg musste eingestehen, dass eine weitere Operation ausgeschlossen war.

Diane setzte ihre tägliche Schreibroutine fort, bis sie dann Ende Oktober 2007 am *Centre for Gender Studies* der Universität Cambridge den letzten öffentlichen Vortrag ihres Lebens hielt. Sie ist eine der großartigsten und populärsten Vortragenden gewesen, die ich kannte, und an der *Stanford University* für ihre Lehrtätigkeit mit allen wichtigen Preisen ausgezeichnet worden, doch dieser Vortrag rührte mich und viele andere Zuhörer zu Tränen: mich, weil ich wusste, dass das Publikum einer todgeweihten Frau zuhörte, und das Publikum, weil ihr fantastischer, fast überirdischer Vortrag so bewegend war. Wenige Wochen später wusste sie, dass ihr Ende gekommen war. Sie flog nach San Francisco, wo sie am 15. Dezember 2007 in einem Krankenhaus starb.

Zum zweiten Mal in meinem Leben musste ich die Asche einer geliebten Verstorbenen in den kleinen Wasserfall auf unserer Ranch streuen, den ich Jahrzehnte davor gemeinsam mit meiner Tochter zu dem Ort bestimmt hatte, der dereinst meine Asche aufnehmen soll. Stattdessen musste ich hier 1978 die Asche meiner Tochter ausstreuen und fast 30 Jahre später die Asche meiner Frau.

Einige Tage später organisierte ich zusammen mit meiner Stieftochter eine Gedenkfeier auf dem Gelände des *Djerassi Resident Artists Program*, an der mehrere Hundert Freunde und Bewunderer von Diane teilnahmen. Ich bat Joan Jeanreynaud, die großartige frühere Cellistin des Kronos-Quartetts, die Diane und ich seit Jahren bewundert hatten, die Feier mit einem Cello-Solo zu eröffnen und zu beenden, mit Maurice Ravels *Kaddish* und Max Bruchs *Kol Nidrei*. Außerdem gaben wir bekannt, dass zur Erinnerung an meine Frau, die bei der Gründung des *Djerassi Resident Artists Program* eine so entscheidende Rolle gespielt und viele Jahre dem Verwaltungsrat der Stiftung angehört hatte, ein Fonds eingerichtet worden war für den Bau der *Diane Middlebrook Residence for Writers*. Die jährliche Aufnahmekapazität der Stiftung sollte damit um 40 zusätzliche Plätze für Schriftsteller erweitert werden. Etwa drei Jahre später war das Projekt abgeschlossen, wie das Foto auf Seite 129 zeigt.

Alle wichtigen Londoner Zeitungen brachten lange Nachrufe (zumeist verfasst von Dianes Freundinnen), was nicht verwunderlich war, da ihre letzte veröffentlichte (und mir gewidmete) Biografie, *Her Husband*, die Ehe von Ted Hughes, dem offiziellen Hofdichter Großbritanniens, und Sylvia Plath zum Thema hatte. Diane gehörte zu den wenigen Ausländern, die in die *Royal Society of Literature* gewählt worden waren. Ich fand, dass London, unsere Wahlheimat, ebenfalls der Ort einer Gedenkfeier sein sollte, und versuchte, die Unterstützung der engsten amerikanischen Freundin von Diane zu gewinnen, die bei unseren großen Sommerfesten stets mitgeholfen und mitgefeiert hatte. Sie lehnte ab, wies aber darauf hin, dass Dianes andere Freundinnen und Mitglieder ihres Salons eine eigene Gedenkfeier abhalten wollten. Was diese auch taten, allerdings ohne mich. Ich wurde nicht eingeladen. Und von ganz wenigen Ausnahmen abgesehen, hat keine dieser angeblichen Freundinnen, die so oft in unserer Wohnung zu Gast gewesen und von mir bewirtet worden waren, je wieder Kontakt mit mir aufgenommen. Verständlicherweise war ich fassungslos. Doch dieser Schock war weniger schlimm als das, was dann kam. Einige Monate später schickte mir der Leiter unserer Stiftung eine Liste mit den rund 150 Geldgebern für den Fonds der *Diane Middlebrook Residence for Writers*. Eine Reihe großzügiger Spenden kam aus England, aber keine einzige von einer von Dianes Freundinnen. Obwohl der Spendenaufruf nicht von mir ausging, beschloss ich, Dianes engster englischer Freundin folgenden Brief zu schreiben:

Das Verwaltungsbüro schickte mir eine Spendenliste, und zu meiner großen Verwunderung musste ich feststellen, dass nur fünf Spenden aus Großbritannien kamen – alle von Männern – und *keine einzige von einem Mitglied ihres Londoner Salons*. Ich würde gerne glauben, dass das lediglich daran liegt, dass die Nachricht von der Einrichtung des Diane-Middlebrook-Fonds aus irgendwelchen Gründen nicht auf die andere Seite des Atlantiks vorgedrungen ist, was aber nicht die äußerst großzügigen Spenden der fünf britischen Freunde und ihrer Ehefrauen erklären würde.
Als mir L. am 23. Juni brieflich mitteilte, warum ich nicht zu der Gedenkfeier eingeladen wurde, begründete sie das mit dem Satz: „Die Gruppe war sich in einer sehr speziellen Weise verbunden und wünschte daher eine Feier im allerengsten Kreis." Aber mir scheint, dass, abgesehen von Kaffeeklatsch und Lektüre, Dianes Andenken und der engen Verbundenheit mit ihr wesentlich dauerhafter und bedeutsamer gedient wäre durch Spenden für den *Diane Middlebrook Writers' Residence Fund*.

Die Antwort darauf war so widerlich scheinheilig, dass ich sie hier wiedergeben muss:

2007, beim Ausstreuen von Dianes Asche im Harrington Creek auf der SMIP-Ranch und zusammen mit meinem Sohn Dale und meinem Enkel Alexander

Zwei Aufnahmen von der Trauerfeier am 27. Januar 2008: Enkelsohn Alexander mit Eltern und Stieftochter Leah Middlebrook mit Ehemann und Tanten lauschen der Cellistin Joan Jeanreynaud

Foto: Paul Dyer

Die *Diane Middlebrook Memorial Writers' Residence* des
Djerassi Resident Artists Program

Foto: Paul Dyer

In Beantwortung Deines Briefes sollte ich vielleicht darauf hinweisen, dass faktisch alle Schriftsteller, die ihren Lebensunterhalt mit Schreiben verdienen, bettelarm sind (darunter viele der bekanntesten). Gewiss hast Du deshalb eine Stiftung gegründet, die ihnen helfen soll. Das war ungemein großherzig, aber arme Autoren zu bitten, den Bau eines für Menschen wie sie selbst bestimmten Refugiums zu unterstützen, ist so ähnlich, als würde man Blinde um Spenden für die Blindenhilfe bitten, was sich nur Leute, die zufällig wohlhabend sind, in größerem Umfang leisten könnten.

Die „bettelarme" Verfasserin dieser Rechtfertigung war eine renommierte englische Bestsellerautorin, die zwei Jahre davor einen mit über 50.000 Dollar dotierten Literaturpreis erhalten und sich davon ein Ferienhaus in Griechenland gekauft hatte. Daher konnte ich diesen Brief nicht unbeantwortet lassen:

Die ganze Affäre um Dianes Gedächtnisfonds hat mich so verletzt, dass ich Deinen Brief eigentlich nicht beantworten sollte. Aber zu behaupten, dieser Fonds sei damit vergleichbar, Blinde um Spenden für die Blinden zu bitten, ist so geschmacklos angesichts der Tatsache, dass wir hier von einem Andenken an Diane sprechen und nicht von einer Organisation für Hundeliebhaber oder zur Rettung der Wale, dass ich einfach antworten muss. (Aber wenn ich ein blinder Schriftsteller wäre, würde ich genau für eine solche Wohltätigkeitsorganisation spenden.)

Von den mehreren hundert Personen, die bisher für Dianes Gedächtnisfonds gespendet haben, ist die überwiegende Mehrzahl wesentlich ärmer als die „bettelarmen" Schriftstellerinnen aus Dianes Freundeskreis. Viele der amerikanischen Spender gaben zwischen 100 und 500 Dollar und kannten Diane bei weitem nicht so gut wie ihre englischen Freundinnen. Viele kannten sie nicht einmal persönlich. Aber wie ich zu meinem Leidwesen erfahren musste (ich bin nicht der, der das Geld einsammelt), hat *keine einzige* von Dianes „bettelarmen" englischen Freundinnen irgendetwas als Geste der Verbundenheit beigesteuert, obwohl ihre angebliche Armut sie nicht daran hindert, wesentlich öfter Urlaub im Ausland zu machen als ihre amerikanischen Kolleginnen oder ins Theater zu gehen etc. etc. Viele der amerikanischen Spenden entsprachen umgerechnet dem Preis einer einzelnen Theaterkarte im Londoner West End oder zwei Rückfahrkarten nach Cambridge oder Oxford, die sich viele von euch regelmäßig leisten. Mindestens einer der „bettelarmen" Engländerinnen hatte Diane testamentarisch eine bestimmte Summe hinterlassen (die ich als ihr Nachlassverwalter auszahlte); nur ein Prozent dieser Summe hätte einer der höheren amerikanischen Spenden entsprochen, die ich oben erwähnt habe.

Viele Aspekte der amerikanischen Politik und auch der Kultur haben Diane und mich in den letzten Jahren peinlich berührt. Aber in diesem Fall schäme ich mich wegen der solipsistischen Art und Weise, wie Dianes Londoner Freundinnen ihrer gedenken wollen: indem sie etwas schreiben und dann Geld ausgeben, um ihre eigenen Beiträge privat zu veröffentlichen. Glaubst Du wirklich, dass das bedeutsamer ist, als zur Schaffung eines Gebäudes beizutragen, das Dianes Namen trägt und künftig Hunderten von Schriftstellern zugute kommen wird?

Ich bin wirklich traurig, dass ich Dir, die Diane als eine ihrer beiden engsten englischen Freundinnen betrachtete, diesen Brief schreiben muss.

Sugardaddy

Meine möglicherweise paranoide Interpretation dieser unglaublich schäbigen und geschmacklosen Angelegenheit hat einen einfachen Grund. Das *Djerassi Resident Artists Program*, zu dem Diane eine so enge Beziehung hatte, trägt meinen Namen und wird daher von Außenstehenden nur allzu oft als die Zurschaustellung der philanthropischen Generosität eines wohlhabenden Mannes gesehen, als eine Geste, die zwar lobenswert sein mag, die von anderen aber gewiss nicht durch Spenden unterstützt werden muss. In Wahrheit bezieht sich der Name auf meine Tochter, an deren Freitod diese Stiftung erinnert. Ich verkaufte fast meine gesamte Kunstsammlung (abgesehen von den Werken Paul Klees, die ich zwei Museen schenkte), um sie zu finanzieren. Nicht lange danach war sie ein gemeinnütziger Verein geworden, der häufig Fördermittel von staatlichen und regionalen Regierungsinstanzen sowie private Spenden erhält. Im Allgemeinen sind die Briten dafür bekannt, dass sie sich für alle möglichen guten Zwecke einsetzen, sei es für den Schutz einer bedrohten örtlichen Fledermaus-Art oder für ein Verbot weiblicher Genitalverstümmelung in Afrika. Ich kann mir nicht vorstellen, dass es einen solchen totalen Boykott von weiblicher Seite gegeben hätte, wenn die geplante Schriftstellerkolonie in Großbritannien angesiedelt gewesen wäre und nicht den Namen eines Mannes getragen hätte, auf dessen Wohlstand – auch wenn er nicht zur Schau gestellt wird – sie neidisch waren. Dieser unterschwellige Neid ist etwas, das Diane oft beschäftigte, weil ihr die Ehe einen Lebensstil gestattete, von dem ihre angeblich „bettelarmen" literarischen Kolleginnen und andere Intellektuelle nur träumen konnten. Ich erinnere mich an einen renommierten Kollegen – falls das Wort „Kollege" hier überhaupt angebracht ist – aus dem Fachbereich Englisch in Stanford, der 16 Romane geschrieben hatte, darunter einen über ein weibliches Fakultätsmitglied und deren Sugardaddy – laut Diane eine kaum verhüllte Beschreibung unserer Beziehung. Zutiefst verletzt bat sie mich, ihr zu versprechen, diesen Roman niemals zu lesen. Weniger plumpe, aber dennoch offensichtliche Zeichen von Neid seitens ihrer Freunde waren die nur allzu häufigen Kommentare: „Du kannst dir das natürlich leisten, aber wir ..." Das belastete Diane sehr und hat solche Auswirkungen auf mein derzeitiges Leben als Witwer, dass ich der Versuchung nicht widerstehen kann, ein weiteres Mal vom Thema abzuschweifen.

„Ich suche eine herrliche junge Dame, Musik, Theater, Humor (viel), good English, intelligent, unkompliziert, natürlich, slim, NR. Ich, ein sehr alter Mann, Jude, Deutscher, leichte Gehbeschwerden, Entrepreneur, very clever, möchte viel reisen und auch im Ausland leben. Ready to travel?" Ich wiederhole die oben zitierte Anzeige aus der deutschen Wochenzeitung *Die Zeit* hier, weil diese Wunschliste mit kleineren Berichtigungen auch für mich gilt, obwohl ich *slim* (schlank) offen gesagt nicht angeführt hätte, da ich bei einer Frau eine gewisse Lipidschicht zwischen Knochen und Haut vorziehe. Aber all die anderen genannten Präferenzen legen nahe, dass der

Mann seiner Meinung nach intellektuell, körperlich, sexuell und ästhetisch tatsächlich nur knapp über sein bestes Alter hinaus ist und sich folglich für weibliche Begleitung interessiert, die Jahrzehnte jünger ist. Aber *Interesse* und *Verwirklichung* sind zwei verschiedene Dinge, wenn man das Sugardaddy-Syndrom erkannt hat. Seit ich Witwer bin, habe ich bei mehreren Gelegenheiten Frauen in den Vierzigern und Fünfzigern kennengelernt, in deren Gesellschaft der gewaltige Altersunterschied einfach verschwand. Doch nur im privaten Rahmen, nicht in der Öffentlichkeit, denn wenn wir uns öffentlich als „Paar" zeigten, erhob sich die unvermeidliche Frage: „Was will die denn mit so einem alten Mann?" Folglich kann jede intime Beziehung jetzt und in Zukunft realistischerweise nur in der Privatsphäre gepflegt werden, was so manches Vergnügen ausschließt, das öffentliche Akzeptanz erfordert.

Ich werde das Image des Sugardaddy nie loswerden, da ich ganz offensichtlich wohlhabend bin, auch wenn die Vorstellungen mancher Neider, die naiverweise glauben, jede empfängnisverhütende Pille, die von den hundert Millionen Frauen geschluckt wird, die weltweit pro Jahr die Pille nehmen, finde ihren finanziellen Niederschlag in meiner Tasche, bei weitem übertrieben sind. Ich habe nicht nur fast meine ganze Kunstsammlung und den Großteil meines Immobilienbesitzes weggegeben (z.B. die SMIP-Ranch, um das *Djerassi Resident Artists Program* zu gründen), sondern bin auch ein Mensch, der offene Zurschaustellung von Wohlstand verachtet. Vielleicht erklärt das, warum ich in London und Wien fast ausschließlich die U-Bahn benutze. Wenn ich lese, was ich hier in so unangenehm klagendem und rechtfertigendem Ton enthülle, dann muss ich daran denken, was ich beim Lesen der Autobiografie eines anderen nach Amerika geflohenen österreichischen Juden empfand, bei Erwin Chargaffs *Das Feuer des Heraklit*, erschienen 1978. In dieser elegant geschriebenen Autobiografie eines der kultiviertesten Naturwissenschaftler, die ich kenne, fiel mir der durchgängig bittere Ton auf, und doch war ich von ihr damals gefesselt, als mein eigenes Unbehagen noch kaum zu Tage getreten war. Aber nun scheint mir das Unbehagen in Form eines unentwegt auftauchenden Schattens zu begegnen, den das nachlassende Licht des vorgerückten Alters wirft. Vielleicht bin ich erblich vorbelastet: der angeborene Fehler so vieler Wiener – Genörgel *ad libitum* und *ad nauseam*. Rückblickend machte sich das Sugardaddy-Syndrom vielleicht schon früher bemerkbar. Folgende Strophe aus einem langen Gedicht, *Büßerhemd*, in meiner 2012 erschienenen Gedichtsammlung *Ein Tagebuch des Grolls* beschreibt, wie es meine Beziehung zu der großen Liebe meines Lebens beeinflusste:

Während ihres siebten gemeinsamen Jahrs
(Sabbatjahr – Auszeit vom Konkubinat?)
Während ihres wissenschaftlichen Sabbatjahrs
(in Harvard – wo sonst?)
Lebt sie erneut die Freuden vornehmer akademischer Armut,
Erkennt die Gefahr durch sein goldenes Netz
Und zertrennt es.
Ein jüngerer Liebhaber
(Jude, weder Überlebender noch Wissenschaftler)
Half.

Adieu, London

Es erübrigt sich wohl zu erwähnen, dass sich nach der schändlichen Episode mit Dianes Freundinnen alle heimatlichen Gefühle für London im Nu in Luft auflösten. Hin und wieder halte ich mich noch dort auf, denn London ist eine aufregende Stadt und immer einen Besuch wert, und ich habe Freunde dort, die mit mir in Kontakt geblieben sind. Aber eine „Heimat" ist es nicht mehr – weder nach Gefühl noch nach Eigentum. Kurz nach Dianes Tod schenkte ich meine Londoner Wohnung der Universität Cambridge (unter dem Vorbehalt, sie während der mir verbleibenden Jahre benutzen zu können) zur Finanzierung einer alljährlichen Diane-Middlebrook-Gastprofessur am dortigen *Centre for Gender Studies* – der Stätte, an der Diane ihren letzten Vortrag hielt. Inzwischen haben vier renommierte Professoren aus dem Ausland die Erinnerung an Diane wachgehalten, und viele werden ihnen noch folgen.

Der bittere Nachgeschmack der Londoner Episode und die wachsende Erkenntnis, wie begrenzt das kulturelle Leben in San Francisco doch ist, veranlassten mich, mir ein anderes Zuhause zu suchen, das mir als Witwer entgegenkam. Während meines langen akademischen Lebens, in dem ich tagsüber von Menschen umgeben war, sodass wenig Zeit für ungestörtes Nachdenken blieb, verbrachte ich die Abende am liebsten in der Einsamkeit meines Ranchhauses tief im Wald. Aber jetzt, als Schriftsteller, der tagsüber allein arbeitet, möchte ich in einer Stadt wohnen, in der abends und nachts etwas los ist, unter Menschen sein, selbst unter Fremden, ins Theater, ins Konzert und in die Oper gehen. All das hat San Francisco kaum zu bieten, auch wenn es mit einer grandiosen Landschaft und einem ausgezeichneten Klima gesegnet ist. So musste ich, als ich Mitte Dezember aus London zurückkam und abends ausgehen wollte, feststellen, dass die drei wichtigsten Theater – das *American Conservatory Theater*, das *Berkeley Rep* und das *Magic Theatre* – geschlossen waren und erst Ende Januar wieder öffnen würden. Opernaufführungen gab es nicht; die Oper von San Francisco genießt zwar einen hervorragenden Ruf, ist aber nur drei Monate im Herbst und einen Monat im Sommer geöffnet. Das *San Francisco Symphony Orchestra*, der einzige Veranstaltungsort für klassische Musik, war ausverkauft. In dieser Hinsicht ist London natürlich vollkommen anders, aber ich war ja auf der Suche nach einer Stadt, die nicht mit den Enttäuschungen behaftet war, die ich dort erst vor Kurzem erlebt hatte. Außerdem wollte ich an dem Ort meines neuen gesellschaftlichen Lebens nicht ständig an die verlorene Gefährtin der zurückliegenden zwei Jahrzehnte erinnert werden.

Da meine europäischen Wurzeln, die ich lange für versteinert hielt, in der Tat wieder zu treiben begonnen hatten, kam ich zu dem Schluss, dass es Europa sein müsse – nicht New York, die einzige amerikanische Stadt, die die kulturelle Abwechslung geboten hätte, nach der ich mich sehnte. Wenn eine Partnerin an der Entscheidung beteiligt gewesen wäre, hätte ich mir auch Paris, Madrid oder sogar Rom vorstellen können, da ich die jeweilige Sprache vermutlich in relativ kurzer Zeit beherrscht hätte. Aber da es allein

bei mir lag, traf ich eine Entscheidung, die auf den ersten Blick
kontraintuitiv zu sein schien: Es sollte eine Stadt sein, in der man
Deutsch, meine Muttersprache, spricht – in der ich bis ins Teen-
ageralter dachte und träumte, die ich aber nach meiner erzwungenen Emigration aus dem Wien meiner Jugend ein halbes Jahrhundert lang aufgegeben hatte.

In die engere Wahl kamen Zürich, Berlin und Wien. Zürich stand
ganz oben auf der Liste, weil es die einzige unter den drei Städten ist, die ich während meines amerikanischen Lebens als Naturwissenschaftler bei zahlreichen Gelegenheiten besucht hatte, und
weil sie außerdem mit keinerlei Ballast aus der Nazizeit befrachtet
ist. Aber Zürich war auch die erste Stadt, die ich von meiner Liste
strich, weil sie für mich die gleichen Probleme aufwarf wie San
Francisco: Sie ist kulturell zu klein. Außerdem scheint mir die Stadt
unter einem Nachteil zu leiden, den ich, nur teilweise augenzwinkernd, in meinem Theaterstück *Kalkül* zum Ausdruck brachte: in
der Beschreibung einer der Hauptfiguren, einem Schweizer namens
Louis Frederick Bonet.

CIBBER: Wer ist denn eigentlich dieser Bonet?
VANBRUGH: Der Minister des preußischen Königs in England.
CIBBER: Auch keine sonderlich skandalöse Beschäftigung.
VANBRUGH: Die hat keine unserer Figuren ... und Bonet am wenigs-
    ten.
CIBBER: Die Deutschen können gar nicht skandalös sein. Gelehrt?
    Ja ... Fleißig? Immer ... Langweilig? Oft ... Grausam? Gut mög-
    lich ... Aber nicht skandalös.
VANBRUGH: Louis Frederick Bonet ist kein Deutscher. Es heißt, er
    sei Schweizer ...
CIBBER: Schweizer? Um Himmels willen, John! Das ist ja noch
    schlimmer! Was bei denen nicht erlaubt ist, ist verboten. Ich
    rate Ihnen dringend, ihn wieder aus dem Stück zu entfernen.
VANBRUGH: Bonet kommt aber aus Genf.
CIBBER: Das könnte man als mildernde Umstände betrachten ...
    es klingt sogar beinahe vielversprechend. Die französischen
    Skandale sind die besten ... und Genf liegt gleich an der fran-
    zösischen Grenze.

Berlin, eine Stadt, die ich vor 1990 nur wenige Male und dann nur aus beruflichen Gründen besucht hatte, war für mich seit damals die aufregendste und lebendigste Metropole Kontinentaleuropas. Ich schaute mir im Hinblick auf eine „Probezeit" einige möblierte Wohnungen an und fand eine, die in puncto Lage, Größe und Ausstattung geeignet war, in einer Straße im Stadtzentrum, in der Nähe des Holocaust-Mahnmals, die nach Hannah Arendt benannt war. Das schien mir deshalb verlockend, weil Hannah Arendt im Begriff war, eine der Hauptfiguren in meinem Drama *Vorspiel* zu werden. Ich stellte mir vor, wie sie mir über die Schulter blickte, während ich schilderte, wie sie sich mit einer weiteren Hauptfigur, Theodor W. Adorno, intellektuelle und persönliche Gefechte liefert.

Wien

Am Ende entschied ich mich für Wien, aus komplizierten Gründen. Was Ballast betrifft, positiv wie negativ, war Wien am stärksten belastet. Hier bin ich geboren, und wenn ich durch die unscharfe Brille lange zurückliegender Kindheitserinnerungen blicke, dann ist mir diese Stadt vor allem als der herrliche Ort im Gedächtnis geblieben, an dem ich aufwuchs und vier Jahre lang eine erstklassige Erziehung an einem elitären Gymnasium erhielt, dessen Lehrplan wesentlich anspruchsvoller war als der heutiger amerikanischer Highschools. Da es neben Fußball und Skilaufen keine Ablenkung durch das Fernsehen gab, hatte ich mit 14 Jahren beispielsweise schon erstaunlich viel Belletristik gelesen. Ich hatte vier Jahre Latein gehabt, und dank Ovids *Metamorphosen* klingen mir heute noch die Zeilen im Ohr: *Aurea prima sata est aetas, quae vindice nullo, sponte sua, sine lege fidem rectumque colebat.* Mit Shakespeare war ich durch meine Besuche im Burgtheater vertraut, und die Bücher von Charles Dickens, Mark Twain, Jack London, Edgar Allan Poe und anderer englischsprachiger Autoren habe ich gierig verschlungen – aber alle auf Deutsch. Doch dann wurde ich plötzlich als Jude vertrieben. Im Rückblick erscheint es erstaunlich, dass nichts auf den bevorstehenden Anschluss durch die Nazis hinwies, aber ich lebte mit meiner Mutter und meiner

Großmutter in einem naiv apolitischen, matriarchalischen Umfeld, das man sich heute nicht mehr vorstellen kann. Nachdem ich über Bulgarien in die USA geflohen war, wo ich im Alter von 16 Jahren zum amerikanischen Einwanderer wurde, verkümmerte meine Muttersprache 50 Jahre lang: erst als Student, der unbedingt ein waschechter Amerikaner werden wollte, dann als Ehemann von drei Amerikanerinnen, die kein Wort Deutsch sprachen, und vor allem als ein von seiner Arbeit besessener Naturwissenschaftler in den Jahrzehnten nach dem Zweiten Weltkrieg, als Englisch weltweit rasch die *lingua franca* wurde.

Zwischen 1938, dem Jahr meiner Emigration, und 1992, dem Jahr, in dem ich zum ersten Mal zu einem Vortrag nach Wien eingeladen wurde, war ein halbes Jahrhundert vergangen, in dem ich weder Heimweh noch den geringsten Wunsch verspürt hatte, in meine Geburtsstadt zurückzukehren. Nicht nur, dass man mich hinausgeworfen hatte, ich war auch nach dem Krieg kein einziges Mal von einer österreichischen Institution zu einem Vortrag eingeladen worden. Mehr als ein Mal erinnerte ich meine Zuhörer daran, dass es bis 1992 nur vier europäische Länder gab, aus denen ich nie eine Einladung zu einem Vortrag erhalten hatte: Albanien, Malta, Portugal und Österreich (Monaco, San Marino und Andorra nicht mitgezählt). Ich will damit nicht andeuten, dass es sich um eine persönliche Vendetta handelte, denn viele Wiener Emigranten meiner Generation, die sich als Wissenschaftler international einen Namen gemacht hatten, sahen sich in ähnlicher Weise übergangen. Viele Leute, besonders in Amerika, meinten dazu, dass mir das doch egal sein könne, aber tief drinnen ist mir heute klar, dass es mir eben *nicht* egal war.

Ein Ereignis betrachte ich rückblickend als das Samenkorn, das letztendlich zu der Entscheidung führte, mir in Wien neben San Francisco und London ein weiteres Teilzeit-Zuhause zu schaffen. Als 1991 die deutsche Übersetzung meines ersten Romans *Cantors Dilemma* noch vor Erscheinen des Buches in der *Frankfurter Allgemeinen Zeitung* über zwei Monate hinweg in voller Länge in Fortsetzungen veröffentlicht wurde, organisierte mein Verlag eine Leservreise, die in Berlin begann. Einen Text auf Deutsch vorzulesen, bereitete mir keine Schwierigkeiten, und mein leichter österreichischer Tonfall, garniert mit gelegentlichen Amerikanismen, schien das Publikum alles andere als zu stören. Am Anfang machte ich mir Sorgen, ob ich es schaffen würde, spontane Fragen aus dem Stegreif auf Deutsch zu beantworten. Doch als es von Berlin nach Hamburg, dann nach Köln, Frankfurt, Braunschweig und in andere Städte ging, wurde mein Deutsch fast von Stunde zu Stunde lockerer. Selbst improvisierte Live-Interviews auf Deutsch in Rundfunk und Fernsehen schreckten mich nicht, was vor allem daran lag, dass deutsche Journalisten meiner Erfahrung nach meist besser vorbereitet sind als ihre amerikanischen Kollegen. Außerdem waren die Interviews im Allgemeinen länger, was den Druck verringerte, kurz und bündig auf Fragen antworten zu müssen, die einen abgewogenen Kommentar verdienten. 20 Jahre später ist mein Deutsch fast vollständig zurückgekehrt. Mindestens ein Mal habe ich sogar auf Deutsch geträumt – für mich der ultimative Beweis, dass meine wiedererwachende Muttersprache eine psychische Mauer aufzubrechen beginnt, von der ich bis Ende der 1980er Jahre geglaubt hatte, sie sei undurchdringlich. Doch bis zum heutigen Tag ist mein chemischer Wortschatz im Deutschen hoffnungslos begrenzt. Und so kam es, dass ich, den man gerade pompös als einen weltberühmten Chemiker und „Vater der Pille" angekündigt hatte, während einer live übertragenen Quizsendung einer ostdeutschen Rundfunkstation einfach nicht auf das deutsche Wort für HCN kam. Zu meiner großen Verlegenheit brachte ich nur ein deutsch ausgesprochenes „hydrogene cyanide" hervor, was nicht die geringste Ähnlichkeit mit der korrekten „Blausäure" hatte. Selbst das idiomatische englische Wort „prussic acid" (preußische Säure) – angesichts des Standortes des Senders gar nicht so unpassend – wollte mir nicht einfallen.

Es ist seltsam, dass ich meine mitteleuropäischen Wurzeln nicht in Österreich wiederentdeckte, dem Land, in dem ich geboren wurde und meine frühe Schulzeit verbrachte, sondern in Deutschland. Schließlich war dies das Land, von dem ausging, was eben diese Wurzeln überhaupt durchtrennt hatte, als Hitlers Legionen mich aus Europa vertrieben. Alle meine seltenen Reisen nach Deutschland hatte ich als erwachsener Amerikaner unternommen, zu wissenschaftlichen Vorträgen oder Kongressen, und die hatten stets auf Englisch stattgefunden. Abgesehen von beiläufigen Unterhaltungen mit Kellnern und Taxifahrern und dem gelegentlichen Blick in eine deutsche Zeitung, hatte ich mich immer als einen zu Besuch weilenden Amerikaner betrachtet und mich auch so verhalten. All das hat sich seit der Veröffentlichung meiner Romane und Theaterstücke in Deutschland geändert. Es bedurfte einer modernen deutschen Stimme, der meiner Übersetzerin Ully Mössner, der Stimme einer Frau obendrein, um mich mit meiner europäischen Herkunft auszusöhnen.

Ein Jahr nachdem mein erfolgreichster Roman, *Cantors Dilemma*, in deutscher Übersetzung erschienen war und ich in über zwei Dutzend deutschen Städten daraus vorgelesen hatte, wurde ich 1992 endlich nach Wien eingeladen. Nicht von Chemikern, sondern von Literaten, der Österreichischen Gesellschaft für Literatur, die mich plötzlich als Romancier und gebürtigen Österreicher entdeckt hatte, der in dem seltenen Genre „Science-in-Fiction" schrieb. Spätere und immer häufigere Einladungen kamen aus Medizinerkreisen, nicht von naturwissenschaftlicher Seite, insbesondere von der Österreichischen Gesellschaft für Frauenheilkunde und Geburtshilfe, und danach von den österreichischen Medien – den Fernseh- und Rundfunkanstalten des ORF und vielen Zeitungen –, all das zu der Zeit, als Österreich, drei Jahrzehnte später als Deutschland, endlich offiziell mit der Aufarbeitung der Geschehnisse während der Nazizeit und und der Nachkriegsjahre begonnen hatte. Ich möchte ausdrücklich betonen, dass die österreichische Regierung wesentlich früher damit begann als die akademische Gemeinschaft. Eine wichtige Geste war 1995 das Angebot an alle, die während der Nazizeit geflohen waren, ihren österreichischen Pass zurückzubekommen, ohne ihre amerikanische Staatsbürgerschaft aufgeben zu müssen. Auch ich wurde angeschrieben, nahm das Angebot nach langem Überlegen an und füllte die entsprechenden Formulare aus. Ein Jahr lang passierte nichts, was ich zunächst auf bürokratische Trägheit und Nachlässigkeit zurückführte, aber als ich nachfragte, stellte sich heraus, dass es in diesem Fall nicht an der sprichwörtlichen Wiener Schlamperei lag, sondern an der Hartnäckigkeit der österreichischen Behörden. Als Begründung wurde mir mitgeteilt, dass man auf die Scheidungsurkunde meiner Eltern gestoßen sei – ein Dokument, das ich noch nie gesehen hatte –, die leider beweise, dass ich, obwohl in Wien geboren, nie österreichischer Staatsbürger gewesen sei, was die Wiederzuerkennung meiner Staatsbürgerschaft gegenstandslos mache. Bis zum heutigen Tag frage ich mich, was einen übereifrigen Beamten dazu veranlasst hatte, überhaupt nach der Scheidungsurkunde zu suchen. Aber bevor ich erläutere, was die Scheidung meiner Eltern mit meiner Staatsbürgerschaft zu tun hat, muss ich ein weiteres Mal abschweifen, und zwar aus Gründen, die der folgende Auszug aus meiner früheren Autobiografie veranschaulichen wird.

Scheidungen

Wenn Sie meine derzeitigen Freunde fragen, dann würden sie sagen, ich sei zwei Mal verheiratet gewesen; tatsächlich aber hatte ich drei Ehefrauen. Virginia heiratete ich, bevor ich zwanzig war. „Ach so", werden Sie jetzt sagen und voreilige Schlüsse ziehen, aber so war es nicht. Ich heiratete nicht, weil meine Braut schwanger war, sondern weil ich glaubte, alt genug dazu zu sein, obwohl – oder gerade weil – ich noch sexuell unberührt war. Ich hatte bereits das College absolviert (wo ich meine spätere Frau bei einem Blind Date an einem benachbarten College kennengelernt hatte) und ein Jahr lang als Chemiker bei Ciba in Summit, New Jersey, in der Forschung gearbeitet. Auf dem Weg an die Universität Wisconsin in Madison, wo ich ein Promotionsstipendium bekommen hatte, machte ich in Dayton Halt, um meine 24-jährige Braut in ihrem Elternhaus zu heiraten. Unsere Hochzeitsnacht verbrachten wir im Zug in einem Schlafwagenabteil – einem Ort, der genau den Phantasievorstellungen entsprach, die ich als Teenager gehabt hatte, wenn ich jeden Sommer mit dem sagenumwobenen Orientexpress von Wien nach Sofia reiste, um dort meinen Vater zu besuchen.

Sechs Jahre später, noch immer kinderlos, zogen meine Frau und ich nach Mexico City, wo ich bei Syntex eine Stelle als stellvertretender Leiter der chemischen Forschungsabteilung angenommen hatte. Anfang 1950 bat ich Virginia um die Scheidung, um die Frau zu heiraten, die mit meinem ersten Kind schwanger

Meine erste Frau Virginia in Madison, Wisconsin 1943. Meine zweite
Frau Norma in Sydney, Australien 1960

war. Virginia hätte gemein oder zumindest unnachgiebig sein können, doch sie war keines von beiden. Da wir uns nicht über Geld
streiten mussten – außer meinem Gehalt besaßen wir nicht viel –,
beschlossen wir, uns einen gemeinsamen Anwalt zu nehmen und
die schnellstmögliche mexikanische Scheidung zu erreichen. Die
Fahrt nach Cuernavaca (wo in Mexiko ansässige Personen innerhalb eines Tages geschieden werden konnten) und unser *déjeuner
à trois* waren so zivilisiert, dass unser *licenciado* fragte, ob es uns
mit der Scheidung auch wirklich ernst sei; er habe noch nie mit
einem Ehepaar zu tun gehabt, das so *simpático* sei und geschieden werden wolle. Aber zwei Stunden später war ich ein Ex-Ehe-
mann und einige Wochen darauf ein frischgebackener Vater mit
einer neuen Ehefrau. Bald darauf wurde auch Virginia schwanger
und heiratete ebenfalls in Mexiko, kurz bevor sie Mutter wurde.
Meine Erleichterung, als ich das hörte, war natürlich teilweise
darauf zurückzuführen, dass sich damit auch die letzten Schuldgefühle wegen meiner außerehelichen Affäre verflüchtigten; nun
hatte ich das Gefühl, dass ihr und mein Familienporträt auf ähnlichen Leinwänden gemalt wurden.

Als ich gebeten wurde, einen biografischen Fragebogen für *Who's Who in America* oder ein ähnliches Handbuch auszufüllen, trug ich als Antwort auf die Frage „Name der Ehefrau" meine zweite Frau ein. „Tag der Eheschließung" ließ ich frei. Das waren keine Lügen, aber nachdem ich einmal die Existenz meiner ersten Frau im Druck geleugnet hatte, war es nicht leicht, sie wieder zum Leben zu erwecken, nicht einmal für meine nächsten Angehörigen. Hätte ich, sobald meine beiden Kinder alt genug waren, um es zu verstehen, etwa verkünden sollen: „Übrigens, ich war schon einmal verheiratet!"? Es erschien mir doch allzu forciert, ohne guten Grund ein Thema anzuschneiden, über das ihre Mutter und ich niemals sprachen. Als meine neunjährige Tochter mich einmal an einem Hochzeitstag fragte: „Papa, wann haben Mom und du geheiratet?", druckste ich herum und verlegte das Datum um ein Jahr zurück.

Ich brauchte Jahre, um die Parallele zu meinen eigenen Eltern zu sehen, die sich scheiden ließen, als ich sechs war, und diese Tatsache vor mir geheimhielten, bis ich knapp 13 war. Leute, denen ich das erzähle, sind gewöhnlich schockiert. Wieso hatte ich das nicht gemerkt? Und, was meine eigene Geschichte mehr betrifft, warum hatten meine Eltern ein Geheimnis daraus gemacht?

Meine Mutter und mein Vater hatten sich an der Universität Wien kennengelernt, wo beide Medizin studierten; nach dem Abschluss hatten sie sich in einem Haus in der Ulitza Marin Drinov in Sofia niedergelassen. Als meine Mutter im achten Monat schwanger war, ging sie wieder an das Krankenhaus in Wien, in dem sie ihre praktische Ausbildung erhalten hatte und das in ihren Augen das einzige für die Entbindung ihres ersten Kindes angemessene Spital war. Zwei Monate nach meiner Geburt am 29. Oktober 1923 kehrten wir nach Sofia zurück, an einem Tag, der so kalt war, dass alle Wasserleitungen eingefroren waren. Das war kein gutes Omen für meine Mutter, die sehr ungern in Sofia lebte, nie richtig Bulgarisch lernte und begreiflicherweise Probleme hatte, dort eine Praxis aufzubauen. Außerdem war Sofia für eine weltgewandte Wienerin finsterste Provinz und kein Ort für die Erziehung des einzigen Sohnes. Als ich ins schulpflichtige Alter kam, zogen meine Mutter und ich daher wieder nach Wien; und von da an kam es mir nicht merkwürdig vor, dass ich meinen Vater nur

1939 mit meinem Vater in Sofia und mit meiner Mutter in New York City
(kurz vor und kurz nach meiner Emigration aus Europa)

sah, wenn er uns an Feiertagen besuchte oder wenn ich im Sommer nach Sofia fuhr. Ich glaube, ich war einfach zu jung und im Großen und Ganzen viel zu glücklich, um mir darüber Gedanken zu machen, warum meine Eltern nicht zusammenlebten.

Die extrem besitzergreifende Art meiner Mutter gegenüber ihrem einzigen Sohn – ein Trost während meiner Kindheit, aber eine ständig wachsende Belastung, als ich um die 20 war – führte schließlich zum totalen Bruch, als ich dann wirklich im Mannesalter war. Da sie ihren Platz als die beherrschende Frau in meinem Leben zu behalten gedachte, benahm sie sich meiner ersten Frau gegenüber immer unmöglicher. Ihre wiederholten Selbstmorddrohungen, verbunden mit griffbereiten vollen Tablettenfläschchen – sowohl vor als auch nach meiner Heirat –, wurden unerträglich. Obwohl Virginia bemerkenswerte Geduld an den Tag legte, war meine Mutter eindeutig mitschuldig am Scheitern dieser Ehe, die endete, als ich 26 war. Die Anpassung an die neue mexikanische Umgebung, an meine zweite Frau, an mein erstes Kind und die praktisch völlige Vertiefung in aufregende Forschungsprojekte machten mich wenig duldsam gegenüber den von meiner Mutter ausgeübten Pressionen. Bei der ersten Selbstmorddrohung während meiner zweiten Ehe sagte ich: „Jetzt reicht's!", und bat meine Mutter, mich in Ruhe zu lassen. Erst da nahm sie ihre ärztliche Tätigkeit an einem New Yorker Krankenhaus wieder auf. Abgesehen von seltenen Briefen und meiner finanziellen Unterstützung während ihrer letzten Jahre war der Bruch zwischen uns total. Als ich meine Mutter wiedersah, litt sie an Demenz im fortgeschrittenen Stadium und erkannte mich nicht mehr. Mein Vater dagegen gestattete mir in dem Sommer, als ich 13 war, einen kurzen Einblick in sein Privatleben. Sein Spezialgebiet waren Geschlechtskrankheiten. Da es zu der Zeit noch kein Penicillin gab, mussten Syphilispatienten mehrere Jahre lang mit arsenhaltigen Medikamenten behandelt werden. Außerdem war es ihnen peinlich, im Wartezimmer meines Vaters gesehen zu werden, sodass die Termine so gelegt werden mussten, dass sich die Patienten dort nicht über den Weg liefen. Ich begegnete fast nie einem seiner Patienten, obwohl sich seine Praxis und seine Privaträume in der gleichen Wohnung befanden. Eines Tages stieß ich jedoch auf eine hübsche Frau, die lesend auf dem Sofa saß und überhaupt nicht verlegen war, sondern mich mit meinem Namen ansprach. Am Sonntag darauf schloss sie sich meinem Vater und mir bei unserer wöchentlichen Wanderung im Witoscha-Gebirge an, an dessen Fuß Sofia liegt. Als wir abends nach Hause kamen, wurde mein Vater – der, wie selbst ich damals schon erkannte, ein ungeheuer selbstsicherer und redegewandter Mann war – plötzlich verlegen. Schließlich stammelte er, dass meine Mutter und er geschieden seien, aber dass ich nun alt genug sei, um zu verstehen, warum er eine Freundin habe – „keine Patientin", wie er sich hinzuzufügen beeilte. Zu seiner sichtlichen Überraschung machte die Enthüllung der Scheidung meiner Eltern keinen besonderen Eindruck auf mich. Ich hatte mich gerade zum ersten Mal verliebt und fragte mich, wann und wo ich meinen ersten Kuss bekommen würde. Die Tatsache, dass mein Vater ebenfalls eine Freundin hatte, machte alles nur noch aufregender.

Jahre später, als meine eigene Tochter etwa das gleiche Alter erreicht hatte, kam sie eines Abends nach dem Essen in mein Arbeitszimmer und setzte sich auf meinen Schreibtisch. Mit zufriedener Miene erzählte sie mir, eine ihrer Klassenkameradinnen, die bereits beim dritten Vater lebte, habe sie morgens in der Schule zu der offenkundigen Stabilität unseres häuslichen Lebens beglückwünscht. Einer plötzlichen Eingebung folgend beschloss ich, in den sauren Apfel zu beißen. „Eigentlich war ich ja schon einmal verheiratet", verkündete ich ganz nonchalant, als wäre mir dieser Sachverhalt eben erst wieder eingefallen, und fuhr schnell fort: „Eure Mutter aber nicht. Für sie ist es die einzige Ehe."

Genau wie meinem Vater stand mir eine Überraschung bevor. „Papa! Du auch?", rief sie aus und begann zu kichern, statt schockiert zu sein. „Erzähl mir mehr davon." Meine Tochter brauchte nicht lange, um die ganze Geschichte aus mir herauszuholen: wie meine erste Frau hieß, wie wir uns kennengelernt hatten, wie sie aussah und wie unglaublich jung ich geheiratet hatte. Ich musste sogar die Fotos aus meinem früheren Eheleben holen, die ich wohlüberlegt zwischen meinen chemischen Aktenordnern versteckt hatte. Nachdem sie sie eingehend betrachtet hatte, fragte sie: „Wie lange wart ihr verheiratet?"

„Sechs Jahre", antwortete ich. Meine Tochter sah mich abwesend an und sagte eine Weile nichts. „Sechs Jahre? Aber ich bin doch..." Als ich endlich alles gestanden hatte – ich, der Mann, der zum ersten Mal ein orales Verhütungsmittel synthetisiert hatte –, stieß sie einen Freudenschrei aus. „Das muss ich Dale erzählen!", rief sie und rannte los, um ihren Bruder zu suchen.

Mein Vater erfuhr nie etwas von diesem Gespräch mit meiner Tochter. Vielleicht hätte ich ihm davon erzählen sollen. Denn es gab auch mindestens eine Sache, die er mir hätte erzählen müssen. Mein Vater war ziemlich schneidig und unkonventionell für einen Bulgaren der Vorkriegszeit – seine Schwäche für Frauen ging sogar so weit, dass er gelegentlich mit seinen Geliebten protzte. (*Concubinage* pflegte er das, französisch ausgesprochen, zu nennen.) Dennoch stand er vor einem echten Dilemma: Er glaubte nämlich an die Institution der Ehe, und keiner aus seiner großen Familie oder seinem ausgedehnten Bekanntenkreis war jemals geschieden worden. Sein einziger Sohn, so dachte er, würde sich schämen, das Kind geschiedener Eltern zu sein. Und wenn ich ihn fragte, warum er mir seine Scheidung so lange verheimlicht hatte, antwortete er immer: „Das geschah deinetwegen." Erst als er im Alter von knapp 60 Jahren nach Amerika kam, heiratete er wieder und blieb bis an sein Lebensende mit meiner Stiefmutter Sarina verheiratet, die 20 Jahre jünger war.

Bis zum Alter von 95 Jahren wurde mein Vater von den meisten Leuten geistig wie körperlich 20 Jahre jünger geschätzt. Mit 50 lernte er Skilaufen, in einem Alter, in dem andere Männer vorsichtig werden und sich lieber an Golf halten; in den Sechzigern machte er den Führerschein und fuhr Auto, bis er knapp 95 war. Obwohl er sein Lebtag lang wasserscheu gewesen war, lernte er kurz nach seinem 85. Geburtstag noch Rückenschwimmen. Von da an gehörten 40 Minuten im Pool zu seiner täglichen Routine, bis er sich ein Jahr vor seinem Tod die Hüfte brach, als er im Fitnessraum von der Waage stieg.

Am letzten Tag seines Lebens lag er ohne Bewusstsein im Krankenhaus, alle lebenserhaltenden Geräte waren abgeschaltet worden. Ich saß an seinem Bett und hielt seine Hand. Mein Sohn Dale und sein Vetter Ilan von der väterlichen Seite der Familie waren ebenfalls da. Plötzlich schreckte mich die geflüsterte Frage meines Sohnes auf: „Papa, warum hast du mir nie gesagt, dass Großpapa davor schon einmal verheiratet war?" „Davor?", wiederholte ich verständnislos, da ich dachte, er meine damit meine Mutter. „Ja, in Bulgarien. Bevor er nach Amerika kam." Er deutete auf seinen Vetter. „Ilan hat es mir gerade gesagt. Seine Mutter hat sie in Bulgarien gekannt." Ich sah meinen Vater an und wollte ihn anflehen: „Papa, bitte stirb noch nicht! Wer war sie? Warum hast du mir nie von ihr erzählt?" Aber es war zu spät. Er atmete nicht mehr.

All die Jahre, nachdem ich meinen Kindern von ihr erzählt hatte, hatte ich Virginias Existenz sonst niemandem gegenüber eingestanden. Doch dann, etwa ein Jahr nach meiner zweiten Scheidung, traf eines Tages aus heiterem Himmel ein Brief von ihr aus ihrem Wohnort im Mittleren Westen ein. Sie hatte mich in einer Fernsehsendung gesehen und, trotz meiner silbergrauen Haare und der Halbmaske des Bartes, sofort wiedererkannt. Sie erkundigte sich, ob wir uns treffen könnten, da sie in Kürze Urlaub in Kalifornien machen wollte. Ich war einverstanden, fragte mich jedoch insgeheim, ob ich sie wiedererkennen würde.

Unsere Mutmaßungen über lange aufgeschobene Enthüllungen stellen sich gewöhnlich als übertrieben heraus. Ich erkannte Virginia sofort. In nur wenigen Stunden hatten wir einander unser jeweiliges Leben in groben Zügen geschildert. Aber wie rekonstruiert man ein Vierteljahrhundert der Abwesenheit? Sie konnte nicht wissen, und ich konnte ihr nicht sagen, dass ich die Existenz unserer Ehe – die ganzen sechs Jahre – geleugnet hatte. Falls sie es erriet, so ging sie diskret darüber hinweg, so wie sie auch während eines Großteils unserer Ehe diskret über so manches hinweggegangen war.

Als sie wieder zu Hause war, bedankte sie sich bei mir mit einem Geschenk. Das Äußere der Schachtel deutete auf ein elektrisches Gerät zur Joghurtzubereitung hin. Das war das Letzte, was ich brauchte. Ich bin zwar ein moderner Laborchemiker, aber meinen Joghurt mache ich immer noch auf die altmodische bulgarische Art: Ich bringe Milch zum Kochen, lasse sie abkühlen, bis ich gerade so eben den Finger hineinhalten kann, rühre ein paar Löffel Joghurt hinein und lasse die Mischung über Nacht in einem Thermosbehälter mit breiter Öffnung stehen. Ich dankte Virginia für das Geschenk, legte es unausgepackt beiseite und vergaß es. Mehrere Monate später stieß ich zufällig auf die Schachtel. Als ich etwas darin herumkullern hörte, dachte ich, dass das Ding vermutlich kaputtgegangen war und dass es mir recht geschah, nachdem ich so nachlässig damit umgegangen war. Erst als ich die Schachtel aufriss, entdeckte ich, dass es 30 Osterglocken-Zwiebeln waren – eine für jedes Jahr seit unserer Scheidung.

Dem beiliegenden Brief zufolge hatte Virginia sie in ihrem eigenen Garten ausgegraben und für mein Ranchhaus in Kalifornien bestimmt. Ich pflanzte sie binnen einer Woche ein, und im Frühjahr darauf standen alle 30 in Blüte.

Während meiner langen zweiten Ehe hatte ich von Psychotherapie nie viel gehalten – eine Meinung, die meine Frau Norma teilte. In meinem Fall war das eine Form von Machismo, denn ich glaubte, alle meine Probleme selbst lösen zu können. Diese Haltung könnte auch auf meine Kinder abgefärbt haben. Jahre nach dem Freitod meiner Tochter fragte ich mich, ob nicht ein Fachmann ihr vielleicht hätte helfen können, wo wir alle – Eltern, Ehemann, Freunde – offensichtlich versagt hatten. Diane, meine dritte Frau, war da anders: Sie hatte sich nicht nur intensiv mit Freud beschäftigt, sondern auch selbst eine Therapie gemacht, um von ihrem chronischen Alkoholismus loszukommen. Die Therapie half, obwohl ihre Heilung vermutlich eher mir zuzuschreiben war. Diane erkannte, dass sie ihre Sucht überwinden musste, wenn sie mit mir, der ich immer praktizierender Abstinenzler gewesen war, zusammenleben wollte. Nach unserer Heirat rührte Diane keinen Tropfen Alkohol mehr an, da sie wusste, dass ein einziges Glas sie wieder in den Abgrund der Alkoholabhängigkeit zurückwerfen würde. Ich wusste, dass ich dieser Situation nie und nimmer gewachsen gewesen wäre.

Ich habe noch nie einen Psychotherapeuten konsultiert, aber durch Diane änderte sich meine Haltung in diesem Punkt grundlegend. 1983, als Diane mich für ein Jahr verließ, riet sie mir bei mehr als einer Gelegenheit dringend, einen aufzusuchen – was mich zu folgendem Gedicht veranlasste, das 29 Jahre in einem verschlossenen Aktenordner lag:

IN BURMA GIBT ES KEINE PSYCHOTHERAPEUTEN

Aung San Suu Kyi gewidmet (Oxford, 1984)

„Psychotherapeuten werden nur gebraucht,
Wo Freunde nicht zuhören,"
Sagte die burmesische Aphrodite bei der Party in Oxford.

Verblüfft bat er sie um eine Erklärung.
„Burmesische Liebende stellen Fragen und hören zu.
In Burma sagen wir: „Erzähl mir alles.
Liebende brauchen keine Vermittler."

Er sah den Brief vor seinem geistigen Auge:
„Ich will dich erst wiedersehen,
wenn du beim Psychotherapeuten warst."
Von der Frau, die er sechs Jahre lang geliebt hatte;
Der Frau, die sich einen neuen Liebhaber genommen hatte.

Wären beide fähig gewesen zu reden,
Wären beide fähig gewesen zuzuhören,
Läge Burma nicht so weit.

Ich befolgte den Rat nicht; nicht deshalb, weil ich ihn für unvernünftig hielt, sondern weil *ich* die Fragen stellen und die Antworten *selbst* finden wollte. Als Naturwissenschaftler habe ich über ein halbes Jahrhundert lang damit verbracht, objektiv zu beobachten und die gewonnenen Daten exakt festzuhalten. Aber als *Romancier* und Bühnenautor, zu dem ich geworden bin, habe ich eine andere Perspektive gewonnen, auch im Blick auf mich selbst. Ich habe mich als Autor von Romanen und Theaterstücken in einen serienmäßigen Autobiografen verwandelt, der Betrachter und Gegenstand der Betrachtung, Analytiker und Analysand zugleich ist, und zwar mit all seinen Problemen, Idiosynkrasien, Fehlern und Vorzügen. Unter der Annahme, alles sei frei erfunden, genieße ich den Luxus einer Freiheit, die sich kein Autobiograf erlauben kann.

Aber was hatte die Scheidung meiner Eltern damit zu tun, dass mein Antrag auf Wiedererlangung der österreichischen Staatsbürgerschaft abgelehnt wurde? Als meine Eltern heirateten, waren die Ehefrau und etwaige Kinder, unabhängig von ihrem Geburtsort, noch gesetzlich verpflichtet, die Staatsbürgerschaft des Ehemannes anzunehmen. Folglich war meine Mutter *nolens volens* über Nacht Bulgarin geworden. Als sie sich scheiden ließ, hatte sie, wie ich erfuhr, wieder um die österreichische Staatsbürgerschaft angesucht; ihrem Antrag wurde stattgegeben. Sie hatte gleichzeitig darum ersucht, auch ihrem Sohn, der in Wien geboren war und dort inzwischen zur Schule ging, die österreichische Staatsbürgerschaft zu verleihen. Dieser Antrag wurde mit der logischen Begründung abgelehnt, dass man dem Sohn nicht geben könne, was er noch nie besessen habe. Von all dem wusste ich nichts. Ich war immer davon ausgegangen, Österreicher gewesen zu sein. Trotzdem verlieh mir die österreichische Regierung 1999 das *Österreichische Ehrenkreuz für Wissenschaft und Kunst*; kurz darauf folgten Auszeichnungen seitens der Stadt Wien und des Landes Niederösterreich. Letzteres führte schließlich dazu, dass ich nun doch einen österreichischen Pass besitze. Und das verdanke ich wiederum Paul Klee.

Aung San Suu Kyi neben meinem Sohn Dale
bei dessen Hochzeitsfeier 1984 in Oxford

Carl Aigner, damals Leiter der Kunsthalle in Krems, trat 2001 mit der Bitte an mich heran, 85 Werke aus meiner privaten Klee-Sammlung für eine Ausstellung auszuleihen. Es war erst die dritte größere Klee-Ausstellung in Österreich; sie dauerte über drei Monate und wurde in Räumen gezeigt, die eigens dunkelrot gestrichen worden waren. Diese Farbe gefiel mir so gut, dass ich bei der Rückkehr der Bilder nach San Francisco für meine Wohnung ein ähnliches Rot als Hintergrundfarbe wählte. Der Erfolg der Ausstellung in Krems führte nicht nur zu der erwähnten Auszeichnung durch das Land Niederösterreich, sondern veranlasste Carl Aigner auch, bei den zuständigen Leuten im Außenministerium darauf zu drängen, mir per Regierungserlass die österreichische Staatsbürgerschaft zu übertragen. Das geschah dann auch am Tag vor meinem 80. Geburtstag – mit der Begründung, „dass die Verleihung der Staatsbürgerschaft wegen der von Ihnen bereits erbrachten und von Ihnen noch zu erwartenden außerordentlichen Leistungen im besonderen Interesse der Republik liegt". Ich fand diese Worte herrlich anmaßend, da die Behörden nicht nur meine Leistungen in der Vergangenheit anführten, sondern auch die, die die Republik Österreich in Zukunft von mir erwartete. Zu meiner Verblüffung und zu meinem Amüsement wurde ich außerdem gefragt, ob meine Ehefrau die österreichische Staatsangehörigkeit ebenfalls anzunehmen wünsche, sodass der patriarchalische Tatbestand, aufgrund dessen meine Mutter ihre Staatsbürgerschaft verloren hatte, meiner Frau nun die Wahl ließ, meine anzunehmen. Ich erinnere mich noch, wie überrascht ich war, als ich im Wiener Rathaus mit dieser Frage konfrontiert wurde. Ich griff zum Telefon und rief meine Frau in London an. „Vocalissima" – mein Synonym für *Darling* – „möchtest du einen österreichischen Pass?" Sie zögerte kurz, lachte dann und antwortete: „Wieso nicht?" Diese knappe Antwort übermittelte ich dem neben mir sitzenden Amtsträger, und ich fügte ergänzend hinzu, dass meine Frau kein Wort Deutsch spreche. Das schien ihn nicht weiter zu stören; das einzige Problem war, dass in österreichischen Pässen in der Rubrik „Geburtsort" schlicht zu wenig Platz ist für „Pocatello, Idaho". Ich gehe davon aus, dass Diane die einzige österreichische Staatsangehörige aus Pocatello war, aus Platzmangel stand dort als Geburtsort nur „Idaho". Der größte Vorteil unserer neuen Pässe war der, dass wir, wenn wir nach London flogen und bei der Einreise in Heathrow durch die notorisch schlecht organisierte Passkontrolle mussten, nun immer unsere österreichischen Pässe zücken und die Abfertigung für EU-Bürger benutzen konnten.

Alle diese Auszeichnungen waren eindeutig eine Art Abbitte für die während der Nazizeit begangenen Verbrechen, und sie wurden von mir auch so verstanden. Doch dann geschah etwas, das ich nie und nimmer erwartet hätte. Einen Tag nach meinem 80. Geburtstag erhielt ich kurz nach meiner Ankunft in Bangkok folgende E-Mail:

Sehr geehrter Herr Djerassi!

Ich bin in der Österreichischen Post für Sonderbriefmarken zuständig.

Gestern habe ich im Radio gehört, dass Ihnen die österreichische Staatsbürgerschaft wieder verliehen wurde. Zwar wusste ich von Ihren wissenschaftlichen und literarischen Leistungen, aber mit Ihrer beeindruckenden und auch tragischen Biographie habe ich mich erst nach dieser Radiosendung beschäftigt.

Für mich wäre es eine große Ehre, wenn die Österreichische Post in Anerkennung Ihrer Persönlichkeit, Ihrer Leistungen und Ihres Schicksals eine Sondermarke „Dr. Carl Djerassi" produzieren könnte. Den idealen Zeitpunkt (80. Geburtstag) haben wir zwar versäumt, aber andererseits: das ist auch nur ein Datum. Ein anderes wird sich finden.

Ich möchte Sie daher höflich ersuchen, mir mitzuteilen, ob Sie mit dieser Idee einverstanden sind. Im positiven Falle mache ich Ihnen einige Vorschläge, wie wir vorgehen können. Ich freue mich schon auf Ihre (hoffentlich positive) Antwort.

Mit freundlichen Grüßen
Dr. Erich Haas
Österreichische Post AG

Österreichische Briefmarke, 2005

Seit dem 8. März 2005 lecken Menschen in Österreich – inzwischen zu Tausenden – die Rückseite meines Kopfes ab und werden dies vermutlich noch längere Zeit tun. Es sei denn, es gibt 400.000 Briefmarkensammler auf der Welt, die die komplizierte Vorderseite der Marke nicht durch eine unpersönliche Frankiermaschine verunstaltet sehen wollen, sodass ich unbeleckt bliebe. Niemals wäre ich in den USA in diese beneidenswerte Lage gekommen, wo ich erst hätte tot sein müssen, bevor sich jemand veranlasst gefühlt hätte, die Zunge nach mir herauszustrecken. In meiner Wiener Jugend war ich ein eifriger Briefmarkensammler gewesen, aber ich hätte nie erwartet, einmal in meinem Leben Post zu bekommen, die nur zugestellt werden konnte, weil mein Gesicht auf der Marke sie zu einem offiziellen Postwertzeichen machte.

Diese schöne Geste und die immer häufigeren Einladungen, die ich von Einzelpersonen und Institutionen aus Österreich erhielt, veranlassten mich, meine anfängliche Absicht, Berlin zu meinem Domizil in Mitteleuropa zu machen, aufzugeben. In Berlin, wo ich kaum Bekannte hatte, hätte ich gesellschaftlich praktisch bei null anfangen müssen. Und so entschied ich mich für Wien, wo ich in den Jahren davor viele Menschen kennengelernt hatte und so von Anfang an mit einer gewissen Geselligkeit rechnen konnte. Oder war es die Einsamkeit, die mich dazu trieb, an den Ort meiner Geburt zurückzukehren?

Wien: Heimat oder Zwischenstation?

Im Herbst 2008, fast ein Jahr nach dem Tod meiner Frau, beschloss ich, in den sauren Apfel zu beißen und mein Leben zwischen San Francisco und London auf Wien auszudehnen. In meinem Alter eine weitere Wohnung zu kaufen, machte keinen Sinn, und so stellte sich die Frage, was ich mieten wollte und wo. In Wien war die Antwort auf die zweite Frage leicht. Ich hatte nicht vor, mir dort ein Auto zuzulegen, da ich beabsichtigte, die meiste Zeit in einer Stadt zu verbringen, die über ein ausgezeichnetes öffentliches Verkehrssystem verfügt, aber praktisch keine vernünftigen Parkmöglichkeiten bietet. Da sich zudem die meisten kulturellen Einrichtungen – Oper, Theater, Museen und Ähnliches – im Ersten Bezirk befinden, wollte ich dort oder in der Nähe wohnen. Wenn ich meinen Terminkalender von damals betrachte, kann ich nur staunen, was für eine unglaublich hektische Zeit ich mir für etwas ausgesucht hatte, das sinnvollerweise in aller Ruhe und nach reiflicher Überlegung hätte entschieden werden sollen.

Meine Methode, mit den Problemen des Witwerdaseins im vorgerückten Alter umzugehen, besteht darin, das Leben eines Workaholic zu führen und außerdem fast ständig auf Reisen zu sein. Das Jahr 2008 bildete da keine Ausnahme. Meinem Kalender zufolge begann der Monat Oktober in Bielefeld, wo Andrea Frank, eine Freundin, drei Vorträge an der Universität organisiert hatte; danach eine Woche London, gefolgt von einer dramatischen Lesung meines Theaterstücks *Kalkül* in München; dann drei Tage in Österreich zu Vorträgen an der Akademie der Wissenschaften in Wien und an der Medizinischen Fakultät in Graz (mit dem provozierenden Thema: „Rückblick nach 70 Jahren: Was wäre wenn?"); und schließlich drei Tage in Bulgarien zu Premieren meines Theaterstücks *Tabus* in Sofia, Plovdiv und der alten königlichen Hauptstadt Veliko Tarnovo, wo mir zu Ehren eine beeindruckende Licht- und Tonschau stattfand, die die Stadt und die umliegenden Berge erstrahlen ließ. Erstaunt stelle ich heute fest, dass ich innerhalb einer einzigen Woche einige Tage in dem Land verbracht hatte, aus dem ich 1938 vertrieben worden war, und die übrigen in dem Land, das mich mit offenen Armen aufgenommen hatte. Diese Gedanken lassen mich auf der Stelle ein weiteres Mal abschweifen.

Für viele Mitteleuropäer, und insbesondere für Wiener von dem Schlag, zu dem meine Mutter gehörte, war Bulgarien der Inbegriff des primitiven Balkans, ein armes und raues Land in der unteren rechten Ecke Europas. Dieses Vorurteil, das vermutlich heute noch verbreitet ist, lässt einen wichtigen mildernden Umstand außer Acht, für den ich schon immer sehr dankbar war: Abgesehen von Dänemark war Bulgarien das einzige unter den nationalsozialistisch besetzten Ländern Europas bzw. unter den Achsenmächten, in dem die einheimischen Juden während der Nazizeit nicht deportiert wurden. Im Wesentlichen überlebten alle. Das war kein Zufall und nicht bloß die Entscheidung von Zar Boris, sondern ein Ausdruck der inhärenten Anständigkeit der bulgarischen Bevölkerung, in deren Mitte die sephardischen Juden jahrhundertelang in Frieden gelebt hatten. Mein bulgarischer Vater kam kurz nach dem Anschluss nach Wien, um meine Mutter ein zweites Mal zu heiraten, damit sie wieder den bulgarischen Pass bekam, den sie nur wenige Jahre davor nicht schnell genug hatte loswerden können, was es ihr und mir erlaubte, Österreich im Juli 1938 zu verlassen – in anderen Worten: vor der furchtbaren „Reichskristallnacht" und dem nachfolgenden Holocaust. Während meiner gesamten Zeit in Bulgarien habe ich nie irgendeine Form von Antisemitismus erlebt. Das Jahr, das ich als Teenager in Bulgarien verbrachte, gehört – aus persönlicher, familiärer und (am *American College* in Sofia) aus schulischer Sicht – zu meinen schönsten Erinnerungen an das Europa der Vorkriegszeit. Selbst die Würdigung meiner teilweise bulgarischen Wurzeln durch Bulgarien geschah vor nicht allzu langer Zeit auf reizend originelle Weise. Eines Tages fragte mich ein amerikanischer Journalist: „Wie fühlt man sich denn so, wenn Bulgarien einen Gletscher nach einem benennt?" Ich hielt das natürlich für einen Scherz, bis ich bei Google zahlreiche Hinweise auf den Djerassi-Gletscher auf der Brabant-Insel in der Antarktis entdeckte. Für ungläubige Thomase gebe ich hier die exakten Koordinaten „meines" Gletschers an: 64°13′ Süd 62°27′ West, sechs auf sieben Kilometer – falls sie sich an Ort und Stelle überzeugen wollen. Ich hatte immer geglaubt, dass es nur den Dänen und den Bulgaren gelungen sei, ihre jüdischen Mitbürger während des Zweiten Weltkriegs zu schützen. Doch 2011 wurde ich, ausgerechnet in Wien, eines Besseren belehrt. Ich hatte eine Verabredung im Hamakom-Theater im Nestroyhof, wo sich ursprünglich ein Kino befand, nicht weit von meinem früheren Wiener Zuhause im Zweiten Bezirk, in dem ich als Junge viele Filme gesehen hatte. Nun war ich hier, um die Möglichkeit zu erörtern, *Vorspiel*, eines meiner Theaterstücke, dort aufführen zu lassen. Ich kam etwas zu früh, und der Leiter des Theaters war noch nicht da. Die Empfangsdame erkundigte sich, ob ich mir in der Zwischenzeit eine Ausstellung ansehen wolle, die im Keller stattfand. „Was für eine Ausstellung?", fragte ich, worauf ich zur Antwort bekam: „Besa", was mich auf einen unerwarteten emotionalen Umweg führte.

Wie sich herausstellte, bezeichnet *Besa* im Albanischen den muslimischen Ehrenkodex, der sich auch darauf erstreckt, Menschen in Not beizustehen und gastfreundlich zu sein, ein Prinzip, über das es sich in diesen islamfeindlichen Zeiten nachzudenken lohnt. *Besa* wurde in dem kleinen Land so umfassend praktiziert, dass nicht nur alle albanischen Juden sowohl die Nazizeit als auch die deutsche Besatzung überlebten, sondern dass Albanien zu einem Zufluchtsort für Juden aus benachbarten Ländern wurde. Wie eine Reihe von bewegenden Fotografien in dieser Ausstellung zeigte, lebten bei Kriegsende zehnmal mehr Juden in Albanien als bei Kriegsausbruch. Dass es in Albanien offenbar keinen Antisemitismus gegeben hatte, war mir neu, und ich konnte nur staunen, dass Albanien und Bulgarien, zwei der ärmsten Länder Europas, auf die die Mitteleuropäer und insbesondere die Deutschen und Österreicher oft verächtlich herabsehen, sich so ganz anders verhalten hatten. In dieser Ausstellung lernte ich sogar, dass Albert Einstein, nachdem er seine deutsche Staatsbürgerschaft aufgegeben hatte, mit einem albanischen Pass durch Europa und in die USA gereist war.

Feier meines 85. Geburtstags in Berlin mit Sohn Dale, Enkel Alexander und Stieftochter Leah Middlebrook

Inzwischen waren seit meiner Emigration aus Österreich 70 Jahre vergangen, und zwei Tage später brach ich zu einer sagenhaften Woche in Berlin auf – der Stadt, die ich beinahe zu meinem dritten Wohnort erkoren hatte. Lassen Sie mich erklären, warum ich diese Woche als „sagenhaft" bezeichne.

Der 29. Oktober 2008 war mein 85. Geburtstag – eine abschreckend hohe Zahl, die ich gerne ignoriert hätte, was mir aber nicht gestattet wurde. Als Kompromiss lud ich meine kleine Familie – bestehend aus meinem Sohn Dale, meinem Enkel Alexander und meiner Stieftochter Leah – ein, gemeinsam mit mir eine Woche in einer Stadt zu verbringen, die keiner von ihnen kannte und deren Sprache keiner von ihnen sprach. Der Höhepunkt dieses Aufenthalts *en famille* war die Eröffnung einer großen Paul-Klee-Ausstellung in der Neuen Nationalgalerie einschließlich einer hervorragenden dramatischen Lesung einiger Auszüge aus meinem Buch *Vier Juden auf dem Parnass*, inszeniert von der Wiener Regisseurin Isabella Gregor und ausgeschmückt mit live gespielter Musik des isländischen Pop-Komponisten Egill Ólafsson und des deutschen minimalistischen Komponisten Klaus-Steffen Mahnkopf. Die Ausstellung enthielt eine Reihe von Klee-Werken, die ich dem

Museum geliehen hatte. Der Grund, die dramatische Lesung meines Buches mit dieser Ausstellung zu kombinieren, der vermutlich größten Klee-Ausstellung, die es in Deutschland je gegeben hatte, war, dass Paul Klee eine der Hauptfiguren meines Buches ist. Dieses Buch – mein originellstes und psychologisch gesehen auch mein wichtigstes – ist ein wichtiges Thema eines späteren Kapitels.

Nach der Rückkehr aus Berlin, mit einem dreitägigen Zwischenstopp in London, blieben mir in Wien nur fünf Tage, um ernsthaft daranzugehen, eine Wohnung zu suchen und zu finden. Aber da ich an diesen drei Tagen auch drei verschiedene Vorträge zu halten hatte, einen auf Anregung der Universität Wien mit dem bedeutungsschwangeren Titel „Nach 70 Jahren: Wiener Amerikaner oder amerikanischer Wiener?", blieb mir sehr wenig Zeit, eine der wichtigsten Entscheidungen der letzten Jahre zu treffen, da ich Mitte November über San Francisco zu einer Lesereise nach Hongkong und Guangzhou aufbrechen musste. Zum Glück hatte mir eine Wiener Freundin netterweise eine Liste mit geeigneten Vier-Zimmer-Wohnungen zusammengestellt, die sie bereits ausgesiebt hatte, sodass ich schon wenige Stunden nach einer vom Immobilienmakler im Eiltempo durchgeführten Besichtigungstour drei der acht angebotenen Wohnungen in die engere Wahl ziehen konnte. Keine von ihnen lag im Ersten Bezirk, aber jede in einem angrenzenden Bezirk: im Zweiten, wo ich als Kind gelebt hatte, im Neunten und im Dritten. Die Besichtigungen fanden mit dem Auto und in so fliegender Hast statt, dass ich nicht sonderlich auf die Umgebung achtete, sondern mich ganz auf den Grundriss der Wohnungen und die Nähe öffentlicher Verkehrsmittel konzentrierte. Daher war mir die große norwegische Flagge entgangen, die auf dem Balkon der norwegischen Botschaft im ersten Obergeschoss flatterte, ebenso die hohe Mauer auf der anderen Straßenseite, die das Palais Metternich umgibt, in dem sich heute die italienische Botschaft befindet, oder dass sich einen halben Straßenblock weiter die Botschaften des Iran, Russlands, Deutschlands und Großbritanniens befanden. Völlig arglos war ich in das Botschaftsviertel im Dritten Bezirk geraten, wo ich nun mehrere Monate im Jahr lebe, wo ich aber vermutlich nicht gelandet wäre, würde mein lächelndes Gesicht nicht eine österreichische Briefmarke zieren.

Von Anfang an musste ich lernen, dass es etwas völlig anderes ist, in Wien eine unmöblierte Wohnung zu mieten als in den Staaten. Zunächst hatte ich, abgesehen von der obligatorischen Kaution und den Maklergebühren, sofort den Gegenwert von sechs Monatsmieten zu blechen und danach umgehend die ziemlich happige monatliche Miete, obwohl ich erst vier Monate später, nämlich Mitte März 2009, einziehen wollte. Die nicht rückzahlbare Vorleistung in Höhe von sechs Monatsmieten sollte eigentlich genügen, argumentierte ich, doch der Makler entgegnete nur: „Bei uns stehen russische Mafiosi Schlange, die jeden Betrag, ohne zu feilschen, bar auf den Tisch legen." Damit schienen die Verhandlungen auf der Stelle beendet zu sein. („Mafiosi" stammt übrigens von mir, der Makler nannte sie anders.) Doch da mischte sich meine Begleiterin mit dem Hinweis ein, statt neureicher, mit Bargeld wedelnder Russen würde man in mir einen Mieter haben, der auf einer österreichischen Briefmarke abgebildet sei. Woraufhin sich Gesichtsausdruck und Gebaren des Maklers urplötzlich änderten. „Selbstverständlich, Herr Professor", erwiderte er und machte das Zugeständnis, dass die Mietzahlungen erst nach meinem Einzug beginnen mussten.

Nachdem dieses Problem gelöst war, wurde ich mit der hiesigen Bedeutung des Wortes „unmöbliert" konfrontiert. Abgesehen von ein paar nackten Glühbirnen gab es keine Einbauschränke in den Schlafzimmern, keine Medizinschränkchen in den Badezimmern, weder Jalousien noch Gardinen oder andere Ausstattungsgegenstände, wie ich erwartet hatte. Ich hatte noch nie im Leben einen Schrank gekauft – weder in den USA noch in London –, aber nun musste ich bei null anfangen. Auch diesmal sprang meine österreichische Freundin ein, die eine scheinbar großartige Idee hatte, schnell Abhilfe zu schaffen. Sie schlug vor, mit mir über die Grenze nach Italien zu fahren, wo in Tricesimo, einer kleinen Stadt bei Udine, zahlreiche italienische Einrichtungshäuser zu finden seien, und zwar so viele, dass man geradezu meinen könnte, in einer gigantischen Ikea-Filiale einzukaufen. Als großer Freund des gehobenen italienischen Designs, das in meiner Wohnung in San Francisco gut vertreten ist, begrüßte ich den Vorschlag. Ich wollte mein Wiener Domizil in einem Stil einrichten, der zu dem Workaholic, der ich bin, passte. Die achtstündige Fahrt nach Italien hatte sich gelohnt, wie ich in einer Reihe von Geschäften feststellte, alle brechend voll mit dem, was ich benötigte – von Sofas, Sesseln, Schreibtisch, Badezimmer-Accessoires und Lampen bis hin zu Schränken, die ich brauchte, um das Fehlen der in allen amerikanischen Behausungen selbstverständlichen Einbaukästen wettzumachen. Von den Türklinken abgesehen, bestellte ich an einem einzigen Tag alles, was ich brauchte, in der Erwartung, binnen Tagen in einer komplett eingerichteten Wohnung zu leben. Doch da bekam ich den nächsten Schock.

Angesichts des Umfangs meiner Einkäufe bot man mir in den Geschäften in Tricesimo an, alles frei Haus nach Wien zu transportieren, aber wie sich herausstellte, hatte, einige kleinere Sachen ausgenommen, jedes Möbelstück eine Lieferzeit von vier bis zwölf Wochen. Ich war entsetzt, aber da ich praktisch keine andere Wahl hatte, fand ich mich damit ab und hauste einige Monate, als stände ich kurz vor der Delogierung, abgesehen von den Kunstwerken an den Wänden, die sofort aufgehängt wurden, und den Büchern, die ich aus San Francisco hatte schicken lassen. Über die anderen ärgerlichen Kleinigkeiten im Rahmen meines Einzugs will ich nicht weiter meckern, denn nachdem ich mich in der Wohnung mit ihren zwei Balkons und der nächtlichen Stille des Botschaftsviertels eingerichtet hatte, war klar, dass ich die richtige Entscheidung getroffen hatte. Endlich konnte ich in einem angenehmen Arbeitszimmer zu schreiben beginnen, das einen herrlichen Blick über den Balkon auf die Wipfel der großen alten Bäume bot, die im angrenzenden kleinen Park einer Kirche wuchsen – und deren Blätter sich im Herbst in einen leuchtend bunten Gobelin verwandelten.

Mit einem türkischen Besucher (Birol Kilic) in meinem Arbeitszimmer in Wien

Knödel

Abgesehen von den kulturellen Vorzügen Wiens, die San Francisco vor Neid erblassen lassen würden, gab es noch ein weiteres unerwartetes Vergnügen: die Wiener Küche, mit der ich aufgewachsen war und die ich dann jahrzehntelang entbehren musste. Mir war das wahre Ausmaß meines Knödelmangels gar nicht bewusst gewesen, obwohl es 1988 bei einer meiner seltenen Reisen nach Österreich einen Hinweis darauf gab, als ich meine Frau zu einer Konferenz über Literatur und Psychoanalyse nach Kirchberg am Wechsel begleitete, auf der sie ein Referat hielt. Ich war lediglich die Begleitperson, und das schrieb ich darüber:

Gleich nach der Ankunft in unserem kleinen Gasthof essen wir zu Mittag. Die Auswahl beschränkt sich auf diverse Schnitzel. Beim Anblick meines Naturschnitzels mit Champignons, das in Sahnesauce ertrinkt, läuft dem Wiener in mir das Wasser im Munde zusammen, wohingegen der auf sein Gewicht bedachte lipophobe Kalifornier entsetzt zurückschreckt. Ich beruhige mein schlechtes Gewissen, indem ich beschließe, beim Abendessen kalorienmäßige Abstinenz zu üben. Nachdem wir einige Stunden tief geschlafen haben, schlendern wir zu dem Restaurant, wo die anderen angereisten Akademiker versammelt sind, um der zweiten österreichischen Mahlzeit des Tages ins Auge zu sehen. „Kein Hauptgericht", verkünde ich meiner Frau mit sittsamer Stimme, „nur Suppe und eine einfache Nachspeise." Ich hätte es besser wissen müssen, aber schließlich war ich lange nicht mehr in Österreich gewesen: „Nur" und „einfach" haben in diesem Land – zumindest was kulinarische Dinge betrifft – eine völlig andere Bedeutung. Die Suppe ist eine Leberknödelsuppe, die ich, der ich mit einem Suppenlöffel im Mund zur Welt gekommen bin, seit Jahrzehnten nicht mehr gegessen habe. Als ich über den riesigen Leberknödel herfalle, entdecke ich das Archimedische Prinzip von neuem: Ich habe den Knödel erst halb aufgegessen, als ich feststelle, dass die verbliebene Brühe kaum noch den Boden des Suppentellers bedeckt. Kulinarische Symmetrie und geschmackliche Nostalgie verleiten mich, Germknödel als Dessert zu wählen. Seit meiner Abreise aus

Wien im Jahre 1938 habe ich zwar hin und wieder Marillen- oder Zwetschgenknödel gegessen – also kleine Knödel, die mit Aprikosen oder Zwetschgen gefüllt sind –, doch mein letzter Germknödel geht auf die Zeit vor dem Anschluss zurück. Ich habe vergessen, dass es sich dabei um ein Knödelungetüm handelt, das einen ganzen Essteller einnimmt, großzügig mit Mohn bestreut ist, vor Butter trieft und, als Gipfel der Köstlichkeit, mit *Powidl* gefüllt ist, dem österreichischen Pflaumenmus. In Kalifornien hätte ich vier Tage gefastet, um diese Kalorienbombe wiedergutzumachen, aber hier in Kirchberg am Wechsel liegt mir der erste Bissen des Germknödels nicht wie ein Stein im Magen, sondern überwindet unverzüglich meine Blut-Hirn-Schranke. Wie ein Crack-Raucher nach dem ersten Zug bin ich auf der Stelle high.

Als ich nun wochenlang in Wien lebte, ertappte ich mich wiederholt dabei, dass ich mich in Restaurants allzu gütlich tat an Leberknödeln in der Suppe, an pikanten Knödeln, der unerlässlichen Beilage fast aller Hauptgerichte, und zum Dessert an meinen Lieblingsknödeln, die in der marillenlosen Zeit durch Salzburger Nockerl, Kaiserschmarrn, Mohnnudeln oder andere Nachspeisen ersetzt wurden, die in puncto Kaloriengehalt nicht weniger gefährlich waren. Die Auswirkungen auf meinen Leibesumfang wurden nur teilweise gemildert durch rigorose sportliche Betätigung in einem nahe gelegenen Fitnessstudio und durch die zwangsläufige Knödelabstinenz während meiner Aufenthalte in London oder San Francisco. Aber von meiner kalifornischen Kalorienphobie einmal abgesehen, gebe ich unumwunden zu, dass Wien meine kulinarische Heimat ist, und die konnten nicht einmal die Nazis zerstören.

Da alle meine derzeitigen Domizile lediglich Orte sind, an denen ich die Flugtickets für meine zahlreichen Reisen kaufe, die fast immer berufsbedingt sind, wusste ich es bald zu schätzen, dass Wien noch einen weiteren Vorteil hat, in diesem Fall einen geografischen. Nicht nur, dass der Wiener Flughafen wesentlich kleiner ist als die Ungetüme Heathrow, De Gaulle oder Frankfurt; viel wichtiger ist, dass er mitten in Europa liegt, so dass fast jede meiner Reisen, ob nach London, Madrid, Kopenhagen, Hamburg,

Paris, Berlin oder Prag, um nur die Ziele zu nennen, die ich 2010 in meinem Terminkalender festgehalten habe, nie viel länger als zwei Stunden dauerte.

Wieder in der Schule

Es gab noch andere Ereignisse, die meine schrittweise Wiederannäherung an Wien begünstigten. Im Laufe der letzten zehn Jahre zeigten diverse Medien – insbesondere der Österreichische Rundfunk sowie verschiedene österreichische und deutsche Fernsehanstalten – Interesse daran, einzelne Aspekte meines früheren Lebens in Europa zu dokumentieren, und brachten mich in der Folge mit Begebenheiten und Örtlichkeiten in Kontakt, die ich eigentlich vergessen hatte. Eines der nettesten Erlebnisse verdient es, hier geschildert zu werden.

Eberhard Büssem, ein Filmemacher aus München, hatte mich über ein Jahr lang an verschiedenen Orten – San Francisco, London, Sofia, Wien – gefilmt, um aus dem Material einen Dokumentarfilm zusammenzustellen, der im Bayerischen und Österreichischen Fernsehen gezeigt werden sollte. Während der Dreharbeiten in Wien führte er mich zu meiner Überraschung eines Tages in die Volksschule am Czerninplatz im Zweiten Bezirk, die Grundschule, die ich vom siebten bis zum zehnten Lebensjahr besucht hatte (die erste Klasse hatte ich an der Deutschen Schule in Sofia absolviert) und wo ich seit 1933 nicht mehr gewesen war! Zu meiner Zeit gab es zwei Eingänge, da Buben und Mädchen in getrennten Flügeln unterrichtet wurden. Aber da ich 1930 erst einige Tage nach Schulbeginn aus Sofia ankam und die Bubenklasse bereits voll war, wurden ich und einige weitere Nachzügler zu den Mädchen gesteckt. Anhand des Originals der Schulnachricht, unterschrieben von der Direktorin Albine Nagel und der Klassenlehrerin Emma Starkel, kann ich voller Stolz nachweisen, dass ich die Mädchenschule besucht habe. Und ich kann mit Fug und Recht behaupten, durch die Tatsache geprägt worden zu sein, dass ich in einem reinen Frauenhaushalt aufwuchs, im Spital von der allerersten Wiener Geburtshelferin auf die Welt befördert wurde und meine Volksschuljahre inmitten weiblicher Wesen verbrachte, da selbst die Lehrer allesamt Frauen waren – ein Sachverhalt, der meine lebenslange Vorliebe für weibliche Gesellschaft erklärt. *(Se non è vero, è ben trovato!)*

Offenbar war die Schule im Krieg stark beschädigt worden, und der wieder aufgebaute Komplex hatte nur noch einen Eingang, da Jungen und Mädchen jetzt gemeinsam unterrichtet wurden. Anlässlich der 100-Jahrfeier hatte die Schulleitung das Archiv nach bedeutenden Abgängern durchforscht und war auf eine Reihe interessanter Ehemaliger gestoßen, deren Fotos und Biografien zur Erbauung der Schüler aufgehängt wurden. Da der Zweite Bezirk – der früher offiziell „Leopoldstadt" hieß, gelegentlich aber leicht spöttisch die Mazzes-Insel genannt wurde – einen hohen jüdischen Bevölkerungsanteil gehabt hatte, war es nicht weiter verwunderlich, dass sich die an den Wänden hängenden ehemaligen Schüler allesamt als Juden erwiesen, unter denen die Mitentdeckerin der Kernspaltung, die Physikerin Lise Meitner, eindeutig die berühmteste war. Aber als ich mit dem Kamerateam bei der Schule eintraf, wo mich Renate Gründler, eine Lehrerin, am Eingang empfing, bevor sie mich die Treppe hinaufführte, erwarteten mich gleich drei Überraschungen. Die Wände des Treppenhauses waren voller Schülerzeichnungen, und ich merkte sofort, dass alle auf Paul Klee basierten oder zumindest von ihm beeinflusst waren. Als ich im ersten Stock ankam, wo Ehemalige wie Lise Meitner, der Chemiker, Philanthrop und Kunstsammler Alfred Bader und der Neurologe und Begründer der Logopädie Viktor Frankl ausgestellt waren, stieß ich dort auch auf mein Foto. Und in diesem Moment begannen die versammelten Schüler wie auf Kommando „Happy Birthday, Herr Djerassi" zu singen, was pflichtgemäß gefilmt wurde. So reizend das war, verglichen mit dem, was folgte, war das noch gar nichts.

Ich wurde in einen kleineren Raum geführt, wo mich die 20 Erstklässler erwarteten, die um einen langen Tisch herum angetreten waren, auf dem eine Geburtstagstorte stand, die sich bei genauerem Hinsehen als essbare Nachbildung eines berühmten Aquarells von Paul Klee entpuppte. Möglicherweise bin ich vor einem halben

Geburtstagsfeier mit „Klee-Torte" und Erstklässlern mit Lehrerin
Renate Gründler an meiner früheren Schule am Wiener Czerninplatz

Jahrhundert einmal in einer ersten Klasse meiner eigenen Kinder gewesen, aber wenn ja, so erinnere ich mich an keine Einzelheiten. Diese Begegnung dagegen war nicht nur bewegend, sondern auch erstaunlich. Bewegend deshalb, weil Frau Gründler jedes der sechsjährigen Kinder bat, aufzustehen und mir in seiner Muttersprache zum Geburtstag zu gratulieren; und erstaunlich, weil mir in 13 Sprachen, von Albanisch bis Ukrainisch, Glück gewünscht wurde. Nicht einmal fünf Kinder waren einheimische Österreicher, die in einem deutschsprachigen Elternhaus aufwuchsen.

Noch überraschender war die Verbindung mit Paul Klee. Die Torte war das Meisterwerk von Elisabeth Schmid, einer weiteren Lehrerin, die ich später näher kennenlernte, wie ein Foto zeigt, das bei einem Essen in ihrer Privatwohnung aufgenommen wurde, wo ich vor meiner zweiten Klee-Torte sitze. Abgesehen von der Torte war das Klee'sche Ambiente, das mir gleich beim Betreten der Schule aufgefallen war, nicht mir zu Ehren geschaffen worden, sondern beruhte auf der Tatsache, dass Renate Gründler in ihrem Unterricht – von der Kunsterziehung bis hin zum kleinen Einmaleins – stets einen berühmten Maler als Leitmotiv benutzte. Ich war nur zufällig im Klee-Jahr zu Besuch gekommen, stieß aber schon bald auf Überreste früherer Matisse- und Hundertwasser-Jahre.

Der anspruchsvolle Unterricht und die persönliche Aufmerksamkeit, die dieser speziellen Klasse von ihrer Lehrerin zuteilwurden, und die Art und Weise, wie das anspruchsvolle künstlerische Motiv in alle Fächer eingebunden war, überraschten und beeindruckten mich. Die Vielfalt der Sprachen war wirklich erstaunlich, ebenso das Tempo, in dem die meisten Kinder Deutsch lernten, wenn sie es nicht sogar fast fließend sprachen. Doch meine nächste Frage warf plötzlich einen dunklen Schatten auf das scheinbar so rosige Bild. Da mir einfiel, dass zu meiner Zeit an dieser Schule mindestens 40 Prozent der Kinder Juden gewesen waren, fragte ich, wie viele Juden heute unter den rund 400 Schülern seien. „Einer", lautete die Antwort. Bedeutete das, dass es den Nazis, Jahrzehnte nach dem Holocaust, doch noch gelungen war, Wien judenfrei zu machen? Die Antwort darauf ist natürlich komplizierter: Die große Mehrheit der derzeitigen jüdischen Bevölkerung Wiens – heute

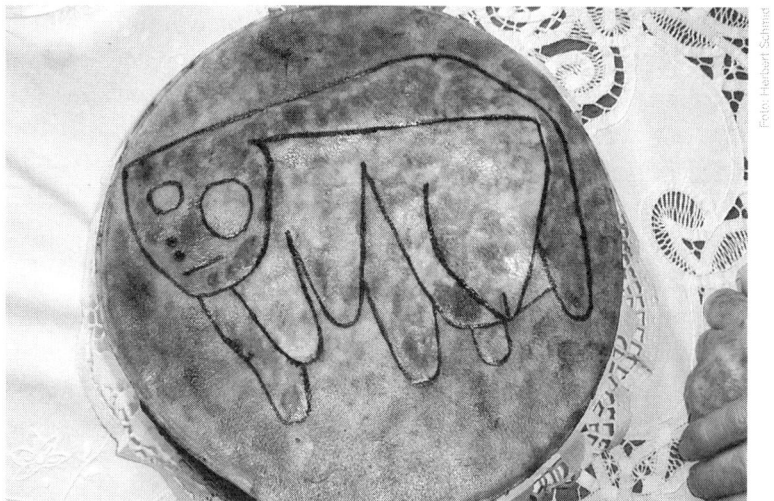

Der mit einer essbaren Abbildung von Paul Klees *Und schämt sich nicht* verzierte Mohnkuchen von Elisabeth Schmid, bei der ich mich hier bedanke, nachdem ich ein Stück gekostet habe

vermutlich weniger als zehn Prozent von dem, was sie zu meiner Zeit in den 1930er Jahren betrug – besteht nicht aus den typisch angepassten säkularen Juden von damals, sondern aus Einwanderern aus dem Osten, die nach dem Krieg kamen und wesentlich religiöser sind. Ihre Kinder besuchen nun meist jüdische Schulen – ein weiteres Beispiel völliger, wenn auch freiwilliger, Segregation.

Seit diesem Besuch mit dem Kamerateam haben mich Renate Gründler und Elisabeth Schmid jedes Jahr zu einer Geburtstagsfeier mit den Erstklässlern meiner alten Volksschule eingeladen, und jedes Mal gab es eine Klee-Torte, die anzuschneiden mir immer widerstrebte, da ich darin eine Art Verstümmelung eines Kunstwerks meines Lieblingskünstlers sah. Ich tat es dennoch, weil sie immer die unübertroffenen Wiener Konditorkünste unter Beweis stellte. Bei jedem Besuch lässt mich irgendein kleines Ereignis darüber nachdenken, was „Heimat" wohl für diese Kinder bedeuten mag. Haben sie durch diese Schule eine Heimat gewonnen oder ist Wien in ihrem Leben nur eine kulturelle Zwischenstation? Bei meinem letzten Besuch kam ein türkisch-muslimisches Mädchen zu mir und fragte: „Ist es wahr, dass Muslime Juden töten?" Was konnte ich anderes tun, als es bestätigen? Doch ich fügte hinzu: „Aber das Gegenteil ist auch wahr. Und weder Muslime noch Juden sollten so etwas tun." Sie schien zufrieden zu sein und bedankte sich bei mir. Offen gestanden hatte ich nicht erwartet, unter Erstklässlern über Themen wie Paul Klee oder religiös motiviertes Töten reden zu müssen.

Bis jetzt scheine ich den Begriff „Heimat" und seine tiefere Bedeutung nur umkreist zu haben, ohne ihn direkt anzupacken. Das geschah erst am 9. November 2010, als ich in der TV-Sendung „Talk im Hangar 7" zum Thema „Gibt es Identität ohne Heimat?" auftrat. Was mich veranlasste, die Einladung überhaupt anzunehmen, war die umsichtige Herangehensweise, die mir im ersten Schreiben von Servus-TV skizziert wurde, einem Sender, der Dietrich Mateschitz gehört, dem österreichischen Großunternehmer und Besitzer von Red Bull: „Da die Diskussion in erster Linie keine politische, sondern eher eine philosophische werden soll, ist mir daran gelegen, auch die emotionale Bedeutung von Heimat

– ebenfalls im Sinne einer geistigen Heimat – zu thematisieren." Die live aus Salzburg ausgestrahlte Diskussion fand vor größerem Publikum in einer spektakulären Flugzeughalle statt, in der sich die Flugzeug- und Automobilsammlung von Mateschitz befindet, und wurde moderiert von Ruprecht Eser, einem kultivierten Hamburger. Die anderen vier Teilnehmer waren Akademiker, jeweils einer aus Österreich und der Schweiz und zwei aus Deutschland. Sie waren nicht nur philosophisch versiert, sondern auch philosophisch orientiert, was beides nicht auf mich zutraf. Ich habe immer mit Bedauern eingeräumt, dass ich während meiner gesamten Schulzeit nie Unterricht in Philosophie hatte. Außerdem wollte ich das Thema Heimat aus ganz persönlicher Sicht ansprechen, was sich als genau das Richtige erwies, vor allem weil ich der Einzige in der Runde war, der seine Heimat durch unfreiwillige Emigration verloren hatte.

Die einzelnen Themen waren in einem Fragebogen aufgelistet, den jeder Diskussionsteilnehmer kurz beantworten sollte. Die Fragen sowie meine Antworten sind unten wiedergegeben und sprechen für sich selbst, sodass nur wenige eines weiteren Kommentars bedürfen.

Gibt es Identität ohne Heimat?

1. *Was bedeutet für Sie Heimat?*
   Was ich 1938 verloren habe und nie wieder wirklich zurückerhalten kann.

2. *Ist Heimat etwas Zukünftiges?*
   Für ein Baby, sicher. Nicht für mich, der 1938 im Teenager-Alter (also schon belastet) floh, außer man spricht von einer zweiten Pseudoheimat.

3. *Gibt es Identität ohne Heimat?*
   Ganz sicher. Zumindest habe ich persönlich gefunden, dass es möglich ist. In mancherlei Hinsicht ist eine heimatlose Identität sogar vorzuziehen.

4. *Ist der Tod das Ende von Heimat?*
   Der Tod ist das Ende von allem außer Ruhm (im guten und im schlechten Sinn des Wortes).

5. *Warum kann Heimat so leicht missbraucht werden?*
   Weil das Wort subjektiv und nicht objektiv ist, obwohl viele Leute — und vielleicht auch Sie — es objektiv meinen.

6. *Stärkt die Globalisierung die Heimat?*
   Nicht für mich, aber sicher für viele andere Leute.

7. *Wie viel Heimat braucht der Mensch?*
   Das hängt von der Person ab. Ich habe gelernt wie man auch ohne eine wirkliche Heimat leben kann.

8. *Definiert sich Heimat über das Fremde?*
   Im Großen und Ganzen kann ich eine solche Definition akzeptieren, mit einer sehr wichtigen Ausnahme: wenn man von der Heimat hinausgeschmissen wird.

9. *Kann man eine Heimat lieben, in der man Leid erfährt / erfahren hat? (bspw. Vertriebene, Migranten)*
   Ein Masochist sicher. Bei mir ist es ein viel komplizierteres Gefühl: eine bittersüße Mischung, die ich nie als reine Liebe, aber doch auch in einem positiven emotionalen Sinn sehen kann.

10. *Kann Heimat mit Schicksal gleichgesetzt werden?*
    Nein.

11. *Warum lassen sich Menschen mit „Heimat" so leicht manipulieren?*
    Weil gewisse Leute – insbesonders die sehr „rechts" stehenden (z.B. im politischen Sinn in Österreich) oder die fundamentalistisch orientierten (z.B. in Amerika im religiösen Sinn) – einfach bereit sind, sich manipulieren zu lassen.

12. Gibt es eine virtuelle Heimat?
Ja, sicher – eine persönliche, die man erst als Erwachsener
erwirbt, die aber nichts mit dem Geburtsort zu tun hat.

13. Ist die Religion die einzige globalisierte Heimat?
Da ich nicht religiös bin, würde ich das verneinen. Wenn die
Antwort „Ja" ist, sehe ich schlimme Konsequenzen voraus,
vor allem bei einem extremen religiösen Fundamentalismus
(z.B. Islamisten, fundamentalistische Christen, ultra-ortho-
doxe Juden).

Zusätzlich wurde mir eine Frage gestellt, die sich auf einen Satz
bezog, den ich angeblich einmal in einem Zeitungsinterview geäußert hatte: „Heimatlosigkeit bemerkt man erst im späteren Leben."
Statt schlicht zu erwidern, dass das mit Sicherheit auf mich selbst
zutreffe, gab ich folgende Antwort in der dritten Person Singular:
„1938 hat er seine österreichische Heimat verloren, aber 67 Jahre
später erschien eine österreichische Briefmarke mit Djerassis Bild.
Macht das ihn jetzt wieder zum Wiener? Er weiß das noch immer
nicht." Inzwischen gab es im Zusammenhang mit besagter Briefmarke aber zwei witzige Begebenheiten, die zu erzählen sich lohnt.
    Eines schönen Tages, nach der Rückkehr von einer Auslands-
reise, lag in meinem Briefkasten eine Benachrichtigung, dass auf
dem Postamt ein Einschreiben abzuholen sei, dessen Erhalt ich
quittieren müsse. Als ich hinkam, sollte ich einen Ausweis mit
Lichtbild vorlegen. Das einzige Dokument, das ich immer bei mir
habe, ist mein kalifornischer Führerschein, den selbst das übertrieben paranoide Sicherheitspersonal amerikanischer Flughäfen als
gültigen Identitätsnachweis akzeptiert. Nicht so der kurz ange-
bundene Beamte in Wien, der hinter dem Schalter saß. Nachdem
er den vorgelegten Führerschein misstrauisch beäugt hatte, holte
er ein Heftchen hervor, blätterte kurz darin, um mir dann zu verkünden, dass dieser nicht auf der Liste der in Österreich anerkannten Ausweise stehe. Stocksauer ging ich nach Hause, aber nicht,
um meinen österreichischen Pass zu holen, sondern um eine halbe
Stunde später mit der österreichischen Briefmarke aufzukreuzen,

die mein Gesicht und meinen Namen trägt. Unglücklicherweise landete ich wieder bei dem übereifrigen Beamten, der nur einen kurzen Blick auf „meine" Briefmarke warf und sie dann mit einer Handbewegung einfach abtat. „Was ist das?", fragte er. „Eine österreichische Briefmarke", erwiderte ich, „von mir. Schauen Sie sich das Bild an." „Steht nicht auf der Liste", konterte er und klopfte auf sein Heftchen. Ich hielt dagegen, dass, selbst wenn in besagtem Heftchen österreichische Briefmarken *nicht* als amtliches Mittel zur Identifizierung angeführt sein sollten, auf einem österreichischen Postamt eine von der österreichischen Post herausgegebene Briefmarke doch wohl genügen müsse, um ein Einschreiben auszuhändigen. Inzwischen waren die Leute in der Schlange hinter mir unruhig geworden, aber ich blieb genauso hartnäckig wie der Trottel hinter dem Schalter. Ich verlangte nach seinem Vorgesetzten, der nach einiger Zeit erschien. Nachdem ich den Sachverhalt geschildert und gedroht hatte, einen Sensationsreporter mitzubringen, falls ich gezwungen sei, ein weiteres Mal herzukommen, entschied er sich für einen Kompromiss. Er bat seinen Untergebenen, einen anderen Schalter zu übernehmen, um ihn nicht bloßzustellen, da dieser schließlich penibel nach Vorschrift gehandelt hatte, und händigte mir dann ohne weitere Fragen mein Einschreiben aus.

Eine Woche später musste ich erneut auf dieses Postamt, um ein Bücherpaket abzuholen, und mir war klar, dass ich mich würde ausweisen müssen. Mit Absicht erschien ich wieder mit meiner Briefmarke, achtete jedoch darauf, mich nicht bei meiner Nemesis vom letzten Mal anzustellen. Ein jüngerer Beamter, der keinen allzu bürokratischen Eindruck machte, war schon im Begriff, das Paket herauszurücken, als ihm einfiel, nach einem Ausweis zu fragen. Er besah sich die Briefmarke, die ich ihm hinhielt, und dann mein Gesicht, und begann zu lachen. „Wo haben Sie denn *die* machen lassen?", fragte er bewundernd. „Die stammt von Ihnen", erwiderte ich. Er wollte mir nicht glauben, selbst nachdem ich erläutert hatte, dass damit sein Arbeitgeber gemeint war. Meine vermeintlichen Anstrengungen, eine falsche Briefmarke herzustellen, imponierten ihm jedoch dermaßen, dass er mich grinsend weiterwinkte.

Damit könnte ich das Thema des Fragebogens auf sich beruhen lassen, aber ich muss noch etwas hinzufügen, da mich drei der Fragen persönlich stark berührten. Die erste war die nach der Beziehung zwischen Tod und Heimat, die ich in meinem Alter nicht ignorieren kann. Wenn ich die Wahl hätte, wo würde ich lieber sterben: in San Francisco, in London oder in Wien? Ich gebe zu, dass ich hin und wieder darüber nachgedacht und einen überraschenden Kompromiss gefunden habe, den ich mir noch vor wenigen Jahren nicht hätte vorstellen können. Heimat beginnt unweigerlich mit der Geburt, also endet sie für mich mit dem Tod. Wo ich sterbe, liegt natürlich aller Wahrscheinlichkeit nach nicht allein an mir, aber was danach geschieht, darüber entscheide *ich*. Am liebsten würde ich in Wien sterben – der Stadt, in der ich geboren bin, der Stadt, aus der ich vertrieben wurde, aber auch der Stadt, in der ich zumindest im späten Leben ein Maß an Wertschätzung genieße, das ich in San Francisco nicht finde. Aber sich zu wünschen, an einem bestimmten Ort zu sterben, bedeutet nicht automatisch, dass auch die sterblichen Überreste dort bleiben sollen. Was das betrifft, bestehe ich auf einer Einäscherung und dem Ausstreuen meiner Asche in dem Wasserfall auf meiner kalifornischen Ranch. Es gibt jedoch einen Vorbehalt: Mit Tod meine ich einen plötzlichen und somit beneidenswerten Tod – durch Herzschlag oder einen Unfall –, kein langsames Sterben, das einen langen Krankenhausaufenthalt oder häusliche Pflege erforderlich macht. In diesem Fall ziehe ich San Francisco vor, wo es Möglichkeiten gibt, diesen Prozess abzukürzen.

Der zweite Punkt ist eine Mischung aus den Fragen 3 und 7, über die ich in der Fernsehdiskussion ausführlich sprach. Im Grunde glaube ich nicht, dass man eine wahre Heimat je wiedererlangen kann, sofern man aus ihr vertrieben wurde, insbesondere unter den Umständen, die zur Zeit des Anschlusses 1938 herrschten. Aber statt mich wegen dieser nie verheilenden Wunde selbst zu bedauern, stelle ich fest, dass *Heimatlosigkeit* für mich etwas anderes ist als das englische *homelessness*, dessen Bandbreite von „heimatlos" über „kein Zuhause haben" bis „wohnsitzlos" reicht. Ich habe nicht *ein* wunderschönes Zuhause, sondern drei, die mir jeden Komfort bieten und für mich in meinem derzeitigen Stadium produktiver Rastlosigkeit genau das Richtige sind. Statt mich in einem von ihnen zur Ruhe zu setzen, halte ich Streuung in puncto Wohnsitz für ebenso klug und beruhigend wie bei Geldanlagen, wo Streuung immer das Vernünftigste ist. Dies hat mir eine Unabhängigkeit verliehen, die es relativ leicht machte, mir mit 85 in Wien ein neues Heim zu schaffen, denn theoretisch könnte ich durchaus dazu verlockt werden (vermutlich von einer anderen Person, nicht ausschließlich aus eigenem Antrieb), ein weiteres Mal umzuziehen. Diese Art Unabhängigkeit ist für mich nicht belastend, sondern befreiend.

Frage 9 habe ich absichtlich an den Schluss gestellt, da meine mehr oder weniger zustimmende Antwort sich in beträchtlichen Schenkungen widerspiegelt, die ich im Laufe der Jahre gemacht habe. Die drei Städte, in denen ich zeitweise lebe, haben mir alle irgendwann auf die eine oder andere Weise vorübergehend die Wärme eines echten Heims geboten, wenn auch keine wahre Heimat. Jeder dieser Städte habe ich als Zeichen meiner Dankbarkeit Kunstwerke geschenkt; jedes von ihnen trägt eine Gedenktafel, die meine spezifischen Gefühle gegenüber der betreffenden Stadt erklärt.

In San Francisco ist es *Double L Gyratory*, eine riesige kinetische Edelstahl-Skulptur von George Rickey, einem meiner liebsten amerikanischen Bildhauer, dessen Werke ich seit 1970 sammle und der auch ein guter Freund geworden ist. Von dieser Skulptur gibt es nur zwei Exemplare. Eines davon stand früher in der Fifth Avenue in New York, am Eingang zum Central Park. Die andere tanzte jahrelang auf meiner Ranch im Wind, bis ich 1997 beschloss, sie der Stadt San Francisco zu schenken, wo sie nun vor der *Main Library*, direkt gegenüber vom Rathaus, steht. Sie trägt die Inschrift: *A gift from an immigrant, Carl Djerassi, to his adopted city* (Geschenk eines Immigranten, Carl Djerassi, an seine Wahlheimatstadt). Meine emotionale Bindung an diese Skulptur lässt sich am besten daran erkennen, dass ich sie in eine Szene aus meinem letzten Roman *NO* schmuggelte:

George Rickey, *Double L Gyratory* (San Francisco)

„Der Buchstabe L", sagte Menachem leise, ohne ihren Blick zu erwidern, „ist vermutlich der schönste Buchstabe des ganzen Alphabets: Licht, Luft, Lachen, Leben -"

„Nicht zu vergessen Liebe und Libido", sagte sie lachend.

„Ich war noch nicht fertig. Außerdem Leidenschaft und Lust, Lippen und Lenden –"

„Ja", murmelte sie. „Und Liaison, Logik und Loslassen."

Er sah sie an. „Du hast Recht. Er ist nicht perfekt. Da sind auch Lüge, List –"

„Nicht, Menachem", bat sie. „Was ist mit Langmütigkeit?"

Er nickte. „*Lama lo?* Zwei weitere Wörter, aber die zählen nicht, denn das ist Hebräisch und bedeutet: *Warum nicht?*"

Das Geschenk an London war eine spontane Entscheidung, die meine Frau und ich gemeinsam trafen. Wir waren beide große Fans der neuen British Library in der Euston Road – als Benutzer wie auch als Bewunderer. Ende der 1990er Jahre, bei einem unserer jährlichen Besuche des Cass Sculpture Park in Goodwood, Surrey, sahen wir Bill Woodrows Bronzestatue *Sitting on History* –

ein mächtiges aufgeschlagenes Buch, das an eine schwere Kugel gekettet ist, um anzudeuten, dass ein Buch oft eine Informationsquelle ist, der wir uns nicht entziehen können. Als wir auf dieser Buch-Bank saßen, erwogen wir ernsthaft, sie für unsere Terrasse in London zu erwerben, erkannten aber bald, dass sie dafür zu groß und zu schwer war. Doch bald darauf, kurz nach der offiziellen Eröffnung der neuen *British Library*, erwähnte John Ashcroft, der damalige Vorsitzende des Kuratoriums, dass die Bibliothek noch auf der Suche nach Kunstwerken für ihre Freiflächen sei. Ich sah Diane an, formte mit den Lippen unhörbar die Worte „Bill Woodrow", und sie nickte nur. Einige Minuten später teilte ich Ashworth die gute Nachricht mit. Er war völlig überwältigt, da auch er die Skulptur gesehen und sich gewünscht hatte, sie für die Bibliothek erwerben zu können. Unsere Schenkung war nur mit einer einzigen Bedingung verknüpft: dass Diane und ich, im Einvernehmen mit dem Bildhauer und dem kunstsinnigen Architekten Colin St. John Wilson, der sich ebenfalls in die Skulptur verliebt hatte, den Standort auswählten. Und so ist das aufgeschlagene Bronzebuch seit 15 Jahren durch die große Glasscheibe am Eingang der *British Library* zu sehen, mit einer kleinen Gedenktafel mit dem schlichten Satz: „A gift from Carl Djerassi and Diane Middlebrook, readers and writers, 1998" (Gestiftet von den Lesern und Schriftstellern Carl Djerassi und Diane Middlebrook, 1998). Seit damals haben sich zahllose Besucher auf diese Bank gesetzt und die aufgeschlagene Seite des Bronzebuchs mit ihren Gesäßen blank gerieben – in meinen Augen ein sehr intimes Zeichen von Akzeptanz.

Drei Jahre später, als Ashworth die Leitung an Lord Eatwell übergab, wandte er sich abermals an uns, diesmal um anzufragen, ob wir bereit wären, die gewaltige Holzskulptur *Spiral Sheaves* von David Nash zu bezahlen, die als Leihgabe des Künstlers am Eingang des Conference Center der *British Library* ausgestellt war und demnächst zurückgegeben werden sollte. Wie konnte ich da nein sagen? Einige Monate später wurde daran eine ähnliche Gedenktafel wie die oben genannte angebracht, auf der stand: „Spiral Sheaves, David Nash 1991. A gift from Carl Djerassi and Diane Middlebrook, readers and writers". David Nash war der renom-

Zwei Schenkungen an die *British Library*, London:
oben: David Nash, *Spiral Sheaves*; unten: Bill Woodrow, *Sitting on History*

mierteste englische Künstler, der je Stipendiat des *Djerassi Resident Artists Program* war; der zutiefst bewegende Ursprung von drei seiner Skulpturen auf unserer kalifornischen Ranch, den ich am Ende des Kapitels über den Freitod meiner Tochter schildern werde, zeugt von meiner Hochachtung vor ihm.

Rickey in Wien: Ein Melodrama

Die Geschichte meiner Schenkungen an Wien ist komplizierter, was in Anbetracht meiner früheren Beziehung zu meinem Geburtsort nicht weiter überraschen dürfte. Doch im Vergleich zu den melodramatischen bürokratischen Komplikationen waren die emotionalen Verwicklungen gar nichts.

Im Jahr 2003 war ich nicht weniger als sechs Mal in Wien, immer nur kurz und immer in Verbindung mit einem Vortrag oder einer anderen beruflichen Verpflichtung. Da jeder Besuch auf Initiative einer dortigen Institution stattfand, sah ich darin ein Zeichen des Willkommenseins, ein gutes Omen für eine weitere Annäherung an die Stadt meiner Geburt. Der erste Besuch fand Mitte März statt, wo ich im Leopold-Museum einen Vortrag über unsere Stiftung in Kalifornien hielt, gefolgt von einer sehr einfallsreichen dramatischen Lesung meines Theaterstücks *Kalkül* unter der Regie von Isabella Gregor in einer der Messehallen des Museumsquartiers, schräg gegenüber vom Leopold-Museum. Eine österreichische Freundin, die Dermatologin Elisabeth Wolff, die in Wiener Musik- und Kunstkreisen gute Beziehungen hatte, fragte mich beiläufig, ob ich Lust hätte, mit ihr zu der feierlichen Eröffnung der restaurierten Albertina zu gehen, da sie eine Karte übrig habe. Es war wirklich ein grandioses Ereignis, das mit der Eröffnung einer umfangreichen Edvard-Munch-Ausstellung verbunden war und bei dem der österreichische Bundespräsident, der Bundeskanzler sowie der Direktor der Albertina, Klaus Albrecht Schröder, sprachen. Die Reden waren geistreich und gelehrt, und, was mich am stärksten beeindruckte, sie wurden weitgehend aus dem Stegreif gehalten. Ich konnte mir nicht vorstellen, dass Präsident Bush in der Lage gewesen wäre, eine solche Rede zu halten oder auch nur vom Teleprompter abzulesen, wenn diese Veranstaltung in der *National Gallery* in Washington stattgefunden hätte. 2003 war auch das Jahr, in dem ich 80 wurde, und ich dachte unwillkürlich, dass eine Stadt, die auf dem Höhepunkt des Bosnienkrieges Millionen von Euro für die aufwändige Renovierung eines solchen Juwels aufbrachte, Anerkennung verdient hatte. Als ich nach der Eröffnung durch die Albertina schlenderte, kam mir in den Sinn, dass eine weitere kinetische Rickey-Skulptur, die seit 30 Jahren auf meiner Ranch stand, hervorragend hierher passen würde, als Zeichen meiner zunehmenden Versöhnung mit der Stadt, die ich als Jugendlicher hatte verlassen müssen. Impulsiv, wie ich bin, wandte ich mich an Elisabeth Wolff und fragte, ob sie den Direktor der Albertina, den sie gut kannte, den ich aber noch nicht kennengelernt hatte, darauf ansprechen könne, ob er daran interessiert sei, eine Schenkung von mir in Form einer Skulptur vor der Albertina aufzustellen. Ihre Antwort kam wenige Tage später per E-Mail:

I had a long conference with Schröder yesterday afternoon. Er war ganz begeistert von dem Rickey, über den er erstaunlich viel gewusst hat. Das Kunstwerk würde wunderbar auf diese Terrasse passen, die wir als Aufstellungsort ausersehen haben.

Ich war über diese schnelle Reaktion so erfreut, dass ich – zu meinem Leidwesen, wie sich in der Folge herausstellte – den nächsten Satz ihrer E-Mail ignorierte:

Ehe Schröder Dein ungeheuer großzügiges Geschenk annehmen kann, muss er die Einwilligung der Burghauptmannschaft, des Denkmalamts und des Ministeriums einholen. Die Terrasse gehört dem Bund, der Grundbesitz der Albertina hört mit den Außenmauern auf. Er hat daher nur beschränkte Möglichkeiten, ein Geschenk anzunehmen, worüber er sehr unglücklich ist.

In diesem frühen Stadium meiner Wiederannäherung an Wien wusste ich noch nicht, dass „Burghauptmannschaft" und „Denkmalamt" irreführende Bezeichnungen für Beamtenapparate sind, deren ausschließliche Aufgabe darin besteht, Gründe zu finden, warum ein bestimmtes Projekt nachweislich nicht realisierbar ist, und nicht darin, es zu ermöglichen. Ästhetik und Vernunft blieben außer Betracht. Ihr Modus Operandi bestand darin, Tretminen zu legen, die nur mit den raffiniertesten Minensuchgeräten aufzuspüren waren. Einer, der sich auf diesen bürokratischen Minenfeldern zu bewegen verstand, war Schröder, den ich in der Folge näher kennenlernte und heute zu meinen Freunden zähle. Aber selbst er brauchte fast ein Jahr, bevor die Skulptur *Four Lines Oblique* auf der Terrasse direkt hinter der Albertina aufgestellt werden konnte, gegenüber dem Burggarten und der Neuen Hofburg. Die Vernissage fand im Januar 2004 statt, eine Verzögerung, die sich unbeabsichtigterweise als glückliche Fügung erwies, da ich zwei Wochen davor meine österreichische Staatsbürgerschaft erhalten hatte, ein Zeichen des Entgegenkommens seitens der Regierung, mit dem ich nicht gerechnet hatte, als ich mich zu dieser Schenkung entschied. Rein optisch war der Standort der Skulptur perfekt, aber klimatisch erwies er sich als fatal. Wien ist dafür berüchtigt, dass hier ständig ein anderer Wind weht – nicht nur im übertragenen Sinn. Die besondere Konstellation der Albertina zur Hofburg sorgte gelegentlich für Wirbelwinde, wie sie die Skulptur in 30 Jahren pazifischer Stürme auf meiner Ranch nie erlebt hatte. Jedenfalls waren die eleganten, frei schwingenden Metallarme nach zwei Jahren so beschädigt, dass allen klar war, dass ein anderer Standort gefunden werden musste, nachdem sie in Berlin von einem Schüler von George Rickey repariert worden war.

Nun erhob sich die Frage, wohin mit der Skulptur, und so wurde ich drei Jahre lang zum Bittsteller, der für die elegante, kostspielige, aber heimatlose Skulptur eines weltberühmten Bildhauers betteln ging, dessen Werke auf der ganzen Welt in Museen und öffentlichen Sammlungen stehen, aber bislang nicht in Österreich. In dieser Zeit wurde ich einmal in einer anderen Sache zu einem Gespräch mit dem Bundeskanzler gebeten. Als er gegen Ende der Unterredung freundlicherweise anbot, mir auch bei künftigen Projekten behilflich zu sein, ergriff ich die Gelegenheit beim Schopf und bat ihn bei der Rickey-Skulptur um Hilfe. Das schien für ihn eine Bagatelle zu sein, da er seinen Stab unverzüglich anwies, bei der Lösung des Problems zu helfen. Zwei Jahre später war mir klar, dass selbst der österreichische Bundeskanzler nichts ausrichten kann, wenn er es mit der gesichtslosen und übermächtigen Wiener Bürokratie zu tun hat, da diese nicht gewillt war, sich von einem Vertreter des Staates Vorschriften machen zu lassen. Schließlich war man im autonomen Wien. Aber selbst der Bürgermeister der Stadt, an den ich mich indirekt über Bekannte wandte, verfuhr nur in typisch Wiener Manier und reichte das Problem an einen Untergebenen weiter, der entweder selbst zur bürokratischen Mafia gehörte oder unfähig war, mit ihr fertigzuwerden – in anderen Worten: alles andere als ein Vermittler. Am Ende gelang es mir, mit Manipulationen, die ich nicht weiter erläutern will, die Erlaubnis zu erhalten, die Skulptur nicht weit vom Eingang des Stadtparks aufzustellen, Wiens gepflegtem innerstädtischem Park. Der Standort war nicht nur optisch hervorragend geeignet, sondern auch praktisch. Er lag am Rande einer Kreuzung, an der mehrere Ampeln den Verkehr auf den vier vielbefahrenen Straßen regelten, was bedeutete, dass die Autos manchmal warten mussten, derweil die tanzende Skulptur die feststeckenden Autofahrer unterhielt. Doch keine zwei Monate später wurde die Skulptur auf Anordnung der Stadtparkverwaltung abgebaut, die dort vorübergehend eine kitschige Weihnachtsdekoration plante. Inzwischen hatte die Odyssee der Skulptur, die 2004 begann, das Jahr 2011 erreicht, in dem eine offenbar permanente Lösung auf dem Campus der Universität Wien gefunden wurde, der sich seit 1988 auf dem Gelände des alten Allgemeinen Krankenhauses befindet, um 1900 herum das bekannteste Spital Wiens und damals vermutlich das größte der Welt. Außerdem war es das Krankenhaus, in dem ich geboren wurde. *Four Lines Oblique* steht jetzt endlich nur wenige hundert Meter vom Ort meiner Geburt entfernt, mit einer kleinen Tafel, die die gleiche Inschrift trägt wie „meine" österreichische Briefmarke: „1923 geboren in Wien, 1938 vertrieben, 2003 versöhnt".

Ich habe immer betont, dass „versöhnt" weder „vergeben" noch „vergessen" bedeutet, sondern nur, dass es weitergeht. Um diese persönliche Überzeugung zu bekräftigen, beschloss ich einige Jahre

Drei aufeinanderfolgende Wiener Standorte für George Rickeys
Four Lines Oblique: a) Terrasse des Albertina-Museums; b) Stadtpark;
c) Universitätscampus, Allgemeines Krankenhaus

George Rickey, *Oblique Column of Twelve Open Squares*
(Albertina Museum, Wien)

nach der Rickey-Schenkung, der Albertina nach meinem Tod die
eine Hälfte meiner großen Paul-Klee-Sammlung zu hinterlassen,
deren andere Hälfte für das *Museum of Modern Art* in San Francisco
bestimmt ist. Ich habe der Albertina noch etwas anderes geschenkt,
nämlich eine zweite kinetische Skulptur von George Rickey, die sich
um 360 Grad dreht statt nur auf einer Ebene, sodass sie den Wir-
belwinden der Museumsterrasse standhalten sollte. Meine allererste Geste der Aussöhnung, die 2003 um meinen 80. Geburtstag
herum aus der Schenkung von Rickeys *Four Lines Oblique* bestand,
wird nun, nicht lange vor meinem 90. Geburtstag, gewissermaßen
durch Rickeys *Oblique Column of Twelve Open Squares* erneuert.

Vamos a ver, was an meinem 100. geschieht. Sollte ich dann
noch am Leben sein und weiterhin zeitweise in Wien leben, so
werde ich diese beiden Skulpturen bestimmt inspizieren – not-
falls im Rollstuhl. Falls sie dann noch dort stehen, wird die Frage
nach der Heimat vielleicht im Sinne von Wien als der neuen alten
Heimat endgültig geklärt sein.

„Jude"

Ich bestehe darauf, die Überschrift dieses Kapitels als ein Wort mit sechs Buchstaben zu betrachten, denn die Anführungszeichen sind ein unverzichtbarer Bestandteil dessen, was ich zu meiner jüdischen Identität zu sagen habe – ein nur allzu oft düsteres Thema, das die ganze Skala von der stolzen Bestätigung des Etiketts „Jude" über das stillschweigende Eingeständnis bis hin zum schmählichen Verleugnen umfassen kann. Zwei dieser Alternativen trafen im Laufe meines Lebens hin und wieder auch auf mich zu.

Familiäre Beziehungen

Meine Eltern waren beide „Juden" – meine Wiener Mutter arrogant aschkenasisch, mein bulgarischer Vater aggressiv sephardisch. Ihre Arroganz und seine Aggressivität manifestierten sich in der Meinung der Ehepartner über die Herkunft des anderen. Doch unser häusliches Leben war praktisch nicht religiös, daher die Anführungszeichen, bis auf zwei Ausnahmen, die eine öffentlich, die andere privat. An den öffentlichen Schulen Wiens war Religionsunterricht obligatorisch. Dreimal in der Woche wurden die Juden und die Katholiken getrennt und in ihrer jeweiligen Religion unterwiesen. Daheim kam meine Mutter jeden Abend an mein Bett, um mich mein Gebet sprechen zu hören: „Müde bin ich, geh zur Ruh ..." – das entsprach durchaus der Tatsache, dass mein mütterliches Zuhause in Wien im Grunde zur Kategorie der „Weihnachtsbaum-Juden" gehörte. Wie bei so vielen säkularen Wiener oder deutschen „Juden" stand bei uns an den Feiertagen im Dezember der Weihnachtsbaum (ohne Kreuz oder andere christliche Symbole) im Mittelpunkt und nicht der Chanukka-Leuchter. In meinem väterlichen Zuhause in Bulgarien gab es keine Weihnachtsbäume, aber nachdem sich meine Eltern scheiden ließen, als ich noch sehr jung war, besuchte ich meinen Vater nie im Winter, sondern nur im Sommer, und diese Aufenthalte waren bar jeder religiösen Betätigung oder Unterweisung. Doch aufgrund ihres Namens (bulgarische Nachnamen enden gewöhnlich auf „ov" oder „ev"), ihrer offen gezeigten religiösen Zugehörigkeit und ihrer heimischen Sprache – dem Ladino, das auf ihren spanischen Ursprung zur Zeit der Inquisition zurückging – waren die Djerassis väterlicherseits so unverhohlen „jüdisch" wie faktisch alle bulgarischen Juden. Hier hatte seit Jahrhunderten nicht schmähliches Verleugnen, sondern das offene Bekenntnis zum Judentum das Leben bestimmt, was sich vermutlich darin widerspiegelt, dass dieses Land praktisch keinen Antisemitismus kannte.

Es gibt jedoch einen Aspekt des Namens „Djerassi" – eigentlich eine Nebensächlichkeit –, über den ich noch nie offen gesprochen habe, der aber im Rückblick auch etwas über mein erst spät im Leben erwachtes Interesse am „Jude-Sein" aussagt. Wie allgemein bekannt ist, nahmen viele der frühen Zionisten, insbesondere die aus Osteuropa, hebräische Namen an, die auf die eine oder andere Weise auch etwas über religiöse oder sogar politische Einstellungen aussagten. Typische Beispiele sind etwa David Ben Gurion, der in Polen geborene erste Ministerpräsident Israels, der ursprünglich David Grün hieß, oder der israelische Schriftsteller Amos Oz, der seinen Familiennamen Klausner in Oz („Kraft") änderte. Einer meiner Vettern sah sich sogar veranlasst, „Djerassi" in „Dvir" („das Allerheiligste") zu ändern, worauf ich noch näher eingehen werde.

1948 erhielt die jüdische Bevölkerung Bulgariens, die – obwohl das Land offiziell mit den Achsenmächten verbündet war – den Zweiten Weltkrieg überlebt hatte, die Erlaubnis, nach Israel auszuwandern. Über 80 Prozent der 50.000 Personen zählenden jüdischen Gemeinde nutzten diese einmalige Gelegenheit, darunter fast alle Mitglieder der Familie meines Vaters. Während mein Vater, der zunächst im Arabisch-Israelischen Krieg von 1948 als Sanitätsoffizier gedient hatte, diesen Schritt nur unternahm, um mir später in die USA zu folgen, blieben faktisch alle anderen Djerassis in Israel. Einer von ihnen, mein Vetter Eliyahu (die hebräische Form von Elias, was „der Herr ist mein Gott" bedeutet), den wir immer Liko nannten, wurde Polizeichef von Kiryat Schmona im nördlichen Galiäa und änderte damals seinen Namen auf Ben Gurions Veranlassung hin, der bei der Abschlussfeier anwesend war und allen Anwärtern ihre Beförderungsurkunden überreichte. Als der Ministerpräsident den Namen Eliyahu Djerassi las, meinte er, Djerassi sei nicht hebräisch genug für einen Beamten des Staates Israel und schlug den Namen Dvir („das Allerheiligste") vor, was in Verbindung mit Eliyahu kontextuell durchaus logisch erschien.

Ich habe Liko zuletzt 1955 in Kiryat Schmona gesehen, bei meinem ersten Besuch in Israel anlässlich der Einweihung des Chemie-Gebäudes am Technion in Haifa, habe dann aber den Kontakt zu ihm verloren, obwohl seine beiden Söhne, Yaakov und Ilan, bis heute gute Freunde geblieben sind. Liko wurde am 22. Februar 1961 von Zvi Doctorman ermordet, einem geistesgestörten Auschwitz-Überlebenden, der anschließend Selbstmord beging. Ich hatte unsere letzte Begegnung vergessen, bis ich Mitte der 1990er Jahre an *Menachems Same*, dem dritten Roman meiner „Science-in-Fiction"-Tetralogie arbeitete, der sich unter anderem mit den politischen Problemen des Nahen Ostens in den 1970er und 1980er Jahren beschäftigt, einschließlich der Bombardierung des irakischen Atomreaktors Ozirak. Zur Erinnerung an meinen verstorbenen Vetter nannte ich meinen Protagonisten „Dvir" und ließ ihn in *Unbefleckt*, meinem ersten Drama, erneut auftreten.

Aber zurück nach Wien, wo ich den Höhepunkt meines Daseins als Jude ohne Anführungszeichen erlebte. Herr Hassan, der in der anderen Wohnung auf unserer Etage lebte und Ältester der einzigen sephardischen Synagoge Wiens, des Türkischen Tempels, war, hatte offenbar etwas von meinem ökumenischen Abendgebet mitbekommen und darin einen Beweis der Assimilation gesehen, die für die aschkenasischen Juden Österreichs so typisch war. Er beschloss, der Sache ein Ende zu machen. Als ich mich dem jüdischen Mannesalter, meinem 13. Geburtstag, näherte, empfahl Herr Hassan meiner Mutter, mich eine *richtige* Bar Mizwa feiern zu lassen; alle weiteren Vorbereitungen sollte sie ruhig ihm überlassen. Meine Mutter, die die Bedeutung des Wortes „richtig" nicht erfasste, sagte nicht nein, und so kam ich zu einer Bar Mizwa der Superklasse: Für einen Tag wurde ich zur Hauptperson des Gottesdienstes in der „türkischen" Synagoge. (Selbst die Bezeichnung „türkisch" – diese grobe generische Vereinfachung für „sephardisch" – war ein Hinweis auf die Geringschätzung der Aschkena-

sim.) Nachdem ich wochenlang die hebräischen Gebete und Melo-
dien auswendig gelernt hatte, weil ich kein Hebräisch lesen konnte,
traf aus Sofia ein Telegramm meines Vaters ein, in dem er meiner
Mutter mitteilte, dass mein Initiationsritus wegen eines neuen
Syphilis-Patienten um eine Woche verschoben werden musste.
Das Spezialgebiet meines Vaters waren Geschlechtskrankheiten,
und in jener Zeit, vor der Entdeckung des Penicillins, bedeutete
ein wohlhabender Syphilitiker für den behandelnden Arzt mindestens drei Jahre erkleckliches Einkommen. Infolgedessen musste
ich mich im Eiltempo auf einen völlig anderen Wochenabschnitt
vorbereiten. Der Rabbi sang mir vor, und ich sang ihm nach, bis ich
mir alles eingeprägt hatte, einschließlich des Blickes gen Himmel,
sobald Gott erwähnt wurde. Als der Intensivkurs endlich vorbei
war, fragte mich der Rabbi, was ich anziehen werde. Ich hatte noch
nie lange Hosen getragen; meist lief ich in Lederhosen herum, und
die längsten Hosen, die ich besaß, waren Knickerbocker. Am
„religiösesten Tag" meines Lebens trat ich also, wie ich noch genau
weiß, in neuen Knickerbockern und mit einem Herrenhut auf
dem Kopf ins Mannesalter ein. Einige Jahre später brannten die
Nazis den „türkischen" Tempel nieder, und seitdem hat es nie
mehr genügend Sephardim in Wien gegeben, um einen neuen zu
bauen.

Soweit ich mich erinnern kann, fand mein nächster Besuch einer
Synagoge erst 60 Jahre später statt, diesmal nicht aus religiösen
Gründen, sondern literarischer Recherchen wegen. Wie ich zeigen
werde, wurde mein „jüdisches Bewusstsein" erst durch meinen
Wechsel zur Literatur geweckt.

Als die Nazis im Frühjahr 1938 in Österreich die Macht über-
nahmen, wurde ich, wie alle meine jüdischen Klassenkameraden,
zum „Juden" gestempelt, und als „Jude" wurde ich aus Wien vertrieben. Die Befolgung der religiösen Gebote spielte dabei keine
Rolle, da selbst ein früherer Übertritt zum katholischen oder pro-
testantischen Glauben ohne Belang war. In diesem Punkt war sogar
die spanische Inquisition vor 500 Jahren flexibler gewesen. Das
Etikett „Jude" (genau gesagt „mosaisch") verfolgte mich meine
ganze Kindheit hindurch: Meine Geburtsurkunde wurde von der
türkisch-israelitischen Gemeinde zu Wien ausgestellt, und jedes

Schulzeugnis wies mich als *mosaisch* aus. In mancher Hinsicht besteht diese Etikettierung in der einen oder anderen Form bis zum heutigen Tag weiter. Noch 2012, als bei der 500.000-Euro-Frage der Fernsehshow „Wer wird Millionär?" nach meinem Namen gefragt wurde, verwies der Moderator auf mich als „Carl Djerassi, mittlerweile US-amerikanischer Staatsbürger österreichisch-jüdischer Herkunft". Ob er die Religionszugehörigkeit auch erwähnt hätte, wenn ich Protestant wäre? Mit Sicherheit nicht. Obwohl man das nicht unbedingt auf antisemitische Motive zurückführen sollte; die Kategorisierung hat sehr viel eher mit den Anführungszeichen zu tun, die ich in der Kapitelüberschrift verwende.

1938 als „Jude" gekennzeichnet zu werden, war für viele letztendlich verhängnisvoll. Es begann mit dem gelben Stern, den ich allerdings nicht trug. Stattdessen hatte ich einen Anstecker mit dem Weiß-Grün-Rot der bulgarischen Fahne am Revers, der mich als Ausländer auswies. Das war die Flagge, unter der ich Wien im Juli 1938 verließ, und unter dieser Flagge kam ich kurz nach Ausbruch des Zweiten Weltkriegs in Amerika an.

Jude in Amerika

Die ersten zehn Jahre in Amerika, in denen ich mich in die Chemie vertiefte, waren scheinbar geprägt von einer völligen Assimilation. Aber ich war ja nicht bloß Chemiker, ich war ein „jüdischer" Chemiker. Damals hätte ich diese Erklärung nur sehr zögernd abgegeben, denn meine jüdische Herkunft auszuposaunen (im Unterschied dazu, sie zuzugeben) war das Letzte, wozu ich bereit gewesen wäre. In den 1940er Jahren gab es in vielen Chemieinstituten bedeutender amerikanischer Universitäten kein einziges jüdisches Fakultätsmitglied, eine Tatsache, die ich auf aktive Diskriminierung zurückführte. Noch 1960, als ich an die *Stanford University* kam, war ich der erste jüdische Professor des Fachbereichs, was sich inzwischen allerdings dramatisch geändert hat. Dabei sollte man keinesfalls bewusste Diskriminierung unterstellen. In vielen anderen Fachbereichen gab es jüdische Fakultätsmitglieder, insbesondere in der Physik und in der Medizin, wo die ersten drei Stanforder Nobelpreisträger allesamt Juden waren. Bis zum heutigen Tag kenne ich mehrere jüdische Kollegen meiner Generation – Professoren an einigen unserer renommiertesten Universitäten –, die sich weigern, das Thema ihrer jüdischen Herkunft auch nur anzuschneiden.

Jahrelang lebte ich mit der selbstauferlegten, aber selten eingestandenen Bürde, mir ständig überlegen zu müssen, wie ich die Frage: „Sind Sie Jude?" umgehen konnte, ohne zu lügen; sie mit typisch jüdischer Paranoia vorauszuahnen und zu versuchen, dem Gespräch eine andere Richtung zu geben, obwohl sie meinem Gegenüber womöglich nie in den Sinn gekommen wäre; und dennoch meinerseits bei vielen Gelegenheiten die gleiche Neugier an den Tag zu legen: „Ist *er* Jude?" Ich schien mich nie zu fragen, ob *sie* Jüdin war, da ich nur männliche Antisemiten gelten ließ, obwohl es sicher auch unter Frauen genug Antisemiten gab. Ignorierte ich diese Tatsache, weil mich nie etwas davon abhielt, eine Beziehung mit einer Nichtjüdin einzugehen? Tatsächlich waren alle meine drei Ehefrauen Nichtjüdinnen. Obwohl ich nie aufgehört habe, mir darüber Gedanken zu machen, ob jemand Jude ist, stelle ich fest, dass ich heutzutage, unter Berufskollegen, mein eigenes Judentum geradezu zur Schau stelle. Liegt das daran, dass ich gegen offenen Antisemitismus endlich unempfindlich geworden bin? Oder weil ich erkannt habe, dass ich nicht Chemiker geworden wäre, wenn ich nicht als Jude in Wien zur Welt gekommen wäre? Ich hatte als Kind nie einen Chemiebaukasten, sprengte unseren Keller nie in die Luft und hatte vor meinem 16. Geburtstag auch nie einen „Chemiker als Idol", nicht einmal Madame Curie. Wäre ich nicht als Jude geboren, so hätte ich Wien nicht verlassen und, da meine Eltern Ärzte waren, meine Tage zweifellos als Arzt in Österreich verbracht – und möglicherweise für Kurt Waldheim gestimmt. Das akute Bewusstsein, dass es möglicherweise auch einen amerikanischen Antisemitismus gab, führte bei mir zu einer eigentümlichen Unsicherheit, obwohl die Amerikaner, die mir in jenen ersten Jahren den Weg ebneten, nicht wohlwollender hätten sein können – eine psychologisch bezeichnende Unsicherheit, wie der folgende Textauszug aus meiner inzwischen vergriffenen Autobiografie zeigt.

Obwohl seither fast ein halbes Jahrhundert vergangen ist, erinnere ich mich noch an jedes Detail: die großen Ohren, die abstanden wie die eines wachsamen Hirsches; die Zahnlücke direkt über der dicken Unterlippe, deren feiste Derbheit dadurch unterstrichen wurde, dass ihr oberes Pendant faktisch fehlte; die Augen, die groß und doch irgendwie zusammengekniffen waren; das zerwühlte schwarze Haar; das schwachsinnige Grinsen, das aber auch verschlagen war; und schließlich die Nase – nach den Ohren das hervorstechendste Merkmal des Juden.

Sein Bild befand sich mitten auf einem widerlichen Plakat, mit dem die Wände unseres Wiener Viertels bepflastert waren, kurz nachdem die Nazis 1938 die Macht übernommen hatten. Der Kopf saß auf einem dünnen Hals, der wiederum aus einem viel zu erwachsenen Anzug herausragte, die schwarze Weste fast bis zum Brustbein zugeknöpft, sodass nur der Knoten einer schwarzen Krawatte zu sehen war. Auf eine erstaunlich prägnante Art und Weise wurde der Junge durch seine Kleidung als hinterhältiger Hausierer abgestempelt. Die brutale Botschaft des Plakats bestand nur aus drei Worten: *Tod den Juden!*

Als ich diesem Gesicht zum zweiten Mal begegnete, geschah das Anfang der vierziger Jahre in einem Zeitungskiosk im Mittleren Westen. Da ich auf jede tatsächliche oder eingebildete antisemitische Anspielung noch immer äußerst empfindlich reagierte, fasste ich das Bild nicht an. Ich wusste genau, was es zu bedeuten hatte. Und in meinem Schock entging mir die Tatsache, dass die Nase dieses grinsenden Burschen ein Zwischending zwischen dreieckig und knollig war und nicht ausgeprägt semitisch.

Damals erzählte ich keinem, was ich gesehen hatte, so wie ich auch kaum jemals etwas über mein früheres Leben enthüllte. Das war meine Methode, nur ja nicht aufzufallen, was selbst ohne meinen Akzent nicht allzu leicht gewesen wäre in dieser Kleinstadt im Mittleren Westen, wo ich der einzige Hitler-Flüchtling war; viele der Einheimischen waren noch nie einem Juden begegnet.

„Woher bist du?", wurde ich gefragt, kaum dass ich ein paar Sätze gesagt hatte.

„Meine Mutter lebt im Norden des Staates New York", antwortete ich dann und erwähnte gelegentlich das Dorf an der kanadischen Grenze, wo sie arbeitete.

„Ja, aber wo bist du *her*?", wurde dann weitergebohrt. „Was für ein Akzent ist das?"

„Bulgarien", sagte ich ausweichend in der Hoffnung, die Fremdheit dieses Landes werde ihre Wissbegierde in eine andere Richtung lenken.

Natürlich waren einige der Fragenden hartnäckiger. (War es meine sephardische Abstammung väterlicherseits, die mich unweigerlich veranlasste, der harmlosen Neugier der Menschen im Mittleren Westen inquisitorische Motive aus dem Spanien des 15. Jahrhunderts zu unterstellen?) „Warum bist du nicht in Bulgarien geblieben?" („Idiot", hätte ich am liebsten erwidert, tat es aber nicht, weil dann Erklärungen fällig gewesen wären, die mit „ja nicht auffallen" unvereinbar waren.) „Bist du da geboren?" Wenn ich zugab, in Wien geboren zu sein, pflegten die Fragen präziser und, was das Schlimmste war, noch zudringlicher zu werden. Also gebrauchte ich Ausflüchte. Nur wenn ich geradeheraus gefragt wurde: „Bist du Jude?", gab ich diese Tatsache zu und wechselte dann sofort das Thema.

Jahre später – vermutlich in Michigan, wo ich lehrte und wo rabiate Antisemiten wie Gerald L. K. Smith und Father Coughlin zugange waren – stieß ich wieder auf dieses Gesicht: auf der Titelseite eines Druckwerks mit dem unwahrscheinlichen Namen *MAD*. Da ich mittlerweile amerikanischer Staatsbürger geworden war, fühlte ich mich diesmal sicherer. Ich nahm die Zeitschrift in die Hand und schlug sie auf. Verblüfft stellte ich fest, dass sie nur Comics enthielt – auf die die Amerikaner ganz verrückt waren, denen ich aber, genau wie Football und Erdnussbutter, nichts abgewinnen konnte.

Ich war zu sehr mit anderen Dingen beschäftigt und auch zu ungeduldig, um mich in den Inhalt der Zeitschrift *MAD* zu vertiefen, aber ich zog diskrete Erkundigungen über das Titelbild ein. Zu meiner Überraschung kannte fast jeder, den ich fragte, den Namen des Jungen: Alfred E. Neuman.

„Wo kommt er her?" Nun war es an mir, diese gezielte Frage zu stellen, nur um zu erfahren, dass das niemand wusste und dass es auch keinen interessierte. Es gab ihn einfach schon solange meine Informanten zurückdenken konnten.

„N-E-W-M-A-N?", buchstabierte ich.

„Nein", korrigierte man mich, „N-E-U-M-A-N."

„Aha!", rief ich triumphierend aus. „Ich wußte es ja! Ein Deutscher natürlich!"

Jahrzehnte vergingen, in denen das Gesicht des Jungen in meinem bewussten Gedächtnis wieder verblasste. Doch dann besuchte ich eines Tages Yad Vashem, die Holocaust-Gedächtnisstätte in Jerusalem. Während ich einige der vergrößerten Fotos aus dieser verabscheuungswürdigsten und furchtbarsten Periode der europäischen Geschichte betrachtete, schien hie und da das Gesicht von Alfred E. Neuman aufzutauchen. Ich kam zu dem Schluss, dass es an der Zeit war, den Ursprung dieses Gesichts aufzudecken, das mich nie ganz verlassen hatte.

Sobald ich wieder in Kalifornien war, ging ich zum nächsten Zeitungskiosk. „Haben Sie *MAD*?", erkundigte ich mich, ohne zu wissen, ob die Zeitschrift überhaupt noch existierte. „Dort drüben", sagte der Mann mit einer Handbewegung. Ich drehte mich um und sah einen fröhlich grinsenden Alfred E. Neuman in einem Schneehasenkostüm aus einem offenen Kamin treten, während der Rest der Titelseite der neuesten *MAD*-Ausgabe vom Januar 1988 vor Weihnachtsstimmung nur so triefte. Ich händigte 1,35 Dollar aus und verzog mich in eine Ecke des Ladens, wo ich zum ersten Mal in meinem Leben ein Comic-Heft von der ersten bis zur letzten Seite las. Trotz meines tiefsitzenden Argwohns wurde mir klar, dass bei dieser Ausgabe kein Nazi die Hand im Spiel gehabt hatte. Tatsächlich leuchtete mir nicht einmal ein, warum Kinder das Blatt lasen: Die politischen Karikaturen auf der letzten Seite, die Gary Hart und Ronald Reagan zeigten, waren raffiniert und bissig. Es hätte mich nicht gewundert, sie auf der Titelseite einer radikalen Zeitschrift wie *Mother Jones* zu finden.

Ich war verwirrt: Wie war meine Erinnerung an das höhnische Gesicht, das ich vor über vierzig Jahren gesehen hatte, mit diesem netten Comic zu vereinbaren? Mein erster amerikanischer Kontakt mit dem Gesicht von Alfred E. Neuman hatte ungefähr 1942 stattgefunden. Doch als ich die Redaktion von *MAD* anrief, um mich zu erkundigen, wann die erste Ausgabe erschienen war und wie ich an ein Exemplar davon kommen konnte, erhielt ich eine groteske Auskunft: Die erste Nummer von *MAD* war erst im Oktober 1952 auf den Markt gekommen. Noch absurder war die Behauptung, Alfred E. Neumans Gesicht und Name hätten die Titelseite von *MAD* nicht vor 1956 geziert. Hatten die Nazis die ursprüngliche Zeitschrift etwa an einen nichtsahnenden Käufer veräußert unter der Bedingung, den Ursprung des Druckwerks zu verschleiern? Man weiß ja, wie historische Fakten verfälscht werden. Falls *MAD* nur ein weiteres Opfer einer Geschichtsklitterung war, dann war es an der Zeit, dass ich die Tatsachen aufdeckte – wenn nicht der Öffentlichkeit zuliebe, dann zumindest meinetwegen. Zwei Wochen später flog ich nach New York und begab mich in die Madison Avenue Nr. 485, wo *MAD* damals residierte.

Die verdutzte Nachsicht, mit der mich der kleine Redaktionsstab empfing, spiegelte sich in dem genialen Durcheinander der Büros wider, in denen, nach erstaunlich kurzer Suche, die gebundenen Bände der Zeitschrift ausfindig gemacht wurden, und zwar beginnend mit der ersten Ausgabe. Deren Titelseite zeigte eine verängstigte Familie; der Mann japst: „Gräßlich! Der schleimige Klumpen kommt direkt auf uns zu!"; die Frau kreischt: „Was ist das?", und das kleine Kind zu ihren Füßen ruft aus: „Das ist Melvin!" Melvin Coznowski war, wie ich erfuhr, Alfred E. Neumans Vorgänger.

Das Gesicht, an das ich mich erinnerte – das mir seit Jahrzehnten im Kopf herumspukte und mich in das New Yorker Büro von *MAD* geführt hatte –, tauchte erstmals im November 1955 in *MAD* auf. Es erschien über dem Impressum der Nummer 26 (umgeben von Sokrates, Napoleon, Freud und Marilyn Monroe), aber so klein, dass es nicht einmal halb so viel Raum einnahm wie das A im Namen der Zeitschrift. In der nächsten Ausgabe, der Nummer 27 vom April 1956, kauerte ein etwas größerer Junge zu Füßen General Eisenhowers inmitten einer verwirrenden Menge von mindestens 60 bekannten Persönlichkeiten, von Thomas E. Dewey, Adlai Stevenson und Richard Nixon bis hin zu Churchill, König Faruk und Chruschtschow. Es dauerte bis zur Dezemberausgabe des Jahres 1956, bevor das Bild Alfred E. Neumans – das berühmte von Norman Mingo stammende Porträt, das offenbar allen Amerikanern außer mir vertraut war – in einsamer Pracht die Titelseite füllte. Er war als Präsidentschaftskandidat dargestellt unter dem Slogan: „*What – Me Worry?*" („Ich und mir Sorgen machen?")

Die Unvereinbarkeit dieser Fakten mit meiner Erinnerung brachte mich völlig durcheinander, bis ich eine frühe Leserbrief-spalte las, in der eine amüsante Sammlung resoluter und eindeutiger Briefe nicht weniger als 11 verschiedene Fotos von Alfred alias Wer-ist-das präsentierte, eingesandt von Lesern, die behaupteten, den Ur-Alfred gekannt zu haben. Auf drei Bildern war das Haar sogar angeklatscht; es hätte ein x-beliebiger Junge aus der Nachbarschaft sein können. Die drei schwachsinnigsten Bilder zeigten ihn mit Hüten diversester Art; der Rest begann sich meiner Vision aus Nazi-Tagen anzunähern.

Diese Briefe und viele andere faszinierende Beweisstücke befanden sich in einem dicken Ordner, der Hintergrundmaterial aus einer Copyright-Klage enthielt, die in den fünfziger Jahren gegen *MAD* eingereicht wurde. Ich sah mich plötzlich für *MAD* Partei ergreifen – meine verspätete und inzwischen liebste Einführung in die amerikanische Comic-Welt. Folglich war ich erleichtert festzustellen, dass die Zeitschrift gewonnen hatte, weil sie eine Fülle früherer Kunstwerke mit diesem Gesicht und Unterzeilen wie „*Me worry?*" oder „*Da-a-h... Me worry?*" vorlegen konnte. Es gab Verweise auf eine Veröffentlichung dieses Gesichts durch Gertrude Breton Park aus Los Angeles um das Jahr 1914; auf eine Werbung des Dental-Labors Brotman in Winnipeg im Jahre 1936; auf ein ziemlich kitschiges Buch, *Hall of Fame*, das 1943 von einem gewissen J. J. Carrick in Toronto herausgebracht wurde. Es bestand kein Zweifel, dass dieses Gesicht, zumindest was die Chronologie betraf, bereits existierte, als ich ein Teenager im Mittleren Westen war.

Ich hatte meine Rolle als Nazijäger schon fast vergessen, als ich der Sache doch noch näher kam. Ich wurde zwar nicht direkt fündig, aber immerhin stieß ich auf eine Postkarte mit der Nazi-Version des Gesichts, außer der Hakennase, und der Unterzeile: „*Sure – I'm for Roosevelt*" („Klar – ich bin für Roosevelt"). Auf der Rückseite stand: „Wenn Sie gegen eine dritte Amtszeit sind, dann schicken Sie diese Karte an Ihre Freunde. 15 Stück für 25 Cents. Legen Sie

Münzen oder Briefmarken bei. Mengenrabatt auf Anfrage. Zu bestellen bei: Bob Howdale, Box 625, Oak Park, Illinois."

Vermutlich hätte ich nach Chicago fliegen, alte Telefonbücher wälzen und diesen Bob Howdale aufspüren können. Vielleicht war er ein Anhänger von Father Coughlin. Aber inzwischen war mir die Lust an der Jagd nach dem echten Alfred E. Neuman vergangen. Ich war sicher, dass weder *MAD* noch Bob Howdale imstande waren, mich die Geister meiner Jugend vergessen zu lassen. Was meine eigene Erinnerung an Alfreds Gesicht betrifft, gibt es da eine Zeile in einem Gedicht von Bruce Bawer, die alles sagt: „Die Vergangenheit geht nicht unverfälscht in die Gegenwart über."

Nachdem ich die 50 erreicht hatte, machte ich mir keine Gedanken mehr über meine jüdische Identität. Die Paranoia des aus Wien vor den Nazis geflohenen Jugendlichen, verstärkt durch die Gräuel des Holocaust, die in den Medien enthüllt wurden, hatte sich nach und nach verflüchtigt, vielleicht dank der Sicherheit und des Selbstvertrauens, die der berufliche Erfolg und der daraus resultierende Wohlstand mit sich brachten. Fast 50 Jahre absoluter Irreligiosität, genau gesagt eines überzeugten atheistischen Säkularismus, hatten zur Folge, dass das Thema Religion bei mir zu Hause so gut wie nie zur Sprache kam. Interessanterweise wuchsen meine zweite und auch meine dritte Frau als praktizierende Christinnen auf, Norma als Protestantin und Diane als Katholikin. Intellektuell und aufgrund ihrer Erziehung waren beide in biblischen Dingen sehr bewandert und wussten wesentlich mehr über das Judentum, als mir aus dem obligatorischen Religionsunterricht in Wien in Erinnerung geblieben war. Doch beide hatten sich schon während des Studiums von der Religion abgewandt, und das spiegelte sich darin wider, dass unsere Kinder ohne jeden religiösen Einfluss aufwuchsen. Ich erwähne dies nicht, um damit zu prahlen oder weil ich von den Vorzügen einer säkularen Erziehung überzeugt wäre, sondern lediglich als eine Tatsache, die das, was folgt, noch erstaunlicher macht.

Wie ich in dem Kapitel „Schriftsteller" eingehender schildere, begann ich mich in meinen Sechzigern der Literatur zuzuwenden. Mein autodidaktischer Modus Operandi war der des intuitiven Romanciers, der darauf verzichtet, als erstes die Handlung und die Hauptpersonen in groben Zügen zu skizzieren. Stattdessen begann ich, wenn ich ein Ereignis oder eine Person interessant fand, frei zu assoziieren und mich dann von den Figuren leiten zu lassen. Zumindest gab ich das vor, während ich in Wahrheit schlicht meinem Unbewussten die Regie überließ; es kommt nicht von ungefähr, dass ich diesen Prozess immer wieder als Autopsychoanalyse bezeichne. Da meinen belletristischen Arbeiten jedoch immer Autobiografisches zugrunde lag, wurde mir bald klar, dass ich viele heikle Themen, die ich in einer Autobiografie behandeln wollte – insbesondere Frauen betreffend –, nicht offen ansprechen konnte, hauptsächlich aus Gründen der Diskretion oder gar aus Scham. Folglich entschied ich mich, zunächst unbewusst und bald darauf mit Bedacht, diese Aspekte unter dem Schutz der Anonymität zu erörtern, den die Literatur bietet: eine Art permanentes öffentliches Geständnis ohne Wissen der Öffentlichkeit. Ein relevantes Beispiel ist darin zu sehen, dass alle männlichen Hauptpersonen in meinen fünf Romanen Juden sind, obwohl das nicht beabsichtigt war; dass sie zudem direkt oder indirekt europäischer Herkunft sind und keiner von ihnen religiös ist, während alle weiblichen Hauptpersonen bis auf eine nicht-jüdisch sind. Wie viel näher konnte ich meinem wirklichen Leben denn noch kommen? Und wer waren diese Juden in meinen Romanen und welche Funktion hatten sie? In den ersten drei Romanen wurden sie schlicht als Juden bezeichnet; dass sie Juden sein sollten, trug nichts zur Struktur der Handlung bei. Doch unmerklich wiesen sie mir den Weg, den ich in den Jahren danach einschlagen sollte.

Die männliche Hauptfigur meines zweiten Romans, *Das Bourbaki Gambit*, Professor Max Weiss aus Princeton, war zunächst nur zufällig Jude, was für die Gesamtstruktur des Romans ohne ersichtliche psychologische oder historische Relevanz war. Aber um sicher zu sein, dass seine jüdische Identität unzweideutig ist

Aspernbrückengasse 5 – das Haus (ganz links), in dem ich in Wien aufwuchs, 1935

und nicht nur auf einem jüdisch klingenden Namen beruht, ließ ich ihn sich selbst als „ungarisch-jüdischer Abstammung" bezeichnen. Außerdem ließ ich ihn im gleichen Kapitel durch die Straßen Wiens gehen, wo er schließlich „in der Aspernbrückengasse 5 [klingelte], einem aus der Zeit der Jahrhundertwende stammenden Wohnhaus am Fuß der Aspernbrücke, die den Donaukanal an der Grenze zwischen dem eleganten Ersten Bezirk und dem Zweiten Bezirk überquert, der vor dem Anschluss das überwiegend jüdische Stadtviertel Wiens war". Inzwischen werden sich zumindest einige Leser fragen, warum ich es für notwendig hielt, scheinbar irrelevante esoterische Häppchen in den Roman einzufügen. Ganz einfach: weil ich als Kind in der Aspernbrückengasse 5 in Wien lebte.

Der Protagonist meines nächsten Romans, *Marx, verschieden* (*EGO* in der neuesten deutschen Ausgabe[5]), ein berühmter Schriftsteller mit dem jüdisch klingenden Namen Stephen Marx, wird nur bei-

---

5 *Ego: Roman und Theaterstück* von Carl Djerassi (aus dem Amerikanischen von Ursula-Maria Mössner). Haymon Verlag, Innsbruck 2004

läufig als Jude identifiziert: „Wenn ein irischer Exkatholik [gemeint ist James Joyce], der nicht einmal Ski fuhr, in Zürich Erfolg haben konnte, warum dann nicht auch ein säkularer Jude aus New York?" Meine Figur war allerdings eine fiktive Kombination aus Norman Mailer und Philip Roth, zwei der berühmtesten jüdischen Autoren Amerikas, die auf negative Rezensionen ebenso notorisch dünnhäutig reagierten wie mein Stephen Marx. Was die Sache wesentlich persönlicher macht, ist, dass Stephen Marx nicht nur, *mirabile dictu*, der Autor eines Romans mit dem Titel *Cohens Dilemma* ist, sondern auch über einen Mann namens Nicholas Kahnweiler schreibt, der wiederum ein kaum getarnter Carl Djerassi ist. Ich werde diese Ähnlichkeit mit mir selbst anhand einer Passage aus diesem Roman veranschaulichen, der in einem Maße autobiografisch ist, dass die leichten Unterschiede fast unnötig erscheinen mögen. Aber warum entschied ich mich ausgerechnet für den Namen von Picassos Kunsthändler statt für einen Namen, der phonetisch oder historisch eine Beziehung zu Djerassi hat? Darauf habe ich bis zum heutigen Tag keine wirklich plausible Antwort parat, außer der, dass ich mit dieser Wahl die lebenslangen Probleme veranschaulichen wollte, mit denen ich mich beim Buchstabieren meines eigenen Nachnamens oder den umständlichen Erläuterungen dazu konfrontiert sehe.

„Diese Standardfrage bekomme ich jedes Mal zu hören, wenn ich mich vorstelle. ‚Was ist das für ein Name?' – ‚Woher sind Sie?', und häufig: ‚Was für einen Akzent haben Sie?' Darauf gebe ich, je nach Laune, unterschiedliche Antworten. Gewöhnlich sage ich nur: ‚Er ist deutschen Ursprungs, aber ich weiß wirklich nicht, was er bedeutet.'

In Wahrheit ist die Sache komplizierter und wird Sie vielleicht interessieren. Meine Familie ist jüdisch und stammt aus Deutschland. Sie werden sofort feststellen, dass ‚Kahnweiler' für deutsche Juden schlicht eine eingedeutschte – eine gereinigte – Version von Cohen ist. Als in Deutschland im 18. Jahrhundert die Emanzipation der Juden begann, wurden sie angewiesen, sich Nachnamen zuzulegen, und zwar möglichst deutsche. Bedenken Sie, dass Juden von alters her keine Nachnamen hatten. Die Reichen wählten Anspielungen auf Wohlstand – Gold, Silber – und andere die Namen von Blumen, beispielsweise Rosen. Kein Wunder, dass man heute viele Namen wie Goldberg, Silberstein, Rosenkranz findet. Aber die Cohens, die Priesterklasse, waren subtiler und entschieden sich für Namen, die phonetisch die Beziehung zum Hebräischen bewahrten, aber dennoch ‚durchgingen‘. Wie ich bereits erwähnte, ist die Endung ‚Weiler‘ im Deutschen durchaus gebräuchlich; der Name ‚Kahnweiler‘ klang folglich einleuchtend, da er sich von einem hypothetischen Ort wie ‚Kahnweil‘ herleiten konnte und nicht einmal jüdisch klang. Eine ehrlichere Übersetzung wäre eigentlich ‚Cohenburg‘.

Auf die zweite Frage ‚Woher sind Sie?‘, antworte ich häufig: ‚Ich lebe in San Francisco‘, obwohl ich genau weiß, dass das nicht die Frage war. Falls der Betreffende hartnäckig ist, sagt er vielleicht: ‚Sie haben aber keinen amerikanischen Akzent. Wo sind Sie geboren?‘ Dann antworte ich, dass der Ort, wo ich geboren bin, ihm nichts sagen würde: Ich bin nämlich in Bukarest geboren, aber das macht mich weder zum Rumänen noch meinen Namen oder meinen Akzent rumänisch. Ich war zwei Monate alt, als meine Eltern wieder nach München zogen, wo sie ursprünglich herkamen.

Die häufigste Frage lautet: ‚Wie buchstabieren Sie Ihren Namen?‘ Als ich das zum ersten Mal gefragt wurde, kurz nach meiner Ankunft in den Vereinigten Staaten, wurde ich, der 16-jährige Nicholas, nervös. Als ich versuchte, meinen Namen so zu buchstabieren, wie ich Amerikaner ihren Namen hatte buchstabieren hören, nämlich mit Hilfe von geografischen oder Eigennamen, waren die einzigen Worte, die in meiner Muttersprache mit K anfingen und die mir einfielen, ‚Kalifornien‘ und ‚Kairo‘, die im Englischen mit C beginnen. Kalamazoo war mir zu der Zeit noch unbekannt – als mitteleuropäisches Stadtkind hätte ich wahrscheinlich nicht geglaubt, dass ein Ort Kalamazoo heißen kann –, und Kansas und Kentucky gehörten damals noch nicht zu meinem Buchstabiervokabular. Auf Anhieb fiel mir kein einziges englisches Wort ein, das mit K anfing, und so verfiel ich in meiner Verzweiflung auf ‚Kitsch‘ und habe es seither immer benutzt. Beim großen W blieb ich erneut stecken, das ich natürlich wie V aussprach. Die verflixte Schwierigkeit mit dem deutschen V und W kam mir in die Quere, bis mir ein typisch amerikanisches Wort einfiel, nämlich ‚Washington', bei dem, obwohl ich es ‚Vashington' aussprach, jeder wusste, was gemeint war. Kitsch und Washington sind in den folgenden vierzig Jahren an mir hängen geblieben. Für einen Psychologen wäre die Kombination Kahnweiler-Kitsch-Washington vermutlich ein gefundenes Fressen."

Die Schreibweise meines Namens – insbesondere das „Dj" am Anfang, das oft zu Falschschreibungen wie D'Jerassi oder gar O'Jerassi geführt hat – ist ein Problem, mit dem ich es seit meiner Ankunft in Amerika zu tun habe, das sich in Österreich oder Bulgarien aber so gut wie nie stellt, aus dem einfachen Grund, weil es im Deutschen gleich ausgesprochen wird wie beispielsweise das Wort „Djibouti". Im Bulgarischen tritt es überhaupt nicht auf, weil der Name hier mit dem entsprechenden kyrillischen Buchstaben Ж geschrieben wird, der den gleichen Klang hat wie der Anfang von „Djibouti". Meistens fand ich mich damit ab, manchmal aus Stolz, manchmal aus Ungeduld, aber in den ersten Jahren auch aus Angst, die nächste Frage könnte automatisch lauten: „Woher bist du?", oder: „Was für ein Name ist das?"

Tatsächlich kann ich darauf keine vernünftige Antwort geben. Mein Vater stellte die Hypothese auf, der Name sei spanischen Ursprungs (schließlich konnten die sephardischen Juden Bulgariens ihren Ursprung auf die Vertreibung aus Spanien während der Inquisition im 15. Jahrhundert zurückführen) und eine Komprimierung von De Jerez – aus Jerez. Die damit verwandten Variationen Jerassi, Gerassi, Tscherassi, Çerassi und vermutlich sogar Çeraci sind nichts weiter als andere Schreibweisen des gleichen sephardischen Nachnamens, die heute in Israel zu finden sind und früher auch in der Türkei vorkamen. Das sizilianische Geraci, das sogar im Namen der sizilianischen Stadt Geraci Siculo erscheint, ist fast mit absoluter Sicherheit ein Homophon ohne sephardischen Bezug. Zumindest hoffe ich das angesichts der Tatsache, dass einer der großen sizilianischen Mafia-Bosse Ende des 20. Jahrhunderts, nämlich Antonio Geraci, der berüchtigte Capo von Partinico war.

Die türkischen Gerassis dagegen sind nachweislich eng mit den bulgarischen Djerassis verwandt, was mich veranlasst, zumindest einen ihrer Stars zu erwähnen, nämlich den Maler Fernando

Gerassi – geboren 1899 in Istanbul, wo er die Deutsche Schule besuchte und danach von seinen Eltern zum Studium nach Deutschland geschickt wurde. Sein weiteres Leben war so mannigfaltig, aufregend und produktiv, dass ich es mir nicht verkneifen kann, hier einige Glanzpunkte dieses türkischen Gerassis aufzuzählen, der seinen Genpool eindeutig mit den bulgarischen Djerassis teilte, wie sein noch lebender Neffe Patrick bestätigt. Nachdem Fernando zunächst in Freiburg bei Husserl Philosophie studiert hatte und ein Freund und Kollege von Martin Heidegger wurde (einer wichtigen Figur in meinem Drama *Vorspiel*), ging er im Alter von 25 Jahren nach Paris, um sich ganz der Malerei zu verschreiben, die ihn schließlich in Kontakt mit Picasso brachte, der ihn sogar aufforderte, sich an einer Gruppenausstellung zusammen mit Miro, Gris und Dali zu beteiligen. In Paris lernte er Stepha Awkykowich kennen, eine Klassenkameradin von Simone de Beauvoir, was nach der Heirat mit Stepha im Jahr 1929 zu einer lebenslangen Freundschaft mit Beauvoir und Jean-Paul Sartre führte. Tatsächlich machte Sartre Gerassi unter dem Pseudonym *Gomez* zu einer Figur in seiner 1945 erschienenen Romantrilogie, und Beauvoir schmuggelte ihn unter dem Namen *Fernand* in *Die Mandarins von Paris*. Doch das war noch nicht alles. Gerassi kämpfte im Spanischen Bürgerkrieg, wo er sich sogar mit Ernest Hemingway anfreundete, und wurde später Oberst in der französischen Armee. Nach der Besetzung von Paris durch die Nazis floh er in die USA und war während des Krieges als Agent des OSS (*Office of Strategic Services*) in Europa tätig. Aus unerfindlichen Gründen blockierte die CIA jahrelang sein Ansuchen um die amerikanische Staatsbürgerschaft, bis Alexander Calder – ein weiterer mit Gerassi befreundeter Künstler – bei Justizminister Robert Kennedy intervenierte, der sich unverzüglich für die Einbürgerung von Gerassi und seiner Familie einsetzte. Danach widmete sich Gerassi bis zu seinem Tod im Jahr 1974 vorrangig der Malerei und unterrichtete zusammen mit seiner Frau an der bekannten *Putney School* in Vermont.

Wer immer mich nach Name und Herkunft fragte, erwartete natürlich, dass ich mit einem Wort antwortete, was ich aber, wie der lange Ausschnitt oben zeigt, nie konnte. Die Antwort, der Name sei spanischen Ursprungs, komme aber aus Bulgarien, führte unweigerlich zu komplizierten Erklärungen und weiteren Fragen, auf die ich mich nicht einlassen wollte. In meinem zutiefst persönlichen Gedichtband *(Ein Tagebuch des Grolls*[6]*)* findet sich auch ein langes Gedicht, das folgendermaßen beginnt:

„WIE BUCHSTABIERT MAN IHREN NAMEN?"
D wie David.
J wie Joseph.
„Stop.
Ich brauche nur den Nachnamen."

„Das *ist* der Nachname!
Also, nochmal von vorn."

D wie *David.*
J wie *Joseph.*
E wie *Elizabeth.*
R wie *Robert.*
A wie *Alice.*
S wie *Saccharin.*
S wie *Saccharin.*
I wie *Ida.*

Eine Litanei, tausendfach wiederholt,
Seit er 1939 an diesen Ufern gelandet ist.
Immer der gleiche Text;
Aber warum diese Namen?

David, Joseph, Robert? Die kenne ich kaum.
Elizabeth, Ida? Unbekannt.
Alice? Meine Mutter.
Warum *Saccharin?* Ist dies der Schlüssel?

---

6   *Ein Tagebuch des Grolls 1983–1984 (A Diary of Pique 1983–1984)* – zweisprachige Gedichtsammlung von Carl Djerassi (aus dem Amerikanischen von Sabine Hübner). Haymon Verlag, Innsbruck 2012; in Nordamerika vertrieben von der University of Wisconsin Press

Süß, aber synthetisch.
(Warum nicht? Ich bin Chemiker.)

Den Rest des langen Gedichts überspringe ich, da die ganze Frage nach meinem Namen eigentlich nur der Einstieg ist in das, was nun folgt: ein riskanter Weg, voll längerer Textauszüge aus meinen späteren Romanen, weil ich im Rückblick erkannt habe, dass ich mich in meinen ersten drei Romanen wie die sprichwörtliche Motte verhielt, die das Licht umflattert. Doch in den nächsten beiden Romanen steuerte ich geradewegs auf die Flamme zu, denn in *Menachems Same* und vor allem in *NO* spielt das Judentum eine unverzichtbare Rolle in der Handlung insgesamt. Aber warum *riskant*? Weil ich mich erst, als ich den jüdischen Faden in meinen Romanen aufnahm, für Bereiche entschied, die tatsächlich mit der wenig zielstrebigen Erkundung meiner jüdischen Identität in Zusammenhang standen. Es wäre unsinnig (weil es inkorrekt wäre), in diesen Romanen nicht nach meinen innersten Gedanken zu suchen. Aber wie kann ich das tun, ohne ausgiebig aus ihnen zu zitieren und ohne beim Leser den Verdacht zu erregen, ich würde meine Romane ostentativ anpreisen? Aber er würde sich irren, denn was folgt, ist ein Bewusstseinsstrom, gestützt auf eine Flut von Selbstzitaten. Es ist wie der Schlag auf so vielen Wiener Desserts: Er lässt sich ohne weiteres mit dem Löffel beiseiteschieben (wenn auch mit gelegentlichem Bedauern). So können die zitierten Ausschnitte auch einfach übersprungen werden. Aber so wie Wiener Süßspeisen ohne Schlag keine Wiener Süßspeisen mehr sind, so wird dem Juden, den ich beschreiben möchte, ohne meine Selbstzitate etwas Wichtiges fehlen.

Jüdische Themen in der Belletristik

Nachdem ich diese Warnungen offen zum Ausdruck gebracht habe, werde ich mich nun auf den besagten riskanten Weg begeben. In *Menachems Same* ging es mir um eine halbfiktive Beschreibung der Pugwash-Bewegung, der ich fast zwanzig Jahre angehörte – eine Organisation, die der breiten Öffentlichkeit und selbst den meisten

Naturwissenschaftlern unbekannt war, bis sie urplötzlich öffentliche Anerkennung erfuhr, als ihr und einem ihrer Gründer, nämlich Joseph Rotblat, 1995 gemeinsam der Friedensnobelpreis verliehen wurde. Pugwash wurde 1957 in der kältesten Phase des Kalten Krieges gegründet und bot ein Forum, in dem Naturwissenschaftler aus einander verfeindeten Ländern über die Lösung weltweiter Probleme diskutieren konnten, zunächst über nukleare Abrüstung, später aber auch über viele andere konfliktreiche Themen, die Diplomaten damals nicht ansprechen konnten oder wollten.

Das klingt harmlos und scheint auf den ersten Blick mit angeblich autobiografischen Betrachtungen nichts zu tun zu haben. Bis man bemerkt, dass ich in meinem Roman als Beispiel für die Bereiche, die Pugwash im Gegensatz zur üblichen Diplomatie erkunden konnte, eine der ersten Begegnungen zwischen Israelis und der PLO wählte – nämlich das Treffen 1977 in München, an dem ich als Beobachter teilnahm und bei dem der wichtigste Vertreter Israels Shalheveth Freier war, dem ich meinen Roman widmete. Seine Identität wird im Nachwort des Romans enthüllt:

Shalheveth Freier, dem dieses Buch gewidmet ist, las die ersten Fassungen mehrerer Kapitel, verstarb jedoch unerwartet am 27. November 1994, bevor mein Roman abgeschlossen war. Neben zahlreichen Ämtern, die er in Israel innehatte, war er zu unterschiedlichen Zeiten auch als Generaldirektor der israelischen Atombehörde tätig, als Direktor der Wissenschaftlichen Abteilung des Verteidigungsministeriums und bei seinem Ableben Vizepräsident des Weizmann-Forschungsinstituts und atompolitischer Berater der israelischen Regierung. Im Zweiten Weltkrieg kämpfte er in der Jüdischen Brigade der britischen Armee und war dafür verantwortlich, Tausende von jüdischen Flüchtlingen nach Palästina zu schmuggeln. In vielfacher Hinsicht hat er große Ähnlichkeit mit meinem fiktiven Helden Menachem Dvir. Aber anders als Dvir, der im früheren Belgisch-Kongo geboren wurde, kam Shalheveth Freier in Eschwege in Deutschland zur Welt und verließ seine Heimat, als Hitler an die Macht kam.

Ich habe Shalheveth Freier fast zwanzig Jahre gekannt. Viele unserer Begegnungen fanden anlässlich von „*Pugwash Conferences* on *Science and World Affairs*" statt, die mich zu meinen fiktiven Kirchberg-Konferenzen zu Wissenschaft und Weltgeschehen inspirierten. Über ein Jahr lang führte ich sowohl in Israel als auch in London zahlreiche Gespräche mit ihm über das Thema dieses Romans. Darüber hinaus hatte ich das Glück, Nutznießer seiner legendären Fähigkeiten als Briefpartner zu sein. Ich möchte meine Huldigung an diesen außergewöhnlichen Mann mit einem Auszug aus einem seiner Briefe beschließen:

[12. Mai 1994] *Lassen Sie mich bitte wissen, ob sich Ihr Roman auch auf das Jahr 1981 erstreckt. Von 1970 bis 1985 war ich der einzige Mittelsmann zwischen der israelischen und der sowjetischen Regierung, und die Zeit nach der Bombardierung des Reaktors war ziemlich dramatisch, da gewisse Übereinkünfte erzielt werden mussten bezüglich des Ausmaßes, in dem Israel bestraft werden sollte oder bereit war, sich bestrafen zu lassen. Mein Ansprechpartner auf sowjetischer Seite war damals Primakow, zu der Zeit Direktor des Instituts für Asiatische Forschungen der Sowjetischen Akademie und heute Chef der russischen Spionageabwehr.* [Anmerkung des Autors: Am 9. Januar 1996 wurde Jewgenij Primakow von Präsident Boris Jelzin zum Außenminister Russlands ernannt.]

Was ich weder in diesem Vorwort noch an anderer Stelle je erwähnt habe, ist, dass sich unsere Wege im Säuglingsalter gekreuzt haben könnten, und zwar ausgerechnet in Sofia, wo Freiers Vater, ein orthodoxer Rabbiner aus Berlin, eine aktive orthodoxe Gemeinde zu gründen versuchte. Er hatte keinen Erfolg und kehrte bald darauf nach Berlin zurück, aber Freier und ich meinten einmal im Scherz, es sei nicht auszuschließen, dass die beiden Kinderwagen, in denen der in Wien geborene Carl und der in Eschwege geborene Shalheveth saßen, 1924 in Sofia durch den gleichen Park geschoben wurden.

Aber warum wählte ich den Namen „Menachem Dvir" als Pseudonym für Shalheveth Freier? Shalheveth ist nicht nur ein ungewöhnlicher Name, sondern auch einzigartig jüdisch, und darum wollte ich einen Namen mit ähnlichen Eigenschaften. Menachem war zwar eindeutig ein geeigneter Kandidat, aber warum entschied ich

Shalheveth Freier 1990

mich gerade für ihn? In meinem persönlichen Datenspeicher hat er seinen Ursprung in der Verleihung der ersten Wolf-Preise 1978 in Israel, als ich den Preis für Chemie erhielt – eine Veranstaltung, die von einem Großteil des naturwissenschaftlichen Establishments Israels boykottiert wurde. Ich werde neuerlich eine etwas nebensächliche Geschichte anführen, indem ich aus meinem Roman *NO* zitiere, der ebenfalls weitgehend in Israel spielt und in dem ich einen kurzen Auftritt à la Hitchcock habe – in einem Telefongespräch zwischen Renu Krishnan und ihrem amerikanischen Studienbetreuer Professor Frankenthaler von der Brandeis University. Da mir der Preis nicht wie erwartet vom israelischen Staatspräsidenten Katzir überreicht wurde, sondern von Ministerpräsident Menachem Begin, wählte ich seinen Vornamen für meinen Roman:

Renu gab ihm eine kurze Zusammenfassung des Briefes, den sie am Vortag an ihn abgeschickt hatte, und schilderte dann knapp die Verleihung der Wolf-Preise sowie die negative Reaktion der israelischen Wissenschaftler.

„Das ist das einzige Land mit einem Biochemiker als Staatspräsidenten, und Ephraim Katzir bringt es fertig, nicht zu erscheinen."

Renu wusste ganz genau, dass das die Art von Klatsch war, die der Prof über alles liebte. „Der Ministerpräsident, Menachem Begin, musste ihn vertreten. Ich war von der Heftigkeit der Kritik überrascht, aber einer meiner jüngeren Kollegen am Hadassah hat es mir erklärt: ‚Die Wolf-Stiftung hat einen großen Fehler gemacht: Unter den ersten Preisträgern hätte wenigstens *ein* Israeli sein müssen. Aber warten Sie nur, bis einer unserer eigenen Wissenschaftler einen Wolf-Preis bekommt! Sobald die Brüder glauben, dass *sie* Aussichten auf 100.000 Dollar haben, werden sie prompt erscheinen.' Sie hätten sehen sollen, wie –"

„Sagten Sie 100.000?", fiel ihr Frankenthaler ins Wort. „Der Wolf-Preis? Nie davon gehört." Normalerweise hätte Frankenthaler eine derartige Wissenslücke niemals zugegeben. Aber der sechsstellige Dollarbetrag, den seine Lieblings-Postdoktorandin soeben erwähnt hatte, gewann die Oberhand. „Was waren das noch mal für Disziplinen? Wer schlägt die Kandidaten vor? Wer waren die Preisträger?"

„Zwei Männer aus dem Mittleren Westen – ich glaube aus Wisconsin und Illinois – für Agronomie. Und zwei für Mathematik – einer aus Russland und einer aus Deutschland. Leider kann ich mich nicht mehr an die Namen erinnern. Und drei in Medizin, die ihn für ihre Arbeit auf dem Gebiet der Histokompatibilitätsantigene bekamen."

„Snell aus Bar Harbor?", fragte Frankenthaler rasch.

„Ja. Für seine Arbeit an Mäusen. Dausset aus Paris und Van Rood aus den Niederlanden teilten ihn sich für ihre Arbeit am Menschen." [Anmerkung des Autors: Zwei Jahre danach erhielten Dausset und Snell den Nobelpreis.]

„Wer noch?"

„Ach, ja!", rief Renu aus. „Der interessanteste war für mich der in Physik: Er ging an Chien-shiung Wu von der Columbia. Ich habe immer wieder sagen hören, dass Lee und Yang den Nobelpreis eigentlich mit ihr hätten teilen müssen wegen des Beitrags, den sie beim experimentellen Nachweis der Paritätsverletzung geleistet hat. Es war jedenfalls schön, dass ihn eine Frau bekam. Allein", betonte sie.

„War das alles? Ich bin überrascht, dass es keinen Preis für Chemie gibt."

„Den hätte ich beinahe vergessen!", rief Renu aus. „In Chemie gab es auch nur *einen* Preisträger, der außerdem einen ziemlich ausgefallenen Namen hat. Er heißt Djerassi."

„Etwa Isaac Djerassi für seine Arbeit auf dem Gebiet der Methotrexat-Behandlung bei Leukämie? Ich habe ihn letztes Jahr in Pennsylvania kennengelernt. Diese Wahl hätte die Israelis doch freuen müssen – er ist ein bulgarischer Jude, der an der Hebräischen Universität studiert hat, bevor er in die Staaten ging. Aber ich hätte eher gedacht, dass er ihn für Medizin erhält und nicht für Chemie."

„Nicht *Isaac* Djerassi, sondern *Carl* Djerassi. Aus Stanford. Er bekam ihn für die chemische Synthese der Pille. Ich weiß nicht, warum ich ihn nicht zuerst erwähnt habe. Ich war einmal in einer Vorlesung von ihm über die Zukunft der Geburtenkontrolle – die ihm zufolge ziemlich trostlos aussieht –, als ich in Stanford in Biochemie promoviert habe. Ein guter Redner, aber ganz schön eingebildet, würde ich sagen."

Damit komme ich endlich zum Nachnamen meines fiktiven Menachem und folglich zu Liko Djerassi alias Liko Dvir, den ich bereits zu Beginn dieses Kapitels erwähnt habe. Zu der Verleihung des Wolf-Preises wurde ich von meinem Vater, meiner Stiefmutter Sarina, meiner Tochter Pamela und meiner späteren Frau, Diane Middlebrook, begleitet. An einem der darauffolgenden Tage organisierte mein Vater eine Zusammenkunft des großen, ehemals bulgarischen Djerassi-Clans, dessen Mitglieder damals in der Nähe von Jaffa lebten. Likos Eltern waren ebenfalls anwesend, und so kam das Gespräch auch auf meinen Vetter, sein Leben, seinen Tod und auf seine Wahl des Namens *Dvir*. Diese familiären Fakten prägten sich zweifellos meinem Unterbewusstsein ein, um schließlich rund 18 Jahre später wieder aufzutauchen, als ich für meinen Roman einen hebräischen Familiennamen suchte.

Der Leser mag mit Recht einwenden, dass die weitschweifigen Erklärungen zu Shalheveth Freier und Menachem Dvir im Grunde nichts zum Thema meines offenbar wachsenden jüdischen Bewusstseins beitragen, sondern lediglich zeigen, dass ich in Israel gewesen bin und verschiedene Eindrücke in meinen Roman übernommen habe. Tatsächlich war ich seit Mitte der 1950er Jahre mehrfach nach Israel gereist, aber stets als amerikanischer – und nicht als jüdischer – Naturwissenschaftler, der auf Einladung Vorträge am Weizmann-Institut in Rehovoth, am Technion in Haifa und an der Hebräischen Universität in Jerusalem hielt. Doch in diesem Fall befände sich der Leser im Irrtum, denn die wichtigste weibliche Figur in *Menachems Same* ist eine weiße angelsächsische protestantische Amerikanerin, eine noch junge Witwe namens Melanie Laidlaw, die auf einer Kirchberg-Konferenz eine Affäre mit dem verheirateten Menachem Dvir hat und daraufhin zum Judentum konvertieren will – eine literarische Erfindung, die es nötig machte, genau zu recherchieren, wer für israelische Rabbiner ein Jude ist. Melanie wird ohne Menachems Wissen, der seit einem Strahlenunfall zeugungsunfähig ist, mit Hilfe des neuentdeckten ICSI-Verfahrens absichtlich schwanger. Ihre Schuldgefühle veranlassen sie, noch vor der Entbindung zum Judentum überzutreten, damit ihr Kind zumindest als Jude geboren wird, da nur Jude ist, wer eine jüdische Mutter hat.

Bis zu diesem Moment hatte ich weder genau gewusst, wie man zum Judentum konvertiert, noch die Einschränkungen und Verpflichtungen gekannt, die ein solcher Schritt mit sich bringt. Fragte ich, ein geborener „Jude", mich etwa im Unterbewusstsein zum ersten Mal in meinem Leben, ob ein „Jude" die Anführungszeichen durch einen Übertritt zum Judentum loswerden kann? Jedenfalls begann ich mich nicht nur intensiv in die rabbinischen Gesetze einzuarbeiten, sondern befragte auch vier Reformrabbiner – darunter zwei Frauen – in San Francisco, London und Jerusalem. Die Quintessenz dieser Befragungen gebe ich hier in einem Auszug aus *Menachems Same* wieder – nicht aus Eigenwerbung, sondern weil ich mich hier zum ersten Mal ernsthaft mit Fragen des nackten Wortes *Jude* ohne die lästigen Anführungszeichen konfrontiert sah. Der folgende Dialog findet statt zwischen Melanie, die endlich herausgefunden hat, wie sie mit Hilfe einer Reformrabbinerin zum Judentum konvertieren kann – einer Rabbinerin, die bereit ist, über Dinge hinwegzusehen, die orthodoxe oder konservative Rabbiner nicht billigen würden –, und ihrem Freund Felix Frankenthaler, einem säkularen Juden, der in dieser Szene eindeutig mein fiktives Alter Ego ist. (Es gilt anzumerken, dass bei meinen eigenen Recherchen für den Roman drei der vier Rabbiner, die ich befragte, eine auf Melanies Motiven beruhende Konversion nicht billigten, was wieder einmal beweist, dass es sich lohnt, mehrere Meinungen einzuholen.)

„Das ist ja ein Ding", sagte Frankenthaler. „Bist du schon konvertiert?" Er ließ sich auf das Sofa zurücksinken.

„Noch nicht, aber es dauert nicht mehr lange. Dein Rat, das Jüdische Theologische Seminar anzurufen, war goldrichtig. Sie haben mich an eine Reformrabbinerin verwiesen, die mich in ihre Konvertitenklasse aufgenommen hat."

„Und du hast dieser Rabbinerin einfach gesagt, dass du Jüdin werden willst, damit dein Sohn als Jude geboren wird?"

Melanie zögerte. „Nein", sagte sie schließlich.

„Von einem konservativen Rabbi erfuhr ich, welche fünf Fragen einem gestellt werden, wenn man zum Reformjudentum übertreten will."

„Fünf? Nicht mehr und nicht weniger?"

„Fünf. Die erste – und die wird mir die Rabbinerin bei der Zeremonie in der Synagoge stellen – lautet, ob ich all das aus eigenem freien Willen tue. In meinem Fall heißt die Antwort natürlich ‚ja', da mich niemand dazu zwingt."

„Was noch?"

„Ob ich meine frühere Religionszugehörigkeit aufgegeben habe. Und ob ich Treue gegenüber dem jüdischen Volk und dem Judentum gelobe; und dann natürlich, ob ich verspreche, meine Kinder im jüdischen Glauben zu erziehen."

„Bleibt noch eine."

Melanie starrte ihn verblüfft an. „Hast du mitgezählt? Dann muss ich eine ausgelassen haben. Egal", sagte sie schulterzuckend. „Ich habe der Rabbinerin jedenfalls gesagt, dass ich die Sache so schnell wie möglich durchziehen möchte."

„Ich will ja nicht neugierig sein", sagte Frankenthaler, „aber als geborener Jude habe ich keine Ahnung, wie so eine Konversion vonstatten geht. Erzähl mir doch, was du alles wissen musst." Er beugte sich gespannt vor.

„Gern", sagte Melanie gutmütig. „Dann will ich dir mal demonstrieren, was ich schon alles gelernt habe. Gerade habe ich mit den Responsen angefangen, die ich am faszinierendsten finde. Das sind nämlich die rabbinischen Antworten auf jüdische Fragen, die bis heute laufend herausgegeben werden. Ich zeige dir das Buch. Es liegt auf dem Nachttisch."

Melanie kehrte mit einem Taschenbuch mit dem Titel *Amerikanische Reform-Responsen: Jüdische Fragen, rabbinische Antworten* zurück. „Es ist schier unmöglich, sich eine Frage auszudenken, die noch nicht gestellt und noch nicht rabbinisch beantwortet wurde." Sie schlug das Inhaltsverzeichnis auf. „,Organverpflanzungen', ,Selbstmord', ,Die jüdische Einstellung zu sexuellen Beziehungen zwischen mündigen Erwachsenen', oder hier, ,Künstliche Befruchtung'. Ein Thema, das man in talmudischen oder rabbinischen Quellen natürlich vergeblich suchen wird. Und darum ist das Interessante an den Responsen, wie moderne Rabbiner mit modernen Fragen umgehen. Oder auch alten." Melanie wanderte die Seite hinunter. „,Masturbation'. Hier steht die Frage dazu."

Melanie setzte sich neben Frankenthaler auf das Sofa, damit beide in das Buch sehen konnten. „,Was sagt die Überlieferung zur Masturbation?'", las sie vor. „,Werden Unterschiede gemacht zwischen Männern und Frauen, Jungen oder Alten, Verheirateten oder Unverheirateten?' Keine schlechte Frage", sagte sie und klappte das Buch zu.

„Und wie lautet die Antwort?"

Sie ging mit einem Schulterzucken darüber hinweg. „Ich leihe dir das Buch, wenn ich damit durch bin."

Frankenthaler hob abwehrend die Hände. „Nein, vielen Dank. Ich muss ohnehin schon viel zu viel lesen. Gib mir einfach einen kurzen Abriss."

„Masturbieren ist weder schädlich noch sündhaft. Egal, ob bei Männern oder Frauen. Zumindest ist das der Reformstandpunkt."

„Ist das alles, was sie dir beibringen?"

Melanie warf ihm einen Blick zu. Wollte er sich über sie lustig machen, oder interessierte es ihn wirklich?

„Musst du eine Prüfung ablegen?"

„Ja, zum Abschluss. Aber meine Rabbinerin besteht darauf, sich gelegentlich auch privat mit mir zu treffen. Bei unserem letzten Treffen hat sie mich ein bisschen abgefragt, und ich habe mich glänzend geschlagen. Sie hat mich gefragt, welcher jüdische Feiertag der wichtigste ist. Ich war schon im Begriff, ‚Jom Kippur‘ zu sagen, aber dann schien mir das zu einfach zu sein."

„Und was hast du gesagt?"

„Der Sabbat! Und wie sich herausstellte, war das die richtige Antwort, weil es der einzige Feiertag ist, der bereits in den Zehn Geboten erwähnt wird."

„Du wirst also tatsächlich Jüdin." Er schüttelte verwundert den Kopf.

„Das kommt auf die Definition an. Jedenfalls machen mir die Gespräche mit der Rabbinerin Spaß. Übrigens weißt du doch sicher, dass alle jüdischen Namen eine Bedeutung haben, oder?"

„Ja, doch."

„Ich habe die Rabbinerin nach der Bedeutung von ‚Menachem‘ gefragt. Es bedeutet ‚Tröster‘. Ziemlich passend, wie ich finde."

„Dann", sagte Frankenthaler sanft, „ist also Menachem Dvir der Vater, habe ich Recht?"

Wieso lernte ich, der „Jude" Carl Djerassi, unter dem Pseudonym Felix Frankenthaler, mit 73 Jahren endlich, wie das Judentum einen echten Juden definiert? Und warum lasse ich Melanie in diesem Ausschnitt erwähnen, dass sie *Amerikanische Reform-Responsen: Jüdische Fragen, rabbinische Antworten* gelesen hat? Weil ich sowohl diesen Text als auch den *Kizzur Schulchan Aruch* von Rabbi Schelomo Ganzfried konsultiert habe, und das nicht nur für diesen Roman, sondern auch für den nächsten mit dem Titel *NO*. In diesem letzten Band meiner „Science-in-Fiction"-Tetralogie benutzte ich die Figur der Renu Krishnan, einer hinduistischen Inderin, die sich während eines kurzen Forschungsaufenthalts in Israel in einen israelischen Naturwissenschaftler namens Jephtah (hebräisch „Jiftach", das heißt: „Er wird öffnen") Cohn verliebt, den sie später heiratet. Dabei lernt sie die meiner Meinung nach wahrlich absonderlichen Restriktionen kennen, die die orthodoxe Theokratie einem ansonsten modernen Israel aufzwingt. Der folgende, stark gekürzte Auszug aus diesem Roman zeigt, wie ich in Renus Worten meine eigene Missbilligung zum Ausdruck brachte.

„Da, schau dir das Buch an, während ich die übrigen Sachen auftrage." „Nicht zu fassen!", entfuhr es ihm. *Kizzur Schulchan Aruch* von Rabbi Schelomo Ganzfried. Wieso hast du dir dieses Buch über die Vorschriften des jüdischen Lebens besorgt? Wo hast du es gefunden?"

„Da ich nicht nur mit Juden zusammenarbeite, sondern inzwischen auch mit einem Juden schlafe", sagte sie und warf ihm vom Herd aus einen verliebten Blick zu, „dachte ich, dass ich etwas über jüdische Religion und Bräuche lernen sollte. Eine Verkäuferin in einer Buchhandlung hat es mir empfohlen."

„Aber es ist furchtbar *orthodox*", platzte er heraus.

„Wie viel davon hast du schon gelesen?", fragte er mit einer wegwerfenden Handbewegung in Richtung des Buches.

„Das Meiste habe ich nur überflogen. Aber einige Kapitel habe ich genau durchgelesen, zum Beispiel über Frauen, über die Menstruation, über Sex – wobei es meist darum geht, wann man *keinen* haben darf. Mir war gar nicht bewusst gewesen, dass Juden mit so vielen Verboten leben müssen. Nach dem jüdischen Gesetz scheint alles, was nicht verboten ist, zumindest Einschränkungen unterworfen zu sein."

„Nach *orthodoxem* jüdischem Gesetz." Er nahm das Buch in die Hand, knallte es dann aber wieder auf den Tisch. „Diese *charedim*!"

„Reg dich ab, Jephtah, und setz dich hin." Sie führte ihn zum Stuhl. „Was sind *charedim*?"

„Die, die zittern' – vermutlich vor lauter Gottesfurcht –, die Ultraorthodoxen", brummte er. „Und wie du siehst, zittere ich ebenfalls – aber vor Zorn."

„Reg dich ab", sagte sie noch einmal. „Ich habe nicht vor, orthodox zu werden. Aber ich musste einfach einiges davon lesen, weil ich es so ..." Sie zögerte. „So komisch oder zumindest so unterhaltsam fand."

„Ich will dir sagen, warum ich einige Abschnitte so komisch fand." Sie blätterte ein Weilchen, bis sie Kapitel 150 fand. „Es gebührt sich für den Menschen, sich zur Zeit des Eheverkehrs an besondere Heiligkeit und reine Gedanken und würdige Gesinnung zu gewöhnen. Er verkehre so sittsam wie möglich. Der Mann unten und die Frau über ihm gilt als ein Akt der Schamlosigkeit.' Jephtah", kicherte sie reumütig, „wir haben uns schamlos verhalten. Warte." Sie hielt Jephtah den Mund zu. „Nur noch eines, etwas aus Kapitel 151, das sich auf unser Forschungsprojekt bezieht. Ich zitiere: ,Es ist verboten, sich absichtlich zu körperlicher Erregung zu bringen oder an eine Frau zu denken. Man nehme sich sehr in Acht, dass man nicht zu körperlicher Erregung komme. Darum ...'" Renu kicherte hämisch. „Darum darf man nicht auf dem Rücken, mit dem Gesicht nach oben, schlafen, auch nicht mit dem Gesicht nach unten schlafen, sondern schlafe auf der Seite, dass man nicht zu körperlicher Erregung komme.'"

Zu ihrer Überraschung lächelte er nicht einmal. „Was ist denn? Hast du Angst, dass ein rabbinisches Verbot gegen Stickoxid erlassen wird?" Sie grinste verschwörerisch. „Vielleicht bringt es Glück, dass das chemische Symbol NO ist."

„Sicher, in gewisser Hinsicht ist das Ganze schon komisch, aber nicht unbedingt in Israel, und schon gar nicht in Jerusalem. Wenn die *charedim* in diesem Land das Sagen hätten ..." Er schüttelte den Kopf. „Sie können zwar nicht kontrollieren, was wir im Bett machen, aber mit Sicherheit könnten und würden sie unser tägliches Leben beeinflussen. Du brauchst nur mal die Kapitel in deinem Buch zu lesen, die sich mit dem Sabbat befassen. Mal sehen, wie anwendbar einige davon für das Leben im Jahre 1980 sind." Er fuhr mit dem Finger das Inhaltsverzeichnis hinunter. „Da ist es: Kapitel 80. *Einiges von den am Sabbat verbotenen Arbeiten.* ,Von einem schwarzen Kleid darf man nicht Schnee oder Staub abschütteln; man darf aber mit der Hand Federn davon entfernen'", las er vor und blätterte dann Seite um Seite weiter. „Davon gibt es insgesamt 93 Paragrafen! Das wusste ich gar nicht." Er knallte das Buch zu. „Aber Schluss jetzt mit körperlicher Erregung, frommen Gedanken beim Eheverkehr und wer auf wem liegt – „

„Gott bewahre!", fiel Renu ihm in typisch israelischer Manier ins Wort, sodass selbst Jephtah lachen musste.

„Genau das tut Er den *charedim* zufolge auch", sagte er grinsend. „Aber lass mich mit meiner Litanei fortfahren. Nehmen wir mal die beiden wichtigen Bereiche Ehe und Geburt, um aufzuzeigen, wie heuchlerisch und politisiert unsere Gesellschaft geworden ist – fast schon eine Theokratie. Angenommen, du willst einen israelischen Juden heiraten. Das kannst du nicht. Nicht in Israel, weil hier nur religiöse Eheschließungen anerkannt werden und du folglich ebenfalls Jude sein müsstest."

„Na und? Ich könnte doch konvertieren. Hindus können auf diesem Gebiet sehr tolerant sein."

„Aber du müsstest auf orthodoxe Weise konvertieren." Er deutete auf das Buch, das zu Boden gefallen war. „Andere Konversionen werden nicht anerkannt."

„Aber es gibt doch sicher noch andere Möglichkeiten."

„Stimmt", sagte er nickend. „Du kannst nach Zypern fliegen und dich standesamtlich trauen lassen. Das liegt am nächsten."

„Und wenn ich mit meinem Mann nach Israel zurückkomme?"

„Nach jüdischem Gesetz würde deine Ehe nicht anerkannt und ein aus dieser Verbindung hervorgehendes Kind würde nicht als Jude gelten." Als er ihren entsetzten Blick sah, sprach er hastig weiter. „Ich will dir sagen, warum mich diese ganze Heuchelei so ärgert. Wenn deine Eltern Juden wären – sagen wir indische Juden aus Cochin – und du nie etwas mit jüdischer Religion zu tun gehabt hättest, nie in die Synagoge gegangen wärst, nie auch nur das kleinste Sabbat-Gebot befolgt hättest, nicht einmal so, wie wir beide das gerade getan haben, dann könntest du dennoch ganz legal in Israel heiraten. Aber wenn du, eine Hindu, streng nach seinen Regeln leben würdest, wärst du für die Orthodoxen noch immer ein Goj und dein Kind wäre es ebenfalls." Er schüttelte angewidert den Kopf.

„Zumindest wäre es kein Bastard", sagte Renu tröstend.

Jephtah warf die Hände in die Höhe. „Kein Bastard? Dann will ich dir mal etwas über die orthodoxe Einstellung zur Bastardschaft erzählen, die hier *mamserut* heißt. Ein unehelich geborenes Kind einer jüdischen Mutter oder jüdischer Eltern gilt nicht als Bastard, vorausgesetzt, die Verbindung könnte theoretisch legalisiert werden. Falls aber – und das ist ein ganz gewaltiges Aber – die

Mutter bereits verheiratet ist, also Ehebruch begangen hat, dann ist das Kind ein *mamser*."

„Nur im Fall der Mutter? Was ist, wenn der Vater bereits verheiratet ist?"

„Der kann herumhuren, so viel er will", rief Jephtah bitter aus. „Aber", er hob warnend den Finger, „das orthodoxe Gesetz kann noch grausamer sein. Ein *mamser* kann nie einen Juden heiraten, was bedeutet, dass er in Israel nie rechtsgültig heiraten kann, und dieses *mamser*-Stigma kann nie getilgt werden. Es wird an alle künftigen Generationen weitergegeben: Den Orthodoxen zufolge kann ein *mamser* bis in alle Ewigkeit nur einen *mamser* heiraten."

„Vielleicht gibt es dafür historische Gründe."

„*Vielleicht*? Natürlich gibt es die. Die gibt es bei uns Juden immer. In diesem Fall machten die historischen Gründe durchaus Sinn – vor zweitausend Jahren oder so. Ich kann doch auch Achtung vor der Geschichte haben, ohne akzeptieren zu müssen, dass die ganze biblische Geschichte unverändert auch heute anwendbar ist. Aber genau das ist die Ansicht der *charedim*."

„Woher weißt du so viel über *mamser*?" Renu versuchte Jephtahs Zorn zu entschärfen, aber sie war auch neugierig.

„Weil ich einer bin."

Ich werde Renus und Jephtahs Empörung nicht weiter ausführen, denn das, was ich anhand von Zitaten aus meinen beiden letzten Romanen schildere, sind lediglich sachlich korrekte Feststellungen meiner beiden Stellvertreter hinsichtlich der Regeln und Restriktionen des orthodoxen Judentums, für die ich weder Verständnis noch Sympathie habe. Im Übrigen sagen sie noch immer nichts Entscheidendes über Carl Djerassis Einstellung zu seiner eigenen jüdischen Identität aus. Aber sie veranschaulichen, dass ich erst im vorgerückten Alter rabbinische Gesetzeswerke zu studieren begann, die mich offen gesagt verblüfften, da darin praktisch alle nur erdenklichen Eventualitäten behandelt werden. Einige erschienen mir potenziell relevant, etwa „Kaiserschnitt an einer toten Mutter", „Judaismus und Homosexualität" oder sogar „Vorausbestimmung des Geschlechts" (geschrieben 1941 – rund fünfzig Jahre vor der Erfindung von ICSI, das die Wahl des Geschlechts im Voraus möglich macht!). Aber was ist mit „Ehe mit der Halbschwester der Mutter", „Stellung eines nicht beschnittenen zurückgebliebenen Erwachsenen" oder „Wie man die Haare wäscht"? Ein unbeschnittener zurückgebliebener Erwachsener, dessen Haare gewaschen werden, ist gewiss kein Thema, das einem Sorgen machen sollte, aber unterbewusst war zumindest auch der Wunsch vorhanden, mich durch die Aneignung von Sachkenntnissen auf ein Zwiegespräch mit mir selbst vorzubereiten, das ich nur in meinen Büchern halten konnte – daher die zahlreichen Zitate aus meinen Romanen und Dramen. Ich hatte mich vor 2006 nie weiter darauf eingelassen, einem Jahr, das einen Wendepunkt markierte und auf das ich gerne verzichtet hätte, wenn es nach mir gegangen wäre.

Ich will dieses traumatische Jahr kurz zusammenfassen, das einschneidende Veränderungen in meinem Leben zur Folge hatte. An Heiligabend 2005 – medizinisch gesehen der schlechteste Tag des Jahres, den man sich dafür in England aussuchen kann, da bis Anfang Januar alles geschlossen ist – brach ich mir die Hüfte und die Schulter, als ich abends versuchte, den letzten Zug von Oxford nach London zu erreichen. Während die anderen Fahrgäste an mir vorbei zu dem anfahrenden Zug rannten, lag ich benommen auf dem nassen Bahnsteig und hatte starke Schmerzen. Wenn mein Enkel nicht bei mir gewesen wäre, hätte ich dort womöglich bis zum nächsten Morgen gelegen, da kein Mensch mehr zu sehen war. Als der Rettungswagen eintraf, um mich in die *Radcliffe Infirmary* in Oxford zu bringen, kam zu allem Übel über Funk die Nachricht, dass in der Küche der Klinik Feuer ausgebrochen war, sodass der Rettungswagen angewiesen wurde, mich stattdessen in ein knapp 50 Kilometer entfernt liegendes Provinzkrankenhaus zu bringen. Mein Enkel musste am nächsten Vormittag zurück in die USA, und nach einer Notoperation lag ich eine Woche lang allein in diesem Krankenhaus. Allein, weil meine Frau, bei der ein unheilbares Liposarkom diagnostiziert worden war, kurz danach von London nach Deutschland fliegen musste, um sich einer elfstündigen Operation zu unterziehen, die ihr Leben schließlich um fast zwei Jahre verlängerte. Während ich also in London wochenlang praktisch hilflos und auf Krücken angewiesen war, lag sie in einem deutschen Krankenhaus, wo ich sie nicht besuchen konnte. Meine Niedergeschlagenheit wurde noch größer, wenn ich daran dachte, dass mein Vater einige Jahre davor im Alter von 96 gestorben war – infolge einer Knocheninfektion, nachdem er sich die Hüfte gebrochen hatte. Diese Ereignisse und die Erkenntnis, dass meine Frau und ich von nun an unter dem Damoklesschwert ihres nicht allzu fernen Todes leben mussten, ließen mich als Überlebensstrategie im Alter von 83 Jahren wie ein Besessener an einem Buch arbeiten, das in Stil und Inhalt völlig anders war als alles, was ich bis dahin geschrieben hatte – ein Buch, das meiner Frau gewidmet ist. (Obwohl sie das Erscheinen des wunderschön gestalteten und reich illustrierten Bandes nicht mehr erlebte, las sie doch jedes fertige Kapitel und war sehr zufrieden damit.) Das Buch ist fast ausschließlich in Dialogform geschrieben, und sein übergreifendes Thema ist die Frage nach der jüdischen Identität.

Vier Juden auf dem Parnass

Dieses Buch, *Vier Juden auf dem Parnass – Ein Gespräch: Benjamin, Adorno, Scholem, Schönberg*, basiert nicht auf freier Erfindung, sondern ist eine faktentreue Biografie mit nur oberflächlich kaschierten wichtigen autobiografischen Komponenten. Doch was hatte mich veranlasst, biografische Recherchen über vier mitteleuropäische Intellektuelle des letzten Jahrhunderts anzustellen, die weder Naturwissenschaftler noch Personen waren, denen ich je besondere Aufmerksamkeit geschenkt hatte, abgesehen davon, dass ich gelegentlich Musik von Schönberg höre? Der folgende Auszug aus dem Vorwort zu *Vier Juden auf dem Parnass* erklärt meine Wahl:

Warum suchte ich mir gerade dieses Quartett aus? Weil alle vier der eigentümlichen Untergruppe deutscher und österreichischer Juden der Generation vor dem Zweiten Weltkrieg angehören, die oft berlinerischer oder wienerischer waren als ihre nichtjüdischen Landsleute. Keiner war tief religiös; einige von ihnen waren mehr oder weniger säkular. Dieser Generation und dieser Untergruppe gehöre auch ich an, und meine persönlichen Erfahrungen mit den unauslöschlichen Folgen, in den 30er Jahren in Wien als säkularer Jude aufzuwachsen, weckten in mir den Wunsch, die ganze Bandbreite der Bedeutung des Wortes „Jude" anhand von vier Personen zu untersuchen, die auf dieses Etikett völlig unterschiedlich reagierten. In jener Zeit des virulenten Antisemitismus gerieten gelegentlich selbst Nichtjuden wie Paul Klee – eine wichtige, aber stumme Figur in meinem Buch – unter Verdacht und wurden gebrandmarkt: Es genügte, dass ihr Beruf oder ihr künstlerisches Schaffen dem ihrer säkularen jüdischen Pendants ähnelte.

Aber meine Wahl dieser vier europäischen Juden hatte noch andere Gründe: Ich stieß in ihrem Leben auf Themen, mit denen ich mich auch in meinem eigenen auseinandersetzen wollte, da ich mich seinem Ende nähere. Genau wie in meiner Autobiografie beschloss ich, meine vier Protagonisten anhand ausgewählter Skizzen darzustellen, die nicht unbedingt chronologisch miteinander verbunden sind. In diesem Fall fiel meine Wahl auf Themen, die meiner Meinung nach in dem ansonsten überreich dokumentierten biografischen Material bisher entweder nicht eingehend genug oder sogar falsch dargestellt wurden. Und, was noch wichtiger ist, ich entschied mich, zur Charakterisierung meiner Personen Dialoge für sie zu schreiben. Man könnte die fünf Episoden daher als Szenen eines Prosa-Dokudramas einordnen, weil (bis auf zwei genannte Ausnahmen) jedes kleinste biografische Detail, das ich enthülle, auf historischen Dokumenten beruht, die aus der Bibliografie oder den persönlichen Interviews stammen, die am Ende des Buches angeführt sind.

Dieses Buch lässt sich nicht ohne weiteres einordnen. Handelt es sich um reine Biografie in Form eines Dokudramas? Statt diese Frage zu erörtern, möchte ich darauf hinweisen, dass es eine Reihe zu wenig beachteter oder gar außer Acht gelassener Aspekte im Leben dieser Männer behandelt – insbesondere ihre Beziehung zu ihren Ehefrauen (das Thema eines späteren Hörspiels von mir, das vom Österreichischen Rundfunk mehrmals gesendet wurde), die bedeutende Rolle, die Paul Klee in Form eines seiner berühmtesten Werke für sie spielte, sowie gewisse mysteriöse Aspekte des häufig diskutierten, aber nie bewiesenen Inhalts von Benjamins verloren gegangener Aktentasche, die er auf seiner Flucht über die Pyrenäen bis zu seinem Freitod im Jahre 1940 bei sich trug. Hier werde ich mich mittels ausgewählter Textpassagen einzig und allein auf die autobiografische Komponente beschränken, die mich veranlasste, dieses Thema überhaupt aufzugreifen: mangels eines gemeinsamen religiösen Etiketts die Frage der jüdischen Identität dieser vier Männer zu beleuchten, die beispielhaft dafür sind, welches Spektrum diese Identität vor dem Zweiten Weltkrieg in Mitteleuropa umfasste.

Theodor W. Adorno als der prototypische deutsche jüdische Nichtjude; Walter Benjamin als komplizierter schwankender deutscher Jude, der sich eigentlich nie entscheiden konnte, ob er ein deutscher Jude oder ein jüdischer Deutscher war; Gershom Scholem als der engagierte deutsche zionistische Jude; und Arnold Schönberg als der österreichische Jude, der aus beruflichen Gründen zum Protestantismus übertrat, jedoch zum Judentum zurückkehrte, als er die Sinnlosigkeit dieser nur allzu oft praktizierten lediglich vorgetäuschten Konversion erkannte. Und schließlich eine Kategorie von Juden, die insbesondere gegen Ende des 19. Jahrhunderts in Erscheinung trat, nämlich der mitteleuropäische nichtjüdische Jude, für den Paul Klee das Beispiel par excellence ist.

Natürlich spielt noch eine weitere Figur eine wichtige Rolle, nämlich die von Carl Djerassi, da ich der gleichen Untergruppe säkularer, bürgerlicher, österreichischer und deutscher Juden der Generation vor dem Zweiten Weltkrieg angehöre wie meine vier Protagonisten. Nachdem ich im Alter von 16 Jahren aus Nazi-Österreich geflohen und in die USA emigriert war, setzte ich alles daran, mich zu assimilieren. Nichts lag mir ferner, als meine jüdische Herkunft zur Schau zu tragen oder auch nur durchblicken zu lassen – ähnlich wie Adorno bei seiner Ankunft in den USA. Es vergingen Jahrzehnte, ehe ich, der typischerweise nicht zu Selbstbetrachtungen neigende und von seiner Arbeit besessene Naturwissenschaftler, Geschmack an der Introspektion fand. Dabei erhoben sich Fragen nach meiner jüdischen Identität, die ich in diesem Buch durch die vermeintlichen Worte von Adorno, Benjamin, Scholem und Schönberg zu beantworten suche. Während die ihnen zugeschriebenen biografischen Fakten exakt dokumentiert sind, musste das, was sie sagen und wie sie es sagen, die feinen Poren meines eigenen psychischen Filters durchlaufen.

Ich beschloss, einige dieser Fragen in Form von posthumen Gesprächen zu erörtern, die meine vier „Juden" auf dem Parnass führen, der allgemein akzeptierten Metapher für die höchste Anerkennung literarischer, musikalischer oder intellektueller Leistungen. Die Ankunft auf diesem erhabenen Gipfel beweist, dass der Prozess der Kanonisierung abgeschlossen ist, im Fall dieser vier Männer mit Fug und Recht. Was sie sowohl verbindet als auch unterscheidet, sind die Anführungszeichen, unter denen der Begriff „jüdische Identität" steht. Statt diese Unterschiede im üblichen Prosastil zu schildern, werde ich dies nun in Form der wesentlich konziseren und personifizierenden Form der direkten Rede tun, die ich für *Vier Juden auf dem Parnass* gewählt habe – ein Buch, auf das ich aus sehr persönlichen Gründen außerordentlich stolz bin. Der Hinweis möge genügen, dass ich mich, was das Thema jüdische Identität betrifft, am stärksten mit Adornos Selbstverständnis identifiziere – eine Schlussfolgerung, die ich in einem Potpourri ausgewählter Textstellen zusammenfassen werde, mit einem Finale in Wien, der Stadt, in der ich als Jude geboren bin, als „Jude" abgestempelt und vertrieben wurde.

SCHOLEM: Seien wir ehrlich. Heutzutage bedeutet antisemitisch in Wahrheit antijüdisch. Und ob ein Jude dasselbe ist wie ein Jude in Anführungszeichen? Und ob es dem Betreffenden überhaupt freisteht, die Anführungszeichen zu entfernen? Ich spreche hier nicht vom Naziterror, als aus den Anführungszeichen erst ein gelber Stern auf der Kleidung und dann ein unauslöschliches Zeichen auf der Haut wurde, sondern von der Zeit davor. Ludwig Börne schrieb schon 1832: „Die einen werfen mir vor, dass ich Jude bin, die anderen rühmen mich, weil ich es bin, wieder andere verzeihen es mir, aber alle denken daran." *(Pause)* Was bedeutet es also, Jude zu sein?

ADORNO: Die Frage ist: für wen? Den Judenhasser oder den Juden selbst?

SCHÖNBERG: Kandinsky und ich waren jahrelang befreundet und korrespondierten intensiv miteinander, bis ich einen antisemitischen Unterton entdeckte. 1923 schrieb ich ihm Folgendes: „Nun endlich habe ich kapiert und werde es nicht wieder vergessen. Dass ich nämlich kein Deutscher, kein Europäer, ja vielleicht kaum ein Mensch bin (wenigstens ziehen die Europäer die schlechtesten ihrer Rasse mir vor), sondern, dass ich Jude bin."

SCHOLEM: Warum haben Sie das geschrieben? Kandinsky war kein Antisemit!

SCHÖNBERG: Stimmt. Er versuchte es wiedergutzumachen, als er mir schrieb: „Es ist kein großes Glück, Jude, Russe, Deutscher, Europäer zu sein. Besser ist Mensch. Aber wir sollen doch zum ‚Übermensch' streben. Das ist die Pflicht der wenigen."

SCHOLEM: Und was haben Sie geantwortet?

SCHÖNBERG: Darauf gab es nichts zu antworten. Kandinsky konnte es sich leisten, diese Erklärung abzugeben, weil es die Wörter Russe, Deutscher oder Europäer nicht in Anführungszeichen gibt! Aber ich sah sie noch immer um das Wort Jude stehen.

SCHOLEM: Dann sollten wir vielleicht damit beginnen, was das Wort Jude ... aber ohne Anführungszeichen ... für jeden einzelnen von uns bedeutet. Aber wohlgemerkt ... im nichtreligiösen Sinn! Beginnen wir mit Paul Klee. Immerhin war er bei einem früheren Gespräch als stummer Zeuge dabei.

SCHÖNBERG: *(erstaunt)* Heißt das, Klee war Jude?

ADORNO: „Klee" klingt aber nicht jüdisch. Wie hieß er vorher?

SCHOLEM: *(lacht)* Na bitte! Schon haben Sie beide ein Kriterium bezüglich dessen erfüllt, was es bedeutet, Jude zu sein. Ein Jude ist nicht nur jemand, der sich ständig fragt, was es bedeutet, Jude zu sein, sondern sich auch immer überlegt, ob sein Gegenüber Jude ist. Und hinter dessen derzeitigem Namen, sofern dieser nicht jüdisch klingt, er sofort einen anderen vermutet.

SCHÖNBERG: War Klee nun Jude oder nicht?

SCHOLEM: Bereits 1919, als er sich um eine Anstellung an der Kunstakademie in Stuttgart bewarb, wurde er als Paul Zion Klee abgelehnt. Und als die Nazis ihn 1933 von der Düsseldorfer Kunstakademie verjagten, nannten ihn einige einen galizischen Juden und andere einen Schweizer Juden.

SCHÖNBERG: Was ihn aber nicht zu einem Juden macht. Er wurde auch der „Bauhaus-Buddha" genannt, aber deshalb war er noch lange kein Buddhist.

SCHOLEM: Ich bin erstaunt, dass gerade Sie das sagen. Unser Freund Wiesengrund ... oder sollte ich ihn jetzt Adorno nennen? ... wurde bei der Geburt katholisch getauft. Für religiöse Juden war er gar kein Jude, da seine Mutter eine korsische Katholikin war. Doch als Hitler an die Macht kam, verließ Herr Wiesengrund-Adorno Deutschland und ging nach Oxford und später in die USA, weil er in Frankfurt nicht mehr unterrichten durfte. Für die Nazis war er der Jude Wiesengrund geworden. Und Sie, Herr Schönberg? Sie konvertierten zum Protestantismus, als Sie 24 waren.

SCHÖNBERG: Wie Gustav Mahler, der Katholik wurde, um als Direktor der Wiener Hofoper angestellt zu werden.

SCHOLEM: (ironisch) Also, Ihre Kinder, die in Österreich geboren wurden, waren bei der Geburt Protestanten. Für die Antisemiten waren Sie aber alle miteinander Juden, und das machte Sie zum Juden.

SCHÖNBERG: Wir reisten ab ... und ich kehrte nie mehr zurück. Im Jahr 1933, bevor ich nach Kalifornien auswanderte, rekonvertierte ich in Paris ... im wahrsten Sinn des Wortes ... mit Chagall als meinem Zeugen. Ich fand, dass es noch nicht zu spät war, um einzusehen, dass ich durch Wiederherstellen meines jüdischen Selbstverständnisses auch mein Vertrauen in mich und meine schöpferischen Fähigkeiten wiederherstellen würde.

SCHOLEM: Sie brauchten 35 Jahre, um festzustellen: einmal ein Jude, immer ein Jude. Für die echten Judenhasser haben Taufe und Konversion noch nie gezählt ... Vor allem dann nicht, wenn man es versäumt hat, vorsichtshalber auch seinen Namen zu ändern ... am besten schon vor einer oder zwei Generationen.

BENJAMIN: In Deutschland? Namensänderungen waren da absolut zwecklos ... zumindest zu unserer Zeit. Und etwa so dauerhaft und wirkungsvoll wie ein Feigenblatt.

ADORNO: *(lacht bitter)* Leider vergaß ich, meinen Akzent zu ändern. *(wieder ernst)* Wir alle wissen, dass das keine Frage des Vergessens war ... sondern die Unmöglichkeit, die deutsche Sprache zu vergessen ... die Sprache, in der ich weiterhin träumte.

BENJAMIN: Kafka drückte es sehr gut aus, als er von den drei Unmöglichkeiten sprach, mit denen wir deutschjüdischen Schriftsteller konfrontiert sind: die Unmöglichkeit, nicht zu schreiben; die Unmöglichkeit, auf Deutsch zu schreiben; und die Unmöglichkeit, in einer anderen Sprache zu schreiben. *(deutet auf Adorno)* Das war unser Problem ... Ihres und meines.

ADORNO: Wissen Sie, was der Rektor der Universität, die sich in den 30er Jahren weigerte, mich dort lehren zu lassen, keine 20 Jahre später an den zuständigen Kultusminister schrieb? „Die Verleihung des Professorentitels scheint also politisch und menschlich in gleicher Weise geboten."

SCHOLEM: *(sarkastisch)* Eins würde mich interessieren, Herr „Wiedergutmachungsprofessor". Empfanden Sie diesen Professorentitel reparationshalber nicht als peinlich, wenn nicht gar als Beleidigung, genauso wie die Tatsache, dass es Jahre dauerte, bevor Sie nicht mehr der Professor gnadenhalber waren, sondern schlicht ein Professor, der nur zufällig Jude war?

BENJAMIN: Für mich war es die deutsche Sprache ... und später auch die französische ... die mich in Europa festhielt, bis es zu spät war. *(zu Adorno)* Und es muss die Sprache gewesen sein, die Sie, den Emigranten Adorno, 1949 nach Frankfurt zurückführte, als es noch kaum einem deutschen Juden im Traum eingefallen wäre, in das zerstörte Land zurückzukehren.

SCHOLEM: Ich löste *mein* Kafka'sches Problem, indem ich bewies, dass es nicht unmöglich ist, in einer anderen Sprache zu schreiben. Ich lernte schon in Berlin Hebräisch, noch bevor das große Mode war ... noch bevor ich 20 war. Alle meine Werke über die Kabbala wurden in meiner angenommenen Sprache abgefasst.

ADORNO: *(zu Scholem)* Aber ich muss auf Ihren impliziten Vorwurf antworten: dass ich in das noch stark zerstörte Frankfurt zurückgekehrt sei ... wegen eines Professorentitels ... Sie alle sollen den wahren Grund erfahren ... insbesondere mein verehrter Maestro Schönberg, der weder nach Deutschland noch nach Österreich jemals zurückkehrte!

SCHÖNBERG: Ja, verraten Sie ihn uns. Weil auch ich sehr wohl an Rückkehr dachte, da mich die Amerikaner, beruflich gesehen, miserabel behandelten. Trotzdem brachte ich es nicht über mich, nach Europa zurückzukehren.

ADORNO: Ich kehrte als deutscher Jude zurück!

SCHOLEM: Was soll das heißen? Dass Sie zuerst Deutscher sind ... und dann erst Jude?

ADORNO: Ich hatte das Bedürfnis, an meinen Geburtsort zurück-zukehren, an den Ort einer wunderbaren Kindheit, in das Land, in dem ich wieder in meiner eigenen Sprache schreiben konnte statt auf Englisch ... einer Sprache, die ich mir erst als Erwach-sener aneignete und die ich in den langen Emigrationsjahren bestenfalls so schreiben lernte wie die anderen.

BENJAMIN: Ich habe keinen von Ihnen unterbrochen, aber nun muss ich es doch tun. Ich verstehe Ihre Gefühle in puncto Spra-che, Teddie ... aber es geht um mehr als nur den Wunsch, zu den Träumen Ihrer Kindheit zurückzukehren ... so paradie-sisch diese auch gewesen sein mag.

SCHOLEM: Ich darf Sie daran erinnern, wie eine der größten deut-schen Tageszeitungen, nämlich die Frankfurter Allgemeine, Ihre Rückkehr kommentierte: „Es ist Theodor Wiesengrund-Adorno, der in Frankfurt geboren wurde, sich 1931 an der Uni-versität seiner Heimatstadt als Privatdozent habilitierte, später nach Amerika ging ..." Und beachten Sie, *Mister* Adorno, dass die Deutschen, im Gegensatz zu den Amerikanern, Sie nie verges-sen ließen, dass Sie ursprünglich ein Wiesengrund waren. *(laut und in sarkastischem Ton) „Und später nach Amerika ging!"* Das klingt gerade so, als wären Sie aus freien Stücken gegangen ... oder in Urlaub gefahren.

ADORNO: Ich respektiere Ihre Gefühle, aber Sie werden auch meine respektieren müssen. Ich, der ich in die USA emigrierte und meine Beziehung zum Judentum zu verschleiern suchte ... obwohl es intellektuell wie psychisch sehr wenig zu verschlei-ern gab ... machte nach meiner Rückkehr nie ein Hehl aus mei-nem Judentum. Ich wollte einfach dorthin zurück, wo ich meine

Kindheit erlebt hatte, am Ende aus dem Gefühl, dass, was man im Leben realisiert, wenig anderes ist als der Versuch, die Kindheit verwandelnd einzuholen. Gefahr und Schwierigkeiten meines Entschlusses habe ich nicht unterschätzt, aber ihn bis heute nicht bereut. Ich habe keine Zugeständnisse an die herrschende Politik gemacht ... sondern sie bekämpft und zu den späteren Veränderungen beigetragen. Und ich schäme mich nicht zuzugeben, dass mich die akademische Würdigung ... als deutscher Jude ... ebenso freute wie die Reaktion der Studenten. Egal ... nun kennen Sie sie. Die Gründe für meine Rückkehr ... als ein Jude, dem die Religion nichts bedeutete.

SCHÖNBERG: Ich glaube, es ist an der Zeit, der Frage „Wer ist ein Jude?" eine österreichische Note zu geben, die in Deutschland unbekannt sein dürfte.

SCHOLEM: (unterbricht) Ich weiß genau, was jetzt kommt: „Wer ein Jud ist, das bestimme ich." Der Ausspruch stammt von Karl Lueger, dem innig geliebten Bürgermeister von Wien ... und unterscheidet sich kaum von dem, was Jean-Paul Sartre Jahre später sagte: „Ein Jude ist ein Mensch, von dem andere sagen, dass er Jude ist. Der Antisemit bestimmt, wer ein Jude ist ..."

SCHÖNBERG: (unterbricht) Und vergessen Sie nicht, dass Lueger auch schon vor der Hitlerzeit ein übler Judenhasser war. Nein, ich denke da an etwas wesentlich Subtileres. Wohlgemerkt, ich spreche jetzt von Wien ... wo nur wenige Dinge offen ausgesprochen werden!

ADORNO: Eine Stadt, die ich früher einmal liebte und dann verabscheute. Aber seien Sie vorsichtig ... Sie haben es mit drei deutschen Juden zu tun.

SCHÖNBERG: (zu Scholem) Erinnern Sie sich, wie Sie sich darüber beklagt haben, dass es Ihnen zu Ehren keine Briefmarke gibt?

SCHOLEM: In dieser Hinsicht hatte ich allen Grund zu klagen.

SCHÖNBERG: Das kann ich gut verstehen. Aber nun zu meiner Frage. Was haben die folgenden Personen gemeinsam? Karl Kraus, Hugo von Hofmannsthal, Ludwig Wittgenstein und zwei Komponisten, Gustav Mahler und Johann Strauß. Vor nicht allzu langer Zeit sponserte die österreichische Post eine Ausstellung über jüdische Persönlichkeiten auf österreichischen

Briefmarken, die den Titel trug: „Abgestempelt? Abgestempelt!" Und alle sechs waren dort, zusammen mit 35 anderen, als Juden vertreten.

SCHOLEM: Johann Strauß war Jude?

ADORNO: Ich bilde mir ein, mich auf dem Gebiet der Musik auszukennen, aber *das* war mir unbekannt.

SCHÖNBERG: Mir ebenfalls ... bis ich den Katalog dieser Briefmarkenausstellung sah. Denn wie sich herausstellte, war der Großvater von Johann Strauß dem Älteren ein getaufter Jude. Und was der modernen, politisch korrekten österreichischen Post recht ist ... nicht irgendwelchen Nazi-Überbleibseln ... sollte uns hier billig sein ... insbesondere, da es auf dem Parnass keine Post gibt. Karl Kraus, der als Jude zur Welt kam, wurde im gleichen Alter katholisch getauft, in dem ich Protestant wurde, aber genau wie ich gab er dieses Gesangbuch einige Jahrzehnte später wieder ab. Mahler machte nie ein Hehl aus seiner jüdischen Herkunft, auch nicht nachdem er Katholik geworden war, sondern sagte immer, Jude zu sein, mache ihm keinen Spaß ... er komme sich vor, als wäre er nur mit einem Bein oder einem Arm geboren. Oder Wittgenstein, dessen Großeltern in der Mehrzahl Juden waren, obwohl ein Elternteil von ihm katholisch war und der andere protestantisch. Er erhielt ein katholisches Begräbnis, gestand jedoch einmal, zugelassen zu haben, dass andere den vollen Umfang seiner jüdischen Abstammung unterschätzten.

BENJAMIN: Worauf wollen Sie hinaus?

SCHÖNBERG: Dass es keine Schwelle gibt, jenseits derer man nicht mehr jüdisch ist.

BENJAMIN: Ich kann mir eine elegantere Methode vorstellen, um zum gleichen Schluss zu kommen, als irgendwelche österreichischen Briefmarken abzulecken. Nehmen Sie Moritz Goldstein ... den Gerhard hier bereits erwähnt hat. Erinnern Sie sich an seinen berühmten Essay von 1912: „Der deutsch-jüdische Parnass"?

SCHOLEM: Wenn man bedenkt, wo diese Diskussion stattfindet, dann scheinen mir Goldsteins Argumente stichhaltiger zu sein als die der österreichischen Post. Alle Briefmarken demonstrierten doch nur, dass man als Jude gilt aufgrund der Abkunft ...

ein Synonym für „Rasse" oder „Blut" ... und für Antisemiten geht die Abkunft *ad libitum* und *ad nauseam*.

SCHÖNBERG: Und was hatte Goldstein dazu zu sagen?

SCHOLEM: Im Wesentlichen, dass die deutschen Juden auf dem Parnass aufgrund ihrer Verdienste hierher kamen und sich diese Verdienste möglicherweise allesamt in Deutschland erworben haben ... oder in Österreich ... und auf dem Gebiet der deutschen Sprache, aber dass sie als Juden hier sind und nicht als deutsche Juden. Das Jude-Sein basiert nicht unbedingt auf der Religionsgemeinschaft oder dem geschichtlichen Hintergrund, sondern auf der Tatsache, dass Juden unter Nichtjuden leben, die sie als Juden bezeichnen. Eine Assimilation ist für diese Parias unmöglich. Obwohl die deutschen Juden pro Kopf einen größeren Beitrag zu Deutschland geleistet hatten als die Deutschen, die Hälfte der deutschen Nobelpreise erhalten hatten, die deutsche Kultur angeführt hatten, einige der größten Dichter, Künstler, Regisseure waren ...

BENJAMIN: Statt zu debattieren, sollten wir lieber den Begriff exakter bestimmen. Niemand wird der Behauptung widersprechen, dass die Juden im Grunde weder Europäer noch Nichteuropäer sind.

SCHOLEM: Hinzu kommt noch etwas anderes. Die Juden lebten nie innerhalb eigener Grenzen ... bis in die jüngste Zeit, als der Staat Israel gegründet wurde. Und selbst dort sind die genauen Grenzen oder auch nur ihre Gültigkeit noch immer umstritten.

BENJAMIN: Sie bringen jetzt geografische Grenzen ins Spiel. Aber ich möchte wieder auf die kulturellen zurückkommen. Im Grunde sprechen wir hier doch über eine ganz spezielle Untergruppe von Juden ... nicht nur europäische, sondern in Wahrheit deutsche Juden ... und da sind die Grenzen genau definiert ... und werden, was sogar noch wichtiger ist, von besagter Untergruppe auch akzeptiert. Das heißt, es geht um den Typus des deutschen Juden, den wir repräsentieren und auf den sich Goldstein bezog.

SCHÖNBERG: Und den österreichischen, nicht zu vergessen.

BENJAMIN: Genauer noch, um die Wiener und Berliner und Frankfurter Juden. Ein kluger Mann hat einmal gesagt, die jüdische

Gleichartigkeit sei durchsetzt mit Andersartigkeit. Sprechen wir also über diesen Punkt. Nehmen wir die Etymologie des Hebräischen.

ADORNO: Allmählich machen wir doch Fortschritte: der literarische Geist mit seiner akademischen Brille!

BENJAMIN: Nicht Moses, sondern Abraham entdeckte den Monotheismus. Er überquerte den Fluss, kam somit von der anderen Seite und war daher ein Überquerer, ein „ivri" ... ergo ein Hebräer.

SCHOLEM: (ironisch) Gelobet sei der Herr! Walter Benjamin kennt nun endlich seine Wurzeln.

SCHÖNBERG: Auf was läuft das eigentlich hinaus?

SCHOLEM: Auf eine Katharsis.

SCHÖNBERG: Glauben Sie, dass wir die brauchen? Hier oben, auf dem Parnass?

SCHOLEM: Die Katharsis, an die ich denke, ist persönlicher und parnassischer Art. Die einzige unstrittige Folgerung ist, dass wir über unsere jeweiligen persönlichen Ansichten darüber diskutiert haben, was es bedeutet, ein nichtreligiöser Jude zu sein ...

BENJAMIN: Dann fasse sie für mich zusammen.

SCHOLEM: Ein Mensch ist Jude, wenn er sich selbst als Juden bezeichnet oder von anderen als Jude betrachtet wird ...

BENJAMIN: (unterbricht) Worin unterscheidet sich das von einem Katholiken ... oder einem Protestanten?

SCHOLEM: Du hast mich nicht ausreden lassen. Und ... beachte bitte, dass ich „und" sage, nicht „oder" ... und wenn er jüdische Vorfahren hat ...

BENJAMIN: (unterbricht ungeduldig) Auch Katholiken haben Vorfahren!

SCHOLEM: Sicher. Aber wie weit gehen sie zurück? Bei Katholiken und anderen ist das ihre Sache. Nicht bei Juden. Nichtjuden und insbesondere die Judenhasser lassen dir diese Wahl nicht. Sie gehen so lange Generation um Generation zurück, bis sie auf einen jüdischen Makel stoßen ... Denn für sie ist das ein unauslöschlicher Makel ... der die Betroffenen unweigerlich für immer zu Außenseitern stempelt. Darum befinden sich Wittgenstein und Johann Strauß ... Vater und Sohn ... in einer österreichischen Briefmarkenausstellung, die jüdische Persönlichkeiten zeigt und den Titel „Abgestempelt? Abgestempelt!" trägt. Entschieden hat das die Post, nicht Wittgenstein oder Strauß.

SCHÖNBERG: Das ist doch nichts Neues. Es sind immer die anderen, die uns zu Juden abstempeln ... ob Judenhasser oder Judenfreunde ... auch wenn wir nie im Leben eine Synagoge betreten haben.

Wien

Im obigen Gespräch nennt Gershom Scholem die Diskussion über jüdische Identität eine Katharsis. Ich lege ihm diese Worte in den Mund, weil ich glaube, dass eine längst überfällige persönliche Katharsis der wahre Grund war, weshalb ich dieses Buch schrieb. Ich beende diese Dialogauszüge ganz bewusst mit der Briefmarkenausstellung der Österreichischen Post. Sie ist nur ein weiteres Beispiel dafür, dass andere – sei es eine Institution oder eine Person – entscheiden, wer als Jude zu bezeichnen ist. In diesem Fall war es gut gemeint, nicht in der brutalen Manier von „Wer ein Jud ist, das bestimme ich" von Karl Lueger, dem fanatisch antisemitischen früheren Bürgermeister von Wien, den diese Stadt in beispielloser Devotheit gleich an zwei Stellen des Rings ehrt, der schönsten und wichtigsten Straße Wiens. Zum einen durch sein mächtiges Standbild auf dem Dr.-Karl-Lueger-Platz am einen Ende des Rings, zum anderen dadurch, dass sie am entgegengesetzten Ende des Rings – direkt vor der Universität, die früher eine Brutstätte des Antisemitismus war – einem Abschnitt den Namen „Dr.-Karl-Lueger-Ring" gab.

Ich bin der einzige von den in der Ausstellung *Abgestempelt? Abgestempelt!* gezeigten Personen, der noch lebt, und kann es mir daher erlauben, ein kleines Geständnis abzulegen. Der Einband des Katalogs war bereits vor dem offiziellen Erscheinen „meiner" Briefmarke gedruckt worden, sodass sie zwar im Text enthalten ist, nicht aber auf dem Einband. Doch mit Hilfe von Gabriele Seethaler, die für die Fotokunst in *Vier Juden auf dem Parnass* ver-

Einband des zweisprachigen Katalogs „Abgestempelt? Abgestempelt!"
der Österreichischen Post. Jüdisches Museum Wien, 2004

antwortlich ist, wurde „meine" Briefmarke doch noch in die linke untere Ecke des Katalogeinbands geschmuggelt, wie das Foto zeigt.

Für einen Juden – insbesondere dann, wenn er nach dem Anschluss als „Jude" aus Wien vertrieben wurde – hat das Wort „abgestempelt" eine furchtbare Doppeldeutigkeit, die die Österreichische Post ganz bewusst zum Ausdruck brachte, eine Geste, die ich ihr hoch anrechne. In letzter Konsequenz kann eine wahre Rückkehr oder Heimkehr in die Stadt meiner Geburt jedoch nur dann stattfinden, wenn niemand mehr die Macht hat, anderen Anführungszeichen aufzuzwingen. Die Straße vor der Universität, eine Institution mit ihrer eigenen antisemitischen Geschichte, von dem Namen „Dr. Karl Lueger" zu befreien, könnte ein angemessener erster Schritt sein.

Diesen letzten Satz schrieb ich Ende März 2012. Zu meiner großen Überraschung erfuhr ich wenige Wochen später, dass der Wiener Stadtrat beschlossen hatte, den Dr.-Karl-Lueger-Ring in Universitätsring umzubenennen. Und zwei Monate darauf verlieh mir eben diese Universität die Ehrendoktorwürde. Es war nicht die erste (die wurde mir vor 60 Jahren in Mexiko verliehen), und wie man mich bereits wissen ließ, wird es auch nicht die letzte sein, falls ich nicht vorher sterbe. Aber es gibt besondere Umstände, die nur für die Universität Wien gelten und für keine andere – und beide haben etwas mit den Themen *Heimat* und *Jude* zu tun.

Ehrendoktorwürden kommen im Allgemeinen von Institutionen, zu denen der Empfänger eine enge Beziehung hat: als Absolvent, langjähriger Professor oder großzügiger Spender. Wenn man zwei Dutzend oder mehr erhalten hat, gibt es andere Gründe, da man unmöglich mit so vielen Universitäten eng verbunden sein kann. Dann handelt es sich um eine Art genereller Anerkennung für eine wichtige Leistung oder um eine Position, die nichts mit der Institution zu tun hat. Bei allen anderen Universitäten, von denen ich geehrt wurde – in Nordamerika, Lateinamerika oder Europa –, gehöre ich zu beiden Kategorien, doch bei der Universität Wien liegt der Fall anders. Da ich als Heranwachsender aus Wien vertrieben wurde, habe ich nie an dieser Universität studiert. Aber meine Eltern haben dort promoviert; sie lernten sich während des Medizinstudiums kennen, heirateten später und brachten mich hervor! Relevanter ist jedoch, dass ich mit hundertprozentiger Sicherheit die Universität Wien besucht hätte, wenn die Nazis nicht an die Macht gekommen wären, und dass ich praktischer Arzt geworden wäre und nicht Wissenschaftler. Ich sage das, weil meine Eltern nach ihrer frühen Scheidung jeweils zu Hause praktizierten. Folglich lebte ich bis zum 14. Lebensjahr quasi in einer Arztpraxis und wäre in diesem Milieu entsprechend geprägt worden. In gewisser Hinsicht habe ich das Gefühl, nun an meiner wahren Alma Mater promoviert zu haben, aber auf einem Gebiet, das ich dort niemals studiert hätte. Ich halte nichts davon, gerahmte Urkunden zur Schau zu stellen, wie Ärzte es gerne tun. Stattdessen hängen in San Francisco, London und Wien Theaterplakate meiner aufgeführten Dramen an den Wänden meines Arbeitszimmers.

Aber wer weiß? Vielleicht mache ich eines Tages eine Ausnahme bei der imposanten lateinischen Urkunde, die mir in einer sehr besinnlichen Feierstunde mit einem erfrischenden institutionellen *mea culpa* seitens aller Redner überreicht wurde, darunter der überraschend erschienene österreichische Bundeskanzler. Er war es auch, der darauf hinwies, dass bei der Machtübernahme der Nazis Hunderte hochangesehener Professoren über Nacht entlassen wurden, eine akademische Katastrophe, von der sich die Universität Wien, an der derzeit knapp 90.000 Studenten eingeschrieben sind, nie erholt hat. Als ich in dem prächtigen Festsaal saß, kam mir ein Schiller-Zitat aus meiner Gymnasialzeit in den Sinn: „Spät kommt ihr, doch ihr kommt. Der weite Weg, Graf Isolan, entschuldigt euer Säumen." Zu meiner Überraschung haben mich einige Monate später nicht weniger als drei weitere Wiener Universitäten auf diese Weise geehrt: die *Medizinische Universität Wien* (an der ich mich nun meinen Eltern als Promovend hinzugeselle), die *Universität für Angewandte Kunst* (für meine literarischen, nicht meine naturwissenschaftlichen Leistungen) und die *Sigmund Freud Privatuniversität* (mit deren *Doctor scientiae psychotherapiae honoris causa* ich mich jetzt autorisiert fühle, meine Variante der Autopsychoanalyse offen zu praktizieren). Der Weg ist in der Tat sehr lang gewesen, aber nun, zu Beginn meiner Neunziger, scheint er jetzt in eine mich sehr persönlich berührende Richtung zu führen. Ich kann es kaum erwarten, hundert zu werden.

„Professor für Professionelle Deformation"

Professor ist ein gewichtiger Titel, der mit Hochachtung, gelegentlich mit Pedanterie und oft sogar mit einer gewissen Angst verbunden ist. Doch selbst auf die Gefahr hin, beschuldigt zu werden, in Anführungszeichen verliebt zu sein, möchte ich darauf hinweisen, dass sie, genau wie in einigen anderen Kapitelüberschriften, dem Wort „Professor" Nuancen verleihen, die weit über die schiere Gewichtigkeit dieses Titels hinausgehen. In den über sechs Jahrzehnten meines Professorendaseins waren es zunehmend die Nuancen, die mich beschäftigten. Im Folgenden werde ich schildern, wie einige dieser Nuancen mein berufliches und somit auch mein persönliches Leben beeinflusst haben. Aber zuerst eine Bemerkung zur Überschrift.

„Déformation professionelle" ist ein eleganter französischer Ausdruck, der im Allgemeinen abwertend gemeint ist und meist als „berufsbedingte Deformation" übersetzt wird. Wikipedia definiert ihn als die „Neigung, eine berufs- bzw. fachbedingte Methode oder Perspektive unbewusst über ihren Geltungsbereich hinaus auf andere Themen und Situationen anzuwenden, was zu Fehlurteilen, eingeengter Sichtweise oder sozial unangemessenem Verhalten führen kann".

Ich dagegen habe mich entschieden, diese Bezeichnung als Kompliment aufzufassen, wie eines der heitersten Gedichte aus meiner eher düsteren Gedichtsammlung *Ein Tagebuch des Grolls* beweist.

DÉFORMATION PROFESSIONELLE

Irgendwie klingt
Déformation professionelle
Viel eleganter
Als jede Übersetzung.

Die Franzosen sorgen dafür,
Dass es klingt,
Wie eine seltene Krankheit,
Ein verlockendes Laster.

Die *déformation professionelle*
Von der ich spreche,
Ist Leonardos Malaise,
Die ihm zur Tugend gereichte.

Oder Samuel Johnson – auf so exquisite Weise deformiert,
Sans déformation professionelle,
Nur ein gewöhnlicher Dr. Johnson,
Deformiert, DER Doktor Johnson.

Ich suche einen Job
Als Professor für Professionelle Deformation.
Falls Sie von einer freien Stelle wissen,
Rufen Sie mich an. Auf meine Kosten.

Universalgenies wie Leonardo da Vinci oder vielseitig Gebildete wie Dr. Samuel Johnson, die sich nie damit begnügten, innerhalb der Grenzen eines einzigen künstlerischen oder beruflichen Betätigungsfeldes zu verharren, waren für mich heroische Vorbilder, denen es nachzueifern galt. Als ich begann, die Standardpraktiken eines Chemieprofessors hinter mir zu lassen, wurde ich „deformiert" und habe dadurch das Niveau meines professoralen und meines beruflichen Lebens in einer Weise erweitert und angehoben, die ich keineswegs verteidigen muss. Vielmehr halte ich diese Deformation für etwas Verlockendes, wie das Gedicht zeigt, und die Reaktion meiner Studenten hat dies oft bestätigt. Es ist jedoch fraglich, ob alle meine Chemikerkollegen an der *Stanford University*, wo ich über ein halbes Jahrhundert, länger als jedes andere Mitglied des Fachbereichs Chemie, tätig war, diese Meinung teilen. Ich sage dies, weil die Chemie, neben der Physik, die exakteste der exakten Wissenschaften ist, der Fels, auf dem die biomedizinische, die Umwelt- und die Materialwissenschaft ihre molekularen

Strukturen aufbauen; gleichzeitig ist sie auch die eigenständigste unter den exakten Wissenschaften. Leider errichten viele ihrer akademischen Vertreter stolz hohe, wenn nicht sogar undurchdringliche Mauern, die eine sinnvolle intellektuelle Interaktion mit nicht naturwissenschaftlichen Fachbereichen verhindern, und es werden kaum Versuche unternommen, diese Kluft zu überbrücken. Obwohl sich Chemiker in dieser Zeit der grassierenden Chemophobie ständig in die Defensive gedrängt fühlen, sind die meisten nicht gewillt, naturwissenschaftliche Laien für ihre Disziplin zu gewinnen, nicht einmal innerhalb der akademischen Welt. Mit missionarischer Arbeit dieser Art sind in der akademischen Chemikergemeinschaft kaum Pluspunkte zu sammeln. Nach dieser düsteren Anmerkung werde ich nun chronologisch fortfahren, ganz im Gegensatz zu der Vorgehensweise, derer ich mich in den meisten Kapiteln bisher bedient habe.

Da mein Professorenleben ursprünglich in der Chemie begann, muss ich zunächst erläutern, was für ein Chemiker ich eigentlich bin. Meine „chemische" Autobiografie von 1990, *Steroids Made It Possible*, richtete sich an eine ausschließlich naturwissenschaftliche Leserschaft, was den Inhalt für den normalen Leser weitgehend unzugänglich machte. In meiner 1992 erschienenen allgemeinen Autobiografie beantwortete ich diese Frage – in einem langen Kapitel mit der Überschrift *Was für ein Chemiker sind Sie?* – in, wie ich damals dachte, verdaulicherer Form. Doch nun, zwei Jahrzehnte später, finde ich sie noch immer zu verkürzt, d.h. „noch immer zu chemisch". Folglich habe ich mich für einen Kompromiss entschieden: Da diese frühere Autobiografie vielen Lesern unbekannt sein dürfte, habe ich Auszüge aus dem besagten Kapitel zusammengestellt, um mein Leben als Professor als das eines Pädagogen zu beschreiben, der von einer *Déformation professionnelle* träumt und dann versucht, diesen Traum zu verwirklichen.

„Was für ein Chemiker sind Sie?" Das ist im Grunde die Frage eines Touristen. Darum werde ich sie wie ein Fremdenführer beantworten: bildhaft, anekdotisch, manchmal metaphorisch, gelegentlich historisch. Doch das setzt zwei weitere Fragen voraus, nämlich: „Warum sind Sie Naturwissenschaftler geworden?" und:

„Warum sind Sie es so lange geblieben?" Die erste ist kurz und bündig zu beantworten: durch einen „glücklichen Zufall". Die zweite ebenfalls: aus „Nervenkitzel, Neugier und Ehrgeiz".

Ich bin organischer Chemiker, d.h. ich beschäftige mich mit Molekülen, die Kohlenstoffatome enthalten, die an Wasserstoffatome gebunden sind. Das klingt einfach, bis einem klar wird, dass es die ganze Chemie des Lebens mit ihren Abermillionen von natürlichen und synthetischen Substanzen umfasst, deren Molekulargewicht von 16 für das einfache Gas Methan (ein Kohlenstoffatom und vier Wasserstoffatome) bis hin zu den Proteinen und Polymeren reicht, deren Molekulargewicht über eine Million betragen kann. Um meine eigene chemische Persona zu beschreiben, ist es am einfachsten, den Bereich der organischen Chemie zunächst in theoretische und experimentelle organische Chemie zu unterteilen, wobei letztere mein Gebiet ist. Von den vielfältigen Unterabteilungen der letztgenannten werde ich mich nur mit zwei beschäftigen: Synthese und Strukturbestimmung. Meine gesamte Forschung in der Industrie – erst bei CIBA in New Jersey, ein Jahr lang vor dem Promotionsstudium und weitere vier Jahre nach der Promotion, und anschließend zwei Jahre bei Syntex in Mexico City – fand auf dem Gebiet der synthetischen organischen Chemie statt, während der überwiegende Teil meiner universitären Forschung, beginnend mit meinen ersten Kaktusstudien im Jahr 1952, auf die eine oder andere Art mit der Aufklärung der chemischen Struktur von Naturstoffen verbunden war.

Im Januar 1952 packte ich unsere Habseligkeiten in unseren Chevy und fuhr mit meiner zweiten Frau Norma und unserer zweijährigen Tochter Pamela von Mexico City meilenweit durch Kakteenlandschaften hinauf nach Michigan. Ich hatte endlich eine akademische Stelle angeboten bekommen, nämlich eine außerordentliche Professur an der *Wayne University* mit der Zusage einer ordentlichen Professur innerhalb weniger Jahre. Wiederum handelte ich dem Rat meiner Freunde und Kollegen droben im Norden zuwider. Zweieinhalb Jahre davor hatten sie mir empfohlen, nicht nach Mexiko zu gehen, nun hielten sie mich für verrückt, weil ich eine gutbezahlte und produktive Karriere in der Forschungsabteilung von Syntex im sonnigen Mexiko aufgab, um in das kalte und

Das „Old Main" der Wayne State University, Detroit

matschige Detroit zu ziehen. Wayne befand sich nicht gerade an der Spitze des akademischen Totempfahles: Was Doktoranden-programme betraf, war es damals sogar ziemlich weit unten – eine Großstadt-Universität, deren Studenten in erster Linie aus dem Fabrikarbeiter-Milieu kamen. Aber es war das einzige akademi-sche Angebot, das ich bekommen hatte, und mit 28 Jahren hielt ich es für an der Zeit herauszufinden, ob die erträumte akademi-sche Laufbahn tatsächlich das war, was ich wollte.

Als ich nach Detroit kam, war Wayne noch nicht die Wayne State University geworden. Abgesehen von einem neuen Gebäude für die Naturwissenschaften befanden sich die meisten Hörsäle, Büros und Labors im sogenannten Old Main, einem riesigen Kasten aus dem 19. Jahrhundert, der einmal eine High School gewesen war, sowie in einer Reihe von Privathäusern, die die Universität übernommen hatte, als sich die städtischen Slums auf den Campus zuschoben. Da in dem neuen Gebäude für Naturwissenschaften nicht Platz für alle Fakultätsmitglieder war, landete ich als Neuankömmling im Old Main. Ich habe zwar nicht alle chemischen Labors sämtli-cher amerikanischer Universitäten gesehen, aber doch eine ganze

Menge davon, und *Old Main* war mit Abstand eines der schäbigsten. Außerdem zeichnete es sich durch eine weitere Besonderheit aus: Der Lagerraum, aus dem alle benötigten Chemikalien, Glasbehälter und andere Gerätschaften geholt werden mussten, befand sich in dem neuen Gebäude für Naturwissenschaften, und um dort hinzukommen, mussten meine Studenten mehrmals am Tag eine der befahrensten vierspurigen Straßen Detroits überqueren, ohne Rücksicht auf Regen, Schnee, Matsch und den dahinrasenden Verkehr. Meine erste chinesische Postdoktorandin, Liang Liu (unter dem Namen Huang Liang später eine Direktorin des Instituts für Materia Medica der Chinesischen Akademie der Medizinischen Wissenschaften in Peking), wurde einmal von einem Polizisten bis ins Labor verfolgt, nachdem sie während eines Wolkenbruches bei Rot über die Straße gerannt war. Sie ist wohl die einzige Chemikerin (Chemiker eingeschlossen) in Amerika, die einen Strafzettel wegen verkehrswidrigen Verhaltens erhielt, während sie ihrer Forschungsarbeit nachging.

Zum Glück war der Lagerraum gut gefüllt, die Ausstattung mit Instrumenten mehr als ausreichend und die Chemie-Bibliothek hervorragend. *Old Main* war im Sommer heiß und im Winter überheizt, aber immerhin leckte es nicht; Wasser- und Stromversorgung funktionierten, und obgleich die Labortische alt waren, erfüllten sie doch ihren Zweck. Und es wurde intensiv gearbeitet: Die Arbeitsmoral, die in den 1950er Jahren in Detroit herrschte, war auch bei den Studenten zu spüren, die an die Wayne gingen, um eine Ausbildung zu erhalten, und nicht, um sich zu amüsieren. Es gelang mir, Forschungsmittel zu erhalten, von Organisationen wie den *National Institutes of Health*, der *American Heart Association*, der *National Science Foundation*, der *American Cancer Society* und verschiedenen Pharmaunternehmen wie Merck und Schering. Schon nach ein paar Jahren hatte ich ein Dutzend Doktoranden und Postdoktoranden in meiner Forschungsgruppe.

Nachdem ich nun geschildert habe, wie ich erstmals an die Pforten einer Professur gelangte, möchte ich noch einmal zu der bereits erwähnten Unterteilung in Synthese und Strukturaufklärung in der organischen Chemie zurückkehren, um zu erläutern, wie ich von der einen zur anderen kam.

Die besten Synthetiker sind sowohl Architekten als auch Baumeister und finden ihre Arbeit in der wissenschaftlichen Literatur häufig mit Worten wie „vorzüglich", „elegant" oder „frappierend" geschmückt. Als Architekt entwirft der Chemiker eine Strategie zur Synthese eines komplexen Moleküls, die Aberdutzende von separaten chemischen Schritten erforderlich macht. Als Baumeister und Ingenieur tüftelt der Chemiker neue chemische Reaktionen aus und entdeckt neue synthetische Reagenzien. Sowohl Architekt als auch Baumeister wissen ganz genau, wie das Gebäude am Ende aussehen soll.

Die Strukturaufklärung eines neuen Naturstoffes hat aber etwas Geheimnisvolles und Spannendes an sich, was bei der Synthese fehlt. Als ich auf dem Gebiet der Strukturaufklärung zu arbeiten begann, handelte es sich dabei um eine chemische Variante des Spiels „Du hast 20 Fragen". Obwohl diese Fragen einem Nicht-Chemiker gar nichts sagen (Enthält die Substanz ausschließlich Kohlenstoff und Wasserstoff? Enthält sie Sauerstoffatome? Wie viele? Enthält sie Stickstoff? Andere Heteroatome? Ist sie gesättigt oder ungesättigt?), stellen sie doch einen Einengungsprozess dar, durch den man allmählich ein Bild von der chemischen Zusammensetzung der Substanz gewinnt. Diese Vorgehensweise muss man sich etwa so vorstellen, als würde man ein stockdunkles Zimmer zu dem Zweck betreten, seinen Inhalt, den exakten Standort der Möbel, die Farbe und Beschaffenheit jedes einzelnen Gegenstandes zu bestimmen. Einige Leute treten so forsch ein, dass sie an einen Stuhl oder Tisch stoßen, den sie dann befühlen, um eine Vorstellung von seinen Dimensionen und seiner Beschaffenheit – Holz, Plastik, Polstermaterial – zu bekommen. Andere gehen vorsichtiger und systematischer ans Werk: Sie tasten sich erst einmal an der Wand entlang, zählen vielleicht sogar ihre Schritte, um die Ausmaße des Raumes zu bestimmen, und durchqueren das Zimmer in regelmäßigen Abständen, um in etwa den Standort gewisser Gegenstände zu ermitteln, bevor sie sich diese einzeln vornehmen. Einer hat vielleicht eine kleine Taschenlampe dabei, die nur eine begrenzte Fläche beleuchten kann, oder eine starke Stablampe, um sich schnell einen Eindruck vom ganzen Zimmer und seinem Inhalt zu verschaffen. Ein anderer ist mit einer Weitwinkelkamera und Blitz ausgerüstet, um mit einer einzigen Aufnahme den Inhalt des ganzen Zimmers festzuhalten – sogar die Farben, wenn er einen Farbfilm eingelegt hat.

Die organische Chemie begann im 19. Jahrhundert als ein Versuch, die Strukturen chemischer Substanzen zu bestimmen, die aus pflanzlichen und tierischen Stoffen isoliert worden waren, die wiederum interessante biologische Eigenschaften besaßen. Erst als dies gelungen war, konnte der Synthetiker, der Architekt und Baumeister, in Aktion treten. Die frühen Methoden der Strukturaufklärung, das Herumtasten und Herumstolpern in dem dunklen Zimmer, konnten sich nur mit relativ einfachen chemischen Strukturen befassen. Als jedoch immer bessere „Lichtquellen" verfügbar wurden, ließen sich auch immer kompliziertere chemische Strukturprobleme in immer kürzerer Zeit lösen. Die große Epoche der Naturstoffchemie waren die Jahre zwischen 1930 und 1960, als alle wichtigen Steroidhormone, Vitamine und Antibiotika sowie eine Fülle anderer biologisch bedeutsamer Moleküle isoliert und ihre Strukturen bestimmt wurden. Ich hatte das Glück, dass ich mich der Naturstoffchemie in ihrer Blütezeit zuwandte, als das ausgeklügelte „20-Fragen-Spiel" noch unumgänglich war, obwohl ich auch den späteren Niedergang miterlebte, als immer aufwändigere „Lichtquellen" verfügbar wurden. Die hauptsächlichen Verfahren waren dabei Ultraviolett- und Infrarotspektroskopie, magnetische Kernresonanzspektroskopie und Massenspektrometrie. Die diesen Verfahren und den allerersten Geräten zugrunde liegenden Prinzipien wurden von Physikern entdeckt. Doch es war der mehr an der Strukturaufklärung als an der Synthese interessierte Chemiker, der diese neuen physikalischen Hilfsmittel bei der Lösung von Problemen der organischen Chemie anwandte. Der Grund liegt auf der Hand: Der Architekt und Baumeister weiß ja schon, wie das Zimmer aussieht. Für Taschenlampen interessiert sich nur der, der einen dunklen Raum zum ersten Mal betritt, und ein Großteil meiner späteren universitären Arbeit galt der Verbesserung derartiger Beleuchtungsgeräte, um detaillierte chemische Untersuchungen überflüssig zu machen.

Ich hatte inzwischen eine ganze Reihe von Postdoktoranden angezogen, die hinsichtlich ihrer Herkunft ebenso mannigfaltig und exotisch waren wie die Pflanzen, die wir analysierten. Chemiker aus England, der Schweiz, Japan, Italien, Indien, China, Mexiko, Israel, Neuseeland, Australien, Costa Rica und Brasilien arbeiteten gemeinsam in einem riesigen Labor und vergewaltigten in vielfacher Weise die englische Sprache. Kurz bevor mein erster italienischer und mein erster japanischer Postdoktorand eintrafen, nämlich Ricardo Villotti aus Rom und Tatsuhiko Nakano aus Kyoto, war Jim Gray aus Glasgow in mein Labor gekommen. Er sprach ein gutturales Schottisch, das, was Lautstärke und Reinheit betraf, selbst für Amerikaner nahezu unverständlich war. Villotti und Nakano waren noch so gut wie nie mit gesprochenem Englisch in Berührung gekommen. Die drei teilten sich einen Laborbereich, und viele Wochen lang beschränkte sich ihre Verständigung auf Zeichensprache oder schriftliche Mitteilungen. Als Villotti schließlich im Umgang mit gesprochenem Englisch mehr Selbstsicherheit gewonnen hatte, fragte er Gray eines Tages zögernd: „Jim, deine Muttersprache, sie ist was?"

Mein erster brasilianischer Postdoktorand war Walter Mors, der fließend Englisch sprach. Bevor er an das *Instituto de Química Agrícola* (das im Botanischen Garten von Rio de Janeiro lag) zurückkehrte, fragte er mich, ob es nicht möglich wäre, eine amerikanisch-brasilianische Kooperation zu initiieren, ähnlich der, die damals zwischen meiner Gruppe an der Wayne und dem *Instituto de Química* der Nationaluniversität von Mexiko bestand. Während meiner Zeit als Leiter der chemischen Forschung von Syntex in Mexico City hatte eine ganze Reihe mexikanischer Chemiestudenten ihre Diplomarbeit bei mir geschrieben (einer von ihnen, Luis Miramontes, synthetisierte die ersten Milligramm Norethindron, des gestagenen Wirkstoffs der Pille, wie ich weiter oben geschildert habe). Einige dieser mexikanischen Chemiker bildeten später den Kern eines kleinen Forschungsinstituts, des *Instituto de Química*, das auf dem Campus der Universität eingerichtet und von Syntex mitfinanziert wurde. Als ich nach Detroit ging, setzte ich die Zusammenarbeit mit dieser Gruppe von dort aus fort. Ich fand, dass die beste Methode, ein akademisches Forschungszentrum in Mexiko zu etablieren, darin bestand, die Chemiker auf einheimische Probleme anzusetzen. Zum akademischen Gegenstück des industriellen Beispiels von Syntex, Steroidhormone aus mexikanischen Yamswurzeln zu gewinnen, wurde die Strukturaufklärung von Naturstoffen aus einer Vielzahl von Kakteen und mexikanischen Pflanzen, insbesondere solcher, die seit alters her in der Heilkunde der Eingeborenen verwendet wurden. Ich bat meinen ersten britischen Postdoktoranden an der Wayne, Alan Lemin aus Manchester, ein Jahr an der Universität Mexiko zu verbringen und eine Gruppe junger mexikanischer Chemiker in die Techniken und Methodologien einzuführen, die wir gerade erst in Detroit entwickelt hatten. Da ich in meiner Funktion als Berater von Syntex häufig nach Mexiko flog, konnte ich dieses Programm weiterhin betreuen. So wie Forschungsreisende und Astronomen das Privileg haben, neuentdeckte Gebiete zu benennen, so verhält es sich auch bei Chemikern mit neu isolierten Naturstoffen. Eine Art von sprachlichem Masochismus, den ich in meiner mexikanischen Zeit entfaltet hatte, veranlasste mich, ausgesprochene Zungenbrecher wie *Tlatlancuayin* und *Cuauchichicin* in die chemische Literatur einzuführen, indem ich auf die aztekischen Namen ihrer pflanzlichen Vorfahren zurückgriff.

In den 1950er Jahren unterstützte die *Rockefeller Foundation* unser Wayne-Mexiko-Projekt. Folglich mussten die amerikanischen Fachzeitschriften für Chemie feststellen, dass sie plötzlich Forschungsarbeiten mexikanischen Ursprungs nicht nur von Syntex zu veröffentlichen hatten, sondern auch von der *Universidad Nacional Autónoma de México*. (Meine allererste Ehrendoktorwürde wurde mir von eben dieser Universität verliehen. Wenn ich bei einer akademischen Veranstaltung den schwarzen sechseckigen Hut trage, der von einer blauen Puderquaste gekrönt und auf allen Seiten mit Fransen behangen ist, muss ich jedes Mal daran denken, wie genau in dem Moment, als mir der Rektor der Universität diesen albernen Hut aufsetzte und Gilbert Stork, mein Freund von der *Columbia University*, dieses Ereignis im Bild festhalten wollte, das Blitzlichtbirnchen in seiner Hand explodierte. Da es in Mexico City um diese Zeit mehrere Bombenanschläge gegeben hatte, geriet alles in Panik – wie die Zeitungen später meldeten –, als handelte es sich um einen Terroranschlag. Als ich den völlig entgeisterten Gesichtsausdruck meines Freundes sah, war ich unfähig, auch nur

„Muchas gracias" zu sagen; ich setzte mich einfach hin und lachte schallend, dass mir die Tränen über die Wangen liefen.)

Die *Rockefeller Foundation* kam großzügig für die Kosten der häufigen Reisen auf, die ich nach Brasilien zu unternehmen begann, und für die einjährigen Aufenthalte der Postdoktoranden aus Detroit, die zusammen mit Walter Mors' Gruppe im Botanischen Garten von Rio arbeiteten. Der erste dieser wissenschaftlichen Botschafter, Ben Gilbert, lernte seine spätere Frau im Labor von Mors kennen und blieb in Brasilien, wo er ein wichtiges Projekt leitet, das Brasilien von importierten Arzneimitteln weniger abhängig machen soll. Wir beschlossen, uns auf Alkaloide aus der reichen Amazonas-Flora zu konzentrieren, die bekanntermaßen vielfältige pharmakologische Auswirkungen auf das zentrale Nervensystem haben. Die Produktivität dieser Zusammenarbeit, die noch über ein Jahrzehnt bestand, auch nachdem ich selbst von der Wayne nach Mexiko und dann nach Stanford gegangen war, war sowohl hinsichtlich der chemischen Errungenschaften als auch auf menschlichem Gebiet beeindruckend. Es kam zu einer Reihe amüsanter Begebenheiten, von denen hier zwei erzählt werden sollen.

Einer meiner Postdoktoranden, der mit am längsten bei mir arbeitete und schließlich auch ein guter Freund wurde, war Ben Tursch (geboren im Kongo, ausgebildet in Belgien, dort später Professor, erfahrener Taucher, anspruchsvoller Sammler primitiver Kunst, weltweit anerkannte Kapazität auf dem Gebiet der Taxonomie von Meeresmollusken etc.). Er verbrachte einen Teil seiner Zeit in unserem amerikanisch-brasilianischen Gemeinschaftsprojekt und war derjenige, dem es gelang, die brasilianische Luftwaffe zu überreden, uns einen alten B-27-Bomber für den Transport einer großen Menge Seegurken zu leihen, die im Nordosten Brasiliens eingesammelt worden waren und zu verderben drohten, bevor sie unser Labor in Rio erreichten. Dies war jedoch nicht die einzige Unterstützung seitens der brasilianischen Streitkräfte. Bei mehreren Gelegenheiten benötigten wir die sofortige Lieferung wichtiger Ersatzteile, was Monate gedauert hätte, wenn sie den brasilianischen Zoll hätten passieren müssen, der damals vermutlich das größte Hindernis für anspruchsvolle Forschung in Brasilien darstellte. Der brasilianische Militärattaché in Washington half uns, einige dieser Ausrüstungsgegenstände auf den vierzehntägig stattfindenden Flügen „einzuschmuggeln" – eine gewaltige Hilfe, die wir in der Danksagung unserer späteren wissenschaftlichen Veröffentlichung nicht zu erwähnen wagten.

Ein anderes lustiges Erlebnis hing mit der Tatsache zusammen, dass die Brasilianer, vor allem die Frauen, mit die längsten Namen haben, die mir je untergekommen sind, verglichen beispielsweise mit den nur aus einem Wort bestehenden Namen der Indonesier. Da wir die Obsession der Redakteure von Fachzeitschriften kannten, Platz zu sparen und daher statt Vornamen nur Initialen zu verwenden, bestanden Tursch und ich in einer unserer gemeinsamen Veröffentlichungen im *Journal of Organic Chemistry* darauf, dass der volle Namen einer unserer Mitarbeiterinnen genannt wurde, die Gloria Berenice Chagas Tolentino de Carvalho Brazo da Silva hieß. Ich erinnere mich noch an den Lachanfall, den ich bekam, als die Fahnen eintrafen und ich feststellte, dass der Redakteur nach jedem dritten Namen ein Komma eingefügt hatte und den aus neun Wörtern bestehenden Namen in eine konventionelle Dreiergruppe verwandelt hatte. Als penibler Fahnenleser gab ich Glorias Namen seine ganze glorreiche Länge wieder.

Als ich Ende der 1960er Jahre Vorsitzender des *Latin America Science Board* der Amerikanischen Akademie der Wissenschaften war, regte ich die Gründung eines amerikanisch-brasilianischen Chemieprogramms nach dem Vorbild unserer bescheideneren Naturstoff-Kooperation an, an dem ein halbes Dutzend bedeutender Professoren aus Stanford, des *Caltech*, der *University of Michigan* und der *University of Indiana* teilnahmen. An den Universitäten von São Paulo und Rio wurden Studiengänge in synthetischer und organischer Chemie, anorganischer Chemie, physikalischer Chemie und Polymerchemie eingerichtet, die über ein Dutzend junger amerikanischer Postdoktoranden anzogen. Dieses Programm über mehrere Jahre hinweg geleitet zu haben, gehört für mich zu den schönsten Erinnerungen. Die Erfahrung, wie Wissenschaft geografische und politische Grenzen überwinden kann, veranlasste mich später zu dem Vorschlag, diese Kooperation auf Afrika auszudehnen, wie ich im Kapitel „Bonobos" schildere.

In meinem ersten Jahr in Detroit begann meine Forschungsgruppe, neben der Erkundung der „dunklen Zimmer" vieler Naturstoffe aus mexikanischen und brasilianischen Pflanzen auch neue „Lichtquellen" zu entwickeln, statt lediglich bereits existierende zu benutzen. Die erste, die ich auswählte, war eine logische Folge meiner früheren Steroidforschung in Mexiko.

Viele Naturstoffe und *alle* in der Natur vorkommenden Steroide sind optisch aktiv, das heißt, dass sie in spiegelbildlicher Form auftreten können. Wenn man einen Lichtstrahl durch eine Lösung eines solchen optisch aktiven Moleküls passieren lässt, wird die Ebene des polarisierten Lichts entweder nach links (lävogyr) oder nach rechts (dextrogyr) gedreht. Nur eines dieser Spiegelbilder behält die biologische Wirkung bei: So ist beispielsweise das in der Natur vorkommende D-(dextrogyr)-Testosteron für alle androgenen Eigenschaften dieses männlichen Sexualhormons verantwortlich, während der (durch Synthese erhältliche) linksdrehende Antipode biologisch inaktiv ist. Zu der Zeit, als ich in Mexiko arbeitete, wurden die einzelnen Steroide anhand verschiedener physikalischer Parameter charakterisiert, unter anderem durch die „optische Rotation". Letztere wurde üblicherweise dadurch ermittelt, dass man feststellte, in welchem Maße der Winkel des polarisierten gelben Natriumlichts beim Passieren einer Lösung der fraglichen Substanz gedreht wird. Mich reizte die Möglichkeit, diese optische Rotation eines Steroids nicht nur auf dieser einen (sichtbaren) Wellenlänge – der gelben Natriumlinie, die man häufig in Nebelscheinwerfern sieht – zu messen, sondern auf vielen verschiedenen Wellenlängen bis hinunter in den ultravioletten Bereich des Spektrums. Die Auftragung von Wellenlänge gegen Drehwinkel wird als „optisches Rotationsdispersionsspektrum" bezeichnet.

Als ich meine neue Stelle an der Wayne-Universität antrat, betraf eines der ersten Forschungsvorhaben, die ich bei der *National Science Foundation* einreichte, Mittel zum Bau eines „Spektropolarimeters", das uns gestatten würde, derartige Messungen an Steroiden vorzunehmen. Anhand einer Forschungsreihe, die viele Doktoranden- und Postdoktoranden-Mannjahre umfasste, gelang es uns, dieses Verfahren – das inzwischen unter seinen Anfangsbuchstaben ORD in die chemische Terminologie eingegangen war –

in eine leistungsfähige Lichtquelle zu verwandeln. Am Ende erwies sich ORD nicht nur bei Steroiden als nützlich, sondern auch bei der Erforschung vieler anderer Naturstoffklassen. Eine der wichtigsten Anwendungen war die „Ermittlung der absoluten Konfiguration" optisch aktiver Moleküle, der spezifische Nachweis des Spiegelbilds einer bestimmten Substanz. (Diese Arbeit war der Hauptgrund dafür, dass ich 1958 den *Award in Pure Chemistry* der *American Chemical Society* erhielt.) In den ersten Jahren brauchten wir mindestens drei Stunden, um ein ORD-Spektrum zu messen. Gegen Ende jenes Jahrzehnts beschafften wir uns ein Gerät, das diese Messungen automatisch aufzeichnete, was die Messdauer auf wenige Minuten reduzierte.

Diese Zeit an der *Wayne State University* war zwar durch viele Höhen intellektueller Befriedigung gekennzeichnet, aber auch durch immer größere Tiefen körperlicher Beschwerden. Mein Knie, das ich mir als Junge bei einem Skiunfall in Bulgarien verletzt hatte, verursachte mir inzwischen, besonders in den kalten Wintern Michigans, solche Schmerzen, dass ich täglich mindestens zwei Dutzend Aspirin schluckte. Schließlich ließ ich im Krankenhaus eine Biopsie vornehmen, die den früheren Verdacht bestätigte, dass ich an einer tuberkulösen Infektion des Kniegelenks litt. Als ich erfuhr, dass ich künftig eine Beinschiene und Krücken würde benutzen müssen, entschloss ich mich, das Gelenk entfernen und mein linkes Bein versteifen zu lassen. Ich ließ diese Operation während eines zweijährigen Urlaubs von der *Wayne State University* in Mexico City vornehmen, wo ich als Vizepräsident von Syntex für die stark erweiterte Forschungsabteilung verantwortlich war. (Die Firma war gerade erst von Allen & Company, einer New Yorker Investmentbank, von ihrem mexikanischen Eigentümer erworben und an der Börse eingeführt worden. Im Laufe der nächsten 15 Jahre waren Syntex-Aktien, trotz einer gewissen Berg-und-Tal-Fahrt, einer der großen Erfolge an der Wall Street.) Ich nahm eine Gruppe von Postdoktoranden von der Wayne mit nach Mexiko, um etwas ins Leben zu rufen, aus dem sich mit der Zeit das erste industrielle Postdoktorandenprogramm innerhalb eines pharmazeutischen Unternehmens entwickelte. Einige von ihnen blieben bei Syntex – erst in Mexiko und später dann in Palo Alto, als

die Firma mir nach Kalifornien folgte – und wurden Abteilungslei-
ter, Vizepräsidenten und, im Falle des bereits verstorbenen Albert
Bowers, schließlich Vorstandsvorsitzender des Unternehmens.

Aus meiner ursprünglich zweijährigen Beurlaubung von der
Wayne State University wurde eine dreijährige Tätigkeit bei Syntex, die mich nie wieder nach Detroit führte, außer zu einer persönlich bewegenden Verleihung der Ehrendoktorwürde im Jahre
1974. Dass ich nicht mehr nach Detroit zurückkehrte, hatte nichts
damit zu tun, dass ich mit der Universität, die es mir ermöglicht
hatte, meine akademische Laufbahn zu starten, unzufrieden gewesen wäre. Der Grund war vielmehr, dass gegen Ende meines zweiten Jahres in Mexico City, als ich wieder schmerzfrei und so mobil
war, wie man mit einem versteiften Knie sein kann, ein Professor
aus meiner Doktorandenzeit an der Universität Wisconsin, William S. Johnson, die Leitung der chemischen Fakultät in Stanford
angeboten bekam. Ob ich daran interessiert wäre mitzukommen,
fragte er mich eines Tages telefonisch über die knackende Fern-
leitung. Bis 1959 hatte ich ziemlich viel veröffentlicht, hatte meinen
Anteil an Auszeichnungen und Ehren erhalten, war ordentlicher
Professor an der *Wayne State University*, wenn auch beurlaubt und
in Mexiko tätig, und konnte folglich aus einer Position der Stärke
heraus verhandeln. Also flog ich nach San Francisco, fuhr die Halb-
insel hinunter nach Palo Alto und suchte den legendären Frederic
Terman auf, damals Provost der *Stanford University* und der Mann,
der allgemein als der Begründer des *Stanford Industrial Park* und
des Silicon Valley gilt. Während viele Akademiker mein berufliches
Doppelleben über die Jahre hinweg mit Argwohn betrachtet hatten, sah Terman das anders. Nur zwei Jahre zuvor war die medizinische Fakultät der *Stanford University* von San Francisco auf
den Campus in Palo Alto verlegt worden, was eine dramatische
Gewichtsverlagerung zugunsten der der medizinischen Grundlagenforschung zur Folge hatte, da nicht länger nur die praktische
Ausübung der Heilkunde vermittelt wurde. Terman war der Meinung, dass die Nähe einer erstklassigen medizinischen Fakultät und einer erweiterten chemischen Abteilung biomedizinisch
oder chemisch orientierte Industrieunternehmen ermutigen
würde, sich den Elektronik- und Computerfirmen im *Stanford*

Industrial Park anzuschließen. Aus seiner Sicht machte mich meine Industrie-Connection mit Syntex nicht verdächtig, sondern attraktiv.

Johnson und ich beschlossen, entweder gemeinsam oder gar nicht nach Stanford zu gehen. Terman war damit einverstanden, und er verlor nur vorübergehend die Fassung, als wir uns weigerten, auch nur zu erwägen, Räumlichkeiten zu beziehen, die für uns in dem bereits vorhandenen Chemiegebäude renoviert werden sollten. Für mich ähnelte dieser Bau, der das Erdbeben von 1906 überlebt hatte, in fataler Weise dem *Old Main* der Wayne. Ich fand, dass ich nicht ein weiteres Mal demonstrieren musste, dass aufregende und produktive Forschungsarbeit auch in einem betagten Gebäude möglich ist, und war bereit, den Beweis anzutreten, dass neue, moderne Einrichtungen ebenfalls kein Hindernis sind. In nur knapp acht Wochen fand Terman einen Geldgeber in der Person des Chemieindustriellen John Stauffer, der sich, zusammen mit seiner Nichte, bereit erklärte, das Gebäude zu finanzieren, das der Köder sein sollte, um Johnson und mich nach Stanford zu holen.

Da es fast ein Jahr dauern würde, den neuen Stauffer-Bau für organische Chemie zu errichten, beschloss ich, bis zum Ende der Bauarbeiten in Mexico City zu bleiben und meinen Aufenthalt bei Syntex zu verlängern. Während dieser Zeit entwickelte Syntex eine Fülle neuer Arzneimittel, der Pharmaunternehmen von einem Vielfachen unserer Größe nichts Vergleichbares entgegenzusetzen hatten. (Unser größter Coup, und indirekt die bedeutungsvollste Anerkennung, die uns zuteil wurde, war, dass Eli Lilly, damals einer der größten amerikanischen Pharmakonzerne, sich verpflichtete, fünf Jahre lang 50 Prozent unserer Forschung zu finanzieren, wobei die Wahl der Forschungsthemen und die Patentinhaberschaft bei Syntex verblieben, vorausgesetzt, dass Lilly bei allen Erfindungen Vertriebsrechte eingeräumt wurden.) In diesen drei Jahren legten wir nicht nur den größten Teil des Fundaments für unsere Norethindron-Pille; sondern wir erzeugten auch einen zweiten gestagenen Wirkstoff (Chlormadinon, das Lilly schließlich als östrogenfreies Kontrazeptivum vertrieb und das bis heute von einem deutschen Pharmaunternehmen in Deutschland vertrieben wird); das starke Anabolikum Oxymetholon; das meistverkaufte topisch aktive Corticoid Synalar; ein mit dem Prednison verwandtes systemisches Corticoid; und schließlich Dromastonolon-Propionat, ein steroidales Palliativ zur Behandlung von Brustkrebs, das Lilly Anfang der 1960er Jahre in den USA auf den Markt brachte.

Daneben betreute ich – indem ich zweimal in der Woche ein langes Telefongespräch führte und alle zwei Monate nach Detroit flog – meine akademische Forschungsgruppe in Detroit bei verschiedenen Projekten zur Strukturaufklärung von Antibiotika, Alkaloiden, Terpenen und, was das Wichtigste war, bei der optischen Rotationsdispersion. Während dieses dritten Jahres in Mexico City schrieb ich nicht nur viele Artikel, sondern vollendete sogar mein erstes Buch: *Optical Rotatory Dispersion: Applications to Organic Chemistry*. Das war keineswegs ein solcher Gewaltakt, wie man meinen könnte: Der Großteil des Inhalts befasste sich mit unserer eigenen Forschung, sodass ich die gesamte Literatur parat hatte. Außerdem hatte ich zu diesem Zeitpunkt aufgehört, selbst im Labor zu arbeiten. Wie faktisch alle Wissenschaftler, die rasch die akademische Stufenleiter erklimmen wollen oder aber in die höheren Ränge des industriellen Managements streben, leitete ich eine ziemlich große Forschungsgruppe, und zwar sowohl in der Industrie als auch an einer Universität, was es mir praktisch unmöglich machte, weiterhin regelmäßig oder auch nur gelegentlich im Labor zu stehen. Die Alternativen sind gewöhnlich ganz klar: Wenn man selbst im Labor arbeiten will, muss man das allein tun oder zusammen mit einem kleinen Team. Wenn man eine große Gruppe braucht – weil man in Eile ist oder mehrere Probleme gleichzeitig in Angriff nehmen will –, sollte man im Büro oder in der Bibliothek bleiben. Für mich bestand nie der geringste Zweifel: Ich legte nicht nur immer großen Wert auf den Zeitfaktor, sondern wollte unweigerlich auch an einer Vielzahl von Projekten gleichzeitig arbeiten, und dies noch dazu in zwei Welten, in der akademischen und in der industriellen. Seit 1952 habe ich mir den Labormantel, bildlich wie buchstäblich, nicht mehr schmutzig gemacht.

Ein Passus meines Autoren-Vertrags mit McGraw-Hill war recht ungewöhnlich, vielleicht sogar einmalig. Als der Verlag mich aufforderte, diese erste Monografie über Anwendungsmöglichkeiten der optischen Rotationsdispersion in der organischen Chemie zu schreiben, bestand ich auf einer Strafklausel, derzufolge meine Tantiemen jede Woche, um die sich das Erscheinen des Buches nach Ablauf der von mir festgesetzten Frist von sechs Monaten verzögerte, um ein Prozent stiegen, bot jedoch als Gegenleistung eine Tantiemen-Kürzung in gleicher Höhe für jede Woche an, die das Buch vor dem von mir bestimmten Termin erschien. Zur Überraschung aller gingen die Juristen von McGraw-Hill auf meinen Vorschlag ein, allerdings unter der Bedingung, dass ich mich bereit erklärte, die korrigierten Fahnen binnen 24 Stunden nach Erhalt aus Mexico City zurückzuschicken. Auf diese Weise sollte dem Horrorszenario vorgebeugt werden, dass meine Tantiemen ins Unermessliche stiegen, weil ich einfach die Korrekturfahnen nicht herausrückte. Als letzten Kompromiss setzte der Verlag jedes Kapitel, wie er es erhielt, statt das ganze Manuskript abzuwarten. Es gelang mir, das Buch rechtzeitig zu beenden, indem ich mich strikt an einen festen Montag-Mittwoch-Freitag-Schreibplan hielt, und McGraw-Hill war nicht weniger fleißig. Die Tantiemen dieses Buches bezahlten später den Swimmingpool meines neuen Hauses in Kalifornien, dessen Stufen mit mexikanischen Kacheln verkleidet wurden, auf denen stand: *Built by optical rotatory dispersion* (erbaut mittels optischer Rotationsdispersion).

Wenn ich heute an meine Zwanziger zurückdenke, bin ich überzeugt, dass das Anstreben einer Universitätslaufbahn hauptsächlich auf meinem Verlangen basierte, ohne spürbare Einmischung oder Kontrolle von außen in meinem eigenen intellektuellen Revier zu forschen. Zumindest war das mein Ziel, nachdem ich, noch keine 22 Jahre alt, promoviert hatte. Um es zu verwirklichen, wollte ich mir durch die Veröffentlichung bedeutender Forschungsarbeiten zunächst einen Namen in der Industrie machen, um auf der akademischen Leiter nicht ganz unten anfangen zu müssen, sondern weiter oben als Dozent oder Juniorprofessor einzusteigen – ein Plan, der sich als ziemlich naiv erwies, denn bis in die 1960er Jahre, oder vielleicht sogar noch länger, war der Weg von der Industrie in die akademische Welt eine Einbahnstraße in der entgegengesetzten Richtung, auch wenn einige Chemiker bewiesen hatten, dass es nicht völlig unmöglich war. Mein Traum von der angeblichen Freiheit des universitären Lebens war ebenfalls naiv, weil die Suche nach finanzieller Unterstützung für die eigene Forschung insbesondere heute so anstrengend, zeitraubend, ja sogar entwürdigend ist, dass sie eine Form der Kontrolle darstellt, die häufig repressiver ist als die, die angeblich in der Industrie herrscht. Während diese vermutete Freiheit der Forschung neben dem nebulösen Nimbus und Prestige eines Professors für mich der Hauptanreiz war, lockte mich auch die Aussicht zu lehren, und auf dieses Thema möchte ich im folgenden Abschnitt näher eingehen.

Lehrtätigkeit in der Chemie

Weshalb ich an die *Wayne University* berufen wurde, hatte ausschließlich mit meinen Leistungen als Forscher zu tun, denn ich hatte noch nie irgendwo gelehrt, nicht einmal als Assistent während des Studiums. Mein Auftrag war es, mich um die Ausbildung der höheren Semester zu kümmern, um das Format des Doktorandenprogramms für Chemiker zu verbessern, da insbesondere hier die Ergebnisse der Spitzenforschung am häufigsten mit Pädagogik verschmolzen. Aber wie ein Robbenbaby beim ersten Kontakt mit dem Wasser war ich in meinem Element, als ich zum ersten Mal vor Studenten stand. Zum Teil ging diese Selbstsicherheit darauf zurück, dass ich bereits ein äußerst erfolgreicher Lehrer gewesen war: In Mexico City hatte ich meinen Laborkollegen mit Worten und Taten gezeigt, wie man chemische Forschung betreibt. Diplomanden und Doktoranden in einem Fach zu unterrichten, in dem ich mich bestens auskannte, schien mir nicht viel anders zu sein, als Anleitungen im Labor zu geben. Aber so seltsam das klingen mag, habe ich mich während meiner über 50 Jahre dauernden Lehrtätigkeit noch nie auf dem schwierigsten Terrain beweisen müssen, nämlich in einem Hörsaal voller Chemiestudenten aus den ersten Semestern. Obwohl ich das nicht für einen Pluspunkt halte, sehe ich keinen Anlass, mich dafür zu entschuldigen. Ich habe meine Schuld – und als solche betrachte ich sie – gegenüber dem großen Teil der Erstsemester später als Chemiker beglichen, allerdings außerhalb der Chemie bei meinen Experimenten in pädagogischer *Déformation professionelle*.

In den ersten rund 20 Jahren meines Professorendaseins hielt ich ausschließlich Seminare für Fortgeschrittene ab, und zwar auf meinem Spezialgebiet: der Chemie der Naturstoffe und der Anwendung moderner physikalischer Methoden als Hilfsmittel zur Strukturaufklärung mit besonderer Betonung jener Methoden, bei denen meine Forschungsgruppe fundamentale Beiträge geliefert hatte, nämlich optische Rotationsdispersion, optischer zirkularer Dichroismus, magnetischer zirkularer Dichroismus, Massenspektrometrie und letztendlich auch die Computer-Anwendung von künstlicher Intelligenz bei chemischen Problemen.

Diese Themen hören sich vielleicht etwas trocken an – was sie auch tatsächlich sein können. Es kommt durchaus vor, dass Studenten aus purer Neugier eine Lyrik- oder Geschichtsvorlesung belegen und dann dank eines brillanten Lehrers für dieses Fach gewonnen werden. Selbst Chemiker spazieren schon mal ganz spontan in ein Lyrik-Seminar. Aber Studenten betreten nicht einfach Chemie- oder Physikhörsäle, es sei denn, dass sie die jeweilige Vorlesung belegen müssen oder schon vorher beschlossen haben, sich mit diesem Thema näher zu befassen. Auf Chemie-Doktoranden trifft das noch mehr zu: Sie haben ihre Berufswahl bereits getroffen; in diesem Stadium kann ein Professor durch guten Unterricht bewirken, dass sie sich einem bestimmten chemischen Spezialgebiet zuwenden, oder sie durch langweilige oder stumpfsinnige Vorlesungen in ein anderes Fachgebiet vertreiben. Ich habe meine Lehrtätigkeit immer ernst genommen, besonders auch deshalb, weil das formelle Unterrichtspensum in Stanford nie eine Last war. Aber ich wollte die Studenten nicht nur stimulieren, ich wollte sie auch vielfältigen pädagogischen Erfahrungen aussetzen – und abseits der üblichen Einbahnstraße vom vortragenden Professor zum Notizen machenden Studenten experimentieren. Wenn ich über die Anfänge meiner Lehrtätigkeit nachdenke, wird mir klar, dass ich mich in der Chemie mit *déformation professionelle* infiziert habe, die allerdings erst außerhalb meines Fachgebiets zum Ausbruch kam.

Mein erstes pädagogisches Experiment war gleichzeitig das ehrgeizigste. Im Herbst 1962 hielt ich ein Seminar über die jüngsten Fortschritte auf dem Gebiet der organischen Synthese. Um dem Thema handliche Proportionen zu geben, beschloss ich, Steroide als Unterrichtsschablone zu nehmen, weil die Synthese natürlicher Steroidhormone und ihrer Analoga in den zehn Jahren davor den Gipfel an Komplexität und Subtilität erreicht hatten. Nur wenige neuentdeckte synthetisch-organische Reaktionen wurden nicht umgehend auf dem Gebiet der Steroide angewendet. Es war, als würde ich mich auf die französische *nouvelle cuisine* beschränken, um einem angehenden Koch die neuesten kulinarischen Entwicklungen zu illustrieren. Die chinesische, deutsche, griechische oder indische Küche wollte ich außer Acht lassen; dennoch würde der junge Koch eine ganz neue Methodologie lernen, wie man alle Gänge eines Menüs zubereitet, von der Suppe über die Vorspeise und das Hauptgericht bis hin zum Dessert. Ich beschloss jedoch, noch einen Schritt weiter zu gehen: Ich forderte die Kochlehrlinge nämlich auf, ein Kochbuch zu schreiben, bei dem jeder Student für ein Kapitel verantwortlich sein sollte.

Da mein Seminar für Doktoranden der organischen Chemie in Stanford obligatorisch war, wusste ich bereits im Frühjahr, welche Studenten im Herbstsemester teilnehmen würden. Vor der Sommerpause rief ich alle 16 Studenten zusammen und legte ihnen zur Auswahl 16 Themen aus dem Gebiet der Steroidsynthese zum eingehenden Studium vor. Ich gab jedem von ihnen einen kurzen Überblick über das von ihm gewählte Thema und die maßgeblichen Literaturhinweise. Dann bat ich sie – anstelle von Prüfungen nach Beendigung des Seminars –, den Sommer über sämtliche Ausgaben von 16 internationalen Chemie-Fachzeitschriften (amerikanische, englische, deutsche, französische, Schweizer, japanische, kanadische und tschechoslowakische) aus den letzten zehn Jahren durchzugehen und alle Artikel herauszusuchen, die sich auf ihr Thema bezogen. Im kulinarischen Sinne sollte der eine Student alle Rezepte für Suppen ausfindig machen, der zweite die für Saucen, der dritte alle Fischrezepte und so weiter. Zu Beginn des Seminars legten mir die Studenten die ersten Entwürfe für 16 Kapitel vor – die zumeist ziemlich abgehackt formuliert waren und die meisten Informationen in Form von chemischen Strukturen enthielten –, die wir dann im Laufe des Quartals gemeinsam studierten.

Von diesem Text wurden etwa hundert Kopien an Steroidchemiker auf der ganzen Welt versandt mit der Bitte um Kommentare und Kritik. Die Reaktion war so enthusiastisch, dass die 16 Autoren im Quartal darauf ihre Kapitel ausfeilten und zwei der Studenten die chemischen Strukturen neu zeichneten, sodass sie für eine kommerzielle Veröffentlichung geeignet waren. Das Buch erschien 1963 unter dem Titel *Steroid Reactions: An Outline for Organic Chemists*, „erarbeitet von 16 Doktoranden der Stanford University unter der Herausgeberschaft von Carl Djerassi". Unter jedem Kapitel stand der Name des jeweiligen Autors; für die meisten Studenten war es die erste berufliche Veröffentlichung. Mehr als die Hälfte dieser Autoren wurden später ordentliche Professoren an verschiedenen Universitäten; ich denke gerne, dass diese Erfahrung zu ihrer Berufswahl beigetragen hat. Das Buch war auf der Stelle ein Erfolg, und wir kamen überein, die beträchtlichen Tantiemen an die Universität abzutreten, die sie für den Bau und die Ausstattung eines kleinen Seminargebäudes benutzen sollte, das heute auf allen Plänen der *Stanford University* als „*Chemistry Gazebo*" ausgewiesen ist. Leider weiß heute, fast genau 50 Jahre später, im Fachbereich Chemie faktisch niemand mehr etwas von dem Ursprung dieses Gebäudes – und es scheint sich auch niemand dafür zu interessieren –, in dem jeder bei der einen oder anderen Gelegenheit die Kostbarkeiten der Chemie vermittelt oder in sich aufgenommen hat.

Nicht in allen meinen Seminaren gab es keine Prüfungen, obgleich ich Klausuren mit Hilfsmitteln oder auch zu Hause den üblichen Ja-Nein-Fragen und Multiple-Choice-Tests vorzog; es ging mir nicht darum, stures Pauken zu fördern oder ein gutes Gedächtnis zu honorieren. Ich wollte, dass sich die Studenten auf die Tatsachen des wirklichen Lebens einstellten: dass Zeit die teuerste Ware ist und dass man, um schwierige Probleme so schnell wie möglich lösen zu können, wissen muss, *wo* man nach den Antworten sucht. Diese Denkweise führte mich schließlich zu der

– jedenfalls für mich – zeitaufwendigsten Prüfungsform überhaupt. Ich gab ihr sogar einen Namen, nämlich „Maximaler Leverage-Effekt-Test".

Diese Art der Prüfung wandte ich in den frühen 1960er Jahren in einem Seminar an, das sich mit den damaligen Methoden der Strukturaufklärung komplexer Naturstoffe befasste. Zu der Zeit waren dazu ziemlich viel chemisches Experimentieren und Intuition erforderlich; die Anwendung physikalischer Methoden war noch nicht gut entwickelt und auch noch nicht überall üblich. Im Sinne meines Vergleichs mit dem dunklen Zimmer waren unsere Lichtquellen noch nicht stark genug, und der Modus Operandi war noch immer das „20-Fragen-Spiel". Ziel meines Seminars war es, den Studenten chemisches Fingerspitzengefühl beizubringen – das intellektuelle Gespür, das früher beispielsweise den echten Diagnostiker unter den Ärzten auszeichnete, als sich die diagnostische Medizin noch nicht auf Laboranalysen und hochempfindliche Abtastmethoden verlassen konnte. An Stelle von Klausuren gab ich den Studenten chemische Rätsel, die sie zu Hause oder in der Bibliothek lösen mussten. Derartige Rätsel auszuarbeiten ist nicht einfach, und als ich eines Tages über die Mitte des Quartals fällige Prüfung nachzudenken begann, kam ich auf die Idee, mir einmal eine Pause zu gönnen. Warum brachte ich den Studenten nicht bei, wie man Fragen stellt, statt immer nur, wie man sie beantwortet? Als die Stunde der Wahrheit nahte, erschien ich mit leeren Händen. Während sich die nervöse Gruppe unruhig nach den Klausurtexten umsah, gab ich bekannt, dass jeder Student bis zum nächsten Mal einen Katalog von Fragen vorzubereiten hatte, die sich für eine Prüfung zu Hause und mit Hilfsmitteln eigneten und die den Stoff der ersten Hälfte des Seminars abdeckten. Die Benotung sollte anhand der Verwendbarkeit und des pädagogischen Werts der Fragen erfolgen. Die Studenten waren begeistert und verwirrt zugleich. Das schien alles so einfach zu sein, aber wo war der Haken? Tatsächlich hatte die Sache sogar zwei Haken.

Erstens ist es, wie die Studenten bald herausfanden, gar nicht so leicht, jemandem Prüfungsfragen zu stellen, der Zugang zu allen möglichen Nachschlagewerken hat; es ist sogar noch schwerer, als ein Kreuzworträtsel für Leute auszuarbeiten, die über ein gutes

Lexikon und einen Thesaurus verfügen. Wie ich erwartet hatte, waren viele der Fragen, die die Studenten stellten, viel schwerer als die, die ich vorgelegt hätte; viele Studenten verwechselten Tücke, ja sogar Hinterhältigkeit, mit Scharfsinn und echtem Verständnis. Zweitens lernten die Studenten eine neue Definition des Wortes „Leverage-Effekt" kennen. Ich begann nämlich, die Fragen auszuteilen, wobei ich darauf achtete, dass kein Student die Fragen des Kommilitonen bekam, der seine eigenen Fragen erhalten hatte. Dann ließ ich sie die Fragen ihrer Kommilitonen beantworten. Nachdem sie das getan hatten, musste der Verfasser der Fragen die Antworten benoten, und der Beantworter musste die Qualität der Fragen benoten. Zuletzt benotete ich nicht nur alle Antworten, sondern auch die Fairness der Notengebung, die die Studenten untereinander angewandt hatten. Jeder wird erkennen, wie zeitaufwendig dieses Verfahren für mich war – jeder Student hatte schließlich andere Prüfungsfragen –, aber auch wie viele verschiedene Noten ich aus einer einzigen solchen Prüfung erhielt. Die große Mehrheit der Studenten räumte ein, dabei nicht nur Chemie, sondern auch Pädagogik gelernt zu haben.

Als der Zeitpunkt der nächsten Prüfung, das Quartalsende, näherrückte, teilte ich den Studenten mit, dass ich von ihnen wiederum einen Fragenkatalog erwartete, der dieses Mal den Stoff des ganzen Seminars abdeckte und innerhalb von zwei Stunden im Hörsaal zu beantworten war. Am Tag der Abschlussprüfung sammelte ich die Fragen ein und teilte sie dann aus. Ich hatte bereits dem ersten und dem zweiten Studenten die entsprechenden Fragen gegeben und wollte mich gerade dem dritten zuwenden, als der erste ausrief: „Professor Djerassi, das sind ja meine eigenen Fragen!" Ich nahm keine Notiz von dieser Unterbrechung, sondern fuhr mit dem Austeilen fort. „Professor Djerassi", beschwerte sich der zweite, „bei mir haben Sie den gleichen Fehler gemacht!" „Und bei mir auch!", fiel der dritte ein. Allmählich ging ihnen auf, dass genau das meine Absicht gewesen war. Die meisten Studenten waren begeistert, aber eine ganze Reihe war doch entsetzt. Sie hatten sich überhaupt keine Gedanken über die Antworten gemacht – schließlich handelte es sich ja nicht um eine Klausur mit Hilfsmitteln; sie gedachten ihr überragendes Wissen anhand der

Komplexität der Fragen zu demonstrieren, die sie gestellt hatten. Sie waren sich selbst auf den Leim gegangen!

Bis zu den 1970er Jahren war die Strukturaufklärung weitgehend zu einer Übung in der wohlüberlegten Anwendung physikalischer Methoden geworden, also der diversen Lichtquellen, und die meisten meiner Chemievorlesungen konzentrierten sich auf diese Übung. Das war auch die Zeit, in der wir am intensivsten auf dem Gebiet der computergestützten Strukturaufklärung tätig waren, wo wir mit den Forschungsgruppen von Joshua Lederberg, einem Nobelpreisträger und Leiter der Abteilung Genetik, und Edward Feigenbaum zusammenarbeiteten, dem Leiter der Informatik und einer der frühen Pioniere auf dem Gebiet der künstlichen Intelligenz. Ich hielt es für an der Zeit, nicht nur meine eigenen wissenschaftlichen Mitarbeiter, sondern auch eine vielförmige Gruppe von Chemikern mit den Möglichkeiten und Grenzen von Expertensystemen, der sogenannten Artificial Intelligence, bekannt zu machen. Statt Vorlesungen über die diversen spektroskopischen Methoden und ihre Anwendungen zu halten, teilte ich den Studenten mit, dass ich davon ausgehe, dass sie in den verschiedenen physikalischen Methoden hinlänglich bewandert seien. Falls ihre Kenntnisse nicht ausreichten, sollten sie sich die Standardwerke vornehmen und sich selbst auf den entsprechenden Stand bringen. Es ging mir darum zu demonstrieren, wie man vielfältige Informationen – die einzelnen Bereiche des dunklen Zimmers, die von unterschiedlichen Lichtquellen beleuchtet werden – so zusammensetzt, dass sich ein vollständiges Bild ergibt, und wie man sicherstellt, dass nur *diese* Kombination der korrekten räumlichen Anordnung dessen entspricht, was sich in dem Zimmer befindet. Die Computerprogramme, die unsere AI-Gruppe entwickelt hatte, waren dazu bestimmt, eine Aufgabe zu erledigen, für die der Computer am besten geeignet ist, und die zugleich manuell äußerst schwierig auszuführen ist: die *erschöpfende* Erzeugung aller möglichen Strukturformeln, die mit den *isolierten* Informationen übereinstimmen, die anhand der verschiedenen Lichtquellen gesammelt wurden. Erst wenn man alle diese Struktur-Kandidaten durch Intuition und Wissen zusammengetragen hat, kann der Chemiker gewöhnlich einige entscheidende Versuche oder

Messreihen entwickeln, die experimentell alle diese Alternativen bis auf eine ausschließen, sodass nur die korrekte Struktur übrigbleibt.

Unsere Software-Programme waren in benutzerfreundlichem Englisch geschrieben und den Studenten daher direkt zugänglich. Ich ließ jeden Studenten in der chemischen Literatur nach einer Veröffentlichung forschen, in der die Strukturaufklärung eines Naturstoffes auf Schlussfolgerungen basierte, die sich aus einer Vielzahl von physikalischen Methoden (Lichtquellen) ableiteten, jedoch nicht anhand der unzweideutigen Methode der Röntgenkristallografie (dem Pendant des Farbfotos in meinem dunklen Zimmer) bestätigt worden waren. Nachdem sich jeder der Studenten einen derartigen Artikel ausgesucht hatte, wies ich sie an, die darin enthaltenen Daten und Werte von unserem Computerprogramm überprüfen zu lassen.

Stimmte der Computer der Schlussfolgerung des Chemikers zu, dass keine andere Struktur-Alternative mit den veröffentlichten Daten in Einklang stand? Oder lauerte irgendwo im Hintergrund noch ein weiterer Kandidat, der aufgrund der vorliegenden Beweise nicht eliminiert worden war? Hatte der Chemiker womöglich einen Kandidaten übersehen? Diese praktische Herangehensweise an Probleme aus dem wirklichen Leben sollte eindrucksvoll die Leistungsfähigkeit computergestützter Überprüfungen demonstrieren und den Studenten gleichzeitig eine Vorstellung von der ungeheuren Vielfalt der mit der Strukturaufklärung verbundenen Probleme vermitteln, die damals überall auf der Welt untersucht wurden.

Die Resultate dieses pädagogischen Experiments waren noch dramatischer, als ich erwartet hatte. Ohne Ausnahme entdeckte jeder Student, dass der in der Literatur genannte Nachweis mit mindestens einer weiteren Struktur-Alternative in Einklang stand, die die Autoren nicht berücksichtigt hatten. In einem Fall lieferte der Computer über zwei Dutzend Struktur-Kandidaten, die durch den in der Literatur veröffentlichten experimentellen Nachweis nicht eliminiert worden waren! Ich schrieb jedem Autor – in Japan, Italien, Spanien, England und Nordamerika –, schilderte ihm die Schlussfolgerungen des Studenten (eigentlich des Computers) und fragte, ob der Autor irgendwelche Kommentare zu der Zweideutigkeit seiner veröffentlichten Ergebnisse abzugeben habe. Die meisten Autoren antworteten erwartungsgemäß mit „Schon, aber ..." und führten dann weitere spektroskopische oder andere experimentelle Werte an, die in der Veröffentlichung nicht enthalten waren, die der empörte Autor jedoch ausgegraben hatte, um eine der vom Computer gelieferten Alternativen zu widerlegen. Meine Antwort lautete natürlich, dass diese Werte von vornherein in den Artikel gehört hätten. Einige Autoren antworteten überhaupt nicht – möglicherweise vor Schreck oder aus Verärgerung; und diese Fälle benutzte ich, um meinen Studenten eine weitere lehrreiche Erfahrung zu vermitteln. Ich forderte sie nämlich auf, die zeit- und materialsparendsten Versuche auszuarbeiten, die zwischen diesen verbliebenen Struktur-Alternativen differenzieren sollten. Am liebsten war mir die dritte Gruppe von Autoren: Sie wollten wissen, wie sie an eine Kopie dieses Programms kommen konnten.

Lehrtätigkeit außerhalb der Chemie

In den frühen 1970er Jahren – einem Wendepunkt im Vorgehen bei der Strukturaufklärung und in meiner eigenen Einstellung zur Lehre – begann ich schließlich auch Studenten aus den unteren Semestern zu unterrichten. Wie kommt es, dass ich mich als junger Lehrer ausschließlich auf Doktoranden konzentrierte, die oft älter waren als ich, während in meiner zu Ende gehenden Professorenlaufbahn die Studienanfänger meine Hauptklientel wurden? Wie mir beim Schreiben über diesen Aspekt meines Lebens klar geworden ist, fand meine allmähliche Verwandlung vom „harten" Naturwissenschaftler in einen mit weicheren Anklängen weitgehend im Hörsaal statt.

1969 hatte ich meine ersten „bevölkerungspolitischen" Artikel veröffentlicht, in denen ich den Rückgang der Forschung auf dem Gebiet der Empfängnisverhütung und die damit verbundenen Kosten für die Gesellschaft voraussagte. Mir wurde bald klar, dass die einzige Möglichkeit, diese Entwicklung umzukehren, darin bestand, für eine besser informierte Öffentlichkeit zu sorgen, und dass dies von den Medien, vor allem dem Fernsehen, nie und nimmer mit der derzeitigen Methode zu erreichen war, ein bis zwei Minuten kostbarer Sendezeit für gnadenlos vereinfachte Häppchen komplizierter Sachverhalte aufzuwenden, die eine umfassende Erörterung und kritisches Denken erforderten. Zufälligerweise wurde genau zu der Zeit, mit finanzieller Unterstützung der *Ford Foundation*, ein innovativer neuer Studiengang in Stanford eingeführt. Der Studiengang Humanbiologie war dazu bestimmt, das zunehmende wissenschaftliche Analphabetentum unserer Bevölkerung zu bekämpfen, da zu der Zeit die meisten bevölkerungspolitischen Fragen technologische oder wissenschaftliche Aspekte bekommen hatten. Ein Großteil dieses Analphabetentums ist auf die schlechte Qualität unserer High-School-Ausbildung in Mathematik und in den Naturwissenschaften zurückzuführen, was sich noch immer darin manifestiert, dass selbst Studenten renommiertester Universitäten Angst vor diesen Fächern haben.

Eine Möglichkeit, dieser Tendenz entgegenzuwirken, besteht darin, die weniger physikalisch orientierten Bereiche der Naturwissenschaften, insbesondere die Biologie, zu betonen, und zwar an der anthropozentrischsten und folglich überzeugendsten Front: dem Studium des Menschen. Wenn man bedenkt, wie die Fakultäten der Universität damals zusammengesetzt waren, nimmt es nicht wunder, dass alle Gründer des neuen Studiengangs Humanbiologie der *Stanford University* Männer waren: der Genetiker Joshua Lederberg, der Pädiater Norman Kretchmer, der Bevölkerungsbiologe Paul Ehrlich, der Neurobiologe Donald Kennedy (später Leiter des FDA in Washington und dann Präsident der *Stanford University*), der Soziologe Sanford Dornbush, der Psychologe (und spätere Provost der *Stanford University*) Albert Hastorf und der Psychiater David Hamburg. Sie arbeiteten einen Lehrplan für ein zweijähriges Grundstudium aus, das Studenten durch minimalen Kontakt mit den physikalischen Wissenschaften gestattete, in der Biologie und den Sozialwissenschaften bewandert zu werden, gefolgt von einem zweijährigen weiterführenden Studium in speziellen Fächern – und all dies zu den regulären geisteswissenschaftlichen Anforderungen der Universität hinzu. Diese renommierten

Professoren hielten auch die wichtigsten Vorlesungen und Seminare dieses Studiengangs.

Die Reaktion der Studenten war erstaunlich: Einführungsvorlesungen, die in Räumen angesetzt waren, die 50 Studenten fassten, mussten in Hörsäle mit 400 Plätzen verlegt werden. Nur wenige Jahre später hatte sich die Humanbiologie zu einem der beliebtesten Hauptfächer in Stanford gemausert und wurde von Studenten gewählt, deren Ziel die Medizin, das öffentliche Gesundheitswesen, Jura, Umweltwissenschaft und Politik waren – exakt die Klientel, die ich bezüglich Empfängnisverhütung und Bevölkerungsfragen ansprechen wollte. Da damals wie heute keine Chemieprofessoren am Studiengang Humanbiologie beteiligt waren, der inzwischen einen äußerst interdisziplinären Lehrkörper angelockt hatte, erbot ich mich, ein Seminar für höhere Semester unter der Rubrik „Biosoziale Aspekte der Geburtenkontrolle" anzubieten – ein Seminar, das mein Leben als Lehrender völlig veränderte. Ich entschied mich für dieses Thema, weil ich fand, dass Verhütung praktisch jeden betrifft: Man hat sie bereits praktiziert, wird sie noch praktizieren, oder man ist zumindest dagegen.

Ich hatte dabei mehrere Ziele im Sinn, aber das wichtigste war, die Studenten zu ermuntern, sich ernsthaft mit bevölkerungspolitischen Fragen zu beschäftigen und dabei stets reale Probleme zu bedenken. In einer Zeit, als in Stanford diesbezüglich keinerlei Kurse angeboten wurden, glaubte ich, dass ich zumindest aufgrund meines beruflichen Werdegangs in der akademischen Welt und in einem Zweig der Industrie, der in hohem Maße Risiko und Nutzen in Erwägung zog, für ein derartiges Seminar qualifiziert war. Ich wollte mich nicht auf angehende Naturwissenschaftler beschränken; die Politiker und Gesetzgeber der Zukunft kommen aller Wahrscheinlichkeit nach wohl kaum aus dieser Zunft. Durch die Modifizierung „biosozial" hoffte ich klarzustellen, dass ich den „weicheren" und allgemeineren Aspekten der Geburtenkontrolle besonderes Gewicht beimaß, und dadurch Studenten aus einem breiteren Spektrum zu gewinnen. Voraussetzung war lediglich, dass die Teilnehmer im letzten Studienjahr waren und damit in mindestens einer relevanten Disziplin Sachkenntnisse besaßen. Theologie, Psychologie, Soziologie, Anthropologie, Volkswirtschaft und Politologie waren nur einige der Abteilungen, in denen ich Studenten warb. Ich wusste, dass ich in der Biologie und Chemie die Medizinanwärter finden würde. Noch nie in meinem Leben als Chemieprofessor hatte ich mich nach Kunden umgesehen; nun stellte ich fest, dass ich die Werbetrommel rührte. Ich verfasste eine einseitige Informationsschrift, in der ich den Zweck meines Seminars umriss und die Art und Weise, wie es ablaufen sollte. Beigefügt war ein Fragebogen, den jeder interessierte Student ausfüllen sollte. Ich wollte nicht nur etwas über ihre akademischen Qualifikationen erfahren, sondern auch über ihren sozialen und geografischen Hintergrund, vor allem über ihre Reisen und Auslandsaufenthalte. Ich hatte ein ganz spezielles Experiment im Sinn, für das ich eine ganz spezielle Gruppe brauchte: Sie sollte zu gleichen Teilen aus Männern und Frauen bestehen und die verschiedenen ethnischen, sozialen und religiösen Milieus angemessen repräsentieren. Ich begrenzte die Teilnehmerzahl auf 40. Da über 80 Studenten den Fragebogen ausfüllten, konnte ich mit einer sehr ausgewählten und hochmotivierten Gruppe starten.

Ich denke gerne, dass es nicht nur der Stoff war, der die Studenten reizte, auch wenn 1972 der Höhepunkt der sexuellen Revolution war und die Empfängnisverhütung ein Thema, das fast bei jedem auf Interesse oder Widerstand stieß. Ich möchte gerne glauben, dass es die ungewöhnliche Struktur des Seminars war, die ich auf meinem Info-Blatt beschrieben hatte. Prüfungen würden nicht stattfinden, verkündete ich, und meine offiziellen Vorlesungen würden nach zwei Wochen enden. In dieser Zeit konnten sich die Studenten aus einer Reihe von Bevölkerungsgruppen eine aussuchen, deren Möglichkeiten der Geburtenkontrolle sie dann in Projektgruppen aus sechs bis sieben Personen eingehend studieren sollten. Der Schwerpunkt sollte auf geplanten Verbesserungen auf dem Gebiet der Geburtenkontrolle liegen, wobei jeder Student die gewählte Bevölkerungsgruppe von einem bestimmten disziplinären Standpunkt aus zu untersuchen hatte. Eine typische Projektgruppe konnte aus Studenten der Medizin, der Rechtswissenschaft, Volkswirtschaft, Theologie, Anthropologie, Chemie und Psychologie bestehen. Die Studenten sollten ihre Arbeit gemeinsam organisieren, aber jedes Mitglied einer Projektgruppe hatte aus Sicht seiner Disziplin ein separates Kapitel des Berichts der Gruppe zu schreiben. Hauptzweck meines Seminars war es zu demonstrieren, dass die Vorstellung von einem idealen, universellen Empfängnisverhütungsmittel eine Chimäre ist – rückblickend ein naheliegender Schluss, aber einer, dem ich während meiner Zeit als „harter" Wissenschaftler in den 1950er und frühen 1960er Jahren wenig Aufmerksamkeit geschenkt hatte. Aufgrund der ungeheuren Divergenz zwischen den verschiedenen Bevölkerungsgruppen ist etwas, das einer bestimmten Gruppe oder auch einer bestimmten Einzelperson angemessen ist, für eine andere überhaupt nicht geeignet. Ich wollte, dass die Studenten erkannten, dass das, was die Welt braucht, eine Art Supermarkt für Kontrazeptiva ist, und anhand ihrer eigenen Untersuchungen vorschlugen, wie das Warenangebot dieses Supermarkts aussehen könnte. In meinem ersten Seminar über biosoziale Aspekte der Geburtenkontrolle wurden die folgenden sieben Untergruppen gewählt: weiße amerikanische Studenten, verkörpert durch die Mehrheit der aus wohlhabendem Milieu stammenden Studentenschaft der *Stanford University*; mexikanische Amerikaner (Chicanos) in San Jose, Kalifornien, eine politisch und wirtschaftlich entrechtete Gruppe von Katholiken; Puertorikaner in Manhattan, eine den Chicanos vergleichbare Gruppe an der Ostküste; Einwohner aus den unteren Einkommensschichten in Mexico City, eine Gruppe, die in wirtschaftlicher und religiöser Hinsicht mit den beiden vorhergehenden verwandt ist, aber in ihrem eigenen politischen Milieu lebt; ägyptische Bauern im Nildelta und indische Slumbewohner in Kalkutta – zwei Gruppen aus der Dritten Welt mit einem völlig anderen religiösen und politischen Hintergrund; und schließlich eine Gruppe, die die „Women's Lib"-Position repräsentierte.

Wie sich herausstellte, war dieses erste Seminar im Jahre 1972 sowohl für mich als auch für die Studenten eine wichtige pädagogische Erfahrung und rückblickend der eigentliche Beginn meiner *déformation professionelle*. Lehrender und Studierende arbeiteten unheimlich hart. Nach der zweiten Woche, als ich meine mit vielen Dias illustrierten und jeweils knapp dreistündigen Vorlesungen abgeschlossen hatte, traf ich mich zweimal wöchentlich mit jeder der sieben Projektgruppen. Bei diesen Besprechungen erkundigte ich mich bei jedem einzelnen, wie er vorankam; ich gab den Studenten wichtige Kontaktadressen und ermunterte sie, dank eines bescheidenen Fonds, den der Fachbereich Humanbiologie zur Verfügung gestellt hatte, Ferngespräche zu führen, weil so am schnellsten Informationen von Regierungsbeamten in den USA und im Ausland zu erhalten waren. (Das war noch in der Vor-Fax- und Vor-Computer-Zeit, und Ferngespräche waren sehr teuer!) Vor allen Dingen aber bestand ich darauf, dass die Studenten zusammenarbeiteten. Obgleich alle wichtigen sozialen und technischen Fortschritte im wirklichen Leben die Folge interdisziplinärer Teamleistungen sind, neigen wir dazu, dieses Konzept nicht offiziell im Lehrplan zu verankern. Unser gesamtes Benotungs- und Bewertungssystem ist auf die Leistung des einzelnen und auf Wettbewerb ausgerichtet; die Zusammenarbeit unter Studenten wird ausdrücklich oder stillschweigend als Schummeln angesehen. Bei der Bewertung meines Seminars durch die Studenten wurde dieser Teamansatz für die originellste und wertvollste Lernerfahrung gehalten. (Neunzehn Jahre später schrieb mir ein Teilnehmer dieses ersten Seminars, der inzwischen zwei Doktortitel hat, was jeder Lehrende nur allzu gerne hört: „Biosoziale Aspekte der Geburtenkontrolle' war das wichtigste Fach, das ich als Student jemals belegt habe ... Denn Sie lehrten mich Fischen, statt mir einfach einen Fisch vorzusetzen, als ich hungrig war.") Ich hatte keine Probleme, die Leistungen des einzelnen zu bewerten, da jeder ein separates Kapitel schrieb; aber da diese Beiträge in den Bericht der ganzen Gruppe zu integrieren waren, musste jeder Student auch wissen, was alle anderen Mitglieder der Gruppe schrieben.

Der Höhepunkt des Seminars war die Präsentation der Schlussfolgerungen jeder Projektgruppe vor den übrigen Seminarteilnehmern und geladenen Gästen. Jedem Team standen drei Stunden zur Verfügung – die Hälfte davon für das eigentliche Referat, die andere Hälfte für Fragen und Antworten. Dies war eine weitere Gelegenheit, die Leistung jedes Studenten zu beurteilen: anhand der Art der Darstellung, des Scharfsinns der Fragen und der Stichhaltigkeit der Antworten. Und bei diesen Präsentationen überraschten die Studenten mich nun wirklich. Ich hatte ihnen *carte blanche* gegeben, was den Vortrag ihrer Schlussfolgerungen betraf, vorausgesetzt, dass jedes Mitglied der Gruppe in irgendeiner Form daran beteiligt war und somit Gelegenheit hatte, mit Fragen konfrontiert zu werden. Die erste Projektgruppe benutzte ein Laterna magica-Format ähnlich dem, das tschechische Filmemacher einmal mit beachtlichem Erfolg auf einer Weltausstellung einsetzten – woraufhin auch die anderen Gruppen ihre thespische Ader entdeckten. Von da an benutzten die Studenten alle erdenklichen Mittel, von Parodien bis hin zu „ausgewachsenen" Theaterstücken. Obwohl ich dieses Seminar in den 1970er Jahren nur alle zwei Jahre abhielt, sprachen sich die Vorstellungen unter den Studenten herum, und spätere Gruppen versuchten sich gegenseitig zu übertreffen. Wurde in dieser Zeit die Saat zu meiner späteren Karriere als Bühnenautor gelegt? Erkannte ich damals den hohen pädagogischen Wert lebendiger „Fallbeispiele"?

Zwei der denkwürdigsten Präsentationen wurden Mitte der 1970er Jahre von Projektgruppen geboten, die sich mit Problemen der Geburtenkontrolle unter schwarzen Amerikanern befassten. In beiden Fällen waren alle Mitglieder des Teams außer einem schwarz. Die erste Darbietung wurde von Brenda Jo Young organisiert, die später als Psychiaterin praktizierte und sich in jenen Tagen der Unisex-Kleidung, die von Bluejeans und Turnschuhen gekennzeichnet war, mit ihren hochhackigen Schuhen und eleganten Kleidern deutlich abhob. Ihre Gruppe übernahm den größten Chemie-Hörsaal, um eine Art Mini-Rockkonzert mit flackernden Scheinwerfern, lauter Musik und raffinierten Parodien aufzuführen, das die unterschiedliche Mentalität von Schwarzen und Weißen deutlich machte. Ich saß wie gewöhnlich auf einem der äußeren Plätze in der ersten Reihe, damit ich mich nur ein wenig zur Seite drehen musste, um auch das Publikum beobachten zu können. Gerade als eine der Studentinnen wild auf dem Demonstrationstisch tanzte, bemerkte ich die halb geöffnete hintere Tür und das entsetzte Gesicht unseres stellvertretenden Fachbereichsleiters. Er war herbeigeeilt, weil ihm gemeldet worden war, im Hörsaal sei die Hölle los. Erst als ich ihm fröhlich zuwinkte, zog er sich wieder zurück.

Die zweite schwarze Gruppe schrieb und inszenierte ein tragisch-komisches Theaterstück, das eindrucksvoll mehrere grundlegende Fakten demonstrierte, die ihrer Meinung nach berücksichtigt werden mussten, wenn es um empfängnisverhütende Alternativen für eine amerikanische, schwarze, städtische Bevölkerung ging: die hohe Schwangerschaftsrate unter Minderjährigen; die vorurteilslose Einstellung und Unterstützung seitens der Eltern oder Großeltern; das allgemeine Desinteresse junger schwarzer Männer an einer wirkungsvollen Verhütung; und das mangelnde Verständnis weißer Sozialarbeiter für die Interaktionen schwarzer Familien. Eine hellhäutige Schwarze spielte die Rolle der weißen Sozialarbeiterin, die selbstverständlich davon ausgeht, dass die Minderjährige eine Abtreibung vornehmen lassen wird; doch als sie die Familie aufsucht, um alles Nötige in die Wege zu leiten, muss sie feststellen, dass der Freund, die Eltern des Mädchens und die Großmutter im bescheidenen Wohnzimmer sitzen und gemeinsam die Geburt des Babys planen. Die Studentin, die die Rolle des schwangeren Teenagers übernommen hatte, wurde bald darauf selbst schwanger. Ich war froh und auch stolz, als ich später erfuhr, dass sie als alleinerziehende Mutter ihr Medizinstudium erfolgreich abgeschlossen hatte.

Die ehrgeizigsten Projekte wurden von meinem dritten Seminar im Wintersemester 1975/76 durchgeführt. Bis dahin hatte ich die Reaktionen der beiden ersten Gruppen erhalten, die ein Quartal lang „Biosoziale Aspekte der Geburtenkontrolle" belegt hatten und über den extremen Zeitdruck und das große Arbeitspensum klagten. Die meisten der Studenten erklärten, sie hätten in diesem Seminar mehr arbeiten müssen als in allen anderen Fächern, und das traf auch auf mich als Professor zu. Da jeder Student an einem anderen Projekt arbeitete und der größte Teil des Quartals Einzelgesprächen gewidmet war, musste ich darauf vorbereitet sein, eine außerordentlich breite Themenpalette abzudecken. Am Ende musste ich dann die Abschlussberichte jeder Projektgruppe lesen, beurteilen und benoten, Berichte, die gewöhnlich mindestens hundert Seiten hatten und oft mehrere hundert Verweise enthielten. Das war eine Arbeit, die ich nicht delegieren konnte, und so sah ich mich gezwungen, tagelang nur diese Aufsätze zu lesen und Randbemerkungen anzubringen – eine Erfahrung, durch die ich zwangsläufig für die zahlreichen mit der Geburtenkontrolle verbundenen soziopolitischen und kulturellen Probleme weiter sensibilisiert wurde. Hinzu kam, dass diese zum Teil sehr anspruchsvollen Seminararbeiten auch mir neue Einblicke in mannigfaltige Bevölkerungsgruppen vermittelten, beispielsweise durch eine vergleichende Studie der Geburtenkontrolle dreier chinesischer Bevölkerungsgruppen, nämlich in der Chinatown von San Francisco, in Taiwan und in der Volksrepublik China. Am meisten lernte ich von diesem dritten Seminar, das sich über zwei Quartale erstreckte, sodass einige der Studenten die Weihnachtsferien für eine Feldforschung nutzen konnten, wie sie sich jüngeren Semestern nicht oft bietet.

Ich hatte bei der *Rockefeller Foundation* angefragt, ob sie, als einmaliges Experiment, die Reisekosten meines humanbiologischen Seminars für Feldstudien in entlegeneren Gegenden übernehmen würde. Bis dahin waren der Forschungsarbeit meiner Studenten sowohl durch den Zeitdruck Grenzen gesetzt als auch durch die ihnen zur Verfügung stehenden finanziellen Mittel. Diese bestanden aus der Erstattung der Kosten für Telefongespräche und Fahrten im Umkreis von rund 150 Kilometern von San Francisco. Studenten, die ägyptische, indische oder andere weit entfernte Bevölkerungsgruppen gewählt hatten, waren auf Bibliotheken oder auf bei früheren Reisen gemachte Erfahrungen angewiesen. Die *Rockefeller Foundation*, die sich besonders der Unterstützung von Forschungsprojekten in Entwicklungsländern widmet, war bereit, dieses pädagogische Experiment zu finanzieren, weil sie an der Geburtenkontrolle allgemein und ihrer Anwendung bei ärmeren Bevölkerungsschichten im Besonderen interessiert war. Infolgedessen konnte ich das größte Seminar von allen – mit zehn Projektgruppen – veranstalten und jedem Team Gelegenheit geben, mindestens zwei und manchmal auch alle Mitglieder in das jeweilige Zielgebiet zu schicken, egal wo es lag. Die in geografischer Hinsicht ehrgeizigsten Projekte betrafen Bevölkerungsgruppen in Kenia, Java und bäuerlichen Gebieten Mexikos, aber auch die amerikanischen Projekte waren sehr interessant. So beschloss beispielsweise das Chicano-Team, bestehend aus vier Studenten namens Martinez, Ramos, Renteria und Rios, eine vergleichende Studie über drei Chicano-Gemeinschaften durchzuführen, und zwar in Denver, Colorado (mexikanische Amerikaner der zweiten und sogar dritten Generation), in El Paso, Texas (eine wechselnde Bevölkerung auf beiden Seiten der amerikanisch-mexikanischen Grenze) und in Los Angeles (ein Zentrum illegaler Einwanderer, die kein Englisch sprachen). Mehrere Mitglieder einer anderen Projektgruppe, die amerikanische Ureinwohner gewählt hatten, verbrachten einige Wochen bei einem Indianerstamm in New Mexico, mit dem einer der Anthropologiestudenten Verbindung aufgenommen hatte. Eine weitere Gruppe entschied sich für eine ländliche Gemeinschaft in den Südstaaten – Cherokee County in North Carolina, die Heimat eines der Studenten – und lieferte einen ungewohnten Einblick in die dort im Schul- und Gesundheitswesen herrschenden Einschränkungen.

Zwei besonders interessante Themen waren nicht geografisch definiert, sondern von der Funktion her: Das eine befasste sich mit Problemen der Geburtenkontrolle bei Trägern von Erbkrankheiten, das andere mit geistig Behinderten. Alle diese Berichte zu lesen war ungeheuer strapaziös, und so zog ich mich an einem verregneten Wochenende einmal in mein Ranchhaus zurück, um sie durchzugehen. Schon ziemlich erschöpft, holte ich spontan meinen Regenschirm und legte mich trotz des Nieselregens draußen in meinen Whirlpool, wo ich nackt lesend im Wasser trieb, ohne eine einzige Seite hineinfallen zu lassen. Die Wirkung, die der Dampf auf jede Seite ausübte, musste ich ignorieren, und ich verriet den Studenten nie, warum sie ihre Berichte leicht lädiert zurückerhielten.

Die mündlichen Präsentationen dieser Gruppen waren insgesamt beeindruckend – glücklicherweise, denn beeindruckend war auch die Zusammensetzung des geladenen Publikums. Der medizinische Direktor der *Rockefeller Foundation* kam zu mehreren Aufführungen eigens aus New York angeflogen, und die Vorsitzende des Gesundheitsausschusses des kalifornischen Abgeordnetenhauses erschien zu den Vorträgen über genetische Störungen und geistig Behinderte – im Hinblick auf die damals bevorstehenden Anhörungen zu diesen Themen in Sacramento, der Hauptstadt des Bundesstaates Kalifornien. Der Bericht der Projektgruppe Indonesien, die sich mit wirtschaftlichen und sozialen Anreizen für Kontrazeptiva in Java befasste, brachte einem der Studenten eine Stelle bei der Internationalen Entwicklungsbehörde in Washington ein; ein Medizinstudent aus der Kenia-Gruppe wurde von der Weltgesundheitsorganisation aufgrund seiner Feldstudie für ein Praktikum in Genf ausgewählt. Sharon Rockefeller, die Frau des derzeitigen Senators aus West Virginia, nahm an der Präsentation der Projektgruppe Kenia teil, da sie auch dem Kuratorium der *Stanford University* angehörte und mit einer der Studentinnen dieser Gruppe bekannt war, die rosarote Kondome mit dem Logo eines speerschwingenden Massai-Kriegers mitgebracht hatte. Zufällig war eine Reporterin des Magazins *People* anwesend, die über mein ausgefallenes Seminar berichten wollte. „Statt des sprichwörtlichen Apfels", schrieb sie in *People*, „bekam der Lehrer eine Schachtel mit rosaroten Kondomen. Djerassi war begeistert." Die Gruppe demonstrierte dem Publikum sehr anschaulich die Kluft zwischen unserer Mentalität und der der Kenianer, indem sie gebratene Termiten, eine kenianische Delikatesse, herumreichte und jedermann aufforderte, sie zu kosten. Ich glaube mich zu erinnern, dass Mrs. Rockefeller eine der wenigen war, die dieser Aufforderung nachkamen.

Als ich das Seminar über Geburtenkontrolle zu halten begann, war das Verhältnis zwischen männlichen und weiblichen Studenten ziemlich ausgeglichen. Gegen Ende der 1970er Jahre schrieben sich jedoch immer weniger Männer ein; und Anfang der 1980er Jahre waren höchstens noch 20 Prozent der Teilnehmer männlich. Das mangelnde Interesse der männlichen Studenten an diesem Thema war noch ausgeprägter in einem ergänzenden Seminar, das ich erstmals 1983 veranstaltete. Mir war aufgefallen, dass das einzige Projektthema, das jedes Jahr gewählt wurde, der „Standpunkt der Women's Lib" war, wie ich das damals nannte. Abgesehen von der offenkundigen Zeitlosigkeit dieses Themas gab es noch einen anderen Grund, weshalb es so beliebt war. Ich machte immer auf ein Zitat der Anthropologin Margaret Mead aufmerksam, das ich schon im Kapitel über die Pille angeführt habe.

[Die Pille] ist ausschließlich die Erfindung von Männern. Und warum haben sie sie erfunden? ... Weil sie äußerst abgeneigt sind, mit dem eigenen Körper zu experimentieren ... und weil sie höchst geneigt sind, mit dem Körper der Frau zu experimentieren ... Es wäre viel sicherer, an Männern herumzupfuschen als an Frauen ... Die ideale Empfängnisverhütung wäre zweifellos eine Pille, die Mann und Frau gleichzeitig einnehmen müssen.

Ich habe die Studentinnen jedes Mal gebeten, von Margaret Meads Standpunkt auszugehen und dann Beweise dafür oder dagegen vorzulegen. Die Studentinnen, die Margaret Meads These für gerechtfertigt hielten, wurden dann aufgefordert, realistische Vorschläge zu machen, wie der angeblichen Vorherrschaft der Männer in der empfängnisverhütenden Forschung abzuhelfen ist. Als die Jahre vergingen, und besonders als Stanford einen eigenen Studiengang für Frauenfragen einrichtete, beschloss ich, eine spezielle Lehrveranstaltung mit dem Titel „Feministische Perspektiven der Geburtenkontrolle" anzubieten. Inzwischen habe ich sie fünf Mal durchgeführt, einmal davon am *Bard College* in New York, weil es mich reizte, die Perspektive von Studenten einer kleinen Hochschule an der Ostküste mit der ihrer westlichen Pendants an einer großen Universität zu vergleichen. Von einer einzigen Ausnahme abgesehen, waren alle Teilnehmer dieser Lehrveranstaltungen Frauen.

Halten die Männer plötzlich nichts mehr von Empfängnisverhütung? Hat die „Yuppiefizierung", die Konzentration der derzeitigen Studentengeneration auf materielle Güter und beruflichen Aufstieg, die Männer veranlasst, der Verhütung einen niedrigen Stellenwert zuzuweisen? Ich glaube, der wahre Grund ist der, dass die Studenten der 1980er Jahre allesamt Kinder von Müttern der Pillengeneration sind. Die Pille hat viele wichtige soziale Beiträge geleistet, nicht zuletzt den, dass Geburtenkontrolle zu einem akzeptablen Thema für Tischgespräche wurde. Gleichzeitig hat sie aber auch eine gesellschaftliche Atmosphäre geschaffen, in der die Verantwortung für die Empfängnisverhütung auf die Schultern der Frau abgewälzt wurde. Viele Frauen nahmen diese Verantwortung natürlich gerne auf sich, weil sie darin ein wichtiges Zeichen der Emanzipation und der Befreiung von der Vorherrschaft der Männer sahen. Doch eine der Folgen dieser Errungenschaft war auch ein allgemeines Achselzucken seitens der Männer, eine Entwicklung, die ich zutiefst bedaure.

Es tat mir leid und amüsierte mich zugleich, dass es ausgerechnet die Frauen meines Seminars waren, die den unmittelbarsten Einfluss darauf hatten, dass an der *Stanford University* Kondome erhältlich wurden. In Anbetracht der Tatsache, dass heutzutage annähernd 40 Prozent aller Kondomkäufer in den Vereinigten Staaten Frauen sind, hielt ich es nur für angebracht, einige der Studentinnen zu ermuntern, sich auf diese Form der Empfängnisverhütung zu konzentrieren. In einer Zeit, als noch kaum jemand etwas mit dem Wort „Aids" anfangen konnte, schrieb ich in einem Artikel, der sich mit Schwangerschaften minderjähriger Amerikanerinnen befasste, dass die allgemeine Verfügbarkeit von Kondomen an weiterführenden Schulen und Colleges nicht nur im Zusammenhang mit der Volksgesundheit sinnvoll wäre, sondern auch eine Möglichkeit böte, jungen Männern in der prägendsten Phase ihres Lebens beizubringen, Mitverantwortung bei der Empfängnisverhütung zu übernehmen. Unter den Arbeiten, die die Frauen meines Seminars schrieben, waren auch kritische feministische Bewertungen der Kondomwerbung. Darin wurde gefragt, warum man statt einer phallozentrischen Terminologie, von „Scheich" über „Ramses" bis „Trojaner" – oder auch statt des speerwerfenden Massai-Kriegers auf der Packung kenianischer Kondome, über die die Reporterin von *People* berichtet hatte – Kondomen nicht den Namen „Cleopatra" gab. Und warum man statt der angebotenen Farben Blau und Grün und Orange für „Cleopatra" nicht einen Goldton benutzte. (Ich wünschte, ich könnte behaupten, die später im Handel erhältlichen in Goldfolie verpackten Kondome seien durch diese Arbeit angeregt worden.)

1980 untersuchten zwei weibliche Mitglieder einer Projektgruppe, was getan werden müsste, um an der *Stanford University* Kondomautomaten einzuführen – und erhielten eine erstklassige Lektion in akademischer Bürokratie. Der für studentische Belange zuständige Dekan schickte sie zum amtierenden stellvertretenden Vizepräsidenten der Verwaltung, der ihnen empfahl, zunächst einmal einen der juristischen Berater der Universität zu konsultieren und dann den Sportdirektor, weil sie an Sporthallen als mögliche Standorte gedacht hatten. Selbst der Ombudsmann der Universität konnte ihnen nicht helfen, als sie ihm von der entsetzten Reaktion eines Bibliothekars berichteten, nachdem die Studentinnen die Toiletten der Bibliothek als geeigneten Standort vorgeschlagen hatten. „Überlegen Sie doch einmal, wie viele Oberschüler dann in die Bibliothek kämen, um sich Kondome zu holen!", meinte er schockiert. Ich konnte mir kaum eine bessere Verwendung von Kondomen vorstellen: die Schwangerschaftsrate bei Minderjährigen zu senken und gleichzeitig den Bildungsstand zu heben, selbst auf die Gefahr hin, gelegentlich ein benutztes Kondom zwischen den Regalen zu entdecken. Erst 1987 gelang es einer weiblichen Fünferbande, die sich mit im freien Verkauf erhältlichen Empfängnisverhütungsmitteln beschäftigte und von meinen Studentinnen Shirley Wang und Jennifer Yu angeführt wurde, die Stanforder Verwaltung so zu zermürben, dass in einigen Toiletten Kondomautomaten aufgestellt wurden. Wenn ich nicht praktizieren würde, was ich predige, und nicht schon vor Jahren eine Vasektomie hätte vornehmen lassen, wäre ich mit Sicherheit einer der ersten Kunden gewesen. Somit liegt die Packung aus Kenia noch immer unbenutzt in meiner riesigen Kondomsammlung, in die ich hin und wieder zu Demonstrationszwecken greife. Dabei bin ich vermutlich einer der ganz wenigen Amerikaner, die aufgrund ihrer Lehrtätigkeit die Kosten für Kondome von der Einkommensteuer absetzen könnten.

Ethischer Diskurs mittels Science-in-Fiction

Mein Wandel vom Chemiker der reinen Chemie zum Chemiker, der seine pädagogischen Fähigkeiten auf Aspekte der Soziobiologie und der feministischen Studien anwendet, war nicht nur ein großer Sprung, was den Lehrstoff betraf. Er bedeutete, dass ich es nun mit Studienanfängern zu tun hatte, die sich nicht unbedingt schon auf ein bestimmtes Hauptfach festgelegt hatten und folglich empfänglicher dafür waren, ihren Blickwinkel zu erweitern, und vielleicht sogar überzeugt werden konnten, ein anderes Studienfach in Betracht zu ziehen. Der größte Reiz für mich war jedoch, dass ich, anders als bei reinen Chemie-Vorlesungen und -Seminaren, nun Studenten aus ganz verschiedenen Disziplinen hatte, insbesondere aus den Sozialwissenschaften und sogar aus den Geisteswissenschaften, d.h. Studenten, deren einziger Kontakt mit einem Chemieprofessor, wenn überhaupt, bei einer Einführungsvorlesung in einem riesigen Hörsaal stattgefunden hätte. Doch nun trafen wir uns monatelang in kleinen Gruppen oder sogar nur zu zweit in meinem Büro.

Der nächste Sprung war ein noch größerer, allerdings war er absolut folgerichtig, wenn nicht sogar unvermeidlich. Wenn man die Absicht hat, gesellschaftspolitische Fragen zu behandeln, muss man sich früher oder später mit dem Thema Berufsethos beschäftigen. Zufälligerweise saß ich etwa zu dieser Zeit in einem eigens einberufenen interdisziplinären Gremium, hauptsächlich aus den biomedizinischen Disziplinen, das von den *National Institutes of Health* (NIH) in Washington einberufen worden war, um Richtlinien für die obligatorische Einführung von Seminaren zum Thema ethisches Verhalten in der Forschung und in den medizinischen Wissenschaften auszuarbeiten. Dies wurde bald darauf zur Bedingung für alle Personen, die von den NIH Ausbildungszuschüsse erhielten, erstreckte sich jedoch nicht auf die üblichen Forschungsstipendien der NIH oder der *National Science Foundation* (NSF). Ich unterstützte diese Aktionen nicht nur, sondern war der Meinung, dass derartige Pflichtveranstaltungen früher oder später auch in der Chemie und den anderen Naturwissenschaften eingeführt werden sollten. Aber als ich dem Leiter unseres Fachbereichs anbot, ein solches Seminar zu organisieren, war die Reaktion unerwartet negativ: „Bloß keine schlafenden Hunde wecken!"

Vermutlich hätte ich eine Entscheidung erzwingen können, doch stattdessen wandte ich mich an die Medizinische Fakultät, die mir zugänglicher zu sein schien. Zufällig hatte ich einige Jahre davor bei der Wahl eines neuen Dekans dieser Fakultät dem Auswahlgremium angehört, in dem auch Thomas A. Raffin als Vertreter der Studentenschaft saß. Inzwischen hatte Raffin sein Studium abgeschlossen, war Mitglied der Medizinischen Fakultät und Mitte der 1990er Jahre Professor sowie Co-Direktor des *Center for Biomedical Ethics* der *Stanford University* geworden. Er war nicht nur aufgeschlossen für mein Angebot, innerhalb besagten Programms ein Seminar anzubieten, sondern ihm gefiel auch die geplante Herangehensweise, die in dem von mir vorgeschlagenen Titel „Ethischer

Diskurs mittels Science-in-Fiction" deutlich wurde, der im Vorlesungsverzeichnis der Medizinischen Fakultät unverändert unter „Medicine 256" erschien. Wegen des ungewöhnlichen Charakters dieser Lehrveranstaltung – wie viele Seminare in den exakten Wissenschaften haben schon mit Romanliteratur zu tun und werden von Romanautoren abgehalten? – schildere ich sie im Folgenden eingehend anhand von Auszügen aus einem meiner inzwischen vergriffenen Bücher.

Den Anstoß zu diesem Seminar gab der unerwartete Erfolg, den mein erster Science-in-Fiction-Roman, *Cantors Dilemma*, als akademisches Lehrbuch hatte. Das Taschenbuch erscheint noch immer ein bis zwei Mal jährlich in neuer Auflage, was hauptsächlich darauf zurückzuführen ist, dass es an amerikanischen Colleges und Universitäten in Seminaren zum Thema Ethik in der Forschung benutzt wird – dem Handlungsschwerpunkt des Romans. An betriebswirtschaftlichen Fakultäten weiß man die Vorteile von „Fallbeispielen" schon lange zu schätzen und bedient sich ihrer im Unterricht, was die Verwendung von *Cantors Dilemma* durchaus verständlich macht. Aber Verhaltensabweichungen in der Forschung betreffen im Allgemeinen eher Einzelpersonen als unpersönliche Einheiten wie Unternehmen, was bedeutet, dass ethische Fallbeispiele aus den Naturwissenschaften sehr schnell auf eine Verletzung der Privatsphäre und auf Denunziantentum hinauslaufen. Ich fragte mich, ob von Studenten verfasste „Science-in-Fiction", in der alle Aspekte wissenschaftlichen Verhaltens exakt und glaubhaft geschildert werden, wenn auch unter dem Deckmantel der freien Erfindung, dazu dienen könnte, ethische Dilemmata zu beleuchten, die aus Gründen der Diskretion, aus Verlegenheit oder aus Angst vor Repressalien häufig nicht angesprochen werden.

„Medicine 256" war auf Doktoranden und Postdoktoranden beschränkt, weil es mir um Kurzgeschichten ging, die auf eigenen Erfahrungen basierten oder zumindest auf Ereignissen, über die der Verfasser genug wusste, um sie sachkundig wiederzugeben. Als ich das Seminar das erste Mal anbot, schrieben sich 14 Doktoranden und Postdoktoranden aus 12 verschiedenen Fachbereichen ein (von der Chemie, der Biophysik und Informatik bis hin zur Genetik, zu Infektionskrankheiten und Psychiatrie), um Kurzgeschichten zu verfassen, die ethische Fragen aus den Naturwissenschaften oder der Medizin behandelten. Die Geschichten mussten am ersten Tag des Seminars eingereicht werden (wurden also während der Semesterferien geschrieben) und wurden dann ohne Nennung des Autors an alle Teilnehmer verteilt, sodass eine freimütige Diskussion gewährleistet war. Den eigentlichen Schwerpunkt bildeten eingehende dreistündige Untersuchungen der ethischen Probleme oder Verhaltensweisen, die in den Kurzgeschichten angesprochen wurden – Diskussionen, bei denen es oft heiß herging. In all den Jahrzehnten meiner Lehrtätigkeit an der *Stanford University* war dies das aufregendste Seminar, das ich je erlebt habe. Es bot den Studenten nicht nur den Schleier der Anonymität, der sie ihre Zurückhaltung weitgehend aufgeben ließ, sondern gestattete ihnen auch, die Themen zu wählen, die sie am meisten berührten, statt sich auf ethische Probleme beschränken zu müssen, die der Dozent vorgab.

Einige Doktorväter (insbesondere aus der Chemie) hatten nicht allzu viel Verständnis dafür, dass ihre Studenten eine von Djerassis „Mickymaus-Übungen" belegten, wie sie es nannten, und meinten, sie sollten ihre kostbare Zeit lieber im Labor verbringen, als sie mit literarischen Fantastereien zu vergeuden. Diese Einstellung ist keineswegs nur bei Professoren zu beobachten. Sie wird auch von vielen Studenten der exakten Naturwissenschaften, beispielsweise der Chemie, geteilt, wo man „Ethik"-Seminare – sofern sie überhaupt angeboten werden – nicht besonders ernst nimmt, sondern stillschweigend davon ausgeht, dass „Schwindeln, Fälschen, Manipulieren und Schummeln" (wie Charles Babbage 1830 in seiner berühmten Rede vor der *Royal Society* sagte) in der Forschung ein pathologischer Befund ist, den man hauptsächlich bei Biologen und Klinikern antrifft. Inzwischen habe ich „Medicine 256" vier Mal durchgeführt, mit Studenten aus über einem Dutzend Fachbereichen, doch in dieser ganzen Zeit trauten sich nur zwei Chemiestudenten, beide Frauen, einen kleinen Teil ihrer 70-Stunden-Woche für eine „weiche" Übung wie diese abzuzweigen. Eine der beiden, nämlich Shirley Lin, heute Professorin an der amerikanischen Marineakademie, bekam von *Chemical & Engineering News*, dem weltweit größten Nachrichtenmagazin für Chemie, 500 Dollar für ihre Kurzgeschichte *Meeting*, die der Herausgeber mit folgenden Worten einleitete: „Zum ersten Mal in der 75-jährigen Geschichte von C&EN veröffentlichen wir eine Kurzgeschichte." Eine weitere Kurzgeschichte – eine der besten aus dem ersten Seminar – erschien später auf Wunsch der Autorin anonym in einer medizinischen Fachzeitschrift. Darin sieht sich eine junge Ärztin vor die schmerzliche Aufgabe gestellt, einer kaum des Lesens und Schreibens kundigen schwangeren albanischen Flüchtlingsfrau zu einer Abtreibung raten zu müssen, während sie selbst vor der schweren Entscheidung steht, ob sie ihre eigene erste Schwangerschaft abbrechen lassen soll. Die Geschichte war autobiografisch, und mehrere Studenten hatten Tränen in den Augen, als wir sie im Unterricht besprachen.

Mein Seminar bot nicht nur ein Forum für freimütige Enthüllungen und Diskussionen, sondern ging auch der Frage nach, wie Naturwissenschaftler besser mit ihren Kollegen und der breiten Öffentlichkeit kommunizieren können. Diese Debatte führte zu einem recht ungewöhnlichen literarischen Experiment, auf das ich noch immer sehr stolz bin. Die Studenten mussten sich nämlich an einem Gruppenwerk im Stil eines japanischen Renga versuchen (ein Kettengedicht, dessen Strophen von zwei oder mehr Dichtern abwechselnd geschrieben werden, oft in Form eines Wettstreits), in diesem Fall an einer Kurzgeschichte, die ein ethisches Dilemma in den Naturwissenschaften behandelte. Jeder Student musste einen Absatz schreiben, ohne zu wissen, wer den vorhergehenden verfasst hatte, und hatte dafür zwei Tage Zeit. Nachdem das aus 14 Absätzen bestehende „naturwissenschaftliche Renga" vollendet war, wurde jeder Student aufgefordert, einen fünfzehnten Absatz zu schreiben, sodass 14 neue Schlüsse entstanden. Nachdem ich der Gruppe alle Varianten ausgeteilt hatte, wurde in geheimer Abstimmung der „Sieger" bestimmt. Obwohl das Werk die Namen aller Autoren trug – bei naturwissenschaftlichen Veröffentlichungen nichts Ungewöhnliches, bei literarischen Werken dagegen faktisch noch nie dagewesen –, wusste niemand, wer welchen Teil beigesteuert hatte.

Das Verfassen eines Renga weist eine interessante Ähnlichkeit mit dem Prozess einer wissenschaftlichen Veröffentlichung mehrerer Autoren auf, der ebenfalls seine kollegialen und kompetitiven Aspekte besitzt (tatsächlich benutzte ich diese Idee in meinem zweiten Roman, *Das Bourbaki Gambit*). Das Renga-Experiment meines Seminars stellte jedoch eine „reinere" Zusammenarbeit dar, da jeder Autor mit einem nicht identifizierbaren individuellen Baustein zum Gesamtwerk beigetragen hatte. Ich war gespannt, ob eine naturwissenschaftliche Fachzeitschrift den Mumm hatte, die Geschichte abzudrucken, und versuchte es gleich bei *Nature* – was in der Welt der Naturwissenschaften so viel bedeutet, als würde man eine Erstlingsgeschichte beim *New Yorker* einreichen. Doch der *Nature*-Redakteur biss binnen einer Woche an (was an sich schon nahezu beispiellos war), und so erschien *A Science Renga* unter den Namen der 15 Autoren in der Ausgabe vom 11. Juni 1998. Es war das erste frei erfundene Werk, das *Nature* – zumindest wissentlich – seit der Gründung im Jahre 1869 veröffentlicht hatte. Das war derart ungewöhnlich, dass die französische Zeitung *Libération* diesem Ereignis eine ganze Seite widmete. Die Kurzgeschichte könnte auch die erste in der Literaturgeschichte sein, die den Namen von 15 Autoren trägt. Aber wieso 15, wenn es nur 14 Studenten waren?

Die Antwort darauf mag zwar etwas forciert klingen, ist aber für den Inhalt von „Medicine 256" durchaus relevant, da die Reihenfolge der Autoren, besonders die Frage nach dem „Haupt"-Autor, häufig Ursprung ethischer Konflikte in den Naturwissenschaften ist. Wessen Name sollte also an erster Stelle stehen? Einige Studenten schlugen den Kunstgriff der „Autorenschaft ehrenhalber" vor, dessen man sich in der Naturwissenschaft so oft bedient, der aber noch immer nicht gebührend missbilligt wird; in unserem Fall wäre das auf den Kompromiss „Djerassi *et al.*" hinausgelaufen. „Es war Ihre Idee", meinten einige, „Sie haben alles organisiert und dafür gesorgt, dass die Geschichte in *Nature* erscheint. Setzen Sie Ihren Namen dazu und zwar an erster Stelle." Selbstverständlich lehnte ich dies ab. Das Hinzufügen des eigenen Namens bei einer Veröffentlichung, an der man nicht tatsächlich mitgearbeitet hat, war genau eines der Themen, um die es in diesem Seminar gegangen war. Als nächstes wurde natürlich eine alphabetische Reihenfolge vorgeschlagen, was durchaus üblich ist, aber ebenfalls Probleme aufwirft. Hier zur Illustration ein Fall aus *Cantors Dilemma*:

„Die meisten Leute in unserem Fach, einschließlich Celestine, würden in mir den Hauptautor sehen. Das ist nicht unbedingt der erste Name auf der Autorenliste, obwohl manche Forscher großes Gewicht darauf legen, immer an erster Stelle genannt zu werden. Andere gehen immer in alphabetischer Reihenfolge vor ...“

„Na schön, aber bei uns im Labor ist das anders“, brummte Stafford. „Da geht's immer nach dem Alphabet.“ Dies war im Grunde der einzige Zankapfel in Cantors Gruppe. Dem Labortratsch zufolge hatte noch nie ein Allen oder Brown bei Cantor gearbeitet. Zwar hatte es einmal einen Austauschstipendiaten aus Prag gegeben, der Czerny hieß, aber das war die nächste alphabetische Nähe zu „Cantor“, an die man sich erinnerte, bis im letzten Jahr Doug Catfield aufgetaucht war.

Bei den 14 Autoren von *A Science Renga* hätte eine alphabetische Reihenfolge bedeutet, dass Dina L. G. Borzekowski, eine Postdoktorandin des *Stanford Center for Research in Disease Prevention*, im Inhaltsverzeichnis von *Nature* als Hauptautor genannt worden wäre. Aber war das fair, wenn allen das gleiche Verdienst zukam? Gewöhnliche Sterbliche außerhalb der naturwissenschaftlichen Gemeinschaft sind oft bass erstaunt, wie wichtig wir dieses Problem der Reihenfolge nehmen und auf was für komplizierte Lösungen wir gelegentlich verfallen, vor allem, da viele Professoren – insbesondere „Autoren ehrenhalber“ – heutzutage ihren Namen an die letzte Stelle setzen. Aber wie sieht die Sache weiter vorne aus? Hier ein weiterer relevanter Auszug aus einem meiner Romane, diesmal aus dem letzten Band, *NO*, wo sich Celestine Price, eine fiktive Chemikerin, genau darüber mit ihrem ehemaligen Chef Michael Marletta unterhält (eine reale Person und heute Präsident des *Scripps Research Institute*), als die Nichtwissenschaftlerin Paula dazukommt.

„Worüber wir sprachen, bevor du kamst", wandte sich Celestine an Paula, „war, mit welcher Subtilität den einzelnen Autoren Anerkennung gezollt wird. In Bereichen der Chemie oder Biologie, wo große Konkurrenz herrscht, sind vier oder mehr Autoren heutzutage ganz normal. Nachdem geklärt wäre, wer an letzter Stelle steht, kommen wir nun zu der Frage, wer an erster steht."

„Wieso?" fragte Paula. „Ich würde sagen, das sollte derjenige sein, der die Hauptarbeit geleistet hat."

„Glaubst du, daß das so einfach ist? Genau darüber haben wir vorhin diskutiert. Vor einiger Zeit hat John Scott aus Portland in ‚Science' etwas wirklich Neues veröffentlicht. Er hatte fünf Mitarbeiter, alles Frauen – ein richtiger Harem –, aber das eigentlich Neue war, daß die beiden ersten Namen jeweils mit einem Sternchen gekennzeichnet waren. Und rate mal, was in der Fußnote stand. ‚Diese Autoren haben in gleichem Maße zu dieser Arbeit beigetragen.'"

„Brillant!" rief Paula aus.

„Sehen Sie?" sagte Marletta lachend.

„Brillant?" Celestine schnaubte verächtlich. „Angenommen, der erste Name mit Sternchen wäre Smith gewesen und der zweite Price. Als Price wäre ich zu Scott gegangen und hätte ihn darauf aufmerksam gemacht, daß der Artikel bei Literaturhinweisen immer als ‚Smith et al.' oder ‚Scott et al.' zitiert werden würde. Und für meine Begriffe bedeutet ‚et al.' nicht ‚gleich'."

„Was hätte Scott deiner Meinung nach tun sollen?"

„Tja", grinste Celestine. „Als erstes hätte ich versucht, die Namen Smith und Price durch ein Ist-gleich-Zeichen zu trennen statt durch ein Komma. Aber da kein Redakteur das zulassen würde, hätte ich für eine alphabetische Reihenfolge plädiert."

„Also für Cantors System? Wieso sollte Smith damit einverstanden sein, wenn dein Name mit P beginnt?"

„Gute Frage. Das war auch Michaels Argument. Also habe ich ihn gefragt, warum nicht eine Münze werfen? Und weißt du, was der so überaus gerechte Professor Marletta antwortete?" Celestine stupste ihn leicht mit dem Finger. „Sagen Sie es ihr."

„In meinem Labor entscheide ich und nicht eine Münze."

Ich fand, dass keine dieser Möglichkeiten im Falle unseres Renga angebracht war. Als der Aufsatz im Druck erschien, war mein im Alleingang gewählter erster Autor ein gewisser Alfred N. Alston Jr., hinter dessen Name ein Sternchen stand, das nicht auf eine Fakultätsadresse verwies, sondern darauf, dass er verstorben war.

Nature fiel die kleine Diskrepanz nicht auf – 14 Studenten, aber 15 Autoren –, doch ein Interviewer in einer Rundfunksendung entdeckte sie und bat mich um Aufklärung. „Es ist ein Anagramm", räumte ich ein und forderte dann die Hörer der Sendung auf, mir per E-Mail die Lösung zu schicken. Die erste richtige Antwort sollte mit einem signierten Exemplar von *NO* belohnt werden. Ich war kaum wieder zu Hause, da lag schon der korrekte Name vor: Leland Stanford Jr., der Mann, nach dem unsere Universität benannt ist und nun der anagrammatische Autor, unter dessen Namen *A Science Renga* bis in alle Ewigkeit im Register zu Band 393 von *Nature* zu finden sein wird. Ich hielt Leland Stanford Jr. alias Alfred N. Alston Jr. für einen fairen Kompromiss, denn unsere Universität wäre nicht gegründet – und unser naturwissenschaftliches Renga nie verfasst – worden, wenn er nicht allzu früh verstorben wäre und seine trauernden Eltern daraufhin nicht die nach ihm benannte Universität gegründet hätten. Meine studentischen Autoren waren so begeistert, dass ihre Namen in *Nature* standen, ein Pluspunkt für ihre beruflichen Biografien dessen sich viele ihrer Professoren nicht rühmen konnten, dass keiner gegen meine einsame Entscheidung bezüglich des Hauptautors protestierte.

Damit bin ich fast am Ende meiner langatmigen Beschreibung dieses letzten pädagogischen Experiments angelangt, aber noch nicht ganz. Einer der Teilnehmer des Seminars, ein talentierter Lyriker namens E. Weber Hoen, beschloss, ein Abstract unseres Renga zu schreiben (schließlich ist ein Abstract, eine knappe Zusammenfassung, bei jeder naturwissenschaftlichen Veröffentlichung ein absolutes Muss). Er tat dies jedoch in Form eines Shakespeare'schen Sonetts, bei dem jede der 14 Zeilen einem Absatz des Renga entsprach! Der „alte Bock" im Titel ist der Professor in der Kurzgeschichte, der in ständiger Angst lebt, von seinem jüngeren Schüler ausgestochen zu werden. Hier die sechs letzten Zeilen von Hoens Sonett:

Der alte Bock
Zum Gipfel strebst, zur Wahrheit Du empor,
herabzublicken auf ein ewig Reich,
als läg dort unten deiner Jugend Flor.
Doch Regen trübt die Sicht. Dort stehn, Dir gleich,
die Jungen bang zum Königsmord bereit.
Bock, du bist alt. Und doch noch nicht gescheit.

Als ich das Sonett zum ersten Mal las, wurde mir klar, dass meine Lebensjahre mich als „alten Bock" qualifizierten. Doch ich bin besser dran als Hoens alter Bock. Denn ich habe durch meine Wandlung zum „Professor für berufsbedingte Deformation" so manches gelernt, was ich nicht von mir behaupten könnte, wäre ich ein reiner, unbefleckter Chemiker geblieben.

Science-in-Theatre zu Lehrzwecken

Inzwischen wird jedem Leser klar sein, dass meine sich ständig erweiternden Übungen mit den Veränderungen meiner eigenen intellektuellen Neigungen zusammenhingen. Als sich mein Interesse in den 1960er Jahren von der kontrazeptiven „Hardware" wie der Pille auf die kontrazeptive „Software" verlagerte – d.h. auf die kulturellen, politischen, religiösen, wirtschaftlichen und juristischen Aspekte der Empfängnisverhütung –, wurde meine Aufmerksamkeit auf breitere gesellschaftspolitische Fragen gelenkt. Nachdem ich mich in diesen Dschungel begeben hatte, war es nur ein kleiner Schritt, diesem Interesse durch die Einführung einer der ersten gesellschaftspolitischen Lehrveranstaltungen des neu gegründeten Fachbereichs Humanbiologie in Stanford nachzugehen. Meine anschließenden Streifzüge durch die „Science-in-Fiction" veranlassten mich, zunächst das oben geschilderte Experiment „Ethischer Diskurs mittels Science-in-Fiction" zu starten und 2001 dann ein Seminar für Studenten im zweiten Studienjahr mit dem Titel „Science-in-Fiction ist nicht Science Fiction" anzubieten, in dem die Studenten aus einer Science-in-Fiction-Literaturliste auswählen mussten, auf der nicht nur Bücher von mir standen, sondern frühe Klassiker wie *Arrowsmith* von Sinclair Lewis, *The Search* von C. P. Snow und *The Struggles of Albert Woods* von William Cooper sowie neuere Werke wie John Updikes *Roger's Version*, Simon Mawers *Mendel's Dwarf* und Jennifer Balls *Catalyst*. In diesem Seminar ging es weniger um die Handlung des jeweiligen Romans, sondern um den bekannten oder versteckten wissenschaftlichen Hintergrund, durch den sich diese Bücher von Science Fiction unterschieden. In den drei Jahren, in denen ich dieses Seminar bis zu meinem 80. Geburtstag leitete, hatte ich einige hervorragende Studenten, darunter Tonyanna Borkovi und Joshua Bushinsky, die mir fast ein Jahr lang als wissenschaftliche Mitarbeiter wertvolle Dienste bei meinen Recherchen zu Isaac Newton und einigen englischen Dramatikern des 17. Jahrhunderts leisteten.

Nach einem mehrjährigen Zwischenspiel, in dem ich in Stanford nicht lehrte, sondern meine kreative Zeit hauptsächlich dem Verfassen von Theaterstücken widmete, begann ich mir zu überlegen, wie sich diese jüngste meiner Vorlieben in eine innovative Lehrveranstaltung für Studenten umsetzen ließ. Wie ich darlegen werde, war dies nicht leicht zu bewerkstelligen, doch inzwischen war ich 85 Jahre alt und verständlicherweise ungeduldig. Da meine Lebenserwartung laut Statistik von Tag zu Tag sank und die Uhr immer lauter tickte, packte ich die Sache einfach nach dem Motto an: Wenn der Berg nicht zum Propheten kommt, muss der Prophet eben zum Berg gehen.

Was ich anbieten wollte, und schließlich durchsetzen konnte, war ein Seminar mit dem Titel „Science-in-Theatre: ein neues Genre?" Dass ich von „durchsetzen" spreche, lässt darauf schließen, dass es Schwierigkeiten gab, und davon gab es einige. Zunächst einmal muss man festhalten, dass Stanford eine hervorragende Universität ist, die zumeist über exzellente Einrichtungen verfügt, was aber leider nicht für die Abteilung Drama gilt, deren Räumlichkeiten und Ausstattung offen gesagt erbärmlich sind. Es nimmt daher nicht wunder, dass der Ausbildungsschwerpunkt in erster Linie auf dem Schreiben von Theaterstücken und auf Theatergeschichte liegt und nicht auf Inszenierungen. Man braucht nur die Theaterabteilungen von Stanford und Yale zu vergleichen, oder auch nur die von Stanford und einer Reihe größerer staatlicher Universitäten, um zu erkennen, wie Recht ich mit meiner Aussage habe. Und da Stanford eine der reichsten und am besten ausgestatteten Universitäten der USA ist, liegt das ganz offensichtlich nicht am fehlenden Geld, sondern vielmehr an der Zuteilung der Mittel, die meiner Meinung nach die Naturwissenschaften und die fachbezogenen Fakultäten zu Lasten der Geisteswissenschaften und der Bildenden Kunst über die Maßen bevorzugt. Ein weiteres Problem war, dass zumindest in naturwissenschaftlichen Fachbereichen wie der Chemie kein Interesse daran bestand, irgendeine Form von „Drama" in Seminare für höhere Semester aufzunehmen, wie die Tatsache beweist, dass mein Vorschlag, eines meiner pädagogischen Stücke – nämlich *NO*, in dem es um Stickoxid geht – in einem Chemie-Seminar für Studienanfänger zu benutzen, mit der Begründung abgelehnt wurde, in dem ohnehin mit Pflichtveranstaltungen vollgestopften Lehrplan sei dafür keine Zeit. (Zum Glück sah meine eigene Alma Mater, die *University of Wisconsin*, das ganz anders und benutzt *NO* genau für solche pädagogischen Zwecke.)

Zweitens wachte die Drama-Abteilung eifersüchtig über ihr Hoheitsgebiet und hatte nicht viel für Außenstehende übrig, schon gar nicht für einen ausgewiesenen Naturwissenschaftler. Meine folgende knappe Beschreibung des geplanten Seminars stieß zwar nicht auf offenen Widerstand, aber auch auf wenig Begeisterung.

Naturwissenschaftler agieren innerhalb einer Stammeskultur, deren Regeln, Gebräuche und Idiosynkrasien nicht mittels spezifischer Vorlesungen oder Bücher vermittelt werden, sondern durch eine Art intellektueller Osmose im Rahmen einer Mentor-Schüler-Beziehung erworben werden. Ist das auch der Grund, weshalb Naturwissenschaftler, noch bis vor kurzem, so gut wie nie „normale" Charaktere in Theaterstücken waren, sondern als Frankensteins oder Fachidioten dargestellt wurden? Doch in den zurückliegenden zehn bis fünfzehn Jahren sind auf der anglo-amerikanischen Theaterszene mehr und mehr intellektuell anspruchsvolle Dramen erschienen, in denen naturwissenschaftliche Verhaltensweisen und sogar die Naturwissenschaften selbst korrekt dargestellt werden. Geschah dies aus didaktischen Gründen seitens einiger Bühnenautoren oder aber weil die intrinsische Dramatik der Naturwissenschaft und ihre metaphorische Bedeutung erkannt wurden? Diese Themen werden diskutiert und zum Teil betrachtet (mittels Videos im Haus des Dozenten in San Francisco) anhand eingehender Beschäftigung mit Theaterstücken, einige davon verfasst vom Dozenten. Außerdem wird eine praktische Übung im Verfassen von Dramen stattfinden.

Die Aussage im zweitletzten Satz, „einige davon verfasst vom Dozenten", änderte nichts an meinem Außenseiterstatus, da keines dieser Stücke jemals in der Drama-Abteilung gelesen, geschweige denn aufgeführt worden war, trotz früherer Bemühungen meinerseits. Aber ich wollte, dass mein Seminar im Vorlesungsverzeichnis sowohl unter der Rubrik Chemie als auch unter Drama erschien, um eine bislang nie versuchte Zusammenarbeit zwischen zwei so unterschiedlichen Abteilungen zu initiieren – deren Leiter sich beispielsweise noch nie getroffen hatten – und um Studenten aus ganz verschiedenen Disziplinen zu ermuntern, sich dafür einzuschreiben. In diesem Fall hatte ich das große Glück, dass der damalige Leiter unseres Fachbereichs, Richard Zare, nicht nur ein ausgezeichneter Chemiker war (wie fast alle unsere früheren Fachbereichsleiter), sondern *mirabile dictu* auch ein echter Theaterfan. Er stimmte meinem Vorschlag sofort zu, und da er zusagte, dass die Chemie mein gesamtes Professorengehalt übernehmen werde, war die Drama-Abteilung quasi als Trittbrettfahrer bereit, der Nennung an zwei Stellen des Vorlesungsverzeichnisses zuzustimmen.
    Ein weiterer ungewöhnlicher Punkt in meiner Beschreibung für das Vorlesungsverzeichnis war, dass das (dreistündige) Seminar bei mir zu Hause in San Francisco stattfand, mit dem Auto fast eine Stunde vom Stanforder Campus entfernt. Ich machte diesen Vorschlag nicht aus persönlicher Bequemlichkeit, zumal ich noch immer ein Büro in Stanford habe, sondern aus anderen Gründen. Die überwiegende Mehrzahl der Stanforder Studenten verbringt herzlich wenig Zeit in San Francisco, ein kultureller Provinzialismus, der auch bei einem Gutteil der Professoren festzustellen ist. Was jedoch kein Grund sein sollte, nichts dagegen zu unterneh-

Das Wohnzimmer in San Francisco, in dem das Stanforder Seminar „Chemistry-in-Theatre" abgehalten wurde

men. Zweitens lebe ich in einer wunderschönen großen Wohnung mit einer kaum zu überbietenden Aussicht auf die San Francisco Bay und die Stadt. Und da ich interessante und sogar bedeutende Kunstwerke besitze, erschien es mir durchaus lobenswert, Studenten, die häufig kaum mit Kunst vertraut sind, mit diesem Umfeld bekannt zu machen. Der entscheidende Faktor waren jedoch die ausgezeichneten Vorführgeräte, die ich in meinem großen Wohnzimmer hatte, was bedeutete, dass ich den bequem auf der Couch oder im Sessel sitzenden Studenten audiovisuelle Medien zur Verfügung stellen konnte, wie sie keine Drama-Abteilung besitzt.

Und auf welche audiovisuellen Medien beziehe ich mich? Ich habe das große Glück, dass alle meine Theaterstücke in Buchform erschienen sind und in mehreren Sprachen veröffentlicht und aufgeführt wurden; außerdem versuche ich immer, eine Videoaufzeichnung von jeder Aufführung für archivalische Zwecke zu bekommen. Dadurch habe ich die Möglichkeit, Studenten oder, bei meinen akademischen Vorträgen über „Science-in-Theatre", das Publikum mit einem Aspekt des Theaters bekannt zu machen, der faktisch nie gelehrt wird: Während ein Film, so wichtig oder hervorragend er auch sein mag, weltweit nur in seiner ursprünglichen Form gezeigt werden kann, abgesehen von Synchronisierung oder Untertiteln, lässt sich ein Drama, was Aufführungsraum, Form der Präsentation und insbesondere den Text betrifft, so anpassen, dass unterschiedliche kulturelle und sogar politische Facetten der einzelnen Länder berücksichtigt werden können.

Um diesen einzigartigen Aspekt zu demonstrieren, greife ich beispielsweise auf *Oxygen* zurück, ein Schauspiel, das Roald Hoffmann und ich gemeinsam geschrieben haben und das inzwischen in 18 Sprachen vorliegt. Ich zeige den Studenten einen drei- bis vierminütigen Ausschnitt aus einer wunderbar gefilmten Inszenierung des Stücks am *University of Wisconsin Theatre*, den die *Wisconsin Science Initiative* unter Professor Bassam Shakhashiri für den kommerziellen Vertrieb hergestellt hat, und zeige ihnen dann genau die gleiche Szene aus einigen hochprofessionellen Inszenierungen in Korea, Bulgarien und Deutschland. Ich wiederhole das Experiment mit meinem Theaterstück *Unbefleckt*, indem ich einen Ausschnitt aus der amerikanischen Uraufführung mit der französischen, der japanischen und der österreichischen vergleiche. Jeder Beobachter, selbst der erfahrenste Theaterfachmann, ist verblüfft und begeistert, wie spektakulär anders ein und dasselbe Segment von unterschiedlichen Theatern interpretiert und dargestellt wird. In den meisten Fällen würde der Zuschauer nicht einmal erkennen, dass sie aus dem gleichen Stück stammen.

Um dies zu ermöglichen, konnte ich den für das Grundstudium zuständigen Dekan in Stanford dazu bewegen, die Unkosten der Studenten zu übernehmen, sodass sie Fahrgemeinschaften bilden und nach San Francisco kommen konnten. Indem ich das Seminar von 18.00 bis 21.30 Uhr ansetzte und interessante ethnische Speisen servierte, für die San Francisco berühmt ist, bot ich den (höchstens zehn) Studenten Gelegenheit, sich während der einstündigen Fahrt zu mir näher kennenzulernen und auf der Rückfahrt miteinander über das Erlebte zu diskutieren – ein Bonus in puncto Kollegialität und Gemeinschaftsgefühl, das in den meisten Seminaren komplett fehlt. Auch der übrige Aufbau des Seminars war pädagogisch erfolgreich, wie die zumeist begeisterten studentischen Beurteilungen bewiesen, die jede Stanforder Klasse anonym im Büro des Dekans einreichen muss.

Ich werde diesen Abschnitt mit einem amüsanten Ereignis beenden. Nachdem alle Studenten die in meinem Seminar benutzten Dramen gelesen hatten, musste jeder von ihnen ein Stück auswählen, um sich dann, genau wie ich es in „Science-in-Fiction ist nicht Science Fiction" verlangt hatte, intensiv mit dem historischen und wissenschaftlichen Hintergrund zu beschäftigen. Darüber hinaus musste aber auch jeder Student die letzten Seiten „seines" Stücks neu schreiben, d.h. einen neuen Schluss liefern, den er und einige Freiwillige dann dem Rest der Gruppe in Form einer dramatischen Mini-Lesung präsentierten. Eines der Stücke war Michael Frayns *Kopenhagen*, das sich Carolyn Schwanzer, eine Studentin aus Wien, ausgesucht hatte. Nachdem die Studenten gegangen waren und ich mich wieder an den Computer setzte, um noch zu arbeiten, kam mir plötzlich die Idee, Carolyn Schwanzers neuen Schluss an Michael Frayn in London zu schicken, dessen E-Mail-Adresse ich aufgrund eines früheren Briefwechsels hatte. In San Francisco war es kurz vor Mitternacht am 8. Mai 2009, was bedeutete, dass es in London fast acht Uhr am nächsten Morgen war. Frayn ist offenbar ein Frühaufsteher, denn um 1 Uhr meiner Zeit, während ich noch arbeitete, traf von ihm die folgende E-Mail ein: „Hervorragend. Danke. Es wäre zweifellos im Einklang mit dem Geist der Quantenmechanik, das Drama mit vielen Alternativen für den Schluss zu versehen. Glückwünsche an Ms. Schwanzer."

Bevor ich zu Bett ging, sandte ich die Nachricht an Schwanzer weiter, die am Morgen von der Mail des Dramatikers begrüßt wurde, dessen Stück sie nur 12 Stunden davor dekonstruiert und leicht umgeschrieben hatte. Es sind Dinge wie diese und natürlich intelligente, engagierte Studenten, die das Unterrichten zu einer wahren Freude machen.

Während ich diese Zeilen schreibe, ist mein 89. Geburtstag nicht mehr fern. Ich bin gespannt, welche *déformation professionelle* mich in meiner letzten Dekade noch erwartet, vorausgesetzt natürlich, dass ich eine weitere erlebe.

„Schriftsteller"

Auf der österreichischen Briefmarke, die mein Gesicht trägt und im Kapitel „Heimat(losigkeit)" abgebildet ist, werde ich als *Romancier* und Chemiker bezeichnet. „Romancier" ist ein schönes Wort, das ich liebend gern für mich in Anspruch nehme, und darum möchte ich in diesem Kapitel aufzeichnen, wie ich mich vom Chemiker – der wie alle Naturwissenschaftler, die publizieren, *ipso facto* ein Schriftsteller ist – in jemanden verwandelte, der im fortgeschrittenen Alter beschloss, in den Mantel des Romanautors zu schlüpfen und in der Folge auch in den des Bühnenautors. Ich wäre nicht unglücklich, falls dieser Mantel dereinst mein Totenhemd sein sollte. Aber während die Aufsätze und Artikel eines Naturwissenschaftlers vorrangig der Übermittlung von Erkenntnissen dienen und unter diesem Gesichtspunkt akzeptiert und beurteilt werden, einschließlich ihrer didaktischen Komponente, würde ein *Romancier* didaktischen Ballast dieser Art ablehnen, da Lehrhaftigkeit, sofern sie nicht gut versteckt ist, bei Schriftstellerkollegen und Literaturkritikern für ein Werk oft den Todesstoß bedeutet. Hinzu kommt, dass für den wissenschaftlichen Autor der Inhalt zählt, während Stil nur schmückendes Beiwerk ist. Niemand würde das bei einem *Romancier* zu sagen wagen. Ich betone das, um zu erklären, weshalb ich mich der Anführungszeichen im Titel dieses Kapitels bediene, um meine eigenen literarischen Arbeiten zu beschreiben, denen ganz bewusst zumindest ein Hauch von Lehrhaftigkeit anhaftet. Wenn die Worte in der *Ars Poetica* von Quintus Horatius Flaccus, „lectorem delectando pariterque monendo" (den Leser erfreuen und unterweisen zugleich), auch 2.000 Jahre später noch beifällig als zutreffende Beschreibung des Wortes „didaktisch" zitiert werden, was spricht dann dagegen, dass ich mich in dem, was Horaz predigte, zumindest versuche?

Doch statt mit dem Thema fortzufahren, werde ich zunächst wiederum abschweifen und mit einer wahrheitsgetreuen Schilderung gewisser sexueller Fantasien beginnen, die bereits in meiner Teenagerzeit anfingen.

In den Jahren, da die erotischen Phantasien meiner Jugend sich – wenn auch nicht alle – erfüllt hatten, träumte ich manchmal noch von einer Geliebten, die bei der Liebe singt. Einmal geschah es tatsächlich, daß mich eine Frau mit dunkler Stimme besuchte, ihre Gitarre mitbrachte und in einem betörenden Alt zu singen begann. Erschöpft und gesättigt lag ich auf dem Bett und schaute der nackten Frau zu, wie sie ihr Instrument zupfte. Ich war drauf und dran, sie zu fragen, ob sie vielleicht einmal … Doch feige verbiß ich mir die Frage, weil ich fürchtete, ausgelacht zu werden.

Jahre später sah ich eine Aufführung von Monteverdis *L'incoronazione di Poppea* – eine Oper, die in der Zeit Kaiser Neros spielt, als er noch bei Verstand war – mit Tatiana Troyanos in der Titelrolle. Im Verlauf der Liebesszene, die sich zwischen dem jungen Nero und Poppea auf dem Lager abspielte, gewann die Vorstellung dergestalt an erotischer Deutlichkeit, daß ich mich in meinem Sitz zu winden begann. Normalerweise zähle ich nicht zu den Menschen, die in die Oper gehen, um sich sexuell erregen zu lassen; abgesehen von gelegentlich einer *Salomé* oder *Lulu* ist es überwiegend die Musik, die mich erregt. Aber diesmal war das anders. Urplötzlich wurde mir klar, daß die Troyanos genau die Frau aus meinen Träumen war, die sich vor über 2.000 Jahren ins Zelt des Spartakus geschlichen hatte.

In gewisser Weise war ich ein ziemlicher Spätentwickler, bis fast zu meinem 20. Lebensjahr unberührt. Ansonsten aber frühreif, verschaffte ich mir dadurch Ersatz, daß ich mich oft in der köstlichen Wärme einer vollen Badewanne suhlte. Nicht etwa in einer jener modernen Wannen, wo selbst ich – knapp einen Meter fünfundsechzig groß – mich kaum lang ausstrecken kann, wo das seichte Wasser nur mangelhaft den Nabel bedeckt und entweder die Schultern oder die Knie in der Kälte schlottern. Nein, meine geheimen Leidenschaften erhitzten sich in einer weitaus würdigeren Wanne, einer jener vorkriegszeitlichen Ausgaben, in der mir das Wasser schön bis zum Kinn reichte und ich, die eingeseiften Hände zwischen den Beinen, glühend davon träumte, wie ich's mit Veronika Thwale triebe.

Als ich dann eines Tages dieser kühlen, streng gekleideten, androgynen Dame begegnete, die betäubend parfümiert im Mittelschiff einer Kirche wandelte, in ihrem Gebetbuch das *Decameron* versteckt, und sichtlich das Vergnügen der Blasphemie genoß, da schwelgte ich noch lange in einem Zustand der Hingerissenheit, der über Monate anhielt. In ihren Zwanzigern war Veronika haargenau jene raffinierte Kurtisane, auf die ich jahrelang gewartet und die ich nun endlich gefunden hatte: nämlich in Aldous Huxleys *Zeit muß enden*. Mein Gott, was für ein rasantes Weib sie war! Einmal übermannte mich unsere Leidenschaft dermaßen, daß ich in meiner zwei Meter langen Badewanne nach vorwärts rutschte und Seifenwasser schluckte.

Letztendlich waren es dann aber *Die Gladiatoren* – Arthur Koestlers Roman über den von Spartakus geführten Sklavenaufstand –, die mir Stoff zu meinem weitaus lebhaftesten und längsten Gedankenspiel lieferten. Man soll mich nicht falsch verstehen. In der Zeit, während der ich erwachsen wurde, gab es Monate, ja Jahre ohne einen Gedanken an Spartakus. Trotzdem haben die Erinnerungen nie ganz mein Gedächtnis verlassen. Ich hatte einmal eine Geliebte, die ihren Höhepunkt stets mit einem lang gehaltenen Schrei beendete – ein Rendezvous in einem Hotel war demzufolge kaum möglich –, da habe ich mehr als einmal überlegt, wie wohl der Spartakus in seinem Zelt auf den Steppen der *Campania* eine solche Situation gemeistert hätte. Und als ich 35 Jahre nach der Lektüre des Koestler-Romans im Moskauer Bolschoi-Theater *Spartakus* in der Choreographie von Jurij Grigorowitsch sah, regten sich erneut die alten Gelüste.

Ich sehe noch genau vor mir, an welcher Stelle im Buch die besagte Szene stand: auf einer linken Seite, ziemlich weit oben, etwa in der 3. oder 4. Zeile. Dort hat Koestler mit ein paar gewandten Sätzen Spartakus' Porträt skizziert: die große, leicht nach vorn gebeugte, in Pelz gehüllte Gestalt; seine ruhelosen Augen, seine Klugheit; seine Sommersprossen; seine Worte, wie sie in den Ohren der Zuhörer dröhnten; und die Frauen, die er in seinem Zelt empfing, um seinen sexuellen Hunger zu stillen. Eines Abends, eben auf jener linken Buchseite, war eine Frau von besonderer Art gekommen. Ich, das keusche Kind, sah alles deutlich vor mir abrollen: wie sich die Zeltklappe langsam hob und die Frau barfuß ins Innere glitt, umweht von einem Hauch von Moschussalben-Duft und weiblichem Schweiß; die schokoladenfarbene Haut glänzend im blakenden Fackelschein; ihre festen Brüste gekrönt mit steilen Warzen, die funkelten wie Diamanten an einem Ring. Sie kniete neben Spartakus nieder, streifte wortlos seinen Pelz zurück und begann, ihn zu liebkosen. Spartakus ergriff ausnahmsweise nicht die Initiative; vielmehr ließ er sich von der Frau verwöhnen. Sobald sie wahrnahm, daß er erregt war, begann sie mit tiefer Stimme zu singen, bestieg ihn – es war das erste Mal, daß eine Frau den Spartakus bestieg – und, als sein Phallus tief in sie eingedrungen war, ritt sie ihn immer wilder, immer lauter singend, bis sie in einem orgastischen Fortissimo endete. Na, ich ahne, was Sie jetzt denken. Ich möchte nur daran erinnern, daß ich Koestlers Roman vor vielen Jahrzehnten gelesen habe – zu einer Zeit also, als ich noch ein unschuldiger Jüngling war, der sich nichts sehnlicher wünschte, als daß ihm der Pelz endlich – dergestalt – geöffnet würde.

Nach *Poppea* habe ich die Troyanos in vielen Rollen gesehen: in Händels Oper als einen sehr männlichen *Julius Caesar*; als launische Dorabella in *Cosi Fan Tutte*; und dann in einer Konzertaufführung von Berlioz' *Les Nuits d'Eté*. Nach der Vorstellung traf ich einen Musiker, den ich gut kannte, und gestand ihm, wie sehr mich der Troyanos' Gesang begeistert hatte. Spontan und ohne viel Überlegung erzählte ich ihm die Koestler-Geschichte – er ist der einzige Mensch, der sie je zu hören bekam – und gab zu, daß mir in Troyanos' *Poppea* endlich die Frau meiner Badewannenschwärmereien begegnet sei. Ich enthüllte sogar meine kühnste Troyanos-Phantasie; ihr zu lauschen, während wir gemeinsam in der Badewanne eingeweicht lägen. Da überrumpelte mich mein Musikerfreund mit der Frage, ob er mich der Madame Troyanos vorstellen solle; er könne eine solche Begegnung arrangieren. „Unter keinen Umständen", protestierte ich vielleicht ein bißchen zu heftig, denn als ich seine bestürzte Miene sah, fühlte ich mich veranlaßt, ihm zu erklären, daß dies womöglich eine lebenslang still gehegte Illusion gleich einer Seifenblase zum Platzen bringen könnte. Oder aber, wenn ich, all meinen Mut zusammennehmend, plötzlich herausplatzen würde mit der Frage: „Gnädige Frau, singen Sie auch beim Liebesakt?" – sie, ihre großen Augen voller Ironie auf mich geheftet, hauchen würde: „Natürlich. Immer." Was dann?

Würde ich es wagen, ihr zu gestehen, welches Lied ich wünschen würde, wenn sie …

Stattdessen ging ich nach Hause und entschloß mich, *Die Gladiatoren* noch einmal zu lesen, die ich in den letzten 50 Jahren keines Blicks gewürdigt hatte. Der gesuchte Band ließ sich jedoch in meiner Bibliothek nicht finden; er war wohl bei einem meiner vielen Umzüge verlorengegangen. Die örtliche öffentliche Bibliothek hatte das Buch auch nicht. Endlich entdeckte ich dann in der Universitätsbibliothek ein etwas zerlesenes Exemplar der Macmillan-Ausgabe, dritte Auflage 1950. Ich nahm den Band mit nach Hause und begann sofort, die oberen Hälften aller linken Seiten fieberhaft zu überfliegen. Dazu brauchte ich gut eine halbe Stunde, da ich hin und wieder innehielt, um den einen oder anderen Absatz zu lesen. In meiner Ungeduld muß ich die Seiten wohl zu hastig durchgeblättert haben, um die besagte Szene zu finden. Ich fand sie nicht. Nun, tröstete ich mich, vielleicht ist diese Ausgabe neu gesetzt worden. Also zurück auf Seite 1 und ran an die rechten Seiten. Wiederum nichts. Das war ja unerhört, lächerlich! Es gab keinen Zweifel, daß ich Troyanos in *Poppea* tatsächlich gesehen hatte, und jede Faser in mir wußte – Erinnerungen an geheimste, innerste Phantasien –, daß da eine Frau im Zelt des Spartakus gewesen war. Ich war durchaus gewillt, einige kleine Gedächtnislücken einzuräumen; aber die Tatsache, *daß* sie Spartakus bestieg und dabei sang, das *mußte* einfach drinstehen.

Also nahm ich das Buch mit zu Bett und las es, sehr langsam, und mit dem Prolog beginnend: „Es ist noch Nacht. Noch hat kein Hahn gekräht." Ein großartiger Anfang, und ich kostete jede Seite aus, jede, bis ich auf Seite 84 kam – eine linke Buchseite. Hier, in den Zeilen 12 bis 14, von unten, läßt Koestler den Spartakus folgende Worte an Crixus richten: „Ich bin noch nie in Alexandria gewesen. Es muß eine sehr schöne Stadt sein. Ich schlief einmal bei einem Mädchen, und sie sang dabei. So muß Alexandria sein."

Ich war noch nie in Alexandria, und ich habe noch nie mit einer Ägypterin geschlafen. Dennoch würde mich keine Versuchung der Welt dazu bringen, es heute zu tun. Stattdessen riß ich die Seite 84 heraus. „Zum Teufel mit Arthur Koestler", murmelte ich, während ich sie in immer kleinere Stücke zerfetzte. „Zum Teufel mit dir."

Tatiana Troyanos signiert meine Kurzgeschichte *What's Tatiana Troyanos Doing in Spartacus' Tent?*

Diese Geschichte über Spartakus und meine Fantasien, mit einer Frau zu schlafen, die singt, während wir Sex haben, ist absolut wahr. Kein Wort ist erfunden. Alles ist rein autobiografisch, dennoch habe ich sie nur als Belletristik veröffentlicht: als meine zweite (und auch kürzeste) Kurzgeschichte und als die allererste, für die ich bezahlt wurde, als sie im Dezember 1988 in der englischen Ausgabe von *Cosmopolitan* erschien. Obwohl sie sich als reine Wissensvermittlung einstufen lässt, zögere ich nicht, sie als das Produkt meiner ersten Regungen als Romancier zu bezeichnen. Sie erschien unter dem Titel *What's Tatiana Troyanos Doing in Spartacus's Tent?* (deutsch: *Was macht Tatiana Troyanos in Spartakus' Zelt?*), und rückblickend kann ich mir keine bessere Beschreibung meines Eintritts in die Literatur vorstellen. Außerdem habe ich noch nie ausdrücklich zugegeben, dass für mich, den lebenslangen Opernliebhaber – der behauptet, sich noch bruchstückhaft an seine erste Oper, den *Barbier von Sevilla*, zu erinnern, die er im Alter von vier Jahren in Sofia gesehen hat –, Tatiana Troyanos ohne jeden Zweifel meine Lieblings-Diva unter all den gefeierten Sängerinnen war, die ich gehört oder durch mein Opernglas beäugt habe. Einige Jahre vor ihrem frühen Tod 1993 gab sie ein Konzert an der *Stanford University*, wo nach ihrer atemberaubenden Darbietung ihr zu Ehren ein Empfang stattfand, an dem ich teilnahm. Ich hatte ein Exemplar meines ersten „belletristischen" Werkes dabei – in Anführungszeichen deshalb, weil so viel davon rein oder teilweise autobiografisch ist –, erschienen unter dem Titel *The Futurist and Other Stories* (deutsch: *Der Futurist und andere Geschichten*), das ich ihr überreichen wollte. Es kam tatsächlich zu einer Begegnung, und während ihr Lächeln, als sie das dargebotene Geschenk entgegennahm, meine Fantasie beflügelte und ich mir ausmalte, wie sie sich irgendwann mit mir in Verbindung setzt, um sich zu erkundigen, welches Lied sie mir denn in meiner Badewanne vorsingen soll, blieb es pures Wunschdenken: die Illusion eines vernarrten Opernfans.

Es gibt noch einen weiteren Grund, weshalb ich dieses Kapitel mit einer veröffentlichten Kurzgeschichte von mir beginne. Nur in meinen belletristischen Werken und meinen Theaterstücken kann man die Wahrheit über mich erfahren, vorausgesetzt, dass sich überhaupt jemand dafür interessiert. Aus verschiedenen Gründen – die teilweise selbst mir unverständlich sind – habe ich es während eines Großteil meines Lebens abgelehnt, bestimmte Fragen in der Öffentlichkeit oder auch nur mir selbst gegenüber zu beantworten, habe dann aber begonnen, sie in meinen erfundenen Geschichten zu behandeln. Darum möchte ich den Leser dringend bitten, die Ausschnitte, die ich hier daraus zitiere, als Seiten aus einem ganz besonderen Tagebuch zu betrachten, das ich, anfänglich unbewusst, in den letzten 20 Jahren geführt habe und das ich nun für andere öffne, in der Hoffnung, dass sich daraus eine gleichermaßen diskrete wie ungefilterte Beschreibung meiner Persona ergibt.

Wie kam ich überhaupt auf die Idee, Kurzgeschichten zu schreiben? Wie ich bereits im Vorwort meiner Gedichtsammlung *Ein Tagebuch des Grolls* geschildert habe, gab ein starkes und hässliches Motiv den Anstoß, nämlich Rache. 1983 verkündete mir Diane Middlebrook, die große Liebe meines Lebens und 16 Jahre jünger als ich, dass sie sich in einen anderen verliebt habe – in einen wesentlich jüngeren Pseudo-Literaten, keinen Naturwissenschaftler – und dass es zwischen uns aus sei. Obwohl sie sich schonender und diplomatischer ausdrückte, als ich es hier wiedergebe, löste diese Nachricht eine typisch solipsistische männliche Reaktion bei mir aus: Wie konnte sie sich in einen anderen verlieben, wenn sie *mich* hatte? Gemessen daran, dass ich noch nie eine einzige Verszeile oder irgendetwas Belletristisches geschrieben hatte, ja noch nicht einmal den Drang dazu verspürt hatte, war meine Reaktion völlig unerwartet. Ich beschloss, es ihr zu zeigen, der kultivierten Professorin für englische Literatur und Lyrikerin von Niveau, indem ich ihr bewies, dass ich mich auch in ihrem Revier tummeln konnte. In den ersten Monaten nach unserer Trennung kam es zu einer wahren Explosion von Gedichten, auf die dann ein Schlüsselroman folgte, *Middles*, in dem es darum ging, das in Liebesdingen vermeintlich mangelnde Urteilsvermögen einer ansonsten höchst anspruchsvollen Frau zu demonstrieren.

Zum Glück griff das Schicksal ein, denn genau ein Jahr später, am 8. Mai 1984, regte Diane in einem Brief an, dass wir uns treffen und darüber reden sollten, was zwischen uns schiefgelaufen war. Da ich diese Geschichte von Verlust und Versöhnung schon früher erzählt habe, will ich hier abschließend nur anmerken, dass wir wenige Monate später beschlossen zu heiraten und schließlich 22 Jahre verheiratet waren – bis zu Dianes viel zu frühem Tod. Aber bevor wir uns das Jawort gaben, musste ich Diane versprechen, *Middles* niemals zu veröffentlichen, und daran habe ich mich gehalten. Tatsächlich habe ich das Manuskript nie wieder in die Hand genommen, und das aus dem einfachen Grund, weil sich bestimmte Elemente der Handlung mir derart tief eingeprägt hatten, dass sie in einem anderen literarischen Leben wieder zum Vorschein kamen. Bis auf wenige Ausnahmen blieben auch die Gedichte unveröffentlicht und ungelesen, bis ich zwei Jahre nach Dianes Tod beschloss, sie noch einmal mit Abstand durch eine abgeklärtere Brille zu betrachten, und feststellte, dass sie nicht nur ein ehrliches, sondern auch ein selbstkritisches Tagebuch meines *annus horribilis* darstellten. Ich schäme mich dessen nicht, was ich in diesem Tagebuch in freier Versform geschrieben habe, und nach einigen Überarbeitungen entschloss ich mich mit 88 Jahren, bevor mir der Tod dazwischenkam, es unter dem Titel *Ein Tagebuch des Grolls 1983–1984* zu veröffentlichen. *Middles* dagegen wird nie veröffentlicht werden, weil dadurch ein Versprechen gebrochen würde; doch selbst das hässliche Motiv der Rache, das zur Entstehung von *Middles* führte, hatte positive Auswirkungen.

Keine zwei Monate nach unserer Hochzeit im Jahre 1985 wurde bei mir ein schwerer Fall von Dickdarmkrebs diagnostiziert. Die lange postoperative Phase gab mir zum ersten Mal in meinem Leben, mit 62 Jahren, die Gelegenheit, nüchtern über den Tod nachzudenken und mir die Frage zu stellen, ob ich die Absicht hatte, im Labormantel zu sterben. Ich war fast mein gesamtes Erwachsenenleben der Chemie treu geblieben, da mir die Befriedigung meiner Wissbegierde sehr viel Freude machte: Jede Frage, die beantwortet wurde, warf neue Fragen auf. Und ich konnte gleichzeitig in der Welt der Forschung, vordergründig ohne praktischen Nutzen, und in der der praktischen Projekte leben, die potenziell Millionen von Menschen zugutekamen. Warum also den Labormantel ausziehen? Weil ich dort in meinem Krankenhausbett mit dem Tod konfrontiert wurde, einem Thema, mit dem ich mich noch nie beschäftigt hatte. Natürlich war mir bewusst, dass ich irgendwann sterben würde, doch bislang hatte ich mich stets bester Gesundheit erfreut, und ich rechnete damit, noch einige Jahrzehnte zu leben. Aber als ich mich nun fragte, ob ich etwas anders gemacht hätte, wenn ich einige Jahre früher gewusst hätte, dass mir der Drahtseilakt eines Lebens nach dem Krebs bevorstand, musste ich zugeben, dass es vernünftig wäre, den Labormantel an den Nagel zu hängen. Ich fand, dass ich in den mir noch bleibenden Jahren – ohne zu ahnen, dass es so viele sein würden – versuchen sollte, ein neues intellektuelles Leben als Schriftsteller zu führen,

also etwas völlig anderes zu tun als das, was ich in den zurückliegenden 43 Jahren als Naturwissenschaftler gemacht hatte: Ich
wollte eine andere kreative Welt erkunden, außerhalb der Naturwissenschaften, außerhalb der Forschung und ihren praktischen
Anwendungen, und mich unmittelbar mit ihr beschäftigen, und
zwar auf die scheinbar unwissenschaftlichste Art und Weise, die
es gibt, nämlich auf dem Gebiet der Erzählliteratur. Dieses Genre
bietet nicht nur die Möglichkeit, den ausschließlich monologi-
schen schriftlichen Diskurs des Naturwissenschaftlers zu verlassen und zu der zumindest teilweise dialogischen Ausdrucksform
des Romanautors überzugehen, sondern würde mir ausnahmsweise auch gestatten, meiner Fantasie auf autobiografischem wie
auf erfundenem Terrain freien Lauf zu lassen, ohne dass ich mir
dabei aus Scham oder Verlegenheit Zügel anlegen musste. Als
Naturwissenschaftler sagen zu können: „Das ist nur erfunden",
war für mich ein verblüffend erfrischender Luxus. Ohne mir dessen damals bewusst zu sein, bin ich heute absolut überzeugt, dass
Schreiben (im Gegensatz dazu, etwa virtuos Cello zu spielen, was
ebenfalls weit oben auf meiner Liste gestanden hatte) das einzige Metier ist, das man im späten Leben autodidaktisch erlernen
kann, weil man im Laufe des Lebens Wissen erworben hat (zumindest glaubt man das) und Erfahrungen gemacht hat, die selbst der
brillanteste junge Autor in so frühen Jahren nicht besitzen kann.
Noch Jahre davon entfernt, Witwer zu sein, war mir damals nicht
klar, dass Schreiben auch das wirksamste Mittel gegen Einsamkeit ist.

Ich bediene mich einer etwas kitschigen Metapher, um meine
postoperative Entscheidung zu erklären: Mein erster Biss in den
verlockenden Apfel der Belletristik wurde durch das Gift der Rache
verdorben, aber nachdem ich den Bissen ausgespuckt hatte, sah
der Apfel wieder makellos und noch immer so verführerisch aus,
dass ich erneut hineinbiss. Diane war der einzige Mensch, dem
ich von diesem Verlangen erzählte, und als sie merkte, dass ihr
neuer Ehemann ein disziplinierter Autodidakt war, wenn auch
auf dem Gebiet der Literatur völlig unerprobt, empfahl sie mir,
mich zunächst auf Kurzgeschichten zu konzentrieren, um herauszufinden, ob Verlangen und Vermögen sich deckten – ein Rat,

den man häufig auch in Studiengängen über Kreatives Schreiben erhält. Da Kurzgeschichten eben sehr kurz sind, kann man sie wiederholt überarbeiten, sodass man lernt, sich präzise auszudrücken, und, was noch wichtiger ist, auch die Fähigkeit erwirbt, den einen oder anderen seiner literarischen Lieblinge kaltblütig zu beseitigen. Nach einem Jahr der Selbstprüfung und tiefer Depressionen, in dem ich aber wieder vollständig genesen war, stellte ich plötzlich fest, dass ich mich auf mein *annus mirabilis* zubewegte. Wie bereits erwähnt, begleitete ich meine Frau im Sommer 1986 nach England, wo ich reichlich Zeit hatte, mich als Autodidakt literarischen Experimenten zu widmen, während meine Frau als Leiterin der Stanforder Sommerkurse in Oxford „arbeitete" (das Wort, das einige männliche Chemikerkollegen benutzten, um auszudrücken, dass ich das ihrer Meinung nach nicht tat).

Was veranlasste mich, einen Naturwissenschaftler aus der exakten Wissenschaft der Chemie, in die Belletristik überzuwechseln? Obwohl die Kluft zwischen den Naturwissenschaften und der kulturellen Welt der Geistes- und Sozialwissenschaften immer größer wird, verschwenden Naturwissenschaftler herzlich wenig Zeit darauf, mit diesen anderen Kulturen ins Gespräch zu kommen. Das liegt vor allem an der Besessenheit des Naturwissenschaftlers, Anerkennung unter seinesgleichen zu finden, und daran, dass seine Zunft kaum Anreize bietet, mit der breiten Öffentlichkeit zu kommunizieren, die nichts zu der beruflichen Reputation des Wissenschaftlers beiträgt. Ich beschloss, etwas zu unternehmen, um einem breiteren Publikum die Kultur der Naturwissenschaften nahezubringen, und zwar mit Hilfe eines Genres, dem ich kurze Zeit später den Namen „Science-in-Fiction" gab. Für mich fällt ein literarischer Text nur dann in dieses Genre, wenn die darin beschriebenen wissenschaftlichen Vorgänge allesamt plausibel sind. Für die Science-Fiction gelten diese Einschränkungen nicht. Damit will ich keinesfalls andeuten, dass die naturwissenschaftlichen Fantasieprodukte in der Science-Fiction unangebracht wären. Aber wenn man die freie Erfindung wirklich dazu nutzen will, um einer wissenschaftlich unbeleckten Öffentlichkeit unbemerkt wissenschaftliche Fakten zu Bewusstsein zu bringen – eine Art Schmuggel, den ich intellektuell und gesellschaftlich für nützlich halte –, dann ist es ausschlaggebend, die zugrunde liegenden wissenschaftlichen Fakten exakt wiederzugeben. Wie soll der wissenschaftliche Laie andernfalls wissen, was ihm zur Unterhaltung präsentiert wird und was Faktenwissen ist?

Aber warum sich dabei ausgerechnet der Erzählliteratur bedienen? Die meisten naturwissenschaftlich nicht vorgebildeten Menschen schrecken vor den Naturwissenschaften zurück und lassen innerlich eine Art eisernen Vorhang herunter, sobald sie merken, dass ihnen irgendwelche wissenschaftlichen Fakten aufgetischt werden sollen. Genau diesen Teil der Öffentlichkeit – die wissenschaftsfernen oder sogar wissenschaftsfeindlichen Leser – möchte ich erreichen. Statt mit der aggressiven Einleitung „Ich werde Ihnen jetzt etwas über mein Fachgebiet erzählen" anzufangen, beginne ich lieber ganz harmlos mit „Ich werde Ihnen jetzt eine Geschichte erzählen", und baue dann realistische naturwissenschaftliche Vorgänge und aus dem Leben gegriffene Naturwissenschaftler in die Handlung ein.

Wenn ich heute auf mein Gesamtwerk aus Kurzgeschichten, Romanen und Theaterstücken zurückblicke, stelle ich fest, dass es mir weitgehend gelungen ist, davon abzusehen, lediglich darzustellen, *welche* Forschung von uns Naturwissenschaftlern betrieben wird. Diese Aufgabe können auch Wissenschaftsjournalisten erfüllen, und sie machen ihre Sache häufig sehr gut. Aber um die Kluft zwischen den beiden Kulturen zu überbrücken, die sich zu einem multikulturellen Golf ausgeweitet hat, seit C. P. Snow dieses umstrittene Thema erstmals angesprochen hat, muss man auch aufzeigen, *wie* sich Wissenschaftler verhalten. Und dabei kann der zum Autor mutierte Naturwissenschaftler eine besonders wichtige Funktion erfüllen. Erst später wurde mir klar, dass auch Naturwissenschaftler – und insbesondere einer von ihnen, nämlich Carl Djerassi – von dieser Art Literatur profitieren, da sie verhaltensbezogene Fragen aufwirft, die von Angehörigen der Zunft nur allzu selten gestellt werden. Die Beschäftigung mit ihrem – und somit auch meinem – Verhalten führte schließlich zu einer offen eingestandenen Kollektivkritik, sogar zu einem *mea culpa*, was bestimmte eigentümliche Aspekte unseres wissenschaftlichen Verhaltens und unsere Wertvorstellungen betrifft.

Wie ich im Nachwort meines ersten Science-in-Fiction-Romans *Cantors Dilemma* ausdrücklich hervorhob, agieren Wissenschaftler innerhalb einer Stammeskultur, deren Regeln, Sitten und Eigenarten im Allgemeinen nicht durch Vorlesungen oder Bücher vermittelt werden, sondern vielmehr im Rahmen einer Mentor-Schüler-Beziehung durch eine Art intellektuelle Osmose erworben werden. Gewiefte junge Wissenschaftler sind voll und ganz damit beschäftigt, die egoistischen Interessen des Mentors zu verinnerlichen: die Veröffentlichungspraktiken und Fragen der Priorität, die Reihenfolge der Autoren, die Wahl der Fachzeitschriften, die Bemühungen um eine Festanstellung, das Einwerben von Drittmitteln, die Schadenfreude und sogar das Gieren nach dem Nobelpreis. Von ganz allein dagegen lernen angehende Wissenschaftler die gläserne Decke kennen, mit der Frauen in einem von Männern dominierten Umfeld konfrontiert sind, die inhärente Kollegialität der wissenschaftlichen Forschung und den damit einhergehenden brutalen Konkurrenzkampf. Die meisten dieser Aspekte haben mit dem Verlangen nach namentlicher Anerkennung und finanzieller Belohnung zu tun, und jeder dieser Aspekte ist mit ethischen Nuancen behaftet.

Für mich, der ich über vier Jahrzehnte in dieser Stammeskultur verbracht hatte, war es wichtig, dass Naturwissenschaftler von der Öffentlichkeit nicht vorrangig als Fachidioten, Frankensteins oder Strangeloves wahrgenommen werden. Und da sich Science-in-Fiction nicht nur mit Wissenschaft befasst, sondern insbesondere mit Wissenschaftlern, glaube ich, dass ein Stammesangehöriger seine Kultur und die spezifischen Verhaltensweisen seines Stammes am besten beschreiben kann. Auf diesem Terrain tummle ich mich nun seit über 20 Jahren, und der interessierte Leser kann es erkunden, wenn er in meinen Büchern schmökert, die infolge meines Ehrgeizes entstanden sind, auf diesem Gebiet zu schürfen. Darum möchte ich hier auch detaillierter auf meine ersten literarischen Experimente mit Kurzgeschichten eingehen, über die ich noch kaum geschrieben habe – Experimente, die auf Rat meiner Frau hin begannen, aber erst durch das Ausschlachten von *Middles* Gestalt annahmen. Ich benutze das Wort „ausschlachten" ganz bewusst, denn obwohl ich meiner Frau im Rahmen unseres ungeschriebenen Ehevertrags versprochen hatte, *Middles* niemals zu veröffentlichen, habe ich nicht versprochen, niemals Teile davon zu benutzen, und das aus dem einfachen Grund, weil es mir mehr darum ging, zunächst die formalen Fertigkeiten eines Romanschriftstellers zu erwerben, als mich auf Handlungsabläufe und Personen zu konzentrieren. Das, so fand ich, konnte ich meinem eigenen Leben entnehmen, da ich immerhin den unbestreitbaren Vorteil hatte, über ein halbes Jahrhundert lang in turbulenten und aufregenden Zeiten gelebt und die ganze Welt bereist zu haben. Als leicht durchschaubarer Schlüsselroman enthielt *Middles* eine Fülle nützlicher autobiografischer Ereignisse.

Ein Rhinozeros hat meine Rolex geschluckt

Ein Beispiel für diese autobiografische Schleppnetzfischerei ist die Geschichte *Was macht Tatiana Troyanos in Spartakus' Zelt?* Sie beschreibt ein autobiografisches Ereignis, an das ich mich allerdings erst wieder erinnerte, als ich an *Middles* arbeitete, und dort habe ich sie auch „gestohlen". Genau wie meine Fantasien in Bezug auf Tatiana Troyanos ist auch *Ein Rhinozeros hat meine Rolex verschluckt* pure Autobiografie, abgesehen davon, dass ich das Rhinozeros nicht erschossen habe. (Ich bin noch nie im Leben auf die Jagd gegangen und habe noch nie ein Tier getötet, nur versehentlich das eine oder andere Mal ein Stinktier überfahren, das sich im Todeskampf aber gehörig rächte und mit seinem Gestank tagelang meinen Wagen verpestete.) Aber da diese Geschichte nie auf Englisch erschienen und die deutsche Übersetzung schon lange vergriffen ist, kann man hier nicht von Selbstplagiat sprechen, höchstens vielleicht von Eigenwerbung. Ich gebe sie hier in gekürzter Form wieder. Sie ist ein Beleg für eine hartnäckige Eigenschaft von mir – bisweilen amüsant, bisweilen höchst ärgerlich für den Menschen an meiner Seite: den Dingen derart verbissen auf den Grund zu gehen, dass es mit Neugier nicht mehr zu entschuldigen ist.

Ich saß auf dem Balkon und war mit mir selbst zufrieden. Das war 1954, in der Zeit vor dem Aufkommen des Düsenflugzeugs, und wir hatten die lange Reise von Peru zurück nach Michigan in Panama

City unterbrochen. Anstatt jedoch die Stadt und die Kanalschleusen zu erkunden, saß ich auf dem Hotelbalkon und wartete darauf, daß Montezuma (oder sein Inka-Pendant Atahualpa) aufhörte, Rache an meiner Frau zu nehmen, die auf ihrem Bett im abgedunkelten Zimmer lag und stöhnte. Da ich aufgrund eigener, Anfang der fünfziger Jahre in Mexiko gemachter Erfahrungen mit innerem Aufruhr wußte, daß alles Mitgefühl der Welt die Krämpfe nicht lindern konnte, verhielt ich mich ruhig, blieb jedoch in der Nähe. Meine gesamte Lektüre war erschöpft; ich hatte sogar das letzte *Time Magazine* ausgelesen. Vor lauter Langeweile stürzte ich mich auf die Anzeigen. Sie deckten die übliche Bandbreite vom Cadillac und der Piper Cub bis hin zu Parfums und Pelzen ab, als plötzlich mein Blick auf eine Reklame für Rolex-Uhren fiel, deren Überschrift lautete: „Unter griechischen Gewässern". Ein Sporttaucher – mit zwei Sauerstofflaschen auf dem Rücken und einem Mundstück, aus dem Luftblasen hochstiegen, um ihn herum Seeanemonen, Quallen und Tang, griff nach einer Armbanduhr zwischen den Korallen. Im Hintergrund schwamm ein einzelner Fisch. Neben dieser Zeichnung stand der folgende Text:

1938 verlor ein Unterwasserfischer seine Rolex Oyster im tiefen Wasser vor der griechischen Küste. Er konnte sie deutlich in einer Spalte zwischen zwei Felsen liegen sehen, konnte sie jedoch nicht erreichen.

1946 kam er wieder nach Griechenland und ging abermals auf Unterwasserjagd. Als ihm jemand ein Atemgerät lieh, fiel ihm sofort seine verlorene Uhr ein. Mit Hilfe der neuen Ausrüstung war er in der Lage, hinunter auf den Meeresboden zu schwimmen. Eine kurze Suche zwischen den Pflanzen, die die Felsen bedeckten, brachte die Uhr genau dort zum Vorschein, wo er sie vor sieben Jahren zuletzt gesehen hatte. Nachdem sich ein örtlicher Uhrmacher ihrer angenommen hatte, ging sie wieder genauso exakt wie früher.

Was für ein Kompliment für die überragende Genauigkeit des Rolex-Uhrwerks! Und was für ein anschaulicher Beweis, wie perfekt dieses Uhrwerk durch das wasserdichte Oyster-Gehäuse geschützt wird!

„Das mußt du lesen!" rief ich meiner Frau zu und wedelte mit der Zeitschrift. Stöhnend erhob sie sich von ihrem Krankenlager, nahm die Zeitschrift und verzog sich auf die Toilette. Als sie zurückkam, blieb sie an der Balkontür stehen, um mir die Zeitschrift und einen ihrer typischen „Na-und"-Blicke zuzuwerfen. „Kannst du dir vorstellen, daß sich irgendjemand aufgrund dieses Ammenmärchens eine Rolex kauft?" attackierte ich den Blick.

„Warum denn nicht? Es scheint ja wahr zu sein. Sieh die Fußnote an." Die eingeklammerte Anmerkung hatte ich völlig übersehen:

(Dies ist eine wahre Geschichte, die Mr. D. F. Pawson an Rolex geschickt hat. Das Original des Briefes kann eingesehen werden in den Räumen der Rolex Watch Company, 18 rue du Marché, Genève, Schweiz.)

Aber war die Geschichte deshalb wahr? Ein in Panama gemachtes Angebot, in Genf Einsicht in einen Brief zu nehmen! Jetzt hat Rolex seinen Meister gefunden, dachte ich. Ich werde sie zwingen, Farbe zu bekennen. Ich riß die Anzeige heraus und legte sie sorgfältig zusammen, bevor ich sie einsteckte – so sorgfältig, daß sogar heute, einige Jahrzehnte danach, keine weiteren Knickspuren auf der vergilbten Seite sind. „Wir werden im August in Genf Station machen", verkündete ich meiner Frau triumphierend. Mit einem letzten leidenden Blick begab sie sich wieder auf die Toilette.

Als wir acht Monate später, an einem sonnigen Augustmorgen, die Rhône auf der Pont du Mont-Blanc überquerten, dort, wo sie in den Genfer See mündet – in der Ferne die Berge à la Titicaca-See –, hatte ich kalte Füße bekommen. Wir waren auf dem offenen Rücksitz eines Tourenwagens nach Genf gekommen, der von einem englischen Freund, einem Dozenten aus Cambridge, gesteuert wurde, vor dem ich seit Tagen damit geprahlt hatte, wie ich den Firmensitz von Rolex auf den Kopf stellen würde. Doch als er mich – zerzaustes Haar, ohne Krawatte, das Jackett zerknautscht wie eine Ziehharmonika – in der Rue du Marché vor der eleganten Zentrale der Firma Rolex absetzte, sagte ich zu meiner Frau: „Du kannst ruhig im Wagen bleiben, ich bin gleich wieder da."

„Von wegen!" verkündete sie in entschiedenem Ton, der auf keinerlei Bauchgrimmen schließen ließ. „Das lasse ich mir auf gar keinen Fall entgehen."

„Na schön", brummte ich, „bringen wir's hinter uns."

Also marschierten wir in die kühle marmorne Empfangshalle. Meine feuchte rechte Hand hielt sich an der zusammengelegten *Time*-Anzeige in meiner Jackentasche fest. „Ich bin hier, um das Original dieser Anzeige einzusehen", erklärte ich der Empfangsdame barsch und knallte die zusammengefaltete Seite auf den glänzenden Schreibtisch, als würde ich eine päpstliche Bulle überbringen, und versteckte so meine Verlegenheit hinter einer aggressiven Maske. Ohne mit der Wimper zu zucken, faltete sie den Träger meiner Kampfansage auf. „Warten Sie bitte", sagte sie, deutete auf das Sofa in der Ecke und griff zum Telephon. Als sich uns einige Minuten später ein junger Mann im weißen Mantel näherte, dachte ich einen Augenblick lang, ein Irrenwärter sei gekommen. Der Labormantel war jedoch Standardkleidung in den unteren Rängen der Rolex-Angestellten, so auch dieses Vertreters der Werbeabteilung. „*Voilà, Monsieur*", sagte er und reichte mir einen dicken, schwarzen Ringordner. Darin fand ich eine Reihe von Klarsichthüllen vor. Die Hülle auf der linken Seite enthielt jeweils eine Seite aus dem *Time Magazine* mit einer Rolex-Anzeige; die gegenüberliegende Hülle enthielt den Brief, auf dem die Anzeige basierte.

Der Mann ließ uns allein, und 20 Minuten oder länger war aus unserer Ecke nur Gekicher oder Gewieher zu hören. Es müssen mindestens ein Dutzend verschiedener Anzeigen gewesen sein, auch wenn ich mich jetzt nur noch an den Inhalt von zwei erinnern kann. Kein Wunder, daß mir, als Chemiker, die erste im Gedächtnis blieb. Sie zeigte einen brodelnden Kessel, der leicht gekippt war und aus dem eine dickflüssige Schmiere in einen flachen Trog lief. „Versehentlich ließ ich meine Rolex in ein Faß mit kochender Lauge fallen. Als Stunden später der abgekühlte Inhalt vorsichtig ausgeschüttet wurde, entdeckte ich auf dem Boden meine Rolex. Nachdem ich sie mit Wasser abgespült hatte …" Die andere war sogar noch exotischer, denn darin ging es um eine Bootsfahrt auf dem Amazonas und einen Piranha, der sich eine Rolex schnappte. Ein paar Wochen oder Monate später angelte der ehemalige Besitzer im Amazonas und fing einen gefährlichen Piranha, der, *mirabile dictu*, die tickende Rolex im Bauch hatte. Es stimmte zwar, daß jede illustrierte Anzeige einem anscheinend echten Brief entsprach. Was die Anzeigen aber nicht verraten hatten, war, daß jede Epistel faktisch mit dem gleichen Satz begann: „Ich bin darüber unterrichtet, daß ich, wenn ich Ihnen eine originale Geschichte über meine Rolex-Armbanduhr einsende, von Ihnen eine neue goldene Rolex Oyster Perpetual erhalte."

„*Ça va, Monsieur?*" sagte unser Betreuer im weißen Mantel lächelnd, als er die Hand nach dem Ordner ausstreckte; aber ich gab ihn nicht her. „Das ist zwar alles sehr amüsant, aber nicht das, weswegen ich hier bin. Wo ist *diese* Anzeige?" fragte ich und deutete auf meine Seite aus Panama. Er beugte sich herunter und blätterte schnell um. „*Excusez-moi*", hauchte er und verschwand. Nach einigen Minuten tauchte ein zweiter Weißkittel auf, diesmal eine Frau. „Entschuldigen Sie bitte", sagte sie außer Atem, „*Ihr* Exemplar war vorübergehend entfernt worden. Hier ist es. Bitte prüfen Sie es." Und da war er tatsächlich, der handgeschriebene Brief von Mr. D. F. Pawson, auf dem Briefpapier eines Londoner Clubs, samt dem üblichen einleitenden Satz mit dem Scharwenzeln um eine neue goldene Rolex. Ich verglich den Brief mit dem Text der Anzeige, wobei ich eine ziemliche Schau abzog, und notierte mir dann ostentativ Mr. Pawsons Adresse auf einem Blatt Briefpapier der Firma Rolex, das ich mir vom Schreibtisch der Empfangsdame geholt hatte.

Als sich die Frau mit dem Ordner unter dem Arm verzog, starrte ich auf das weiße Blatt mit Pawsons Adresse oben drauf. Worte begannen zu erscheinen:

Als ich am Ngorongoro-Krater bei den Massai kampierte, legte ich meine treue Rolex neben mein Feldbett. Während der Nacht kam ein Rhinozeros in mein Zelt gestürmt. In dem resultierenden Durcheinander sah ich, als ich meine Taschenlampe auf die Szene richtete, entsetzt mit an, wie das Rhinozeros meine Armbanduhr fraß.

Als ich drei Jahre später mit dem Herzog von Bulloughshire nach Tansania zurückkam und wir gerade bei Tee und Gebäck vor unserem Zelt saßen, rief der Herzog aus: „Don-

nerwetter! Das Rhinozeros will uns angreifen!" Schon hatte
ich mich auf ein Knie niedergelassen, mein Gewehr angelegt ...

Ich hatte das Untier mit einem einzigen Schuß niedergestreckt;
die überglücklichen Massai hatten den Kadaver enthäutet und
zerlegt; Hyänen und Geier hatten die Überreste umkreist; zwei
Tage später hatten wir ein tadellos sauberes Skelett mit einem
glänzenden Gegenstand vorgefunden, in dem sich der Sonnen-
schein spiegelte. Ich suchte noch nach einer plausiblen Erklärung,
wieso meine Rolex im Magen des Rhinozerosses zurückgeblieben
und nicht ausgeschieden worden war, als mir einfiel, daß im Ngorongoro-Krater Jagen strengstens verboten ist. Die Schweizer sind
viel zu gewissenhaft – ein derartiger Lapsus wäre ihnen aufgefallen.
    „Gehen wir", sagte ich zu meiner Frau und stand auf.
    „Doch nicht etwa in diesen Club in London?" antwortete sie
mit leiser Panik in der Stimme.

Die Episode mit der Rolex war die letzte autobiografische Skizze,
in der ich mich als aufstrebender Kurzgeschichtenautor ausgab –
amüsante Erlebnisse, die mir passiert waren, bei denen es sich
in Wahrheit aber um Schreibübungen handelte. Alle übrigen
enthielten autobiografische Begebenheiten, die auf Ereignissen
basierten, die ich selbst erlebt hatte, waren ansonsten aber Kurzgeschichten im klassischen Sinn und wurden auch als solche schließlich zur Veröffentlichung angenommen.

Die Toyota-Gesänge

Unter den Kurzgeschichten sind *Die Toyota-Gesänge* eindeutig
meine Lieblingserzählung. Sie handelt von einem Professor für
italienische Literatur namens Lionel Trippett, ein Gelehrter, dessen Spezialgebiet Dante ist und der, ohne sich dessen bewusst zu
sein, schon vor Jahren aufgehört hat, mit seiner Ehefrau Beatrice zu kommunizieren. Während sie in Paris Urlaub macht, hat
er einen Autounfall mit Totalschaden. Als er sie von New York aus
anruft, passiert Folgendes:

Von meinem Krankenhausbett aus sagte ich: „Beah-trrri-tsche, ich kaufe dir ein neues Auto. Was für eines möchtest du?" Als sie antwortete: „Ich brauche kein neues Auto, ich *habe* eines, das noch prima läuft", hätte ich vermutlich nicht versuchen sollen, komisch zu sein. Ich hätte nicht sagen sollen: „Bea, du *hattest* eines, aber ich habe es kaputtgefahren." Aber das war für sie doch kein Grund, wütend zu werden. Sie brauchte wirklich nicht darauf herumzureiten, indem sie fragte: „Warum um alles in der Welt hast du denn mein Auto genommen? Du bist doch seit Jahren nicht mehr Auto gefahren." Natürlich habe ich seit Jahren kein Auto mehr gefahren. Wer braucht schon ein Auto in Manhattan? Und wenn wir tatsächlich mal das Auto nehmen müssen, fährt ohnehin immer sie. Und wer ist schließlich mitten im Semester nach Paris abgebraust? Sie oder ich? ... Ich setzte ihr auseinander, daß ich nur deshalb noch im Krankenhaus war, weil ich bei dem Unfall das Bewußtsein verloren hatte. Man wollte sichergehen, daß ich nichts Ernsteres hatte als einen gebrochenen linken Arm. Genau da kam sie mit einer höchst merkwürdigen Frage daher. Diese Frau, mit der ich seit über dreißig Jahren verheiratet bin, fragte mich – 5.000 Kilometer entfernt in einem Krankenhaus –, ob der Wagen vorne oder hinten demoliert worden sei. Als ich ihr sagte, daß es hauptsächlich vorne und an den Seiten sei, klang sie erleichtert. Erst dann fragte sie, ob ich die Stoßstangenaufkleber gerettet hätte. Zuerst dachte ich, ich hätte mich verhört, aber als sie es buchstabierte: „STOSSTANGENAUFKLEBER", wußte ich nicht, sollte ich lachen oder ärgerlich werden. Gott sei Dank lachte ich nicht, denn sie meinte es wirklich ernst. Stattdessen sagte ich: „Klar, ich besorge dir deine Aufkleber", aber wenn ich gewußt hätte, auf was ich mich da einließ, hätte ich den Mund gehalten.

Als er die hintere Stoßstange des Wagens endlich auf dem Autofriedhof wiederfindet, auf den der kaputte Wagen geschleppt wurde, entdeckt er, dass sich unter den drei nebeneinander angebrachten Aufklebern auf der Stoßstange eine zweite Reihe von Aufklebern befindet und darunter noch eine dritte.

Plötzlich überlief mich eine Gänsehaut. Das Wort „Intellektes" auf einem der Stoßstangenaufkleber und das 3 × 3-Schema wurden mir fast gleichzeitig bewußt. Für Dante war die Drei die vollkommene Zahl: 3 Teile hat seine *Göttliche Komödie*; 3 Zeilen jede Strophe; jeder Teil 33 Gesänge; 3 mal 3, die magische Zahl 9, um seine Beatrice zu beschreiben. Aber ich gehe jede Wette ein, daß nur wenige Leute bei dem Wort „Intellektes" hellhörig geworden wären. Mir ging ein Licht auf. Meine Bea! Meine wundervolle Be-ah-trrri-tsche! Ich war so aufgeregt, daß ich die 9 Aufkleber auf dem Teppich auslegte und durchnumerierte: 1, 2 und 3 waren die ursprünglichen Aufkleber, die ich mittels der Haartrockner-Methode als letzte freigelegt hatte. Die Nummern 7, 8 und 9 waren natürlich chronologisch gesehen die jüngsten. Der Aufkleber, den ich auf dem Autofriedhof sah, stellte sich als Beas Stoßstangen-Gesang Nummer 8 heraus.

DIE TOYOTA-GESÄNGE

1. Wenn sich entbrannte Stücke treffen, unzähl'ge Funken steigen. (*Par.* 18)
   Nicht verberg' ich mein Herz dir. (*Inf.* 10)
2. Es wird mit ... in engem Raume vielgeschrieben stehen. (*Par.* 19)
   ... weil nur vom Sinnlichen er kann entnehmen, was er dann würdig macht des Intellektes. (*Par.* 4)
3. Es scheint, ihr seht ... doch für die Gegenwart verhält sich's anders. (*Inf.* 10)
   ... warum in diesem Kreise schweiget der süße Chorgesang ... der also fromm klang in den andern drunten. (*Par.* 21)
4. Warum doch schwärmt dein Geist mehr, als sonst er pfleget? (*Inf.* 11)
   Nicht Wissenschaft ist's, gehört zu haben, ohne zu behalten. (*Par.* 5)
5. Die Zeit, die uns ist angewiesen, geziemt's nutzbringender uns zu verteilen. (*Purg.* 23)
   Hast du verstanden? Wohl, so nütz' die Lehre. (*Inf.* 24)

6. ... es ist nicht Zeit mehr, zögernd so zu wandeln! (*Purg.* 12)
   Schone hier nicht deine Blicke. (*Purg.* 31)
7. Gib acht, daß du von mir getrennt nicht werdest. (*Purg.* 16)
   Gekostet würd' ... der Reue Zoll, die Tränen macht vergießen. (*Purg.* 30)
8. Doch umso schlimmer wird das Land ... durch schlechten Samen und des Anbaus Mangel. (*Purg.* 30)
9. Schau mich recht an, ich bin, ich bin Beatrice. (*Purg.* 30)
   Begebt euch nicht aufs hohe Meer, ihr möchtet verirrt dort bleiben ... (*Par.* 2)

Der Moment ist gekommen, ein Geständnis abzulegen: Das einzige, auf das ich zu diesem Zeitpunkt gestoßen war, war die Dante'sche Arithmetik – zugegebenermaßen ein wichtiger Schlüssel – und das eine Wort ‚Intellektes‘, das sich als mein Stein von Rosette entpuppte. Ich stürzte mich von neuem auf Beas Stoßstangen-Gesänge – der Ausdruck gefiel mir und wurde prompt in mein privates Vokabular aufgenommen –, um nach weiteren Beiträgen von Dante zu suchen. Teile der Stoßstangen-Gesänge 1, 3, 8 und 9 erwiesen sich als recht einfach – besonders die Nummer 9, die mit „ich bin Beatrice" endet. Inzwischen war ich davon überzeugt, daß alle ihr Gegenstück in der *Göttlichen Komödie* hatten.

Mindestens drei Stunden vergingen mit einem verteufelt vergnüglichen Spiel, wie sich herausstellte, bevor ich mir der Tatsache bewußt wurde, daß ich genau das tat, was Bea in ihrer *Tragica Commedia* auf der Stoßstange kritisiert hatte. Es ging eindeutig darum, zu verstehen, *was* sie sagte, und nicht, *wo* das Zitat bei Dante zu finden war. Ich hörte auf, bei den Stoßstangen-Gesängen nach Hinweisen auf Dantes Gesänge zu suchen. Stattdessen las ich sie einfach auf den Inhalt hin nochmals durch, und da begann mir die Botschaft aufzugehen.

Einen Großteil dieser Geschichte schrieb ich während einer Vortragsreise in Italien, wo ich, um mich inspirieren zu lassen, einen Aufenthalt in Lerici einlegte, mit Blick auf den *Golfo dei Poeti*, in dem Shelley ertrank. Auf dem Balkon meiner *Pensione* sitzend, verbrachte ich zwei Tage damit, die gesamte *Göttliche Komödie* nach Stoßstangen-tauglichen Botschaften zu durchforsten. Ich brauchte sie nicht nur für obige Gesänge, sondern auch für Lionels Antwort à la Dante:

O teure, süße Führerin Beatrice!

Ich brauche dir nicht zu sagen, woher diese Einleitung stammt. Früher einmal wäre es wohl bezeichnend für mich gewesen zu sagen, daß mein „Geist nicht wird befriedigt durch ein Beispiel, des Wurzel unbekannt ist und verborgen". Aber trotz des Ursprungs dieses Zitats (Par. 17) ist es unwahrscheinlich, daß es uns ins Paradies führt.

Ich hätte antworten können: ‚Ehrenwerter Bitte muß durch Erfüllung schweigend man willfahren' (Inf. 24) und hinzufügen können: „Nicht kann ich mich erinnern, daß ich mich je von euch entfremdet hätte" (Purg. 33).

Ich hätte mich beklagen können: „Welch herber Biß dir ist ein kleiner Fehler!" (Purg. 3).

Ich hätte Ausflüchte gebrauchen können: „Oder sind deine Worte mir nicht ganz verständlich?" (Purg. 6).

Aber ich bin sicher, daß Du – die Du Dante auf so ganz andere Art studiert zu haben scheinst als ich – entgegnet hättest: „Meine Schrift ist deutlich, wenn mit gesundem Sinn man wohl drauf merket." (Purg. 6) Daher habe ich Deinen Rat „Schone hier nicht deine Blicke" und Dantes (Purg. 8) „Jetzt, Leser, such geschärften Blicks die Wahrheit befolgt. Jetzt, wo ich verstehe, daß, in der Tat oftmals Dinge erscheinen, die einen falschen Stoff zum Zweifeln bieten, weil die wahrhaft'ge Ursach' bleibt verborgen" (Purg. 22), verspreche ich, daß nun „gleich Träumenden ich nicht mehr spreche" (Purg. 33).

Wenn ich „den Teil in mir, der die Sonn' erträgt und schaut" (Par. 20) betrachte, wird mir klar, daß ich viele Dinge als selbstverständlich hingenommen habe. Ich war schon im Begriff, sie hier aufzuzählen, aber eigentlich solltest Du sie aus meinem eigenen Munde hören. Du solltest mir Fragen stellen, vielleicht in der Weise, wie Dante Fragen gestellt wurden, bevor er des Paradieses für würdig befunden wurde. Ich würde gerne etwas machen, was wir, seltsamerweise, in all den Jahren unserer Ehe noch nie gemacht haben: nämlich gemeinsam Dante lesen. Deine „Stoßstangen-Gesänge" – so habe ich Deine Botschaften genannt, die ich, buchstäblich und bildlich, nie gesehen habe – zeigten mir, daß es mindestens noch eine weitere Art gibt, die *Göttliche Komödie* zu lesen. Diesmal möchte ich sie auf Deine Weise sehen, denn ‚das Seligsein ist auf den Akt des Schauens, und nicht den des Liebens, der dann folget' begründet. Wie Du Dir denken kannst, stammt das aus dem *Paradiso*, und ich hätte gerne, daß unsere gemeinsame Lektüre mit Gesang 28 beginnt.

Ich kann nicht widerstehen, diesen Brief mit einer Zeile aus Dantes allerletztem Gesang zu beenden: „Drum, da ich's sage, zu größ'rer Lust mein Inn'res sich erweitert."

Ich hoffe, daß auch Dein Inn'res sich erweitert, wenn Du das beiliegende Paket aufmachst.

Lionel

Warum halte ich es für angebracht, diese Geschichte hier zu einzufügen? Weil sie nach Beendigung meiner 26 Jahre währenden Ehe mit meiner zweiten Frau Norma geschrieben wurde und weil mangelnde Kommunikation ganz gewiss ein Faktor war, der zu dem Bruch beigetragen hatte. Dass ich etwas daraus gelernt hatte und hoffte, den gleichen Fehler nicht noch einmal zu machen, wird aus dem Inhalt von Lionel Trippetts Botschaft an seine Frau ersichtlich, aber auch daraus, dass die ganze Kurzgeschichtensammlung meiner dritten Frau, Diane Middlebrook, gewidmet ist. Zu der Zeit, als ich *Die Toyota-Gesänge* schrieb, redete Norma nicht mehr mit mir; folglich weiß ich nicht, ob sie sie überhaupt gelesen hat, obwohl ich mir heute wünschte, sie würde zumindest Lionels Antwort kennen.

Meine allerletzte Autobiografie ist nicht der Ort, um nochmals auf meine zweite Ehe einzugehen, was ich, soweit die Diskretion es erlaubte, bereits vor rund zwei Jahrzehnten getan habe. Dennoch zitiere ich hier den folgenden Ausschnitt aus meiner ersten Autobiografie, weil er auf faire und ehrliche Art zeigt, wie tief fehlende Gesprächsbereitschaft zwischen Eheleuten verletzen kann. Er beginnt mit einem Ereignis aus einer der dunkelsten Phasen meiner Ehe mit Norma.

Als Präsident Richard Nixon am 10. Oktober 1973 – genau an dem Tag, an dem Vizepräsident Spiro Agnew zurücktrat – im *East Room* des Weißen Hauses 11 Männern die *National Medal of Science* verlieh, war ich einer der Empfänger. Auf meiner Urkunde stand: „In Anerkennung seiner bedeutenden Beiträge auf dem Gebiet ... der Steroidhormone und ihrer Anwendung in der Arzneimittelchemie und Bevölkerungskontrolle mittels oraler Kontrazeptiva." Bei diesem festlichen Ereignis, an dem neben den Preisträgern, ihren Frauen und anderen Angehörigen auch die First Lady und Kabinettsmitglieder teilnahmen, besaß ich eine ganz besondere Auszeichnung, von der ich aber erst zwei Monate später erfuhr, als der *San Francisco Examiner* einen Artikel veröffentlichte, dessen Schlagzeile lautete: „NIXON VERLEIHT MEDAILLE AN WISSENSCHAFTLER AUS DER ‚WHITE HOUSE ENEMIES'-LISTE."

Ich war überhaupt nicht bestürzt, daß ich auf der durch Watergate bekannt gewordenen Liste der ‚Feinde des Weißen Hauses' gelandet war, einesteils wegen meines Engagements für Senator McGovern im Präsidentschaftswahlkampf, einschließlich meiner Funktion als Pro-McGovern-Delegierter beim Wahlparteitag der Demokraten im Jahre 1972 in Miami, zum anderen wegen meines offenen Widerstands gegen unsere Vietnam-Politik. Ich zeichnete mich noch durch etwas anderes unter den übrigen Preisträgern aus: Ich war der einzige, der ohne Begleitung an der Verleihungszeremonie teilnahm. Auf die wiederholte Frage: „Wo ist Ihre Frau?" brachte ich irgendwelche harmlosen Ausreden vor. Ich konnte ja nicht gut sagen, daß Norma noch *nie* anwesend gewesen war, wenn ich eine Auszeichnung für meine wissenschaftliche Arbeit erhielt. Bei derartigen Anlässen dachte ich immer an andere Gelegenheiten, die ihr entgangen waren.

Nach der Rückkehr von meiner Alma Mater, dem *Kenyon College*, wo man mir 1958 zusammen mit dem Dichter Robert Lowell und dem episkopalischen Bischof von Süd-Ohio einen Ehrendoktor verliehen hatte, erzählte ich ihr, daß der Zeremonienmeister, der die Prozession anführte, feierlich zu mir gesagt hatte: „Bischof Blanchard, würden Sie mir bitte folgen?" Sie lachte. Aber sie sagte nicht etwa: „Ich wünschte, ich wäre dabeigewesen." Selbst gegen Ende unserer Ehe war unsere Beziehung nach außen hin so höflich, daß sie an jenem sonnigen Tag im Mai des Jahres 1975 durchaus an der Abschlußfeier der Columbia-Universität hätte teilnehmen können.

Nachdem Arthur Rubinstein der Ehrendoktor verliehen worden war, erhob sich das Publikum wie ein Mann und brachte ihm eine Ovation dar, als hätte er gerade die letzte Note eines Konzerts in der *Carnegie Hall* gespielt. Ich war als nächster an der Reihe. Als der Präsident der Columbia-Universität sagte, die bedeutsamste Auswirkung habe meine Forschung auf dem Gebiet oraler Empfängnisverhütung auf die Emanzipation der Frau gehabt, sprangen die Absolventinnen von Barnard, dem Frauen-College, auf und jubelten, woraufhin eine zweite Woge menschlicher Stimmen erschallte. „Yeah!" donnerten die Absolventen des nur von Männern besuchten *Columbia-College*, die rechte Faust in die Luft gereckt. (Die Unterbrechung wurde prompt in der *New York Times* vermerkt und später auch in Rubinsteins Autobiographie.) Ich glaube nicht, daß ich meiner Frau von der Reaktion der Studenten, die mich so amüsiert hatte, auch nur erzählt habe. Selbst ein köstliches Mahl schmeckt nicht mehr so gut, wenn es aufgewärmt ist.

Vielleicht hätten ihr die frühen, rein wissenschaftlichen Anlässe nicht gefallen, beispielsweise der *Award in Pure Chemistry*, den die *American Chemical Society* jedes Jahr an eine Person unter 35 verleiht, wo nur Chemiker und Konsorten aufmarschieren. Doch es gab auch Feiern, die Norma vermutlich gefallen hätten. Jahrelang gingen wir miteinander in die Oper und ins Theater; doch als ich 1974 an der *Wayne State University* zusammen mit der Schauspielerin Julie Harris die Ehrendoktorwürde verliehen bekam oder 1978 am *Coe College* in Iowa zusammen mit dem Opernbariton Sherill Milnes, fuhr ich alleine hin.

In der Woche, nachdem mir 1976 die Scheidungsklage überreicht worden war, hatten meine Frau und ich ein Marathon-Wortgefecht – vielleicht das längste unseres gemeinsamen Lebens und mit Sicherheit das freimütigste. Fest verriegelte Türen wurden aufgestoßen, die Wunden eines Vierteljahrhunderts aufgerissen. Schließlich schwiegen wir, erschöpft von dieser brutalen Katharsis. Aber als ich meinen Katalog von Vorwürfen – kürzer zwar als der meiner Frau, aber dennoch ziemlich umfangreich – nochmals durchging, fand ich noch einen weiteren Punkt, der am tiefsten saß.

„Nicht ein einziges Mal hast du es für nötig befunden mitzukommen, wenn ich irgendwo geehrt wurde", legte ich los, „nicht
ein einziges Mal in all den Jahren."

„Das ist nicht wahr", sagte sie leise. Und erinnerte mich dann
an den einen Anlaß vor 20 Jahren, den ich vergessen hatte und sie
nicht. Der Ton ihrer Antwort, in dem fast ein Hauch Traurigkeit
lag, hielt mich davon ab, das Thema weiter zu verfolgen. Ich sagte:
„Darauf kommt es jetzt wohl auch nicht mehr an."

Aber offensichtlich hatte Norma die ganze Zeit gewußt, daß es
eben doch darauf ankam; trotzdem hatte keiner von uns in all den
Jahren diese Sache zur Sprache gebracht, genausowenig wie viele
andere Themen, die wir nicht angeschnitten hatten. In den fünfziger und sechziger Jahren die Professorenfrau spielen zu müssen,
war schon schwer genug für eine intelligente und sehr gebildete
Frau, die vor der Ehe an ihre Unabhängigkeit gewohnt gewesen
war. Das Zusammenleben mit einem Wissenschaftler, dessen All-
tag in einer unverständlichen Sprache verlief, dessen Arbeitstag
16 Stunden hatte und der jeden Abend seine Geliebte mit nach
Hause brachte, war vermutlich kaum zu verkraften. Daß es sich
bei der Geliebten nicht um eine Frau, sondern um eine zwanghafte
intellektuelle Leidenschaft für die Chemie handelte, machte die
Sache auch nicht erträglicher. War es wirklich vernünftig, von ihr
zu erwarten, daß sie an Feierlichkeiten teilnahm, die öffentlich die
Lebensweise ihres Mannes ehrten? Obwohl es mir bei unserem
letzten Streit noch nicht richtig aufgegangen war, erscheint mir
Normas stummer Boykott fast wie eine zivilisierte Reaktion auf län-
geren Groll. Aber in der damaligen Zeit hätten nur wenige Leute
diesen Sachverhalt als legitimen Grund zur Klage gelten lassen.
„Worüber regt sie sich eigentlich auf?" hätte es geheißen. „Er kommt
doch jeden Abend nach Hause. Er trinkt nicht. Er sorgt gut für
sie, er läuft nicht anderen Weibern hinterher." („Wissen sie das so
genau?" dachte sie vermutlich, ohne es auszusprechen.)

Wie ich bereits betonte, waren die Kurzgeschichten das Sprungbrett,
um Romancier zu werden, was ich zehn Jahre lang war, in denen
ich fünf Romane schrieb und veröffentlichte. Im Kapitel „Jude"
habe ich vermutlich bereits im Übermaß von diesen Büchern und

ihren autobiografischen Hintergründen berichtet. Darum möchte ich jetzt meinen letzten Sprung erklären, nämlich den zum Bühnenautor, der ich nun seit 15 Jahren bin.

Theaterstücke

In allen meinen drei Ehen war ich stets ein leidenschaftlicher Theaterbesucher. Der Boden dafür wurde vermutlich bereits in meinen frühen Jahren in Wien bereitet, wo ich, noch bevor ich 12 war, Lessings *Nathan der Weise* im Burgtheater sah. Während ich an der *University of Wisconsin* promovierte, besuchte ich mit meiner ersten Frau Virginia häufig Theateraufführungen, und ich erinnere mich noch an eine der denkwürdigsten Vorstellungen meines Lebens, eine Aufführung von *Othello* mit drei der bedeutendsten amerikanischen Schauspieler jener Zeit, nämlich Paul Robeson, José Ferrer und Uta Hagen. Virginia war nicht nur eine talentierte Laienschauspielerin, sondern genauso theatersüchtig wie ich; wir hatten das Glück, anschließend vier Jahre in der Nähe von New York zu leben – neben London das Mekka englisch sprechender Theaterliebhaber. Nach einer Durststrecke von einigen Jahren, erst in Mexico City und dann in Detroit, versuchten meine zweite Frau Norma und ich, im Großraum San Francisco möglichst jedes Theaterstück zu sehen, damals in der Blütezeit in den 1960er Jahren, als der legendäre William Ball das *American Conservatory Theater* leitete. Doch die eigentliche Vertiefung dieser Neigung fand erst in meinem Leben mit Diane Middlebrook statt, da wir fast während unserer gesamten Ehe zwischen Wohnsitzen in der Nähe von Stanford und unserer Wohnung in London pendelten. In den Staaten waren wir jeden Sommer beim *Oregon Shakespeare Festival*, wo es uns immer gelang, sechs Aufführungen in drei Tagen zu sehen. Diese thespischen Mini-Orgien verblassten jedoch im Lichte unserer späteren alljährlichen Besuche des *Edinburgh Fringe* im August, wo wir unseren Rekord aufstellten: sechs Aufführungen an einem Tag, der vormittags gegen 11 Uhr begann und erst lange nach Mitternacht endete. Aber in der übrigen Zeit war es hauptsächlich London mit seinem ständig wechselnden Angebot an Aufführungen und seinen hervorragenden Schauspielern. In den letzten zwei Jahrzehnten war das Theater (vor allem in London und Wien) die Nebenbeschäftigung, die mich am stärksten fesselte, und auch die bevorzugte Form der Entspannung, da ich oft bis zu 30 Aufführungen im Jahr besuche.

Ein Stück zu sehen ist natürlich etwas ganz anderes, als ein Stück zu schreiben. Vor 1996 war es mir nie in den Sinn gekommen, meine Schritte als Schriftsteller über die Erzählliteratur hinaus zu lenken, aber an einem Septemberabend des Jahres 1996 wandte ich mich beim Verlassen des *Royal National Cottesloe Theatre* an meine Frau und verkündete, dass ich ein Stück schreiben werde. Dieser Entschluss wurde durch die Gefühle ausgelöst, die das Stück, das wir gerade gesehen hatten – *Blinded by the Sun* –, in mir als Naturwissenschaftler hervorgerufen hatte; es ging darin um das Fiasko der „kalten Fusion", die die wissenschaftliche wie auch die allgemeine Presse einige Jahre davor beherrscht hatte. Stephen Poliakoffs Drama war eines der ersten neueren Theaterstücke – zwei Jahre vor dem Erscheinen und dem sensationellen Erfolg von Michael Frayns *Kopenhagen* –, die zu Recht als „Science-in-Theater" bezeichnet werden konnten, ein Bereich, den ich mir prompt als nächstes literarisches Betätigungsfeld auserkor.

Ich habe bereits erwähnt, dass die Überzeugung vieler naturwissenschaftlich nicht vorgebildeter Menschen, sie seien unfähig, einschlägige Begriffe zu verstehen, sie davon abhält, es auch nur zu versuchen. Für dieses Publikum, und nicht für den schnörkellosen Vortrag, können „Fallbeispiele" eine reizvolle und überzeugende Methode sein, derartige Schwellen zu überwinden. Wenn auf der Bühne – nicht vom Rednerpult aus oder auf den Druckseiten einer Publikation – ein „Fallbeispiel" erzählt und verhandelt wird, beginnen wir uns mit „Science-in-Theater" zu beschäftigen.

Um in diesem Genre zu schreiben, muss der Autor kein Naturwissenschaftler sein. Nicht erst seit jenem Theaterabend im Cottesloe, sondern schon seit den früheren Dramen mit naturwissenschaftlichem Bezug wie *Alan Turing* von Hugh Whitemore oder Tom Stoppards *Arkadien*, wurden alle großen und erfolgreichen Stücke, die sich auf die eine oder andere Art mit Naturwissenschaft befassen, von anerkannten Dramatikern geschrieben, die ihre wissenschaftlichen Kenntnisse aus zweiter Hand hatten und Naturwissenschaft hauptsächlich zu metaphorischen Zwecken benutzten. Wie kommt es, dass meines Wissens noch kein „harter" Naturwissenschaftler anerkannter Dramatiker geworden ist, während Mediziner durchaus einen Beitrag geleistet haben? Nehmen wir nur Anton Tschechow oder Arthur Schnitzler. Ist der Mangel an Chemikern, die Stücke schreiben, darauf zurückzuführen, dass es ihnen schwerfällt, selbst mit ihresgleichen ohne Wandtafel oder Dias oder andere piktografische Hilfsmittel zu kommunizieren? Oder liegt es daran, dass Chemiker sich in erster Linie mit Abstraktionen auf Molekularebene beschäftigen, während Ärzte ihre Zeit damit verbringen, sich die Geschichten anderer Menschen anzuhören? Oder liegt es daran, dass der gesamte schriftliche Austausch unter Naturwissenschaftlern rein monologisch ist, während das Theater das Reich des Dialogs ist?

Vielleicht steckt in keiner dieser Verallgemeinerungen der wahre Grund, dennoch reizte mich vor allem der letzte Punkt, mich als Bühnenautor zu versuchen. Ich finde Dialoge sowohl als Leser oder Zuhörer wie auch als Autor so anregend, dass ein außergewöhnlich großer Teil meiner belletristischen Werke in Dialogform geschrieben ist. Die Idee, mich in „Science-in-Theater" zu versuchen, kam mir zum ersten Mal, als ich an *Menachems Same* arbeitete, dem dritten Teil meiner Science-in-Fiction-Tetralogie. Die naturwissenschaftliche Grundlage dieses Romans lieferte die Reproduktionsbiologie, und zwar aus der Sicht einer kinderlosen Naturwissenschaftlerin mit Kinderwunsch. Ein Großteil der Fachinformationen in dem Roman betrifft die derzeit hohe Priorität der assistierten Reproduktion und die Gründe, weshalb die Kontrazeptiva-Forschung ins Abseits geraten ist.

An Immaculate Misconception | Unbefleckt

Die inhärenten Probleme, einen Roman in ein Theaterstück umzuwandeln, liegen auf der Hand, dennoch hielt ich es für durchaus sinnvoll, auf der Basis der naturwissenschaftlichen Themen und menschlichen Konflikte meines Romans ein Drama aufzubauen. Hinzu kommt, dass die biologische Fortpflanzung dramatischer

Die Laborszene aus der portugiesischen Inszenierung von
Esse espermatozóide é meu! am *Teatro da Trindade*, Lissabon

ist als jedes abstrakte chemische Konzept. Zumindest dachte ich
das, als ich das *Cottesloe Theatre* nach Poliakoffs *Blinded by the
Sun* verließ. Auf dem Heimweg ertappte ich mich dabei, dass ich
mir einen Titel für mein erstes Stück überlegte. Wenn ich schreibe,
denke ich schon über den Titel nach, kaum dass ich mich für das
Thema entschieden habe – noch bevor ich auch nur die Handlung
ausarbeite. Der Titel *Menachems Same* war für eine Bühnenfas-
sung meines Romans zu anzüglich. *ICSI* wäre zwar eine exakte
Beschreibung der Reproduktionstechnologie gewesen, um die es
in meinem Theaterstück gehen sollte, hätte dem Theaterpublikum
aber keine Anknüpfungspunkte geboten. *Condom Capers* (Kondom-
Kapriolen) hätte auf eine Komödie schließen lassen und *The Pur-
loined Seed* (Das entwendete Sperma) auf einen Krimi. Schließlich
obsiegte *An Immaculate Misconception*, ein Vorschlag von Norma
Miller, einer Freundin, obwohl die Zweideutigkeit des englischen
Wortes „misconception" (Irrtum / Missverständnis verbunden
mit Konzeption / Empfängnis) den Titel in allen anderen Sprachen unübersetzbar macht. Ich betone das ausdrücklich, weil ich
damit keinesfalls eine blasphemische Anspielung auf den religiösen Begriff „immaculate conception" (unbefleckte Empfängnis)

implizieren möchte. Die Wahl alternativer Titel in den 12 Sprachen, in die das Stück inzwischen übersetzt wurde, zeigt, in wie unterschiedlicher, kulturell bezeichnender Weise der ziemlich umstrittene Inhalt des Stückes interpretiert wurde. Zu den extremeren Beispielen gehören „Notzucht unter dem Mikroskop" (Serbisch) oder „Das Sperma gehört mir!" (Portugiesisch), während der Titel im Deutschen und Schwedischen auf das Wort „Unbefleckt" beziehungsweise „Obefläckad" reduziert wurde, das zumindest eine gewisse reizvolle Zweideutigkeit durchschimmern lässt.

Anders als die Bühnenautoren, die sich der Naturwissenschaft zu dramatischen Zwecken bedienen, kam ich von der entgegengesetzten Seite und benutzte die Bühne für einen wissenschaftlichen (und folglich zumindest teilweise pädagogischen) Zweck, wobei mir jedoch klar war, dass ein Stück, das auf der Bühne erfolgreich sein soll, einem Publikum, das unterhalten werden will, gefallen muss. Der Untertitel dieses ersten Theaterstücks, *Sex im Zeitalter der technischen Reproduzierbarkeit*, ist eine Anspielung auf Walter Benjamins 1936 erschienenen berühmten Essay *Das Kunstwerk im Zeitalter seiner technischen Reproduzierbarkeit*. Ich wählte ihn deshalb, weil ich die in Europa und Japan bereits reale Trennung von Sex und Befruchtung als eines der fundamentalen Themen betrachte, mit denen sich die Menschheit in diesem Jahrhundert auseinandersetzen muss. Ich entschied mich aber noch aus einem anderen Grund für Benjamins Formel: Infolge unserer Konzentration auf die Empfängnis vergessen wir oft das Produkt der ganzen Technologie, nämlich das Kind, das daraus entsteht. Benjamin schreibt: „Die Reproduktionstechnik löst das Reproduzierte aus dem Bereich der Tradition ab." Der Leser muss nur „das Reproduzierte" durch „das Kind" ersetzen, um mitten in dem ethischen Gestrüpp zu landen, mit dem sich Reproduktionstechnologen zwangsläufig konfrontiert sehen: Sie unterstützen die heroischen Anstrengungen vieler Paare, bestimmte biologische Hürden zu überwinden, was jedoch dem „Reproduzierten" unter Umständen mehr schadet als nützt.

Wie ich bereits anhand von Auszügen aus meinen Theaterstücken in dem der Pille gewidmeten Kapitel demonstriert habe, wählte ich als didaktische Komponente meines Schauspiels die ethisch brisanteste Reproduktionstechnologie, nämlich ICSI – die Injektion eines einzelnen Spermiums direkt in die Eizelle. Vermutlich wird mir kaum jemand widersprechen, wenn ich davon ausgehe, dass jeder Mensch in puncto Fortpflanzung und Sex seine eigenen Auffassungen hat und dass die meisten Menschen, die alt genug sind, um ins Theater zu gehen, überzeugt sind, sexuell vollständig aufgeklärt zu sein. Aber stimmt das auch? Ich möchte wetten, dass nur wenige Theaterbesucher die folgende Frage korrekt beantworten können: Wie viele Spermien muss ein Mann ejakulieren, um als zeugungsfähig zu gelten, obwohl es nur eines einzigen Spermiums bedarf, um eine Eizelle zu befruchten? Antwort: Ein zeugungsfähiger Mann ejakuliert beim Geschlechtsakt 50 bis 200 Millionen Spermien; ein Mann, der ein bis drei Millionen Spermien ejakuliert – eine scheinbar noch immer gewaltige Zahl – ist funktional zeugungsunfähig. Vor 20 Jahren gab es für diese Männer noch keine Hoffnung. Heute dagegen können dank ICSI viele von ihnen Vater werden. Aber wie viele von denen, die ich als Publikum gewinnen möchte, haben schon von ICSI gehört?

Unbefleckt erschien genau zum richtigen Zeitpunkt. Es wurde 1998 uraufgeführt, im gleichen Jahr wie Michael Frayns *Kopenhagen*, das ein solcher Triumph wurde, dass es einem Stück mit naturwissenschaftlichem Inhalt sofort Seriosität verlieh. Mein Drama war zwar leicht didaktisch – eigentlich der Todesstoß für ein Stück –, aber erfolgreich, weil es pädagogisch auf spannende Aspekte der Reproduktionsmedizin abzielte, die ständig für Schlagzeilen sorgten. Im Zuge des *Edinburgh Fringe Festivals*, das 1998 sein 50-jähriges Bestehen feierte, nahm die BBC-Sendung *Edinburgh Nights* – die tägliche TV-Berichterstattung über die beachtenswertesten Ereignisse – mein Theaterstück am ersten Abend in das Programm auf, was wiederum zu einer Begegnung mit dem Theaterregisseur und Produzenten Andy Jordan führte. Er war es auch, der bei einer späteren Hörspielfassung Regie führte, die vom *BBC World Service* als „Play of the Week" ausgestrahlt wurde und hervorragend besetzt war, unter anderen mit Henry Goodman, der

Andy Jordan, der in London
bei sieben meiner Theaterstücke
Regie führte

kurz davor für seine Darstellung des Shylock im *Kaufmann von
Venedig* als bester Schauspieler des Jahres mit dem Olivier Award
ausgezeichnet worden war. Nur wenige Wochen davor hatte ich
Goodman im *Royal National Theatre* durch mein Opernglas beobachtet, und nun saß er nur wenige Schritte von mir entfernt und
sprach meine eigenen Worte ins Mikrofon. Für einen Erstlings-
Dramatiker war das eine berauschende Erfahrung.

Unbefleckt war harte Arbeit. Die aktuelle Version auf meiner
Website ist die 24. Fassung; das erklärt sich vor allem daraus, dass
das Stück in mehreren Ländern aufgeführt wurde und ich mich
entschieden habe, jeweils kulturrelevante Modifikationen vorzunehmen. Dabei lernte ich als autodidaktischer, jungfräulicher
Bühnenautor eine Menge über Belange des Handwerks. Und ich
beschloss, noch einen Schritt weiter zu gehen: Ich wollte den pädagogischen Nutzen dieses Fallbeispiels nicht nur auf der Bühne
erkunden, sondern auch im Unterricht.

Zu diesem Zweck schrieb ich ein Textbuch für ein fingiertes
Fernsehinterview – eine Art Streitgespräch – zwischen einem Fern-

„Disput" und Probenarbeit mit Isabella Gregor, der Regisseurin meiner
deutschsprachigen Theaterstücke

sehmoderator und einem Naturwissenschaftler, das nicht für das Theater bestimmt war, sondern für den Unterricht, um eine lebhafte Diskussion über die ethischen Fragen anzuregen, die mit der Geburt von Kindern einhergehen, die ohne Geschlechtsverkehr gezeugt werden. In Deutschland wurde es in einer zweisprachigen Ausgabe (Englisch und Deutsch) unter dem Titel *ICSI* in Buchform veröffentlicht. Ich bezeichnete es als „pädagogisches Wortgefecht" für den Gebrauch im Unterricht, da die Rollen von Studenten übernommen werden sollten; tatsächlich wurde *ICSI* genau in dieser Form bereits in vielen Seminarräumen auf Englisch, Deutsch, Italienisch und Chinesisch aufgeführt. Aber es wurde auch bei Fachveranstaltungen, auf medizinischen Kongressen und im Rahmen von Graduiertenprogrammen präsentiert; außerdem wurde es auf Radio 3 von BBC übertragen, was beweist, dass sich dieses Format auch außerhalb des Klassenzimmers wirkungsvoll zu Lehrzwecken einsetzen lässt.

Noch nie zuvor hatte ich einen Text 24 Mal umgeschrieben, doch im Falle von *Unbefleckt* war es für mich eine unbezahlbare Erfahrung, ein Intensivkurs für angehende Bühnenautoren. Ich habe diesen Aufwand noch keinen Moment bereut, denn er gab mir Gelegenheit, die unterschiedlichsten Theaterleute kennenzulernen, mit ihnen zu diskutieren und zusammenzuarbeiten. Durch die Premiere in Edinburgh lernte ich Andy Jordan kennen, der später bei den Londoner Premieren von sieben weiteren meiner Stücke Regie führte. Als Segen erwies sich im Jahr darauf auch die deutschsprachige Uraufführung in Wien, durch die ich die Bekanntschaft von Isabella Gregor machte, die bei vielen meiner späteren Theaterstücke eine so wichtige Rolle spielte. Für mich war es ein Glücksfall, dieser Frau zu begegnen, die nicht nur eine anerkannte Schauspielerin an bedeutenden österreichischen und deutschen Bühnen war, sondern inzwischen auch begonnen hatte, Regie zu führen. Wien war nicht nur die Stadt, in der ich als Teenager meine ersten Dramen gesehen hatte; die Premiere im Jahre 1999 fand zudem in dem 100 Jahre alten Jugendstiltheater statt, das rein zufällig Schauplatz einer erotischen Szene meines

Romans *Menachems* Same ist. Kein Wunder, dass Isabella Gregors Inszenierung von *Unbefleckt* die einfallsreichste von allen war, die ich bis dahin gesehen hatte. In der Folge wurde sie eine enge Freundin und führte bei zahlreichen dramatischen Lesungen und einigen Bühneninszenierungen meiner Stücke Regie.

Oxygen

Die relativ rasche Annahme meines ersten Theaterstücks ist im Wesentlichen auf die Aktualität des Themas und auf die inhärent dramatischen Aspekte der menschlichen Fortpflanzung zurückzuführen, die in *Unbefleckt* so anschaulich präsentiert werden – ein Merkmal, das von vielen Kritikern herausgestrichen wurde. Aber als Chemiker, der sich zum Bühnenautor wandelte, oblag es mir festzustellen, ob sich chemische Vorgänge ebenso wirkungsvoll auf der Bühne darstellen lassen wie beispielsweise biologische, sprich Sex. Ich hatte das große Glück, in Roald Hoffmann einen Partner zu finden, der bereit war, sich mit mir auf dieses Experiment einzulassen (obwohl er von Berufs wegen theoretisch und nicht experimentell arbeitet). Während seiner Zeit als Professor für Chemie an der *Cornell University* wurde er 1981 für seine theoretischen Erkenntnisse mit dem Nobelpreis ausgezeichnet. Aber im Gegensatz zu den meisten Chemikern ist er schon seit Jahren darauf bedacht, ein breiteres Publikum zu erreichen, was ihm durch seine Lyrik und seine Sachbücher auch gelungen ist.

Unser erster E-Mail-Kontakt 1997 war kurz und zunächst zögerlich:

Roald – Wie wäre es, wenn wir zusammen ein Theaterstück über die Ehefrauen von Lavoisier, Scheele und Priestley schreiben würden – anders gesagt über die kollegiale Konkurrenz etc. unter den drei Männern, geschildert anhand einer fiktiven Darstellung ihrer Frauen? Denk mal darüber nach.
    Carl

Einige Monate später antwortete er wie folgend:

Mit Roald Hoffmann bei der Arbeit an *Oxygen*, Cornell University, 2000

Lieber Carl,
um unser Gespräch in Boston fortzusetzen. Ich äußerte gewisse
Bedenken, würde dieses Stück aber gerne mit dir zusammen schreiben. Du hast so viel mehr Erfahrung, was das Schreiben und die
Inszenierung betrifft, und ich vertraue diesbezüglich deinem Ins-
tinkt. Wagen wir den Versuch, und diskutieren wir ein paar Tage
intensiv darüber.
    Roald

Aber da Hoffmann hauptsächlich in Ithaca, New York, lebte und
ich in London oder San Francisco, waren ungefähr einige Tausend
E-Mails nötig, bevor wir *Oxygen* vollendet hatten, ein Drama um
den Nobelpreis, der, zumindest für Naturwissenschaftler, potenziell mindestens so sexy ist wie ICSI. In *Oxygen* beschließt das
Nobelpreis-Komitee 2001 anlässlich der Hundertjahrfeier einen
neuen Nobelpreis zu stiften, den sogenannten „Retro-Nobelpreis",
um Erfindungen und Entdeckungen zu ehren, die vor 1901 gemacht
wurden, dem Jahr, in dem die ersten Nobelpreise verliehen wurden. Denn warum sollte man nicht zur Abwechslung einmal den
Toten Beachtung schenken?

Unser Schauspiel versucht, zwei fundamentalen Fragen nachzugehen: Was ist eine naturwissenschaftliche Entdeckung, und warum ist es für einen Naturwissenschaftler so wichtig, der Erste zu sein? Oder ganz unverblümt gefragt: Warum werden bei den Olympischen Spielen der Naturwissenschaft nur Goldmedaillen verliehen, aber keine Silber- und Bronzemedaillen? Wie kommt es, dass in der Naturwissenschaft der Zweite ebenso gut der Letzte sein könnte? Und warum ist es am Ende sogar noch wichtiger, als Letzter genannt zu werden? In *Oxygen* sprechen wir diese Fragen an, wenn unser Retro-Nobelpreis-Komitee zusammentritt, um zunächst die Entdeckung auszuwählen, die geehrt werden soll, und dann – was sich als gar nicht so einfach erweist – den Naturwissenschaftler zu bestimmen, dem die Anerkennung dafür gebührt.

Obwohl wir in naturwissenschaftlichen Kreisen sehr bekannt sind, waren unsere Namen in der Welt des Theaters kein Begriff, als wir Ende 1999 die erste Fassung fertig hatten. Nach einem halben Dutzend dramatischer Lesungen im Jahr 2000 wurde das Stück 2001 im *San Diego Repertory Theatre* in Kalifornien uraufgeführt, gefolgt von der deutschen Premiere in Würzburg unter der Regie von Isabella Gregor und der Londoner Premiere unter der Regie von Andy Jordan in den *Riverside Studios*. Seit 2001 wurde das Stück in 18 weitere Sprachen übersetzt und in über 100 eigenständigen Inszenierungen, dramatischen Lesungen und Hörspielversionen präsentiert, wobei die beiden wichtigsten am 10. Dezember 2001 – genau am Tag der Hundertjahrfeier des Nobelpreises – vom *BBC World Service* und dem *Westdeutschen Rundfunk* gesendet wurden. Was weltweite Theateraufführungen betrifft, hat das „Science-in-Theatre"-Drama *Oxygen* somit wesentlich besser abgeschnitten als die große Mehrzahl der naturwissenschaftlichen Bühnenwerke der letzten 20 Jahre, auch wenn es natürlich nicht an den kommerziellen Erfolg einiger der bedeutenden zuvor genannten Theaterstücke herankam. Es gelang uns, Wiley – einen einschlägigen Wissenschaftsverlag (statt eines konventionellen Theaterverlags) – davon zu überzeugen, dass *Oxygen* als ein wichtiges Buch auf dem Gebiet der Naturwissenschaftsgeschichte zu betrachten war, das nur zufällig von zwei bekannten Chemikern in reiner Dialogform geschrieben worden war. Warum sollten wir unter diesen Umständen erst Theaterpremieren abwarten, um festzustellen, ob *Oxygen* auch auf der Bühne ein Erfolg ist, bevor der Text des Dramas in Buchform veröffentlicht wurde – normalerweise eine unerlässliche Voraussetzung bei Theaterverlagen? Die englische und die deutsche Ausgabe von *Oxygen* kamen vor der Welturaufführung des Dramas auf den Markt, und bis zum Ende des ersten Jahres wurden rund 4.000 Exemplare verkauft. Diese Zahl mag lächerlich erscheinen, wenn man den Maßstab von Stephen King oder Danielle Steele anlegt, aber verglichen mit den jährlichen Absatzzahlen der meisten Stücke ist sie mehr als respektabel. In den darauffolgenden zwei Jahren erschien *Oxygen* in neun weiteren Sprachen in Buchform sowie als DVD, die von *Educational Innovations* vertrieben wird.

All das mag defensiv oder prahlerisch klingen; tatsächlich ist es beides. Wie gesagt, unsere Referenzen als Naturwissenschaftler galten den Theaterleuten und insbesondere den Agenten nichts, die ohnehin vor allem zurückschrecken, was irgendwie nach Naturwissenschaft riecht. Hauptsächlich aufgrund unserer eigenen Kontakte und Bemühungen, insbesondere nachdem neun der 18 Übersetzungen von Literatur- oder Universitätsverlagen in Buchform veröffentlicht worden waren, gelang es, dem Drama Zugang zum Theater zu verschaffen. Die bei *Oxygen* gemachten Erfahrungen waren für mich ein Plus und eine Herausforderung. Ein Plus, weil ich ohne Agent eine Menge darüber lernte, wie man Theaterstücke auf den Markt bringt, welche Feinheiten bei Verhandlungen und Theaterverträgen zu beachten sind und, was vielleicht das Wichtigste war, wie man mit dem sagenhaft rüden Benehmen so vieler Theatermanager umgeht, die gewöhnlich nicht einmal den Eingang eines eingereichten Dramas bestätigen. Die Herausforderung war die festzustellen, ob sich das Ganze wiederholen ließ.

Die Zusammenarbeit mit Roald Hoffmann machte Spaß und war sehr produktiv, aber auch mit Stress verbunden. Gemeinsam ein Theaterstück oder einen Roman zu schreiben, ist ineffizient und erfordert viele Kompromisse – sofern die Aufgabenbereiche

2010 Aufführung von *Oxygen* in spanischer Sprache am *Teatro Nacional*,
San José, Costa Rica

nicht klar getrennt sind, wie beispielsweise zwischen Librettist
und Komponist. Es nimmt daher nicht wunder, dass Romane so gut
wie nie und Theaterstücke nur sehr selten mehr als einen Autor
haben. Die lange Zusammenarbeit zwischen Beaumont und Flet-
cher in der Zeit vor Shakespeare oder die dreifache Urheberschaft
bei *Three Hours after Marriage* von John Arbuthnot, John Gay und
Alexander Pope zu Beginn des 18. Jahrhunderts sind die großen
Ausnahmen, die meine Verallgemeinerung bestätigen. Hoffmann
und ich waren realistisch genug, vor Beginn unserer Zusammenarbeit eine Art „vorehelichen Vertrag" aufzusetzen (ohne Rechts-
beratung und ohne Juristenjargon), in dem wir bestimmte Kon-
fliktsituationen vorwegnahmen. Unsere Lösung bestand darin,
auf einen unabhängigen Schiedsrichter zurückzugreifen (aus der
BBC-Redaktion Drama), dem wir unsere jeweilige Fassung schicken würden, ohne ihm mitzuteilen, wer was geschrieben hatte,
und dann unseren salomonischen Dramaturgen entscheiden zu
lassen. Dieser Fall trat nur zwei oder drei Mal ein; am Ende baten
wir, auf Hoffmanns Vorschlag hin, meine Frau Diane in einigen
Fragen, die Frauen betrafen, um ihren Richterspruch, da wir wussten, dass sie, als absoluter Profi, kritisch und ohne Rücksicht auf

eheliche Gefühle urteilen würde. Und es funktionierte, weshalb Hoffmann und ich bis heute befreundet sind. Aber danach hat jeder von uns seine Stücke allein geschrieben.

Da ich nun zwei Dramen auf meinem Konto hatte, beschloss ich, eine „Science-in-Theatre"-Trilogie zu vollenden, die, sofern man bereit ist, den Begriff „Naturwissenschaft" etwas weiter zu fassen, inzwischen auf eine sechsteilige Reihe angewachsen ist. Es sind jedoch zwei Dramen darunter, die nichts mit Naturwissenschaft zu tun haben, womit ich zumindest mir selbst beweisen wollte, dass ich mich durch meine intellektuelle Prägung nicht einengen lassen muss. Der Grund, weshalb ich mich zunächst auf Stücke mit naturwissenschaftlichem Hintergrund konzentrierte, wird ersichtlich aus meiner Einstellung zu einem gutgemeinten, in meinen Augen aber naiven Projekt, das die CERN *(Europäische Organisation für Kernforschung)* im Jahre 2000 ins Leben rief und in dessen Rahmen renommierte Künstler nach Genf geholt wurden, „um etwas über Hochenergiephysik zu lernen und als Reaktion darauf während dieses Jahres ein originäres Kunstwerk zu schaffen". Einer der teilnehmenden Künstler war der Turner-Preisträger Richard Deacon, der es folgendermaßen auf den Punkt brachte: „Wir müssen einander zuhören, aber nicht unbedingt verstehen. Auch wechselseitiges Missverstehen kann kreativ sein."

Es mag kreativ sein, aber ist es wirklich ersprießlich, sich gegenseitig misszuverstehen, um die Kluft zwischen Naturwissenschaftlern und Künstlern zu verringern? Wird die Kluft dadurch nicht vielleicht größer? Ich bin fest davon überzeugt, dass gegenseitiges Verständnis die höchste Tugend ist – und wenn „Science-in-Theatre" dazu beiträgt, dann kann ich meine gegenwärtige Arbeit als Bühnenautor als sinnvoll genutzte Zeit betrachten. Da sich meine frühere Entscheidung, mich in meinen „Science-in-Fiction"-Romanen auch auf Verhaltensweisen statt nur auf naturwissenschaftliche Fakten zu konzentrieren, als produktiv erwiesen hat, werde ich nun illustrieren, wie ich diesen Ansatz auch bei meinen Theaterstücken benutzt habe.

Eines der Hauptthemen in *Oxygen* ist die Tatsache, dass viele Naturwissenschaftler auf Priorität beim Publizieren fixiert sind – eines der verbreitetsten, aber auch hässlichsten Verhaltensmerkmale innerhalb der naturwissenschaftlichen Gemeinschaft, das ich auch in meinem nächsten Stück *Calculus* behandelt habe.

Calculus | Kalkül

Was das Konkurrenzdenken in den Wissenschaften betrifft, bin auch ich kein Unschuldslamm; das dürfte im Kapitel über die Pille deutlich geworden sein. Darin jedoch lediglich ein Merkmal der modernen Naturwissenschaft zu sehen statt einen tief verwurzelten Charakterfehler von Naturwissenschaftlern, ist Unsinn. Um diesen Sachverhalt über *Oxygen* hinaus zu unterstreichen, beschloss ich, ihn anhand eines sorgfältig recherchierten und teilweise unbekannten Aspekts des erbittertsten Prioritätsstreites in der Geschichte der Naturwissenschaft zu erläutern. Gemeint ist die 30 Jahre während Kontroverse zwischen Isaac Newton und Gottfried Leibniz, den beiden wohl größten mathematischen Genies des 17. und frühen 18. Jahrhunderts, über die Frage, wer als Erster die Infinitesimalrechnung entwickelt hat. Ich wählte dieses Beispiel, weil besagter Streit – bei dem sich die beiden Protagonisten am Ende gegenseitig des Diebstahls bezichtigten – in den Worten von William Broad „hauptsächlich von den kleinen Kriechern ausgefochten wurde, die die beiden großen Recken umgaben". Mein Schauspiel versucht, aus der Sicht einiger „kleiner Kriecher" aus Newtons Umfeld eine seiner größten ethischen Entgleisungen zu beleuchten.

In seiner Eigenschaft als Präsident der *Royal Society* setzte Newton einen elfköpfigen Ausschuss aus Mitgliedern der *Royal Society* ein, der den Streit entscheiden sollte. Die Zusammensetzung der Kommission, die den Abschlussbericht nie öffentlich unterschrieb, wurde erst über 100 Jahre später bekannt, und unterstützt von zwei Studenten aus Stanford, Joshua Bushinsky und Tonyanna Borkovi, ging ich das Archivmaterial über alle 11 durch, um dann drei als Hauptpersonen meines Theaterstücks *Calculus* (deutsch: *Kalkül*) auszuwählen, das mittlerweile in fünf Sprachen übersetzt wurde. Einer der drei Männer ist Dr. John Arbuthnot (1667–1735), der Leibarzt von Königin Anne, Autor der politischen Allego-

Leibniz und Newton, gespielt von Michael Fenner und David Gant,
am *New End Theatre*, London 2004

Carl Djerassi mit Newtons Perücke nach
einer dramatischen Lesung, Dresden 2004

rie *History of John Bull* (in der er den prototypischen Engländer beschreibt) und ein Freund von Alexander Pope, Jonathan Swift, John Gay und Thomas Parnell. Im Folgenden fasse ich die entscheidende Frage anhand eines Ausschnitts aus einem Gespräch zwischen Arbuthnot und seiner Frau zusammen, da ich sowohl in *Oxygen* als auch in *Calculus* den Frauen bewusst eine Schlüsselrolle zugewiesen habe, trotz der Tatsache, dass sie historisch gesehen fast völlig ignoriert wurden.

MRS. ARBUTHNOT: Wer war alles da?

ARBUTHNOT: Alle elf.

MRS. ARBUTHNOT: Sehr schlau.

ARBUTHNOT: Newton ist eben schlau ... aber auch vorsichtig. Warum sollte er Zeugen dazu laden, die er nicht braucht?

MRS. ARBUTHNOT: *(ungeduldig)* Sag mir endlich, wie es ausgegangen ist.

ARBUTHNOT: Ich habe falsch angefangen.

MRS. ARBUTHNOT: Ich habe dich gewarnt, John. Was hast du gesagt?

ARBUTHNOT: Ich habe Francis Bacon zitiert: *Es gibt wenig Freundschaft auf der Welt ... und am allerwenigsten zwischen Ebenbürtigen.*

MRS. ARBUTHNOT: Was hat er gesagt?

ARBUTHNOT: Gar nichts. Er zeigte auf Hill.

MRS. ARBUTHNOT: Warum auf Abraham Hill?

ARBUTHNOT: Er ist der Älteste von uns ... fast achtzig.

MRS. ARBUTHNOT: Und was hat der älteste der Speichellecker gesagt?

ARBUTHNOT: Dass sich der Ausschuss mit der Überlegenheit der britischen Wissenschaft befasst ... und nicht mit Gleichheit. Freundschaft spiele keine Rolle. Wenn es die Deutschen für Recht ersahen, Leibniz die Lorbeeren eines Anderen aufzusetzen, kann es für uns Engländer nur billig sein, Newton zurückzugeben, was ihm rechtmäßig zusteht.

MRS. ARBUTHNOT: Und das war alles? John! Lass dir doch nicht jedes Wort einzeln aus der Nase ziehen! Vertraust du mir denn nicht?

ARBUTHNOT: Darum geht es nicht. Ich schäme mich.

MRS. ARBUTHNOT: (*freundlicher*) Dann sag deiner Frau, was du auf dem Herzen hast.

ARBUTHNOT: Ich musste immer an John Flamsteed denken …

MRS. ARBUTHNOT: Newton hasst Flamsteed … trotz dessen Stellung als Königlicher Astronom.

ARBUTHNOT: (*nickt müde*) Trotzdem oder gerade deswegen. Flamsteed hat mir einmal eine kurze Nachricht geschickt, in der er schrieb: „Wer einmal begonnen hat, Böses zu tun, wird nicht davor zurückschrecken, Schlimmeres zu tun, um seine Taten zu vertuschen." Damals hoffte ich, dass er damit Newton meint … jetzt weiß ich es.

MRS. ARBUTHNOT: Er hat euch den fertigen Bericht vorgelegt, bevor sich der Ausschuss überhaupt das erste Mal getroffen hat?

ARBUTHNOT: Schlimmer … viel schlimmer! Newtons Dünkel liegt jenseits jeder Vorstellungskraft. (*lange Pause*)

MRS. ARBUTHNOT: (*ungeduldig*) Was könnte denn noch schlimmer sein? John! Du musst es mir sagen!

ARBUTHNOT: Newton hat ihn selbst geschrieben …

MRS. ARBUTHNOT: (*schockiert*) Das glaube ich nicht! So dreist kann selbst Newton nicht sein.

ARBUTHNOT: O doch … und er war so schlau, den Bericht *Commercium Epistolicum Collinii & aliorum* zu nennen, also *Briefwechsel zwischen Collins und anderen*.

MRS. ARBUTHNOT: Aber Collins ist doch tot!

ARBUTHNOT: Briefe an den verstorbenen John Collins und andere nicht mehr lebende Korrespondenten von Leibniz und Newton, ausgesucht von Newton selbst, um mit seinen eigenen Worten seine Position zu stärken, ohne dass ihm die Toten widersprechen können.

MRS. ARBUTHNOT: Was passiert jetzt, nachdem ihr Newtons *Commercium* unterschrieben habt?

ARBUTHNOT: Ich habe nicht gesagt, dass etwas unterschrieben wurde. Der Ausschuss tritt morgen abermals zusammen. Aber dann müssen wir uns entscheiden.

MRS. ARBUTHNOT: Ich habe Angst vor den Folgen, wenn du nicht unterschreibst.

ARBUTHNOT: Er wird es verstehen, wenn ich es ihm erkläre …

MRS. ARBUTHNOT: Verstehen vielleicht ... aber er wird es dir nie verzeihen.

ARBUTHNOT: Ich verspreche dir, ich werde diplomatisch sein ... aber ehrlich. Einer Lüge begegnet man am besten mit der Wahrheit ... und nicht mit einer neuen Lüge.

MRS. ARBUTHNOT: Hör auf mich, John! Damit wirst du bei ihm kein Glück haben. Mit Diplomatie vielleicht. Aber nicht mit Ehrlichkeit.

ARBUTHNOT: Eine haltlose Schlussfolgerung!

MRS. ARBUTHNOT: Newton wird keine ehrliche Erklärung akzeptieren, die Kritik an seiner Person enthält, ganz gleich, wie diplomatisch man sie formuliert.

ARBUTHNOT: Ich werde keine Kritik an ihm üben.

MRS. ARBUTHNOT: Die Tatsache, dass dein Name nicht auf dem Dokument steht, wird für ihn schon Affront genug sein.

ARBUTHNOT: Ich werde dir das Gegenteil beweisen.

MRS. ARBUTHNOT: John! Unterschreibe. Du kannst das Risiko nicht eingehen. Er wird auf dich spucken ... und dir dann einreden, dass es regnet.

Die vielleicht entscheidende Frage, die in *Kalkül* gestellt wird, lautet: Kann ein Wissenschaftler, der mit einem ethischen Makel behaftet ist, dennoch als großer Wissenschaftler anerkannt sein? Die traurige Antwort darauf ist ein ganz entschiedenes Ja. Newton wurde nicht nur als distanziert, einzelgängerisch, verschlossen, introvertiert, melancholisch, humorlos, puritanisch, grausam, rachsüchtig und nachtragend beschrieben, sondern auch als extrem skrupellos. Das zeigte sich nicht nur ein Mal, sondern drei Mal bei seinen heftigen Prioritätsstreitigkeiten und seinem unfairen Umgang mit Leibniz, Flamsteed und Hooke. Aber als Präsident der *Royal Society* und mächtigster Naturwissenschaftler Englands einen anonymen Ausschuss aus 11 Mitgliedern der *Royal Society* als Schiedsgericht einzusetzen, das über seinen Zwist mit Leibniz entscheiden sollte, und den Bericht dieses Ausschusses dann selbst zu verfassen, damit hatte er die Grenzen des Erlaubten eindeutig überschritten. Dennoch wurde er bei einer Umfrage der Londoner *Sunday Times* im September 1999, wer die wichtigsten Persönlichkeiten des zweiten

Millenniums seien, auf den ersten Platz gewählt, noch vor Shakespeare, Leonardo da Vinci und Charles Darwin.

Die Uraufführung von *Kalkül* unter der Regie von Andy Jordan fand in London statt und war denkwürdig, aber die letzte Inszenierung, in portugiesischer Übersetzung und unter der Regie von Mario Montenegro 2011 in Coimbra, dem Sitz einer der ältesten Universitäten Europas, war es nicht weniger; abgesehen von einer erstklassigen Besetzung zeichnete sie sich durch erstaunlich originelle Musik aus, komponiert und gespielt von dem portugiesischen Bratschisten José Valente, der später Stipendiat des *Djerassi Resident Artists Program* war.

Kalkül wird in meiner persönlichen Datenbank immer einen besonderen Platz einnehmen, denn nach einer sehr einfallsreichen Inszenierung der deutschen Fassung durch Isabella Gregor im Wiener Museumsquartier trat der österreichische Komponist Werner Schulze mit dem Vorschlag an uns heran, mein Schauspiel in eine Kammeroper mit 11 Instrumenten umzuarbeiten. Schulze, ein Fagottist, ist ein ungewöhnlicher Komponist, was seine breitgefächerten Interessen anbelangt, darunter die intensive Beschäftigung mit den Klassikern, hervorragende mathematische Kenntnisse und, was noch wichtiger ist, wahre Gelehrtheit bezüglich der Arbeiten von Leibniz. Er hatte genau den richtigen Zeitpunkt gewählt, denn 2005, das darauffolgende Jahr, war zum Internationalen Jahr der Physik erklärt worden, und die *Eidgenössische Technische Hochschule* (ETH) in der Schweiz hatte beschlossen, es zusammen mit der Hundertjahrfeier von Einsteins *annus mirabilis* 1905 festlich zu begehen. Professoren der ETH nahmen Kontakt mit mir auf und regten an, im Rahmen der Feierlichkeiten mein Theaterstück *Kalkül* aufzuführen, um zwischen den zahlreichen wissenschaftlichen Vorträgen und Veranstaltungen auch ein kulturelles Programm zu bieten. Ich war natürlich entzückt, machte dann aber den ziemlich unverfrorenen Gegenvorschlag, stattdessen die fast fertiggestellte Kammeroper-Version von Werner Schulze in Zürich zur Uraufführung zu bringen. Die Leitung der ETH war einverstanden, und Isabella Gregor, die einige Zeit davor als Regieassistentin bei einer vielgerühmten *Wozzeck*-Inszenierung an der Oper Zürich mitgewirkt hatte, bearbeitete nicht nur das Libretto,

2005, das Ensemble der Kammeroper-Version von *Kalkül* an der Studiobühne des Züricher Opernhauses mit dem Komponisten Werner Schulze (stehend, 6. von links) und der Regisseurin Isabella Gregor (Mitte, auf dem Boden sitzend)

sondern führte auch Regie. Die Kammeroper wurde an vier aufeinanderfolgenden Abenden in der Studiobühne der Züricher Oper aufgeführt, während es im Großen Haus gleichzeitig Mozarts *Zauberflöte*, Puccinis *Tosca* und Donizettis *L'elisir d'amore* gab. Diese Woche im Mai 2005 werde ich nie vergessen.

Ego

2003 hatte mich die dialogische Komponente beim Schreiben von Dramen bereits fest im Griff. Statt gezielt nach weiteren Projekten zu suchen, die unmittelbar auf naturwissenschaftlichen Themen aufbauten, wiederholte ich etwas, das ich schon in meinen Romanen getan hatte: Ich verabschiedete mich vorübergehend von der Naturwissenschaft und den Naturwissenschaftlern, um aus dem Roman *Marx, verschieden* (später *Ego*), der die konstruktive Unsicherheit, die selbst unter Erfolgsmenschen herrscht, zum Thema hat, ein Theaterstück zu machen. Das war das Terrain, von dessen Betreten meine Frau mir dringend abgeraten hatte, weil ich mir als „Helden" keinen Naturwissenschaftler ausgesucht hatte, sondern einen äußerst erfolgreichen Schriftsteller. Doch das herrlich

Plakat für *EGO* der „Landgraf"-Tournee 2006–2007 in Deutschland

kathartische Gefühl, das ich verspürte, nachdem ich ihren Rat missachtet hatte, veranlasste mich – fast acht Jahre nach Vollendung des Romans –, ein Theaterstück mit dem Titel *Ego* in Angriff zu nehmen und mich selbstkritisch mit den Themen Suizid und Psychotherapie auseinanderzusetzen, wobei die Therapie an sich und die Rolle des Therapeuten im Fokus stehen sollten.

Wenn ich meine Haltung zu diesen Fragen möglichst knapp und klar darlegen soll, zitiere ich am besten ausgewählte Passagen aus dem Theaterstück *Ego* (später in einigen Inszenierungen umbenannt in *Drei auf der Couch*) – kommerziell gesehen das bisher erfolgreichste meiner neun Dramen. Nach der Premiere in London gastierte es im Laufe von zwei Jahren an 68 deutschen Theatern und wurde zudem vom *Westdeutschen Rundfunk* als Hörspiel gesendet.

Ich bin mir noch immer nicht sicher, ob ich innerlich die Probleme gelöst habe, die ich anhand der Kämpfe des Protagonisten Stephan Marx schildere, eines ausgesprochen komplizierten, aber auch solipsistischen, herzlosen Mannes, der seinen Selbstmord inszeniert, um die Grenzen seiner konstruktiven Unsicherheit auszuloten. Als ich den wohlmeinenden Rat erhielt, dass es in einem Drei-Personen-Stück vielleicht klug wäre, die Hauptfigur ein wenig sympathischer zu machen, erwiderte ich schlicht: „Nicht in diesem Fall."

STEPHEN: Wie vertraulich behandeln Sie das hier?
THERAPEUT: Würden Sie das auch einen Priester fragen, wenn Sie zur Beichte gingen?
STEPHEN: Das ist doch etwas ganz anderes. Ich bin nicht hier, um zu beichten.
THERAPEUT: Therapie und Beichte sind sich gar nicht so unähnlich. In beiden Fällen geht es darum, sich von etwas zu befreien.
STEPHEN: Dann hätte ich eine Menge Geld sparen können, wenn ich zu einem Priester gegangen wäre.
THERAPEUT: Tja, wenn Sie es billiger haben wollen, sollten Sie vielleicht doch in die Kirche gehen ... aber dort müssen Sie hinknien. Und obwohl Sie mit Sicherheit von einer Therapie

profitieren würden ... ist mir klar, dass Sie nicht deswegen hier sind.

STEPHEN: Warum dann?

THERAPEUT: Um sich zu rechtfertigen ... aber verpackt als private Konfrontation.

STEPHEN: Und warum sollte ich zu Ihnen kommen, um mich zu rechtfertigen?

THERAPEUT: Weil Sie auch absolute Vertraulichkeit garantiert haben wollen. Die hätte Ihnen auch ein Anwalt zugesichert ... aber der hätte mehr verlangt ... und weniger zugehört.

STEPHEN: *(ungeduldig)* Okay, okay! Und Sie erzählen wirklich keinem, worüber wir hier sprechen? Keine Ausnahmen? Auch wenn ich nur mich selbst umbringen will?

THERAPEUT: Nichts nehme ich ernster als Selbstmord. Ich würde alles in meiner Macht Stehende tun, um Sie davon abzuhalten.

STEPHEN: Aber angenommen, Sie würden später erfahren, dass ich es tatsächlich getan habe?

THERAPEUT: Dann würde ich mir große Vorwürfe machen, es nicht verhindert zu haben. Persönlich ... und beruflich. Aber Selbstmord passt nicht zu Ihrer Psyche.

STEPHEN: Ist das Ihre Diagnose?

THERAPEUT: Wir haben erst fünf Sitzungen gehabt ... im Allgemeinen zu wenig für eine Diagnose. Aber bei Ihnen bin ich bereit, eine zu wagen: In Ihrem Fall handelt es sich um Narzissmus in Reinkultur ... und der könnte sich als unheilbar erweisen.

STEPHEN: Ist es nicht Ihr Job, aufgeblasene Egos wie meins auf gesunde Größe schrumpfen zu lassen? Dafür werden Sie doch bezahlt. Leute wie Sie müssen das ganze Gerede doch gewohnt sein: Selbstmord ... Rechtfertigung ... Interpretation des Uninterpretierbaren ... Geständnisse. Wer bezahlt, darf sich eine Neurose aussuchen.

THERAPEUT: Ein Analytiker gibt in erster Linie Orientierungshilfe. Der Analysand muss seine gegenwärtige Situation letztendlich selbst aus seiner Vergangenheit herleiten. Aber was lässt Sie an Selbstmord denken?

STEPHEN: Am Tag nach dem eigenen Tod bringen die Zeitungen nur die vorgefertigten Nachrufe, die schon vor Längerem verfasst wurden. Aber was zählt, sind die eingehenden kritischen Bewertungen, die einem sagen, was die wirklich wichtigen Leute eigentlich von einem gehalten haben.

THERAPEUT: Und darum geht es Ihnen?

STEPHEN: Haben Sie es noch nie mit Menschen zu tun gehabt, deren Selbstachtung von der Meinung anderer abhängt? Haben Sie mal darüber nachgedacht, wie das ist, auf einem Gebiet tätig zu sein, wo sich Erfolg nicht quantifizieren lässt? Welche Zweifel das mit sich bringt? Welche Unsicherheit? Selbst James Joyce war von Kritiken besessen. Ich bezeichne das als konstruktive Unsicherheit.

THERAPEUT: Gut ausgedrückt!

STEPHEN: Soll das ein Kompliment sein? Gehört das mit zur Therapie?

THERAPEUT: Sagen wir lieber, es war als Ermunterung gemeint.

STEPHEN: Aber Kompliment oder nicht, für uns ist konstruktive Unsicherheit Nahrung und Gift zugleich. (*Pause*) Haben Sie schon mal von Fernando Pessoa gehört? (*Buchstabiert langsam und deutlich*) P E S S O A. Der größte portugiesische Lyriker des letzten Jahrhunderts ... wenn nicht der letzten *drei* Jahrhunderte ... aber er schrieb nicht nur Gedichte ... er schrieb sogar Dichter! Er hat Alter-Ego-Autoren erschaffen ... mindestens drei ... die jeweils in einem völlig anderen Stil schrieben!

THERAPEUT: Viele Autoren schreiben unter einem Pseudonym.

STEPHEN: Ich spreche von Heteronymen ... nicht von Pseudonymen. *Ein* Mensch ... der gleichzeitig in verschiedenen Persönlichkeiten lebt ... in den Heteronymen, die er geschaffen hat. Für mich ist Pessoa ein Held. Und ein integraler Bestandteil meines derzeitigen Experiments. Können Sie ermessen, welche literarische Freiheit Pessoa genoss?

THERAPEUT: Um was zu erreichen?

STEPHEN: Ganz einfach: um durch Zeit und Raum zu reisen ... vorwärts in Richtung Selbstverewigung ... und gleichzeitig rückwärts in Richtung Selbstopferung. Ich werde erreichen, wozu Stephen Marx nie imstande war. Können Sie sich vorstellen, welchen Ruhm das bedeutet, nicht nur *ein* „großer Schriftsteller" zu sein, sondern mehrere? Können Sie sich vorstellen, was in den Geschichtsbüchern stehen wird, wenn man erkennt, dass ich ein literarisches Genie war ... nicht nur *ein Mal*, sondern gleich mehrfach, aber unter verschiedenen Namen, in verschiedenen Stilrichtungen ... sogar in verschiedenen Persönlichkeiten? Und die Öffentlichkeit wird es vielleicht nie herausfinden.

THERAPEUT: Sie wollen nicht Teil des Kanons sein; Sie wollen der ganze Kanon sein. Ich glaube, Sie gehören in eine Nervenheilanstalt.

STEPHEN: Ich versuche nicht, Pessoa zu werden. Was mich interessiert, ist das Pessoa-Phänomen. Ganz von vorne anzufangen ... jedes Mal mit einer leeren Leinwand!! Sich in die eigene Schöpfung zu verwandeln und diese auch zu leben! Ich weiß von keinem, der das in der Prosa tatsächlich geschafft hat. Ganz zu schweigen davon, dass jemand diese Methode angewandt hätte, um mehrmals in den Kanon aufgenommen zu werden ... als zwei, drei ... *vier* verschiedene Autoren! Das ist die wahre Leistung! Den Einsatz erhöhen ... den letzten Erfolg überbieten ... aber als eine andere Person, nicht nur unter einem anderen Namen!

THERAPEUT: Träumen Sie ruhig weiter.

STEPHEN: Das Leben, für das ich mich entschieden habe, besteht darin, mich mit Heteronymen zu umgeben. Das sind reale Personen ... in jedem Sinn des Wortes ... aber sie alle sind Geschöpfe meiner Fantasie. Ich brauche einen lebenden Menschen ... jemanden, bei dem ich mich darauf verlassen kann, dass er mein Geheimnis nicht verrät ... jemanden, der eine andere Stimme hat als ich. Außer Ihnen habe ich niemanden. Ich schlage vor, dass wir unsere Sitzungen fortsetzen.

Phallstricke

Wenige Monate nach Beendigung von *Ego* berichtete mir ein Bekannter aus Wien, Professor Alfred Vendl von der Universität für Angewandte Kunst, von einer Geschichte, die mich auf der Stelle als geeignetes Thema für ein neues Theaterstück faszinierte, in dem sich Naturwissenschaft und Kunst überschneiden – zwei Bereiche, die mir ohnehin schon immer am Herzen lagen. Obwohl sich die Geschichte, die er mir erzählte, schon vor zwei Jahrzehnten zugetragen hatte, erhielt sie durch die Leidenschaft, ja die Entrüstung, mit der er sie schilderte, eine gewisse Dramatik, in der ich sofort einen Stoff fürs Theater erkannte. Im Übrigen illustrierte sie einen weiteren Charakterfehler – nämlich den, dass man sich in eine Hypothese verliebt, die einfach zu schön ist, um falsch zu sein, und man folglich alles ignoriert, was dagegen spricht –, mit dem sowohl Naturwissenschaftler als auch Forscher in anderen Disziplinen nur allzu oft behaftet sind. Der Hintergrund ist im folgenden Vorwort des Theaterstücks skizziert, dem ich den Titel *Phallacy / Phallstricke* gab.

Vor einiger Zeit machten mich Alfred Vendl und Bernhard Pichler, beide Professoren an der Universität für Angewandte Kunst in Wien, auf eine herrliche lebensgroße Bronzestatue eines nackten Jünglings aufmerksam, die jahrhundertelang als römisches Original bezeichnet worden war und sogar 1968 auf einer österreichischen Briefmarke erschien. Chemische Analysen im Labor der beiden Professoren ergaben jedoch, dass es sich um einen Guss aus der Renaissance-Zeit handelt. Der jähe Verlust von rund 1.400 unwiederbringlichen Jahren hatte größere Auswirkungen für das Museum, das diese Statue (der „Jüngling vom Magdalensberg") über hundert Jahre lang als ein Juwel seiner Antikensammlung präsentiert hatte. Aber macht, ästhetisch gesehen, diese revidierte Zuordnung die Statue deshalb weniger wertvoll? Mindert der urplötzlich geschrumpfte Preis automatisch auch den kunsthistorischen Wert der Statue oder die genüssliche Freude des Betrachters an ihrer Schönheit? Und wie reagiert der Kunsthistoriker persönlich und beruflich, wenn ein makelloses Lieblingswerk über Nacht mit einem unauslöschlichen Makel behaftet ist?

Seit Jahrzehnten bin ich, der zum Bühnenautor mutierte Chemiker, auch ein ernsthafter Kunstsammler und mir des leidigen Kults, der um viele Kunstwerke getrieben wird, sehr wohl bewußt. Aber statt den veränderten finanziellen Wert, der sich durch die Neuzuordnung eines bekannten Kunstwerks ergibt, in den Mittelpunkt zu rücken – eine völlig andere Situation, als wenn beispielsweise ein vermeintliches Gemälde von Vermeer sich als eine Fälschung von Van Meegeren entpuppt –, beschloss ich mich darauf zu konzentrieren, wie sich diese durch die Neuzuordnung bedingten Veränderungen auf das Verhalten der betroffenen Hauptpersonen auswirken.

Diese dramatische Ader wurde schon früher ausgebeutet. Alan Bennetts Drama und späterer BBC-Fernsehfilm „A Question of Attribution" greift die Frage nach der Echtheit eines Gemäldes von Tizian auf, um die Beziehung zwischen Kunsthistoriker (Sir Anthony Blunt) und Besitzer (Königin Elizabeth II.) sowie Blunts Verhalten als berüchtigter kommunistischer Spion zu beleuchten. Und Simon Grays neueres Stück „The Old Masters" – in dem es vorgeblich um den Streit geht, ob ein bestimmtes Gemälde von Tizian statt von Giorgione geschaffen wurde – behandelt in Wahrheit den ethischen und psychologischen Konflikt zwischen Kunsthistoriker (Bernard Berenson) und Kunsthändler (Lord Duveen). In anderen Worten: In beiden Bühnenwerken haben die Protagonisten und die Kunst eine realhistorische Basis, die jedoch für dramatische Zwecke verändert wurde.

Und was bezwecke ich mit „Phallstricke"? Ich befasse mich hier mit einem Konflikt, der meiner beruflichen Kompetenz weitaus näher liegt, nämlich mit den Eigenheiten und Befindlichkeiten von Kunsthistorikern und Naturwissenschaftlern, die das Alter eines Kunstwerks aus ihren völlig verschiedenen Blickwinkeln untersuchen: also ästhetische und kunsthistorische Expertise gegenüber kalter objektiver Materialanalyse. Darüber hinaus wollte ich die Weiterungen eines altbekannten Charakterfehlers ausloten, der über die Kluft zwischen Kunstgelehrten und Naturwissenschaftlern hinausreicht, nämlich, dass man sich in eine passende Hypothese verliebt und sie gegen alle Einwände und neue Beweise verteidigt.

Wie andere Bühnenautoren, die auf historisches Material zurückgreifen, habe auch ich viele historische Bausteine modifiziert, manipuliert, verbrämt oder sogar absichtlich verfälscht, da ich mich auf die schriftstellerische Freiheit berufe, von der jeder Bühnenautor mit Fug und Recht Gebrauch macht. Somit erkläre ich, dass jede Ähnlichkeit mit den Protagonisten, die tatsächlich in die anhaltende Kontroverse um die mutmaßliche römische Statue in der Antikensammlung eines berühmten europäischen Museums verwickelt sind, im Wesentlichen zufällig sind und dass ich in keiner Weise versucht habe, dem Ruf eines lebenden Gelehrten zu schaden. Und falls die Erklärung in meinem Stück bezüglich dessen, was mit der bewussten Originalstatue geschah, sich irgendwann als zutreffend erweisen sollte, so ist dies keinesfalls ein Indiz für meinen kunsthistorischen Scharfsinn, sondern lediglich pures Glück meinerseits.

Neben meinem Interesse als Naturwissenschaftler und Kunstsammler habe ich noch einen zutiefst persönlichen Grund, warum ich für mein neuestes Stück gerade dieses Thema gewählt habe. Ich bin in Wien geboren und nach dem Anschluss Österreichs durch die Nationalsozialisten in die USA emigriert, wo ich als Chemiker in der Forschung tätig war. Im Jahre 2004 bot mir die österreichische Regierung die österreichische Staatsbürgerschaft an. Kann es, da ich zu diesem Zeitpunkt bereits Bühnenautor geworden war, ein besseres Zeichen der Versöhnung geben, als ein Bühnenwerk zu schaffen, das in der Stadt meiner Kindheit angesiedelt ist?

Carl Djerassi
London, Singapur, Eugene und Hamburg
Oktober 2004 bis März 2005

Die genannte Statue, der Jüngling vom Magdalensberg, existiert tatsächlich und ist noch immer ein Juwel der Antikensammlung des Kunsthistorischen Museums in Wien. Trotz der ungeheuren Relevanz für die historische Kunstszene in Österreich war, abgesehen von einer einzigen dramatischen Lesung unter der Regie von Isabella Gregor im Museum selbst, erstaunlicherweise kein österreichisches Theater bereit, das Stück aufzuführen, während es in London, New York und Porto (Portugal) erstklassige Inszenierungen gab.

Wie unten in einem Auszug aus der ersten Szene zu lesen ist, gehe ich als Bühnenautor keineswegs schonend mit den Schwächen des Chemikers (Rex) und der Kunsthistorikerin (Regina) um. Warum sollte ich? Ich hätte mich an ihrer Stelle nicht viel anders verhalten.

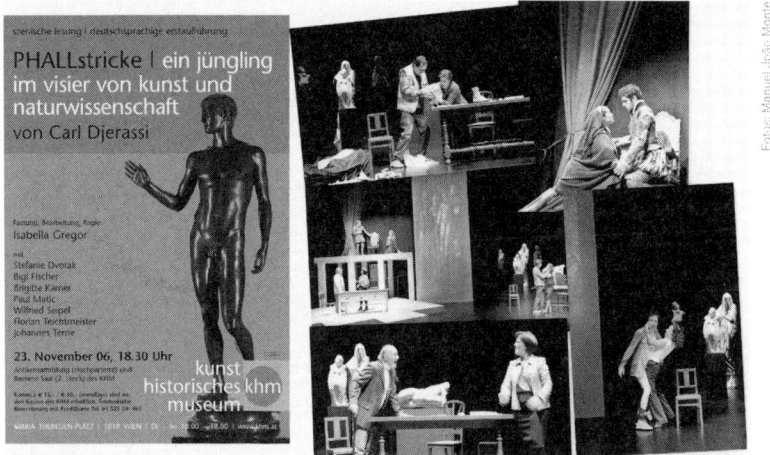

Phallstricke: a) Plakat der dramatischen Lesung im Kunsthistorischen Museum in Wien 2006; b) Szenenfotos der Aufführung der Seiva Trupe am *Teatro do Campo Alegre*, Porto 2011

REX: Ihr Museumsdirektor hatte mich gebeten, mir Ihre Statue anzuschauen ...

REGINA: „Anzuschauen"?

REX: So ist es. Wir verfügen über hochmoderne Geräte. Wir haben neue chemische Verfahren entwickelt. Warum sollte uns das Museum da nicht beauftragen, das vermeintliche Alter einer Skulptur zu bestätigen?

REGINA: *(gekränkt)* Sagten Sie „vermeintlich"?

REX: Das ist doch keine Beleidigung. Das Alter ist fast immer vermeintlich, bis der Nachweis erfolgt ... auch das Alter einer Person.

REGINA: Wissen Sie eigentlich, welche Fülle von Beweisen ich im Laufe meiner jahrelangen Forschung zusammengetragen habe? Und in einem sooo dicken Buch *(deutet mit den Händen die Dicke an)* zusammengefasst habe ... Haben Sie mein Buch gelesen?

REX: Mit dem Register.

REGINA: Dem Register?

REX: Mit dem Register. Wo ich die Stichwörter „Spurenanalyse" und „Nickel" gesucht habe.

REGINA: Warum haben Sie ausgerechnet diese beiden Wörter gesucht?

REX: Weil römische Bronze einen sehr geringen Nickelanteil hat. Weil Ihre Statue sehr viel Nickel enthält. Was eher für Bronze aus der Renaissance typisch ist.

REGINA: Und das haben Sie dem Museumsdirektor gesagt? Statt zu mir zu kommen?

REX: Er hatte doch die Untersuchung der Statue angeordnet.

REGINA: Sie behaupten also, dass alle römischen Bronzen ausnahmslos einen geringen Nickelanteil aufweisen?

REX: Ich habe nicht gesagt, dass es keine Ausnahmen geben könnte.

REGINA: Aha!

REX: Ich sage nur, dass es höchst unwahrscheinlich ist. Und darum bin ich hier. Aus purer Höflichkeit. Um Ihnen mitzuteilen ... bevor ich andere informiere ... welche zusätzlichen chemischen Untersuchungen wir durchgeführt haben, um unsere Vermutung zu beweisen ...

REGINA: (wütend) Genau das macht mich so wütend. Sie halten sich sklavisch an die Regeln der Chemie, die Sie als Student gelernt haben ... an Lehren, die Sie jetzt an Ihre Studenten weitergeben ... die dann wiederum *ihren* Studenten den ganzen sterilen Scheiß beibringen ... bestehend aus einem Regelwerk, das von banausischen Kunsthassern propagiert wird ....

REX: Diese Worte werden Sie noch bereuen.

REGINA: (noch immer wütend) Nein, ich muss mich korrigieren. Nicht simple Arroganz ... sondern eitle Macho-Arroganz. Den exquisiten Wein ästhetischer Sensibilität in Essig zu verwandeln! Mal wieder typisch für euch Chemiker. Wenn Chemiker sich dilettantisch in die Kunst einmischen, lässt sich bestenfalls sagen, dass man nie weiß, was dabei herauskommt.

REX: Das ist in den Naturwissenschaften immer der Fall ...

REGINA: Tatsächlich? Wenn es sich so verhält, warum lehrt Sie das nicht Bescheidenheit ... statt Arroganz? Und warum erkennen Sie die Bedeutung von Schönheit nicht an? Ein Wort, das in Ihrem naturwissenschaftlichen Vokabular faktisch überhaupt nicht existiert.

REX: Bei dieser Diskussion ist Schönheit im Grunde belanglos. Selbst die Statue ist belanglos …

REGINA: Und was *ist* von Belang?

REX: Die Wahrheit.

REGINA: Sonst nichts?

REX: Sonst nichts.

REGINA: Wie erbärmlich.

REX: Ich wollte Ihnen erklären, wie wir zu diesem Ergebnis kamen.

REGINA: Sie glauben, dass ich eine Erklärung benötige?

REX: *(sarkastisch)* Oh, ich bitte um Verzeihung! Ich vergaß! Obgleich Sie für Spurenelemente nichts übrig haben, sind Sie doch ein Experte auf dem Gebiet der Thermolumineszenz … und der Elektronenmikroskopie. Deren Möglichkeiten und Grenzen …

REGINA: Deren Grenzen! Genau darauf wollte ich hinaus.

REX: Sie sind unmöglich! Da … *(Knallt den Bericht auf ihren Schreibtisch)* Lesen Sie doch selbst.

REGINA: Ich brauche das nicht zu lesen … Ich werde es schlicht dort ablegen, wo ich derartigen Quatsch abzulegen pflege.

REX: *(im Gehen)* Dann warten Sie eben, bis unser Bericht veröffentlicht wird! Und die Kacke wirklich am Dampfen ist!

REGINA: *(verdutzt)* Sie wollen das veröffentlichen?

Tabus

In intellektueller wie pädagogischer Hinsicht wurden die Jahre ab Mitte der 1990er für mich durch die zunehmende Verlagerung von der *Kontrazeption* auf die *Konzeption* geprägt. Im Mittelpunkt meines Romans *Menachems Same* sowie meines Theaterstücks *Unbefleckt* stand die faktische Trennung von Sex und Fortpflanzung in den geriatrischen Ländern der Welt, vor allem in Europa und Japan. Da in diesen Ländern eine Familie im Durchschnitt etwa 1,5 Kinder hat, liegt es auf der Hand, dass Geschlechtsverkehr und Reproduktion heute faktisch komplett voneinander getrennt sind. Die katholische Kirche und andere Religionen sind noch immer auf die 1,5 Geschlechtsakte fixiert, die zur Fortpflanzung führen, vernachlässigen dabei aber die Implikationen der aberhundert Geschlechtsakte, die vor und nach der Geburt eines Kindes stattfinden. Da mein Leben als Schriftsteller schon immer eng mit einer umfangreichen Vortragstätigkeit verknüpft war – auf wissenschaftlichen Kongressen, vor breiterem Publikum und zunehmend auch in Rundfunk und Fernsehen –, dürfte es nicht weiter überraschen, dass ich als Schriftsteller beschloss, dieses umstrittene Thema erneut aufzugreifen, diesmal jedoch fast ausschließlich im Hinblick auf die gesellschaftlichen statt auf die wissenschaftlichen Folgeerscheinungen dieser Umwälzung im Bereich der menschlichen Reproduktion. In *Tabus*, meinem sechsten Theaterstück, versuche ich darzulegen, wie dramatisch sich unsere Vorstellungen von „Familie", „Kind", „Ehe" und ähnlichen scheinbar unzweideutigen Begriffen verändert haben, und zwar hauptsächlich aufgrund der kolossalen Entwicklungen auf dem Gebiet der Reproduktionsmedizin während der letzten drei Jahrzehnte.

Die vielleicht umstrittenste Thematik, die sich aus diesen naturwissenschaftlichen Entdeckungen ergibt, ist die politisch brisante Frage, warum gleichgeschlechtlichen Paaren nicht erlaubt sein sollte, Kinder zu haben oder auch nur zu heiraten. Keine Frage hat in meinen zahlreichen Vorträgen hitzigere Diskussionen ausgelöst als diese, was einer der Gründe war, weshalb ich für die Hauptrollen in *Tabus* ein lesbisches Paar wählte. Das Recht lesbischer Paare, ein Kind zu bekommen, der eigentliche Beweggrund ihrer Beziehung, war eines der Themen, die ich ansprechen wollte. *Tabus* ist in Buchform erschienen und wurde in verschiedenen Fassungen in Großbritannien, den USA, Bulgarien, Österreich und Deutschland aufgeführt, was jedes Mal umfangreiche Überarbeitungen erforderte, um es für ein so unterschiedliches Publikum kulturell akzeptabel zu machen. Die Fähigkeit, einen Text einem bestimmten kulturellen Umfeld anzupassen, ist ein wichtiger Aspekt der Arbeit eines Bühnenautors, was bei einem Film oder Roman schlicht unmöglich ist. Ich möchte dies anhand eines Auszugs aus einer frühen Fassung von *Tabus* verdeutlichen, als ich mit verschiedenen Ansätzen experimentierte, um das Theaterpublikum mit der Motivation meines lesbischen Paares bekannt zu machen. Die folgende Szene schaffte es nie in eine Inszenierung und erlebt hier somit augenzwinkernd ihre Weltpremiere.

ESTHER: *(deutet auf den Stuhl)* Aber machen Sie es sich erst mal bequem. Und dann verraten Sie mir, wie Sie von mir gehört haben.

SALLY: Ich habe zufällig ein Gespräch mitangehört ... aber keine Sorge. Die beiden haben praktisch geflüstert. Am Anfang hielt ich es für einen Witz.

ESTHER: Aber dann hat die Sache Sinn gemacht, stimmt's?

SALLY: Bevor ich von Ihnen gehört habe, wusste ich nicht einmal, dass es lesbische Partnervermittlungen gibt. Damit meine ich nicht, dass die Partnervermittlerin lesbisch ist, sondern eine Partnervermittlung für Lesben.

ESTHER: Lesben ... zumindest einige ... brauchen Partnervermittlungen. Und da ich schon lange im Geschäft bin und schon einiges erlebt habe, bin ich effektiv ... und teuer.

SALLY: Eigentlich ... habe ich noch nie eine Partnervermittlerin kennengelernt, nicht einmal eine für Heteros.

ESTHER: Aber Millionen von Heteros bedienen sich ihrer.

SALLY: Also, wirklich!

ESTHER: Weltweit, meine ich. Bei uns hier glaubt man, dass man sich einfach spontan verlieben sollte. Was natürlich sehr romantisch ist ... aber nicht sehr effizient. Denken Sie nur mal an die vielen Scheidungen. Vor allem deshalb, weil die Leute ihre Hausaufgaben nicht gemacht haben, bevor sie sich verliebt haben ... was immer das auch heißen mag. Aber selbst wir fangen an, etwas daran zu ändern.

SALLY: Wer ist „wir"?

ESTHER: Eine Untergruppe. Berufstätige Frauen ... meist erfolgreich ... gut situiert ... Workaholics ... in den Dreißigern oder älter ... und damit wählerischer ... die aber weniger Gelegenheit haben, sich einfach zu *(malt Anführungszeichen in die Luft)* „verlieben". Und diese Frauen brauchen jemand, der die Hausaufgaben für sie macht.

SALLY: *(lacht verlegen)* Damit beschreiben Sie mich.

ESTHER: Ganz recht. Also kommen wir zur Sache. *(Greift wieder zum Notizbuch, das sie auf den Tisch gelegt hatte)* Nun?

SALLY: Ich möchte eine ernsthafte dauerhafte Beziehung eingehen.

ESTHER: Wollen wir das nicht alle? Wo liegt dann das Problem?

SALLY: Ich moderiere seit einigen Jahren sowohl die Frühnachrichten als auch die 18-Uhr-Sendung. Und ich brauche acht Stunden Schlaf ... sonst bin ich gerädert und sehe dementsprechend aus. Also liege ich um neun Uhr abends im Bett. Das heißt, ein gesellschaftliches Leben findet nicht statt.

ESTHER: *(freundlich)* Aber das ist noch nicht alles, stimmt's?

SALLY: Ja. Ich komme aus einer sehr, sehr christlichen Familie ... christlich in jeder Hinsicht. Wo ein Wort, das mit „homo" anfängt, ein gotteslästerlicher Frevel ist ... abgesehen vielleicht von „homo sapiens" ... aber auch nur dann, wenn absolut klar ist, dass es nichts mit Evolution zu tun hat. Die Northwestern hatte ich mir nicht deshalb ausgesucht, weil sie so weit von Zuhause weg war, sondern wegen ihres ausgezeichneten Fachbereichs für Kommunikationswissenschaften ... und erst dort habe ich begriffen, dass ich lesbisch bin, und ich habe es zu akzeptieren gelernt.

ESTHER: Aber Sie waren noch immer sehr, sehr christlich?

SALLY: Das hatte schon früher nachgelassen. Jedenfalls beging ich gegen Ende meiner Studienzeit den Fehler ... den katastrophalen Fehler ... meine Familie in den Weihnachtsferien von meinen sexuellen Neigungen zu unterrichten. Ich habe nur von Gefühlen gesprochen ... nicht von Handlungen. Ich wollte nur, dass sie mich verstehen ... nicht, dass sie es billigen. Stattdessen haben sie mich rausgeworfen. Und so habe ich nicht nur meine Familie verloren ... sondern auch den letzten Rest meines Glaubens. Auf etwas so Unversöhnliches und Grausames kann ich verzichten.

ESTHER: Nun ... wie soll die Frau sein, die ich für Sie finden soll?

SALLY: Also, sie soll nett sein ...

ESTHER: *(unterbricht sie ungehalten)* Klar doch! Und intelligent! Und mit wahnsinnig viel Humor! Und romantisch! Und sexuell kompatibel ... körperlich anziehend ... Nichtraucherin ... keine Drogen ... Blablabla! Wirklich, Sally, diese Desideratenliste hat doch *jeder* parat. Aber Sie sprachen von einer dauerhaften Beziehung. Was erwarten Sie sich davon?

SALLY: Das familiäre Gefüge, das ich verloren habe. Und ich möchte ein Kind und eine Partnerin, die die elterlichen Pflichten mit mir teilt. Und die nichts dagegen hätte, wenn ich daheim bei meinem Kind bleiben würde ...

ESTHER: Nicht „bei *unserem* Kind"? Und daheimbleiben? Punktum? Das heißt, eine Frau, die Sie ernährt und versorgt? Genau wie der traditionelle Vater ... nur eben mit Rock ... der die Knete verdient, während Mutter kocht, putzt und das Kind aufzieht?

SALLY: Natürlich wäre es *unser* Baby. Aber ich möchte es selbst zur Welt bringen. Und das Finanzielle werden wir uns teilen. Ich habe einiges gespart und werde zu Hause arbeiten. Journalismus und Fernsehen sind für mich passé ... Ich möchte schreiben. Bücher. Ernsthafte Sachen.

ESTHER: Ich sage Ihnen was. Gehen Sie nach Hause und schreiben Sie alles über Ihre Traumbeziehung auf ... nicht nur, was Sie von Ihrer Partnerin erwarten, sondern auch, was Sie ihr zu bieten haben. Wie Sie sie dazu bewegen wollen, ja zu sagen.

SALLY: Und dann?

ESTHER: Berufsgeheimnis. Ich melde mich bei Ihnen, und dann treffen Sie beide sich ... allein.

SALLY: Wo?

ESTHER: An einem neutralen, öffentlichen Ort. Café, Park, Restaurant ... wo Sie wollen. Aber an einem Ort, wo jede von Ihnen das Treffen beenden kann, ohne das Gesicht zu verlieren ... falls die Sache völlig in die Hose geht.

SALLY (*steht auf*) Einverstanden.

...

HARRIET: (*in weißem Arztmantel und Stethoskop umgehängt, sitzt hinter ihrem Schreibtisch. ESTHER sitzt auf einem Stuhl neben dem Schreibtisch*) Moment mal! Sie hatten um den letzten Termin des Tages gebeten ... in einer dringenden persönlichen Angelegenheit ... und jetzt verkünden Sie mir, dass es gar nicht um einen Patienten geht? Nicht einmal um ein medizinisches Problem?

ESTHER: Verzeihen Sie ... aber ich war nicht sicher, ob Sie mich sonst empfangen hätten.

HARRIET: Ich muss Sie bitten, zu gehen ... oder arbeiten Sie etwa für ein Pharma-Unternehmen? Für Vertreterbesuche gibt es feste Zeiten ... einmal in der Woche.

ESTHER: Ich will Ihnen gar nichts verkaufen ... Ich möchte lediglich eine Möglichkeit ansprechen, an die Sie vielleicht noch nie gedacht haben.

HARRIET: Ach ja? Aber machen Sie's kurz.

ESTHER: In Ihrem Beruf haben Sie es ständig mit Männern zu tun.

HARRIET: Kein Wunder, ich bin schließlich Urologin.

ESTHER: Sie haben bestimmt nicht viel Zeit, um andere Frauen kennenzulernen.

HARRIET: Worauf wollen Sie hinaus?

ESTHER: Ich möchte Sie mit einer interessanten Frau bekannt machen.

HARRIET: *(ironisch)* Nicht mit einem interessanten Mann?

ESTHER: Eine interessante Frau im richtigen Alter würde Sie mehr reizen.

HARRIET: Woher wollen Sie das wissen?

ESTHER: Ich habe meine Quellen.

HARRIET: Wer sind Sie überhaupt? Sie sehen nicht gerade aus wie jemand von der CIA oder dem FBI ... oder geht man dort jetzt raffinierter vor?

ESTHER: Ich bin Partnerschaftsvermittlerin.

HARRIET: Wenn ich erzählen würde, dass mich eine Partnerschaftsvermittlerin um einen Termin gebeten hat ... Und dass ich darauf hereingefallen bin ...

ESTHER: Dann würde man Sie auslachen?

HARRIET: Die einen bestimmt. Und die anderen würden es nicht glauben.

ESTHER: Das bekomme ich immer wieder zu hören. Aber am Ende hören sich die meisten doch an, was ich zu sagen habe.

HARRIET: Mich interessiert nicht, was die meisten tun. Warum sollte ich Ihnen zuhören?

ESTHER: Weil ich diskret bin, mein Handwerk verstehe und meine Hausaufgaben gemacht habe, bevor ich herkam. Darf ich fortfahren?

HARRIET: *(blickt auf ihre Armbanduhr)* Sie haben fünf Minuten.

ESTHER: Zu wenig.

HARRIET: Nicht um festzustellen, ob ich mehr hören möchte.

Von den umstrittenen Themen, die ich in *Tabus* anspreche, sind nur wenige für die breite Öffentlichkeit beunruhigender als die Möglichkeit, das Geschlecht vorauszubestimmen. Der folgende kurze Auszug soll dies verdeutlichen.

HARRIET: Warum wolltest du mich sprechen?

CAMERON: Weil ... *(zögert verlegen)* na ja, du weißt schon.

HARRIET: *(scharf)* Nein, weiß ich nicht.

CAMERON: Herrjemine, Harriet.

HARRIET: *(scharf)* Nun sag schon.

CAMERON: *(deutet auf ihren Bauch)* Ich hab dich geschwängert ... da fühl ich mich halt verantwortlich ...

HARRIET: *(rasch, fast ärgerlich)* Moment mal! Moment mal! Du hast mich nicht geschwängert ... und verantwortlich bist du schon gar nicht. *(Hält inne)* Na schön. Jetzt hör mir mal gut zu. Wir haben ein paar Spermien von dir benutzt ... sieben, um genau zu sein ... die in sieben Eizellen von mir injiziert wurden. Du wolltest wissen, ob du zeugungsfähig bist ... du hast das nicht gemacht, weil du mit mir ein Kind haben wolltest! Denn nach deiner Überzeugung wäre das ja Ehebruch gewesen! Und ich war nur deshalb bereit, ein Spermium von dir zu benutzen, weil ich mit Sally ein eigenes Kind haben wollte. Und da sie deine Schwester ist, trägt sie durch dein Spermium zum Genpool des Babys bei. Es war meine Entscheidung ... und ich allein trage die Verantwortung. Du hattest deine Schuldigkeit getan, sobald du masturbiert hattest.

CAMERON: *(trocken und leicht ironisch)* Vielen Dank, die Dame ... für diese klaren Worte.

HARRIET: Ich bin noch nicht fertig. Nachdem sich der Embryo in meiner Gebärmutter eingenistet hatte, habe ich dir und Priscilla die anderen zur freien Verfügung überlassen. Das war die einzige Bedingung zwischen uns. Dass deine Frau mit einem dieser Embryonen schwanger wurde, dafür bist du verantwortlich ... nicht ich. Wenn dieser Junge *(deutet auf ihren Bauch)* auf die Welt kommt, dann ist das *mein* Sohn. Und wenn Priscilla entbindet, dann ist das *euer* Sohn. Ist das klar? Wir wollen da nichts durcheinanderbringen.

CAMERON: Woher willst du wissen, dass es beide Male Jungs werden?

HARRIET: Weil ich einen Sohn haben wollte.

CAMERON: Aber so läuft das nicht. Gott bestimmt, was wir bekommen, und wir werden dankbar sein für das, womit er uns segnet.

HARRIET: *(milder)* Cam, ich will mit dir nicht über Religion streiten. Hier geht es um Biologie. Wir haben für die künstliche Befruchtung die ICSI-Methode gewählt, stimmt's?

CAMERON: Stimmt.

HARRIET: Also in jede Eizelle ein einzelnes Spermium injiziert?

CAMERON: Stimmt.

HARRIET: Das Geschlecht des Kindes wird immer durch das Spermium bestimmt. Ein Spermium, das das Y-Chromosom trägt, führt zu einem Jungen, ein Spermium, das ein X-Chromosom trägt, zu einem Mädchen. Das lernt man schon in der Highschool ... sogar in Mississippi.

CAMERON: Worauf willst du eigentlich hinaus?

HARRIET: Dass es inzwischen eine Methode gibt ... die sogenannte Durchfluss-Zytometrie ... um X- von Y-Spermien zu trennen.

CAMERON: *(bestürzt)* Und dieses Durchfluss-Dingsbums hast du benutzt?

HARRIET: Ja.

CAMERON: Und du hast mir nichts davon gesagt?

HARRIET: Das war nicht Teil der Abmachung. Du wolltest wissen, ob du zeugungsfähig bist. Ich wollte einen Sohn, und du wolltest mit deiner Frau ein Kind haben. Für weitere ICSI-Injektionen waren keine Eizellen von mir mehr da. Ich war schon großzügig genug, dir die übrigen Embryonen zu überlassen, und das waren nun mal potenzielle Jungs.

CAMERON: Herrjemine!

HARRIET: Musst du eigentlich ständig dieses Wort benutzen? Du treibst mich damit noch zum Wahnsinn. Und im Übrigen, was hast du gegen einen Jungen?

CAMERON: Nichts. Aber das Geschlecht des Kindes auszusuchen, das ist so ...

HARRIET: Sag bloß nicht „unnatürlich".

CAMERON: Doch, genau das ist es.

HARRIET: Glaubst du vielleicht, ICSI sei natürlich? Die moderne Medizin ist voll von Eingriffen und Substanzen, die es in der Natur nicht gibt. Hältst du „unnatürlich" automatisch für „unethisch"?

Die in *Tabus* behandelten Themen reichen von der Naturwissenschaft bis zur Religion, von der Politik bis zur Ethik und natürlich vom Sex bis zur Fortpflanzung ohne Geschlechtsakt. In mehreren Fällen wurde dem Theaterpublikum nach der Aufführung Gelegenheit zu einer Diskussion geboten, die manchmal beinahe länger dauerte als die Vorstellung selbst. Für mich als Bühnenautor war die Dauer und Intensität der anschließenden Debatten die Bestätigung, dass es sich lohnt, „Fallbeispiele" zu umstrittenen Fragen auf der Bühne zu präsentieren.

Vorspiel

Im Kapitel „Jude" habe ich bereits ausführlich aus meinem biografischen Buch *Vier Juden auf dem Parnass* zitiert. Ich habe erklärt, warum ich mir Benjamin, Adorno, Scholem, Schönberg als Protagonisten ausgesucht habe und warum ich dieses Buch für mein wichtigstes halte. Was ich nicht erwähnt habe, ist die Tatsache, dass die reine Dialogform, in der ich dieses Buch geschrieben habe, mir nicht in den Sinn gekommen wäre, wenn ich mich nicht in den späteren Phasen meines Daseins als Bühnenautor darauf eingelassen hätte.

Ich entschloss mich, dieses biografische Material ausschließlich in Dialogform zu präsentieren, abgesehen von den einleitenden Bemerkungen zu jeder Szene. Das liegt zum einen an meiner eigenen Biografie. In meiner früheren Inkarnation als Naturwissenschaftler war es mir ein halbes Jahrhundert lang nicht gestattet, noch erlaubte ich mir, in meinen schriftlichen Abhandlungen die direkte Rede zu benutzen. Bis auf ganz seltene Ausnahmen haben sich Naturwissenschaftler völlig vom schriftlichen Dialog abgewandt, und zwar seit der Renaissance, als insbesondere in Italien einige der wichtigsten literarischen Schriften in dialogischer Form verfasst wurden – von erläuternden oder sogar didaktischen Texten bis hin zu unterhaltenden oder satirischen –, was für Leser wie Autoren gleichermaßen reizvoll war. Ein hervorragendes Beispiel dafür ist Galileo. Und nicht nur in Italien war dies der Fall. Nehmen wir Erasmus von Rotterdam: Seine *Colloquia* sind ein großartiges Beispiel dafür, wie es einem der größten Geister der Renaissance gelang, Themen wie Kriegshandwerk (*Militaria*) oder Sport (*De Lusu*), „Der Freier und das Mädchen" (*Proci et puellae*) oder „Der Jüngling und das Freudenmädchen" (*Adolescentis et scorti*) ausschließlich in Dialogform zu behandeln. Die explosionsartige Zunahme dialogischer Schriften regte sogar zu literarischen theoretischen Studien an. Seit dem 16. Jahrhundert versuchen Kritiker, dieses literarische Genre zu verherrlichen, zu verteidigen, zu reglementieren oder – leider – abzuschaffen.

Einer dieser Kritiker war der Earl of Shaftesbury, der 1710 in seinen *Characteristicks* schreibt, der „Dialog ist am Ende, da jegliche Liaison und aller zärtliche Verkehr zwischen Autor und Leser" aus dialogischen Abhandlungen verschwunden sei. Da es mir um eine *humanisierende* Schilderung meiner vier Protagonisten geht, nicht um einen theoretischen Einblick in ihr Werk, glaube ich, dass dies durch einen „zärtlichen Verkehr" in Dialogform nachdrücklicher zu erreichen ist als durch die leidenschaftslosere Stimme eines Unbeteiligten. Ich kann nur hoffen, dass die Intimität meiner Zärtlichkeiten den Leser davon überzeugen wird, dass ich – zumindest in *Vier Juden auf dem Parnass* – den Rat des Earl of Shaftesbury mit Fug und Recht missachtet habe.

Ich habe den Versuch nie bereut, ein ganzes Buch in direkter Rede zu schreiben. Trotzdem kann ich nicht umhin, hier auch einen enttäuschenden Begleitumstand zu erwähnen: Mein Buch wurde in den wichtigen deutschen Zeitungen, *Frankfurter Allgemeine Zeitung, Süddeutsche Zeitung, DIE ZEIT*, die sich mit Recht ihrer Feuilletons rühmen – einer Kulturbeilage, die es in dieser Form in anderen Ländern faktisch nicht gibt –, ignoriert. Da *Vier Juden auf dem Parnass* in Österreich und der Schweiz ansonsten eingehend und wohlwollend besprochen wurde, kann ich diese Ignoranz nur darauf zurückführen, dass das Buch ausschließlich in Dialogform geschrieben ist. Vielleicht hat man es also schnell wieder zugeklappt und in die Theaterabteilung abgeschoben.

Meine Verärgerung und meine Enttäuschung animierten mich, tatsächlich ein Theaterstück über einige der Personen aus dem Buch zu schreiben. Das Ergebnis war *Vorspiel*, in dem der Fokus auf Theodor W. Adorno, seiner Frau Gretel, Walter Benjamin und Hannah Arendt lag. Arendt, eine berühmte Politikwissenschaftlerin, und Adorno verband eine heftige Abneigung, doch beide bewunderten, ja verehrten Benjamin. Dass Adorno sein Leben lang ein unverbesserlicher Frauenheld war, ist hinlänglich belegt, ebenso der Umfang des sehr persönlichen und ausgedehnten Briefwechsels zwischen Benjamin und Gretel Adorno. Außerdem spricht alles dafür, dass Benjamin eine Aktentasche bei sich hatte, als er von Frankreich nach Spanien floh, wo er im September 1940 Selbstmord beging. Die Aktentasche und ihr Inhalt wurden nie gefunden. Das alles sind Fakten, auch die Beziehung zwischen Hannah Arendt und dem Philosophen Martin Heidegger, die in dem Stück eine Rolle spielt.

Auf Basis dieser Informationen begann ich Spekulationen über gewisse Aspekte ihres Privatlebens und ihres persönlichen Handelns anzustellen, was ich nur tun konnte, weil ich mir die Freiheiten eines Bühnenautors genommen hatte. Mein Hauptaugenmerk galt dabei den Themen Eifersucht und Ehebruch. Beides habe ich in meinen Autobiografien so gut wie nie offen angesprochen, von beiläufigen Hinweisen auf meine drei Ehen einmal abgesehen. Obwohl ich Ehebruch und seine natürliche Folge, die Eifersucht, in allen Rollen, als Initiator, Beteiligter und als Opfer aus eigener Erfahrung kenne, habe ich mich noch nie dazu geäußert; ich werde dies auch nicht tun, weil es andere Menschen berührt, die verständlicherweise ungenannt bleiben müssen. Aber ich greife diese Themen unter dem Deckmantel der freien Erfindung in meinen Gedichten, Romanen und Theaterstücken auf. Hier ein Beispiel aus der ersten Szene von *Vorspiel* zwischen Theodor Adorno und seiner Frau.

GRETEL: Zuerst eine Frage. (*Zögert*) Etwas, das ich dich noch nie direkt gefragt habe. Bist du eifersüchtig?

TEDDIE: Im Allgemeinen ... oder was dich betrifft?

GRETEL: Na ja ... zum Beispiel.

TEDDIE: Nie!

GRETEL: Gut. Und wie ist es bei anderen Frauen?

TEDDIE: Das kommt darauf an.

GRETEL: Könntest du bitte deutlicher werden?

TEDDIE: Das könnte ich, aber ich will nicht. Erstens ... was soll auf einmal dieses Sie-Du-Pingpong mit Walter?

GRETEL: (*Lächelnd*) Ich dachte mir, dass dir das auffallen wird.

TEDDIE: (*Aufbrausend*) Auffallen? Habe ich recht gehört: *auffallen*? Willst du damit sagen, dass das Ganze Absicht war?

GRETEL: (*Kühl*) Ich weiß nicht, was du mit „das Ganze" meinst. Aber falls du dich darauf kaprizierst, dass ich Walter duze –

TEDDIE: (*Fällt ihr ins Wort*) Und er dich!

GRETEL: Darüber solltest du dich mit *ihm* unterhalten. Du glaubst doch wohl nicht, dass ich ohne reifliche Überlegung vom förmlichen Sie zum zwanglosen Du übergehe –

TEDDIE: Einen Mann schon nach wenigen Wochen zu duzen –

GRETEL: (*Fällt ihm ins Wort*) Nicht nach Wochen -

TEDDIE: Na schön ... Monaten –

GRETEL: Nach *einer* Woche.

TEDDIE: (*Empört*) Nach einer Woche? Innerhalb von sieben Tagen vom Sie zum Du? Wir sind schließlich Erwachsene ... keine Kinder.

GRETEL: Dann betrachte das Du eben als eine spontane zwanglose kindische Geste meinerseits.

TEDDIE: Eine erwachsene Frau, die einen erwachsenen Mann innerhalb einer Woche duzt, statt ihn zu siezen, ist weder kindisch noch zwanglos!

GRETEL: Wie würdest *du* denn das Motiv nennen?

TEDDIE: Postkoital!

GRETEL: Teddie! Du bist ja eifersüchtig!

TEDDIE: Wir sprechen hier über *dein* Verhalten ... nicht über meine Eifersucht.

GRETEL: Dann erkläre mir mal, wie ein postkoitaler Vollzug zwischen Walter und mir rein technisch möglich gewesen sein soll, während er in Paris war und ich in Berlin?

TEDDIE: Du beschränkst dich auf einen geografischen Koitus.

GRETEL: Begeben wir uns jetzt auf das Gebiet der koitalen Dialektik?

TEDDIE: Das ist keine Dialektik … lediglich eine Befragung. Ein geistiger Koitus ist per definitionem nun einmal intimer als ein körperlicher.

GRETEL: Stimmt.

TEDDIE: Mehr hast du dazu nicht zu sagen?

GRETEL: Was gibt es da hinzuzufügen?

TEDDIE: Nun, wenn wir den Übergang zum Du auf koitaler Ebene erörtern wollen, solltest du mir dann nicht etwas über das Vorspiel mitteilen, dessen sich Walter bediente?

GRETEL: Das wird jetzt zu persönlich.

TEDDIE: Walters Vorspiel ist zu persönlich für ein *persönliches* Gespräch zwischen Ehemann und Ehefrau? Ein siebentägiges Vorspiel ist zu persönlich für eine jahrelange Ehe?

GRETEL: Ja.

TEDDIE: Ich bin erstaunt. Nein! Nicht erstaunt … schockiert … verletzt … und offen gesagt … verdammt nochmal stinkwütend.

GRETEL: Eine Folge von Adjektiven, die ich aus deinem Mund noch nie gehört habe, wenn du mir diktierst … seien es Schilderungen deiner Träume oder tatsächlicher Ereignisse.

TEDDIE Und das sagst du mir jetzt?

Statt weitere Auszüge zu zitieren, will ich mit einem Experiment schließen, das ich mit *Vorspiel* durchführte. Nachdem der „Buchtext" fertig war, schickte ich ihn gleichzeitig an drei Literatur- beziehungsweise Universitätsverlage in Österreich, Argentinien und den USA, die normalerweise keine Theaterstücke veröffentlichen und sich daher nicht für die dramatischen Vorzüge des Manuskripts interessierten, da es ihnen als Buch angeboten wurde, das gedruckt und auf den üblichen Vertriebswegen verkauft werden sollte. Zu meiner großen Freude wurde das Manuskript von

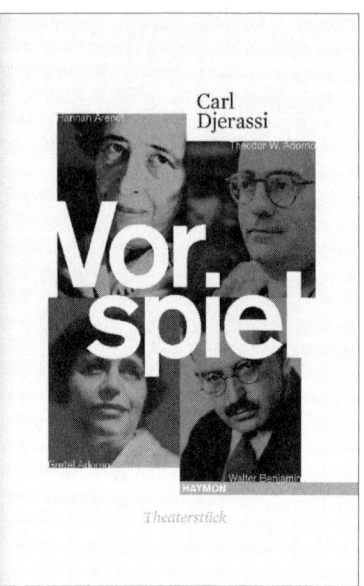

Buchcover der gleichzeitig 2011 erschienenen englischen *(Foreplay)*, deutschen *(Vorspiel)* und spanischen *(Preludio)* Ausgabe des Dramas noch vor der ersten Inszenierung

2007, dramatische Lesung im Semper Depot in Wien unter der
Regie von Isabella Gregor mit (von links nach rechts) Wolfgang Pampel,
Bernd Birkhahn, Peter Scholz und Johannes Terne

allen drei Verlagen binnen weniger Wochen nach der Einreichung
angenommen, und wie es der Zufall will, veröffentlichten alle drei
das Stück im März 2011 unter den Titeln *Foreplay, Vorspiel* und
Preludio. Nachdem ich also die Bestätigung erhalten hatte, dass
Vorspiel, was Text und Thema betrifft, nun in drei Sprachen „auf
ewig" existiert, wie das bei jedem gedruckten Buch der Fall ist,
wagte ich den nächsten Schritt, nämlich öffentliche dramatische
Lesungen an Universitäten und auf Literaturfestivals.

Ich erwähne das, weil dramatische Lesungen (nicht zu verwechseln mit „Theater-Workshops") mit Berufsschauspielern im Gegensatz zu Bühneninszenierungen nicht allzu oft stattfinden, obwohl
sie billiger, schneller und, was die Örtlichkeit betrifft, leichter zu
organisieren sind. Isabella Gregor, die schon mehrfach erwähnte
Theaterregisseurin, hat aus diesem Medium eine besondere Dar-
bietungsform gemacht, die sie bei den deutschen Fassungen aller
meiner Theaterstücke anwandte. Dramatische Lesungen dieser Art, bei denen nicht an Notenständern stehend vorgelesen
wurde, sondern umfangreiche Arrangements und gelegentlich

365

sogar Kulissen und Kostüme zum Einsatz kamen, fanden bereits an den unterschiedlichsten öffentlichen und universitären Schauplätzen vor Publikum statt, das aus weniger als 100 bis hin zu über 600 Personen bestand.

Insufficiency | Killerblumen

Die oben geschilderte Erfahrung mit der Einreichung von *Vorspiel* reizte mich, den Versuch an einer wesentlich heikleren Front zu wiederholen, nämlich mit einem weiteren „chemischen" Stück. Wenn schon die Angst vor Naturwissenschaften im Theater weit verbreitet ist, dann ist die Chemophobie in der Tat eine grassierende Krankheit. Aber wie ich bereits ausführte, gelang es *Oxygen*, diese chemophobische Abwehrhaltung zu durchdringen – vielleicht wegen des Bezugs zum Nobelpreis. Dieses Mal, bei *Insufficiency* (deutsch: *Killerblumen*), entschied ich mich, das Thema als Krimi verpackt einzuschmuggeln, um mich auf der Bühne mit dem „naturwissenschaftlichen Zeitgeschmack" zu beschäftigen. Gleich zu Beginn schildert der Staatsanwalt in einem Monolog das „Verbrechen", dessen Natur erwartungsgemäß erst gegen Ende des Stücks enthüllt wird.

STAATSANWALT: Zwei Männer sterben im Abstand von 21 Minuten. Beide sind Nichtraucher. Cholesterinspiegel unter 180 ... laut letzter ärztlicher Untersuchung. Keine besonderen gesundheitlichen Probleme. Der eine 47 Jahre alt, der andere 54. Wie hoch ist die statistische Wahrscheinlichkeit, dass zwei offenbar gesunde Männer mittleren Alters nur wenige Minuten nacheinander in ein und demselben Raum an einer Embolie sterben? Ich weiß es nicht, und ich werde auch keinen Statistiker zu Rate ziehen, denn wir haben es weder mit dem ganzen Land noch lediglich mit diesem Bundesstaat zu tun. Hier geht es um zwei Männer, beide Professoren an der gleichen Hochschule ... die beide etwa zwei Stunden vor ihrem Tod Champagner getrunken haben. Aber nicht bloß irgendeinen Champagner. Weder Dom Perignon noch Veuve Cliquot ... schließlich handelt es sich

um eine Universität und nicht um einen Bankiersclub. Nein ...
diese beiden Männer tranken Champagner aus zwei unetiket-
tierten Flaschen. Wie hoch ist wohl die statistische Wahrscheinlichkeit, dass es *kein* Unfall war? Ich würde sagen, eins zu eins ...
allerhöchstens eins zu zwei. Natürlich wurden die Reste in
besagten Flaschen von einem Toxikologen analysiert und die
beiden Leichen von einem Pathologen sorgfältig obduziert. Das
Ergebnis? Nichts! Gar nichts ... außer dass die Todesursache
in beiden Fällen eine Embolie war. Also zurück zum Toxikologen. Warum hat er nichts in den Flaschen gefunden? Ich meine,
weder Gift noch etwas auch nur entfernt Ähnliches? Und warum
wird Dr. Croix des zweifachen Mordes beschuldigt? Weil er
ein Fachmann für Blasen ist ... zunächst für Bierbläschen, sich
dann aber auf Champagner konzentrierte. Auf die Bildung, Form,
Geschwindigkeit und Ausdehnung von Blasen ... Ich belasse es
dabei, obwohl ich mit Begriffen wie Turbothermodynamik fortfahren könnte. Wie ich bereits darlegte, waren die unetiktier-
ten Flaschen mit dem Champagner, der die Professoren Aspinall
und Sehlig tötete, nicht leer ... beide waren noch fast halb voll.
Leider wurde die verbliebene Flüssigkeit jedoch erst drei Tage
nach dem Tod der beiden Männer analysiert, und da die Flaschen unverkorkt herumstanden, war ihr Inhalt absolut schal ...
so schal, dass man nicht mehr von Champagner sprechen konnte,
sondern nur noch von einer harmlosen Flüssigkeit, die weniger
als 12 Prozent Alkohol enthielt, C_2H_5OH, wie der Chemiker sagt.
In anderen Worten: Nichts von dem, was sich noch in den Flaschen befand, hätte zwei offenbar gesunde Männer töten können, nachdem sie zwei Stunden davor von diesem Schaumwein
getrunken hatten. Aber irgendetwas *hat* diese Männer getötet ...
etwas, das sich in den Flaschen befand, als sie entkorkt wurden,
das aber zwei Tage später verschwunden war ... sich in Luft aufgelöst hatte. Hohes Gericht, ich muss nicht näher erläutern, was
in dieser Zeitspanne verschwunden war, sondern möchte nur
daran erinnern, dass Dr. Croix Champagnerbläschen bekanntlich als „Killerblumen" bezeichnet hat. Ich schlage vor, sie in
„Mordblumen" umzubenennen. Und nun zum Motiv ...

Chemistry-in-Theatre | *Chemie im Theater. Killerblumen:* Details der Buchcover der amerikanischen und der deutschen Ausgabe, 2012

Genau wie bei *Vorspiel* reichte ich den Text, bevor ich mich an ein Theater wandte, bei drei Literatur- beziehungsweise Universitätsverlagen ein, diesmal in Österreich, England und Mexiko, und wieder nahmen ihn alle drei fast umgehend zur Veröffentlichung an. In dem langen Vorwort des Buches stelle ich die Frage: „Warum gibt es so wenige Theaterstücke, in denen es um Chemie geht?", um dann meine Erklärung dafür zu liefern und mich der Frage zuzuwenden, was das Theater für die Naturwissenschaften tun kann. Inzwischen wurde *Insufficiency* an mehreren akademischen Schauplätzen in Form dramatischer Lesungen präsentiert, noch vor der Theaterpremiere Ende 2012 in London.

Coda

Während ich dies schreibe, ist mein 90. Geburtstag nicht mehr fern. Wie viel Zeit bleibt mir noch zum Schreiben? Wenn es nicht mehr als ein oder zwei Jahre sind, wird *Insufficiency* wohl mein letztes Theaterstück bleiben. Vor etwa 16 Jahren habe ich einen erst teilweise fertiggestellten „Science-in-Fiction"-Roman mit dem provisorischen Titel *The Sleeping Beauty Syndrome* vorübergehend, wie ich dachte, beiseitegelegt, um mich *Unbefleckt* zu widmen. Nach einem Umweg über zehn Theaterstücke ist es an der Zeit, zu meiner lange vernachlässigten literarischen Liebe zurückzukehren und diesen Roman zu beenden. Aber angenommen, ich werde 96 wie mein Vater oder 101 wie meine Großmutter – was dann? Ich frage mich das und träume weiter.

Im Juli 1999 befand ich mich auf dem Weg nach Spoleto, um beim *Spoletoscienza*-Festival über „Naturwissenschaft auf der Bühne" zu sprechen, eine Einladung, die mir mein Theaterstück *Unbefleckt* eingebracht hatte. Meine Frau begleitete mich, da wir vorhatten, von Spoleto nach Sulmona weiterzureisen, dem Geburtsort von Ovid, an dessen Biografie Diane damals arbeitete. Am Flughafen in Rom sollte uns ein Chauffeur abholen, aber nachdem sämtliche Chauffeure, die Schilder mit allen möglichen Namen außer den unseren hochgehalten hatten, verschwunden waren, standen wir mutterseelenallein hinter der Zollabfertigung in der Ankunftshalle. Während sich meine Frau auf die Suche nach einer anderen Fahrgelegenheit machte, hielt ich die Stellung in der Hoffnung, dass der Fahrer aus Spoleto doch noch auftauchen würde. So waren mindestens 15 Minuten vergangen, als eine Frau, die einen schweren Koffer hinter sich her zog, an mir vorbeikam. Sie sah mich an, blieb stehen und sagte ziemlich atemlos: „Sie sind doch Carl Djerassi, stimmt's?" Ich gab es verblüfft zu und fragte dann: „Aber woher wussten Sie das?" „Ach", meinte sie mit einer wegwerfenden Handbewegung, als sei das völlig klar, „ich habe Ihr Stück am *Eureka Theatre* in San Francisco gesehen." „Und daran haben Sie sich erinnert?", fragte ich geschmeichelt. Woraufhin sie auf den nächsten Ausgang etwa 50 Meter von hier deutete und mir sämtliche Illusionen raubte: „Ja, als ich den Mann da drüben stehen sah, der ein Schild mit Ihrem Namen in der Hand hält."

Ich träume von Begegnungen dieser Art, aber solchen, bei denen es keinen Mann mit einem Schild braucht. Und warum? Weil ich gegen Bestätigung nicht immun bin, schon gar nicht in der Form, die in akademischen Kreisen gang und gäbe ist: die Ehrendoktorwürde. Als Naturwissenschaftler habe ich während des zurückliegenden halben Jahrhunderts meinen Anteil bekommen – insgesamt 32. Aber wenn ich zurückblicke, habe ich mich vermutlich am meisten über die zwei gefreut, mit denen ausschließlich meine literarischen Leistungen im späten Leben anerkannt wurden, während alle anderen (darunter kürzlich drei von österreichischen Universitäten) meine wissenschaftliche Arbeit würdigten. Der erste „literarische" Ehrendoktor kam 2009 von der Technischen Universität Dortmund und war mit einem von Prorektor Walter Grünzweig organisierten zweitägigen Symposium verbunden, dessen Beiträge inzwischen unter dem Titel *The SciArtist: Carl Djerassi's Science-in-Literature in Transatlantic and Interdisciplinary Contexts* in Buchform erschienen sind. Der zweite, etwa vier Jahre später, berührte mich auf andere Weise. Dieser wurde mir von der Universität für Angewandte Kunst in Wien verliehen und stellte für mich eine ganz besondere Würdigung seitens meiner Geburtsstadt dar, aus der ich mehr als 70 Jahre zuvor vertrieben wurde.

Ich gebe zu, dass dieser Wunsch nach öffentlicher Anerkennung albern ist und sich für einen Mann meines vorgerückten Alters nicht geziemt. Aber in gewisser Weise ist es diesem Wunsch zuzuschreiben, dass ich zwei spektakuläre Warnsignale in den Wind schlug. Wenn ich abergläubisch wäre, hätte ich vermutlich keine Romane oder Theaterstücke mehr geschrieben, nicht nach zwei so eindringlichen Botschaften von den Göttern des Olymp, der nicht weit vom Parnass liegt. Die erste war buchstäblich welterschütternd.

Mein Romandebüt, *Cantors Dilemma*, als Paperback inzwischen in der 29. Auflage, hat sich von allen meinen Romanen am längsten verkauft. Das war nicht zu erwarten gewesen angesichts der

Begleitumstände, als der Roman Ende 1989 bei Doubleday als Hardcover erschien. Ich gebe hier wieder, was ich vor langer Zeit an anderer Stelle festgehalten habe:

Die erste öffentliche Lesung sollte am 17. Oktober um 20 Uhr bei Cody in Berkeley stattfinden, einer bekannten Buchhandlung und offenbar der ideale Ort, um die Karriere eines Schriftstellers aus der Bay Area vom Stapel zu lassen. Kurz vor 17 Uhr fuhren meine Frau und ich über die Bay Bridge nach Berkeley, um dort gemütlich zu Abend zu essen und dann zu Fuß zur Buchhandlung zu gehen. Ich war gerade im Begriff, die Parkuhr mit Münzen zu füttern, als um uns herum die Erde zu wanken begann. Im nächsten Moment war die Luft vom Heulen der Alarmanlagen erfüllt, da jeder Audi und BMW in der Straße hysterisch die Apokalypse anzukündigen begann. Wir hielten uns an den Parkuhren fest, bis der Boden zu schwanken aufhörte, und als wir uns umblickten, hatte die Stadt ihr Gesicht verändert. Wir waren soeben Zeugen des Loma-Prieta-Erdbebens vom 17. Oktober 1989 geworden. Auf der anderen Seite der Bucht, von der wir gerade gekommen waren, war ein Teil der Bay Bridge eingestürzt und mit ihr ein Abschnitt der Freeway-Überführung. Menschen lagen unter Tonnen von Beton begraben.

Die Lesung fiel natürlich aus. Dafür brauchten wir über vier Stunden, um bei chaotischen Verkehrsverhältnissen und fast völliger Dunkelheit wieder auf die andere Seite der Bay und nach Hause zu kommen, wo wir, zu unserer Erleichterung, keine größeren Schäden vorfanden als eine zerbrochene präkolumbianische Tonfigur und auf dem Boden verstreute Bücher.

Meine nächste Lesung sollte in der Buchhandlung Printers Inc. in Palo Alto stattfinden, aber auch sie wurde abgesagt: Das Gebäude mußte modernisiert werden, damit es den Vorschriften für erdbebensichere Bauweise entsprach. Unterdessen traten bei meinem Verleger Doubleday auf der anderen Seite des amerikanischen Kontinents seismische Erschütterungen anderer Art auf, nämlich innerbetriebliche Umwälzungen, einschließlich des plötzlichen Weggangs des Lektors und des PR-Mannes, die für mein Buch zuständig waren. Als die unerwartet zahlreichen Besprechungen von *Cantor's Dilemma* meinen Roman auf die Bestsellerliste der Bay Area katapultierten, war Doubleday völlig unvorbereitet. Die bescheidene erste Auflage war schnell vergriffen, und niemand kümmerte sich um eine prompte zweite Auflage rechtzeitig für das Weihnachtsgeschäft, so daß *Cantor's Dilemma* in den zwei umsatzträchtigsten Wochen des Jahres zu einem kurzlebigen Sammlerobjekt wurde. Die von Doubleday nach Weihnachten gedruckte Auflage war zwar für mich persönlich erfreulich, machte diesen Marketingfehler aber nicht wett.

Wenn ich abergläubisch wäre, hätte ich daraus schließen müssen, dass ein mächtiger Gott der Belletristik mir dringend riet, mich wieder der Chemie zuzuwenden. Aber das war noch gar nichts verglichen mit dem, womit ein noch mächtigerer Gott der Dramatik aufwartete, als ich 2001 zur Generalprobe der Uraufführung meines ersten Theaterstücks, *Unbefleckt*, im *Primary Stages Theater* in New York unterwegs war. Für den angehenden Bühnenautor war ein Traum wahr geworden, doch da trat Osama Bin Laden auf den Plan.

Am 9. September 2001 flog ich von London nach New York. Unser Flugzeug näherte sich bereits dem nördlichen Kanada, nur noch Stunden vom Kennedy Airport entfernt, als ich plötzlich bemerkte, dass wir große Kreise zogen, statt direkt nach Süden zu fliegen. Nachdem wir etwa eine halbe Stunde gekreist waren, teilte uns der Pilot mit, dass wir „aus technischen Gründen" in Halifax, Nova Scotia, landen würden. Wie sich herausstellte, saßen wir in dem ersten Flugzeug, das umgeleitet wurde, nachdem die Twin Towers des World Trade Center zerstört wurden. Als wir in Halifax landeten, befand sich kein weiteres Flugzeug auf der Rollbahn; als wir sieben Stunden später endlich aussteigen durften, standen über 40 Jumbojets hinter uns. Am einfachsten erscheint es mir, die weiteren Ereignisse anhand des E-Mail-Wechsels mit Casey Childs zu schildern, dem Gründer und leitenden Produzenten des Primary Stages.

Von: Prof. Carl Djerassi
Gesendet: Dienstag, 11. September 2001, 15:48 Uhr
An: Casey Childs
Betreff: Nachricht aus Halifax
11.9.01 Halifax, Nova Scotia

Lieber Casey,
seit 7 Stunden sitzen wir auf der Rollbahn des Flughafens Halifax fest, hinter uns etwa 40 weitere Flugzeuge. Ich habe keine Ahnung, wann wir das Flugzeug verlassen können, und noch weniger Ahnung, wann wir starten können und wohin.

Es hat wohl keinen Sinn, nach New York zu kommen – ich vermute, dass dort das pure Chaos herrscht und dass sich keiner der Termine, die wir so mühsam ausgemacht haben, einhalten lässt. Im Augenblick frage ich mich sogar, ob mein Stück überhaupt zur vorgesehenen Zeit in New York aufgeführt wird, aber das alles ist natürlich absolut unerheblich angesichts dieser Tragödie, die Hunderten oder Tausenden von Menschen zugestoßen sein muss. Wie Sie sich vorstellen können, wissen wir hier an Bord so gut wie nichts Näheres, und so beschäftige ich mich damit, E-Mails zu schreiben, die unter Umständen erst in Tagen abgehen werden.

Falls und wenn Sie diese Nachricht erhalten, antworten Sie möglichst per E-Mail. Im Moment scheint das die einzige mögliche Verbindung zu sein.

Mit den besten Grüßen,
Carl

Von: „Casey Childs"
An: „Carl Djerassi"
Betreff: Neuer Termin für IMMACULATE MISCONCEPTION
Datum: Mittwoch, 12. Sept. 2001, 10:05:41

An das Ensemble, das technische Personal und die Verwaltung von
AN IMMACULATE MISCONCEPTION

FALLS SIE DIESE E-MAIL ERHALTEN, KONTAKTIEREN
SIE BITTE IHRE KOLLEGEN UND TEILEN SIE IHNEN FOL-
GENDE ÄNDERUNGEN MIT. VON EINIGEN HABE ICH NUR
DIE E-MAIL-ADRESSE.

Aufgrund der tragischen Ereignisse in New York City halte ich
es für das Beste, die erste Aufführung unseres Stücks auf Mittwoch, 28. September, 20 Uhr, zu verschieben. Das gibt uns Zeit
umzuorganisieren.

Der technische Zeitplan bleibt der gleiche, nur dass alles eine
Woche später beginnt. Zum Beispiel: der erste Tag für die Technik ist also nicht Freitag, der 14. September, sondern Freitag, der
21. September usw. Vielleicht können wir die Schauspieler am
Dienstag, den 18. September, dazunehmen.

Tyler wird am Donnerstag einen völlig neuen Aufführungsplan
machen. Vorbesprechungen in der Presse werden verschoben. Die
Eröffnungsvorstellung wird verschoben.

Ich danke allen für ihre Mithilfe.
Casey Childs

An: „Carl Djerassi"
Betreff: An Immaculate Misconception in Tech
Datum: Montag, 24. September 2001

Lieber Carl,
Die Inszenierung nach der jüngsten Tragödie auf die Beine zu stel-
len, war für uns EXTREM schwierig und SEHR kostspielig. Meine
Hauptsorge ist, wie wir das Haus vollbekommen. Viele unserer
Postsendungen gingen genau zum Zeitpunkt der Katastrophe hin-
aus, und das Telefon in der Kartenvorkaufsstelle schweigt. Andere
Off-Broadway-Theater haben ähnliche Probleme. Die einwöchige
Verschiebung und die zusätzlichen Kosten für die Bühnenarbei-
ter werden teuer.
Aber wir machen weiter.

Hoffe, Sie sind wohlauf.
Casey

Im größeren Rahmen dessen, was sich am 9. September 2001 ereig-
nete und was das Leben von abertausend Menschen berührte und
traumatisch veränderte, ist es natürlich ohne Belang, dass Bin
Laden mein Theaterstück sabotierte. Dennoch ist es erstaunlich
festzustellen, dass ich, ein Liebhaber von Wortspielen aller Art,
in Kapitel 14 meines Romans *NO* folgendes Anagramm benutzte:
Pithecanthropus erectus: Pursue the person, catch it. Meiner großartigen Übersetzerin Ully Mössner gelang es sogar, mit einem pas-
senden deutschen Äquivalent aufzuwarten: *Ratetip: Sucht euch
Person.* Gut möglich, dass diese Botschaft unterschwellig auch Präsident Obama erreicht hat, der Bin Laden schließlich liquidieren
ließ. Es möge jedenfalls allen zur Warnung dienen, die meinen literarischen Ambitionen künftig in die Quere zu kommen gedenken.

„Sammler"

Sammler von was? Streichholzschachteln sind etwas anderes als seltene Handschriften, Baseballkarten sind keine impressionistischen Gemälde. Aber warum sammelt man überhaupt? Das sind Fragen, die ich mir in dieser eher späten introspektiven Phase meines Lebens immer häufiger stelle. Eine knappe Antwort liefern zwei Strophen aus dem langen Gedicht *Die Uhr läuft rückwärts*, einem brutal ehrlichen poetischen Resümee meines Lebens, das ich an meinem 60. Geburtstag schrieb:

> Achtundvierzig Jahre, fünfundvierzig,
> Dann einundvierzig.
> Ach ja, die Jahre des Sammelns,
> Gemälde, Skulpturen, Frauen.
> Vor allem Frauen.
>
> Doch war dies nicht auch die Zeit,
> Als seine Einsamkeit begann?
> Oder begann sie schon früher?
> Warum sollte man sonst sammeln,
> Wenn nicht, um eine Leere zu füllen?

Die letzte Zeile trifft den Nagel auf den Kopf. Doch wenn man mit 60 eine Leere empfindet, ist das etwas völlig anderes als 30 Jahre später, und zwar einfach deshalb, weil die Möglichkeiten, sie auszufüllen, im späten Leben wesentlich begrenzter sind. Was Beziehungen betrifft, zu Geliebten, Freunden, selbst zu flüchtig Bekannten, hat ein einsamer Mann mittleren Alters bei weitem mehr Chancen. Wie ich bereits gesagt habe, besteht meine Lösung derzeit darin zu produzieren, statt zu sammeln, zu arbeiten, statt zu jammern, mich zu bewegen, statt mich auszuruhen. Dass ich alle acht bis 14 Tage von Stadt zu Stadt fliege, bezeichnen viele mit Recht als verrückt. Aber meine häufigen Reisen sind ein Mittel gegen meine Einsamkeit.

Wie das Gedicht zeigt, habe ich früher jahrzehntelang Kunst gesammelt. Die Tatsache, dass ich diese Tätigkeit inzwischen eingestellt habe, bedeutet nicht, dass es sich nicht zu erzählen lohnt, welche Rolle die Kunst in meinem Leben spielt. Der Grund, warum ich mit dem Sammeln aufgehört habe, ist nicht nur der, dass an meinen Wänden kein Platz mehr ist – dass ich fortfuhr, die Werke von Paul Klee länger als die jedes anderen Künstlers zu sammeln, lag unter anderem daran, dass er im kleinen Format arbeitete. Davon abgesehen kam ich zu dem Schluss, dass die direkte Förderung künstlerischen Schaffens inzwischen sinnvoller ist als der Erwerb eines vollendeten Werkes. Ich verschenke auch weiterhin Kunst, die ich gesammelt habe – was manchmal leichter gesagt als getan ist, wie die an anderer Stelle geschilderten Misslichkeiten beweisen, der Stadt Wien eine wertvolle George-Rickey-Skulptur als Geschenk zu überlassen –, aber mein eigentlicher Schwerpunkt ist heute die Unterstützung des *Djerassi Resident Artists Program* (DRAP). Obwohl der Freitod meiner Tochter den Anstoß dazu gab, hat die Stiftung inzwischen auch ein Eigenleben entwickelt. Sie hat mich gelehrt, dass diese höchste Form des Mäzenatentums die Bewertung des *Produkts* der Arbeit eines Künstlers weitgehend von der Bewertung seiner *Kreativität* trennt, was den Effekt der Subjektivität und des Ungewohnten reduziert, wenn nicht sogar völlig eliminiert. Denn sind nicht gerade die wagemutigsten Künstler diejenigen, die im Allgemeinen am wenigsten gefördert werden, eben weil sie ungewohntes Terrain betreten, ästhetisch wie intellektuell? Dass ich für den kürzlich erfolgten Bau weiterer Einrichtungen (benannt zur Erinnerung an meine verstorbene Frau Diane Middlebrook) auf dem Gelände der Stiftung weitgehend verantwortlich bin, empfinde ich als eine gewisse Befriedigung, die mehr auf der Erwartung der Werke beruht, die dort von den rund 40 Künstlern und Schriftstellern geschaffen werden, die wir nun pro Jahr zusätzlich aufnehmen können, als lediglich auf der Betrachtung der materiellen Realität der architektonisch ansprechenden Gebäude.

Meine frühere Sammlertätigkeit lässt sich in vier Phasen unterteilen. Als ich in den 1950er Jahren in Mexiko lebte, war ich von der präkolumbianischen Kunst fasziniert und besuchte alle bekannten und einige der weniger zugänglichen archäologischen Stätten. So begann ich präkolumbianische Statuen zu sammeln, und zwar so lange, bis Kunstwerke dieser Art in den 1960er Jahren nicht mehr aus Mexiko ausgeführt werden durften. Zu diesem Zeitpunkt war mein persönlicher Wohlstand bereits angewachsen – dank meiner frühen Investition in Syntex-Aktien –, sodass ich meiner nächsten Passion frönen konnte: mich Werken von Künstlern zuzuwenden, die sowohl Maler als auch Bildhauer waren, darunter Picasso, Giacometti, Degas, Marini, Moore und andere, die selbst dann Berühmtheit erlangt hätten, wenn sie nur einem ihrer Talente treu geblieben wären. Berufliche Bigamie oder Polygamie (nicht zu verwechseln mit Promiskuität!) hat mich immer gereizt, was vermutlich der Grund ist, weshalb gerade Paul Klee zum Gegenstand meiner längsten, umfassendsten und anspruchsvollsten Sammlertätigkeit wurde. In der vierten Phase waren es dann moderne lebende Künstler: insbesondere der amerikanische kinetische Bildhauer George Rickey, aber auch viele Künstler, die zur einen oder anderen Zeit DRAP-Stipendiaten gewesen waren. In den 1980er Jahren verkaufte ich, außer den Klees, die gesamte Sammlung hochrangiger toter Künstler aus meiner mittleren Sammlerphase, um durch die DRAP-Stiftung lebende Künstler zu fördern – ein Akt der Liquidation, der klug, richtig und logisch war in Anbetracht dessen, wofür die Erlöse verwendet wurden, aber dennoch so traumatisch, dass ich die Erinnerung daran nicht wieder aufleben lassen möchte. Damit bleibt Paul Klee, und über ihn zu schreiben, ist erfrischend, lehrreich und gelegentlich sogar amüsant. Ich habe meine Begeisterung für Klee schon mehrfach dokumentiert und gebe im Folgenden eine Collage aus Katalog-Essays über Klee wieder, die ich in den letzten Jahrzehnten verfasst habe.

Paul Klee

Klee ist im Deutschen eine Pflanze und wird im Englischen *clay* ausgesprochen, was übersetzt „Lehm" oder „Ton" heißt. Das veranlasst den Snob in mir, andere für Banausen zu halten, wenn sie nach der botanischen oder tönernen Route zu Klee eine weitere Erklärung benötigen, wie der folgende Austausch zwischen der Kunsthistorikerin Regina und dem Chemiker Rex in meinem Schauspiel *Phallstricke* zeigt:

REGINA: Was halten Sie von Klee?

REX: Ich bin Chemiker und kein Botaniker.

REGINA: *Paul* Klee.

REX: Ach so.

REGINA: *(herablassend)* Sie haben also schon von ihm gehört?

REX: Noch *eine* Beleidigung ... und ich gehe.

REGINA: Also ... wie gefällt Ihnen Klee?

REX: Ist das relevant?

REGINA: Durchaus. Denn Klee sagte einmal zu einem Chemiker ...

REX: *(gereizt)* Zu was für einem Chemiker? Einem Analytiker? Einem Organiker? Einem physikalischen Chemiker? Oder zu einem Koch, den er mit einem Chemiker verwechselt hat?

REGINA: Zu einem berühmten Chemiker.

REX: Wie heißt er?

REGINA: Ein Nobelpreisträger ... der Künstlern gerne Vorträge über seine wissenschaftliche Farbenlehre hielt.

Von den abertausend Artikeln, Katalogen und Büchern, die über Paul Klee geschrieben wurden, stammen nur wenige von Sammlern. Neben den nicht enden wollenden Ergüssen von wissenschaftlich-universitärer Seite waren es Kunsthistoriker, Kunstkritiker, Künstler, Museumskuratoren und sogar Journalisten, die ausführlich über den Einfluss geschrieben haben, den diese herausragende Persönlichkeit der europäischen Kunst der ersten Hälfte des 20. Jahrhunderts auf den Bereich der Kultur ausgeübt hat. Ich spreche hier bewusst von „Kultur", denn obwohl Klee oft als „Maler für Maler" bezeichnet wird, scheint kein anderer bildender Künstler auch nur annähernd so viele Musiker inspiriert zu haben wie Paul Klee. Laut Stephen Ellis, dem unangefochtenen Experten auf diesem Gebiet, haben (Stand 2012) 602 Komponisten exakt 870 Kompositionen geschaffen, die in irgendeiner Weise auf 1.113 Details zurückgehen, die mit Klee oder einem bestimmten Werk aus seinem Œuvre von über 9.000 Gemälden, Zeichnungen und Druckgrafiken in Zusammenhang stehen. Seinen stetig wachsenden Einfluss auf die Musik beweist die Tatsache, dass sich vor Klees Tod im Jahr 1940 nur eine einzige Komposition mit ihm beschäftigte und in den 20 Jahren danach nicht mehr als etwa zwei Dutzend, während seitdem über 800 Musikstücke entstanden sind, die alle Stilrichtungen – von der modernen Klassik bis hin zu Jazz, Pop und Rap – umfassen.

Warum also hören wir so wenig von den Sammlern? Und wer sind sie überhaupt? Im Fall Klee handelt es sich um zwei unterschiedliche Gruppen. Alle bedeutenden Kunsthändler, die sich jahrzehntelang auf Paul Klee spezialisierten, wie Beyeler, Kornfeld und Rosengart in der Schweiz, Berggruen in Paris und Saidenberg in New York, waren auch Sammler von Klees Werken, und jeder von ihnen hat schriftliche Aufzeichnungen hinterlassen, die von ihrer Leidenschaft für diesen Künstler sprechen. Was aber ist mit den anderen, den Privatsammlern, für die Klee als Meister des Kleinformats einen so unschätzbaren Vorteil bietet? Gewöhnlich malte er auf so kleinen Bildträgern, dass sich selbst bei beengten räumlichen Verhältnissen immer ein Platz finden lässt, um ein weiteres Kleinod seiner Kunst aufzuhängen. Die Hürden, die alle Klee-Sammler – außer den wohlhabendsten – überwinden müssen, sind daher meist pekuniärer und nicht räumlicher Art. Ich vermute, dass einer der Gründe, warum es an veröffentlichten Schriften von Privatsammlern mangelt, darin besteht, dass sich im Sammeln einer erklecklichen Anzahl von Werken eines bestimmten Künstlers (sofern es nicht aus finanziellen Überlegungen und im Hinblick auf einen eventuellen Wiederverkauf geschieht) in den meisten Fällen eine gewisse Intimität, eine persönliche Beziehung ausdrückt, ja dass es eine Art von stummem Dialog mit dem Künstler darstellt, was eine öffentliche Präsentation unangebracht erscheinen lässt. Im Grunde handelt es sich um eine Liebesgeschichte, bei der allzu oft einer der beiden Partner bereits verstorben ist.

Da ich seit fast fünf Jahrzehnten die Werke eines toten Künstlers sammle, mag man sich mit Recht die Frage stellen, warum ich bereits mehrere Aufsätze (und sogar zwei Gedichte) über Klee geschrieben habe. Die Antwort ist einfach: Ende der 1970er Jahre wurde ich vom Privatsammler, der es sich leisten konnte, Kunst zum eigenen Vergnügen zu kaufen, zu einem Förderer von Museen, der seine Sammlung mit einer größeren Öffentlichkeit teilen möchte. Das entscheidende Ereignis war meine Scheidung 1976. Meine Frau verlangte zunächst, dass meine gesamte Kunstsammlung verkauft würde, damit sie die Hälfte des Erlöses bekommen konnte. Zum Glück stimmte mir meine künstlerisch veranlagte Tochter Pamela zu, die Sammlung stattdessen dem *San Francisco Museum of Modern Art* zu schenken und erreichte es, dass meine Frau einwilligte.

Den Anstoß für meine Schenkungen gab meine lang gehegte persönliche Überzeugung im Hinblick auf Privatsammlungen – vor allem solcher von Werken toter Künstler –, dass der ernsthafte Sammler derartiger Werke auch zum Interpreten des betreffenden Künstlers wird. Wenn ein beträchtlicher Teil des Schaffens eines Künstlers in einer Sammlung konzentriert ist, sollte diese der Öffentlichkeit zugänglich sein – vorzugsweise in einem Museum. Als Sammler von Klees Arbeiten auf Papier bin ich aber noch einen Schritt weiter gegangen, weil ich mittels häufiger Ausstellungen neue Anhänger für meinen Lieblingskünstler gewinnen wollte, selbst auf die Gefahr hin, die eher fragilen Werke zu oft und an zu vielen Orten zu zeigen, anstatt primär deren Erhaltung und Bewahrung im Auge zu haben. Da meine Lebenserwartung wohl kaum ein weiteres Jahrzehnt überschreiten wird, glaube ich, diese Frage den beiden Museen überlassen zu können, denen ich meine gesamte Klee-Sammlung zu etwa gleichen Teilen übergebe: dem *San Francisco Museum of Modern Art* in jener Stadt, die mir als Flüchtling aus dem nationalsozialistischen Österreich schließlich eine Art von Heimat wurde, und der Albertina in Wien, meiner Geburtsstadt, mit der ich mich im späten Leben wieder ausgesöhnt habe. Die Wandlung vom Sammler zum Förderer hat sich auch auf meine Ankaufskriterien ausgewirkt.

Wie gesagt, ich begann Mitte der 1960er Jahre ernsthaft Kunst zu sammeln, als ich es mir erstmals leisten konnte, Zeichnungen von Paul Klee, einem Künstler, für den ich schon seit Jahren eine Vorliebe hatte, zu erwerben, statt nur davon zu träumen. Alles begann mit einer Klee-Ausstellung in einer renommierten Londoner Galerie, wo alle Werke auch zum Verkauf standen. Immer wieder kehrte ich zu zwei herrlichen Aquarellen aus Klees Zeit am Bauhaus in den 1920er Jahren zurück – ziemlich große Arbeiten für einen Künstler, der normalerweise Kleinformate schuf. „Soll ich? Kann ich?", fragte ich mich, und mir wurde zum ersten Mal klar, dass eines davon tatsächlich mir gehören könnte. Schließlich wandte ich mich an einen Angestellten der Galerie und erkundigte mich nach dem Preis. „*Pferd und Mann* von 1925?", fragte er und maß mich von oben bis unten. „16", meinte er dann. „16 was?", wollte ich fragen, tat es aber nicht. Ich wusste, 1.600 konnten es nicht sein und 160.000 waren unwahrscheinlich, also mussten es 16.000 sein. Aber 16.000 was? Dollar, Pfund oder vielleicht Guineen? „Und das andere, die *Heldenmutter* von 1927?", fragte ich zögernd. „18." „Hm", antwortete ich und ging zurück zu den Bildern. Ein paar Minuten später kam der Mann zu mir. „Welches gefällt Ihnen besser?", fragte er in etwas freundlicherem Ton. „Ich kann mich nicht entscheiden. Beide sind großartig." „Nehmen Sie doch beide", meinte er nüchtern, „vielleicht können wir Ihnen dann einen besseren Preis machen."

Handeln, ob auf einem Markt in Mexiko oder in einem Bazar in Kairo, ist mir immer unangenehm, doch diesmal begann ich unwillkürlich zu feilschen. Bei jedem Rückzug meinerseits, bei jeder neuerlichen Betrachtung erst des einen und dann des anderen Klees sank der Preis. Die Nachlässe waren nicht erheblich, aber angesichts des Gesamtbetrags – weit mehr als ich je für Kunst ausgegeben hatte – nicht unbeträchtlich. Schließlich sagte ich: „Ich muss es mir noch überlegen." Einige Tage später war ich der Besitzer nicht eines, sondern zweier Klees. Mittlerweile gehören mir etwa 150 seiner Arbeiten in unterschiedlichen Medien, aber diese beiden zählen immer noch zum Besten.

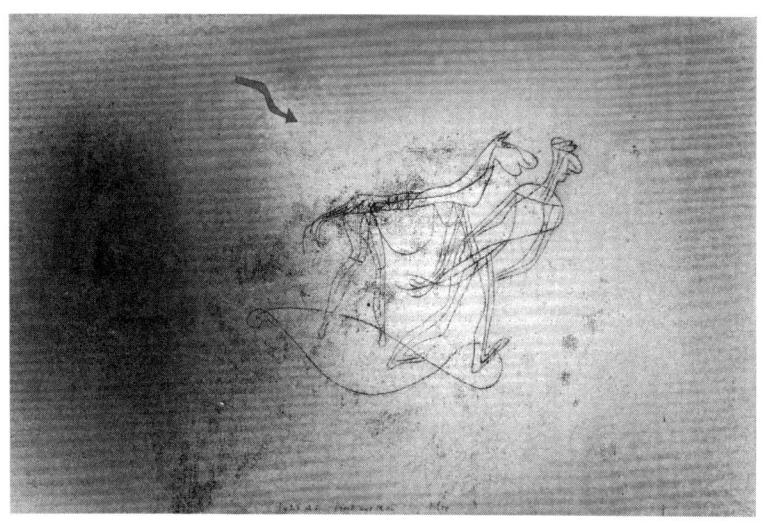

Paul Klee: „*Pferd und Mann*" (1925), „*Heldenmutter*" (1927) und
„*Was für ein Pferd!*" (1929)

Meine Erfahrungen beim Kauf dieser beiden Aquarelle unterschieden sich wahrscheinlich nicht wesentlich von jenen anderer Neulinge auf dem Gebiet des Sammelns. Anders verhielt es sich beim Erwerb meines dritten Klees, *Was für ein Pferd* (1929). Ich sah es bei einer großen Paul-Klee-Ausstellung im *Guggenheim Museum* New York mit dem Hinweis „Sammlung Galerie Rosengart". Schnell hatte ich die Adresse dieser Luzerner Galerie ausfindig gemacht und per Post den Kauf des kleinen Juwels – eine Beschreibung, die Klee gefallen hätte, obgleich ich das damals noch nicht wusste – abgeschlossen. Die Galerie Rosengart gehörte Vater Siegfried und Tochter Angela Rosengart, die zu den wichtigsten Händlern und Sammlern Klees zählten. Später lernte ich beide gut kennen und pilgerte oft zu ihrer Galerie. Ein paar Jahre nachdem ich das Aquarell aus dem Guggenheim gekauft hatte, offenbarte mir Rosengart senior die Bedeutung der kleinen Annotation „S Cl", die Klee mit Bleistift in der linken unteren Ecke des Aquarells angebracht hatte. Als Abkürzung für „Sonderclasse" kennzeichnete sie seine eigenen Lieblingsbilder unter den über 9.000 Werken. Seit damals ist dieser Vermerk ein Magnet meiner Sammlertätigkeit geworden und initiierte im Grunde meinen ersten direkten posthumen Dialog mit Paul Klee: „Was hat Sie, Herr Klee, dazu bewogen, dieses spezielle Werk mit ihrem Kürzel ‚S Cl' auszuzeichnen?" Eigentlich ist es Teil der eher allgemeinen Frage, die ich mir vor jeder Klee-Zeichnung stelle, die ich betrachte, sei es in einem Museum, in einem Buch oder an meinen eigenen Wänden: „Was war für Sie der erste Anstoß, gerade dieses Bild zu schaffen?"

Doch allmählich wandte ich meine Aufmerksamkeit Werken zu, die nicht schlicht „Klee-spezifisch" zu nennen waren – in mancher Hinsicht ein nichtssagender Begriff, da per definitionem alle Werke von Klee diese Beschreibung verdienen sollten –, sondern Werken, die vielleicht selbst Experten nicht auf den ersten Blick als „typische Klees" erkannten. Aber wo und wie wurde dieses Interesse für „nicht-Klee-spezifische" Werke geweckt? Rückblickend war das wohl, als ich mich auf Klees grafisches Werk zu konzentrieren begann – eine wichtige, aber sehr kleine Untergruppe von Klees Œuvre, da nur etwa ein Prozent seines Gesamtwerks in diese Kategorie fällt. Die frühen, zwischen 1901 und 1905 entstandenen

Paul Klee: *Zwei Männer, einander in höherer Stellung vermutend, begegnen sich* (1903)

Grafiken sind die ersten wirklich originären Werke Klees und gehören mit zu seinen besten. Er selbst nannte sie „Inventionen" und gab ihnen geistreiche Titel, wie die berühmte Radierung von 1903 *Zwei Männer, einander in höherer Stellung vermutend, begegnen sich* zeigt, die ich Ende der 1960er Jahre erworben habe. Der ihnen eigene Sarkasmus, die skurrile Darstellung der menschlichen Gestalt, ja selbst ihre häufige Abartigkeit sind nur einige der Gründe, weshalb ich noch immer auf der Suche nach weiteren Werken aus dieser Periode bin, was mich bei einer Gelegenheit zu einem wahren Kaufrausch veranlasste.

Im Juni 1975 fand auf der jährlichen Auktion bei Kornfeld & Co. in Bern, Klees Heimatstadt, der wohl größte Verkauf von Klee-Grafiken aus der Periode von 1903 bis 1905 statt. Vor Beginn der Auktion hatte ich den Katalog studiert und sorgfältig die einzelnen Stücke geprüft. Ich hatte mir ein Kunstbudget für das laufende Jahr bewilligt, das – mit etwas Glück – für den Kauf zweier früher Grafiken auszureichen versprach. Aber man kann nie wissen, wie eine Auktion verläuft, da nur ein einziger weiterer Bieter den Preis in schwindelnde Höhen treiben kann. Ich informierte zwei auf Klee spezialisierte Galeristen – die ich gut kannte und im Publikum sah –, dass ich auf diese beiden Radierungen aus war; obwohl ich sie nicht rundheraus bitten konnte, nicht gegen mich zu bieten, war ich doch ziemlich sicher, dass sie den Preis nicht hochtreiben würden, wenn sie meine Pläne kannten. Doch dann entdeckte ich zu meinem Schreck Heinz Berggruen, den Pariser Kunsthändler, bei dem ich im Laufe der Jahre diverse Gemälde sowie eine Picasso-Skulptur gekauft hatte. Berggruen hatte eine herrliche private Klee-Sammlung und bot, wie ich wusste, auf Auktionen kräftig mit. Ich ging zu ihm, und nach dem üblichen Austausch von Höflichkeiten erwähnte ich die Katalognummern, bei denen ich mitbieten wollte. „Gute Blätter", räumte er ein, „ich hatte daran gedacht, sie für die Galerie zu kaufen." Es bestand kein Zweifel, dass Berggruen mich jederzeit überbieten konnte, doch er muss mir die Enttäuschung wohl am Gesicht abgelesen haben, da er anbot, für mich zu bieten, und meinte, dass er mir für ein erfolgreiches Gebot nur eine Provision berechnen würde. Ich nahm auf der Stelle an, da ich eine solche Provision für eine günstige Versicherung hielt, Berggruen nicht als Konkurrenten zu haben. Ich verließ die Auktion völlig geschockt. Berggruen war neben mir gesessen und hatte mich immer wieder im Flüsterton bedrängt, sodass ich nicht zwei, sondern sieben Klees gekauft und innerhalb weniger Minuten mein Kunstbudget für fünf Jahre verpulvert hatte. Dennoch habe ich es nie bereut, Berggruens Rat befolgt zu haben. Zwei der Grafiken, die ich auf dieser Auktion erwarb, wurden nie wieder zum Verkauf angeboten; und obwohl ich die Drucke nur zu meinem Vergnügen gekauft habe, tut es meiner Freude keinen Abbruch, dass sie stark im Wert gestiegen sind. Von wenigen Ausnahmen abgesehen, die ich der Albertina in Wien gestiftet habe, befinden sich alle übrigen Grafiken heute im *San Francisco Museum of Modern Art*.

Dies und Das

Jeder Sammler hat einen Schatz von Anekdoten – amüsante, bizarre, dramatische –, die er von Auktionen erzählen könnte. Kaum einer tut dies, weil sie ihm vielleicht zu trivial erscheinen oder weil er angesichts der Summen, um die es häufig geht, vermeiden will, Neid zu erregen. Über eine solche Episode habe ich eine Kurzgeschichte geschrieben, die den Titel *Der Futurist* trägt, unter dem später auch meine erste veröffentlichte Kurzgeschichtensammlung erschien. Aber ich will hier verraten, wie ich auf einer Auktion bei Sotheby's in London einmal splitternackt einen Klee erwarb.

Aus Gründen der Bequemlichkeit und der Anonymität ziehe ich es vor (selbst auf die Gefahr hin, mitten in der Nacht aufstehen zu müssen), telefonisch zu bieten. Wegen der acht Stunden Zeitunterschied zwischen San Francisco und London wurde ich gelegentlich schon gegen drei Uhr morgens aus dem Schlaf gerissen, um bei einer Auktion mitzubieten, die in London zu einer zivilisierten Vormittagsstunde stattfand. Bei dieser besonderen Gelegenheit, um die es hier geht, wurde mir von Sotheby's mitgeteilt, dass der Klee, auf den ich aus war, vermutlich gegen 15.30 Uhr Londoner Zeit zur Versteigerung kommen werde. In den Jahren in San Francisco trainierte ich jeden Morgen als erstes 30 Minuten auf meinem Langlaufgerät – eine der wenigen anstrengenden sportlichen Betätigungen, die mir mein versteiftes Knie erlaubte –, und zwar immer nackt, um anschließend unter die Dusche zu gehen. Es war kurz nach sieben Uhr morgens, als ich, schnaufend und schwitzend, vom hartnäckigen Klingeln des Telefons bei meinem Frühsport unterbrochen wurde. Der Mann mit dem Oxbridge-Akzent am anderen Ende der Leitung entschuldigte sich, dass er eine halbe Stunde zu früh anrief, aber die Auktion sei schneller fortgeschritten als erwartet. Ich keuchte in die Leitung, der Mann am anderen Ende musste annehmen, dass ich erregt war. Sobald das Bieten für „meinen" Klee begann, japste ich ungeduldig: „Ja … ja … ja", und dann stand ich schwitzend, zitternd und splitternackt da und steigerte mit einem unsichtbaren Gegenbieter über den Atlantik hinweg um die Wette. Unter diesen Umständen ist es wohl nicht weiter verwunderlich, dass die Gebote in außergewöhnlichem Tempo aufeinander folgten und eine unvorhergesehene Höhe erreichten. Irgendwie ließ mich mein Talent im Stich, bis zum letzten Moment zu warten, bevor ich mein Gebot erhöhe. Noch immer schweißgebadet und inzwischen völlig durchgefroren knallte ich den Hörer auf die Gabel, kaum dass ich den Hammer des Auktionators hatte fallen hören, bevor ich mich endlich unter die heiße Dusche stellte.

Wie sehr Paul Klee mit meinem Leben verwoben ist, zeigt die folgende Geschichte, eine wahrlich einmalige Reihe von Zufällen im Zusammenhang mit dem Kauf seines *Schläfrigen Arlecchino,* einer entzückenden Gouache aus dem Jahre 1933. Das Werk hatte auf einer Auktion bei Christie's in New York im Herbst 1995 keinen Käufer gefunden, woraufhin ich dem Besitzer ein ernsthaftes, wenn auch niedrigeres Angebot machte, das nach kurzem Feilschen akzeptiert wurde. Ich freute mich über meine neueste Errungenschaft und hängte das Bild gleich neben dem Eingang zu meinem Arbeitszimmer auf; wenn ich an meinen Computer ging, lächelte ich jedes Mal meinem schläfrigen Harlekin zu. Einige Wochen später flog ich nach New York, um mit zwei Lektoren von Penguin, die ich noch nicht persönlich kennengelernt hatte, die geplante Taschenbuch-Ausgabe meines zweiten Romans, *Das Bourbaki Gambit,* zu besprechen. Die Nachricht auf meinem Anrufbeantworter nannte als Treffpunkt das Restaurant *Arlecchino* in Manhattan. Ein gutes Omen, dachte ich, als ich meinem eigenen *Arlecchino* Lebewohl sagte und zum Flughafen fuhr.

Ich traf einige Minuten vor der für 12.30 Uhr angesetzten Verabredung ein, in der festen Überzeugung, dass mir das Restaurant Glück bringen würde. Doch als ich ankam, war das Lokal leer. In Madrid wäre das verständlich gewesen, da man dort erst gegen 15 Uhr zu Mittag isst, aber nicht in New York. „Tut mir leid, wir haben heute geschlossen", sagte der einzige Angestellte, der zu sehen war, „der Koch ist krank." „Das soll wohl ein Witz sein", konterte ich mit der Arroganz eines stolzen, wenn auch nicht gerade auf der Bestsellerliste stehenden Autors, „ich bin hier mit meinen Lektoren von Penguin verabredet!" Ich dachte, der Plural würde Eindruck auf ihn machen, doch meine Eitelkeit erhielt einen gewaltigen Dämpfer, als er mir verkündete, der Cheflektor habe gerade angerufen und gesagt, dass er krank sei und seine Kollegin sich verspäten werde. Als diese schließlich eintraf, empfahl uns der Angestellte, wahrscheinlich aus Mitleid, ein italienisches Restaurant, dessen Namen ich längst vergessen habe. Meine Gastgeberin von Penguin und ich machten uns auf den Weg dorthin, doch gleich hinter der nächsten Ecke sah ich das Schild eines anderen Lokals: *Rocco*. „Da *müssen* wir rein!", rief ich aus. Sobald wir Platz genommen hatten, bat ich den Oberkellner, sich anzuschauen, was ich aus meiner Aktentasche holte. Es waren die gebundenen Fahnenabzüge meines nächsten Romans, *Marx, verschieden*, die ich mitgebracht hatte, um sie den Penguin-Leuten zu zeigen. Verdutzt betrachtete der Oberkellner den Einband mit dem eleganten Magritte-Gemälde, auf dem ein Mann mit zwei Gesichtern zu sehen ist. „Warum zeigen Sie mir das?", fragte er. „Das ist ein Roman", sagte ich, „den ich geschrieben habe. Lesen Sie mal die ersten Sätze." Nachdem er einen Blick darauf geworfen hatte, veränderte sich sein Gesichtsausdruck:

„Rocco." Die Stimme am Telefon war barsch, das rollende R röhrend wie ein Ferrari im ersten Gang.
„Ich rufe wegen einer Reservierung an", sagte er. „Für zwei Personen. Kommenden Donnerstag, 19 Uhr."
„Name?"
„Marx."
„Buchstabieren Sie das."
O Gott, nicht schon wieder, dachte er.

„Erstaunlich", sagte der Oberkellner. „Möchten Sie jetzt bestellen?" Ich lehnte die angebotenen Speisekarten mit einer Handbewegung ab. „Sagen Sie uns einfach, was Sie heute als Tagesgericht haben." „Gnocchi", erwiderte der Mann. Jetzt war ich derjenige, der verblüfft war. „Unglaublich!", sagte ich und schlug eine Seite meines Romans auf. „Lesen Sie das: *Die Gnocchi auf Marx' Gabel hatten fast seinen Mund erreicht, doch im letzten Moment legte er sie wieder hin.*" Inzwischen war ich bereit, an Schicksal, Kismet oder an das gute alte Karma zu glauben. Doch leider konnte nicht einmal der geballte Charme von Klee, Arlecchino, Rocco und Gnocchi das schlechte Urteilsvermögen der Leute des Penguin-Verlags erschüttern, die auf die Taschenbuchrechte meines Romans verzichteten. Den einzigen Trost für meine verletzte Eitelkeit spendeten einige der Rezensionen zur Hardcover-Ausgabe, etwa die des ungemein scharfsichtigen Kritikers der *Washington Post*: „Ein erstklassiges, gut lesbares, spannendes Buch, unbeschwert und gescheit ... ein literarischer Roman, der nicht zu unterschätzen ist." Sogar meine europäische Lieblingszeitung, *The Herald Tribune*, druckte diese Kritik ab, was jedoch auf den hartherzigen, knauserigen Penguin-Mann, der für die Taschenbuchrechte zuständig war, keinerlei Eindruck machte.

Die meisten Werke von Paul Klee habe ich natürlich aus ästhetischen Gründen erworben, andere um eine historische Lücke in meiner Sammlung zu schließen, gelegentlich aber auch aus Gründen, die mit anderen Aspekten meines Lebens zu tun haben. Ein aufschlussreiches Beispiel dafür ist *Der Fagottist* von 1918, eine launige Bleistift- und Feder-Zeichnung, die einen Fagottisten zeigt, dessen Töne als ITLAL, POAO, PIOTLALAL und CRESCENDO gekennzeichnet sind und diversen Körperöffnungen, Ohr, Mund, Anus, sowie dem Fagott selbst entströmen. Als ich das Bild 2005 in einem Auktionskatalog von Sotheby's in London entdeckte, musste ich es einfach kaufen, da in jenem Jahr die Kammeroper-Fassung meines Theaterstücks *Kalkül* am Züricher Opernhaus uraufgeführt wurde, die der österreichische Fagottist Werner Schulze für 11 Instrumente, unter anderem das Fagott, komponiert hatte. Wann immer ich (ausgerechnet!) auf dem Weg zur Toilette an diesem Bild vorbeigehe, muss ich unwillkürlich schmunzeln.

Eine weitere Geschichte will ich noch erzählen, die allerdings nichts mit dem Erwerb von Kunst zu tun hat, sondern mit den Risiken, die Sammler eingehen – einer der Gründe, warum so viele von ihnen anonym bleiben wollen, wenn sie Kunstwerke an Museen ausleihen. Meine einzige Erfahrung diesbezüglich hatte freilich etwas von einer Slapstickkomödie.

Am 30. Juli 1985 brachte der *San Francisco Chronicle* auf der Titelseite einen Artikel unter der Schlagzeile: „6 gestohlene Gemälde des S. F. Museums gefunden". Zu der Zeit hatte das *San Francisco Museum of Modern Art*, das SFMOMA, noch nicht sein

elegantes neues Gebäude südlich der Market Street bezogen, sondern war noch in den beiden obersten Stockwerken des *War Memorial Building* untergebracht, gleich neben dem Opernhaus und mit
Blick auf die goldene Kuppel des Rathauses auf der gegenüber-
liegenden Seite der Van Ness Avenue. Die Eingangshalle im Par-
terre des *War Memorial Building* ist imposant und wird gelegentlich für Jubiläen, Hochzeiten und andere private Veranstaltungen
vermietet. Auf der weniger schicken Seite der Straße blickte das
SFMOMA damals auf einige Wohnblocks, in denen unter anderem ein 19-jähriger Psychologiestudent lebte, der an der *San Francisco State University* immatrikuliert war. Anlässlich eines Besuchs,
den er von einem befreundeten Kunststudenten aus einer anderen
Stadt erhielt, schlug er vor, sich gemeinsam unter die Gäste einer
gerade im Foyer des *War Memorial Building* stattfindenden privaten Feier zu mischen.

„Na ja, wenn man Student ist und kein Geld hat, ist das 'ne feine
Sache, was zu essen und zu trinken zu kriegen", zitierte ihn die Zeitung. „Also sind mein Freund und ich hin." Da auf dem Empfang
der Champagner und das Essen auf sich warten ließen, hielten sich
die beiden an Wodka mit Grapefruitsaft schadlos. Manche Leute
werden schläfrig, wenn sie betrunken sind, andere streitsüchtig,
während Kunstliebhaber offenbar die Neugier packt. „Wir wollten
mal sehen, wie das Museum bei anderem Licht aussieht", gestand
der Anstifter, und so stiegen sie die Hintertreppe in die oberste
Etage hinauf und zerrten so lange an der Tür, „bis sie halt aufging."
(Noch heute, einige Jahrzehnte später, bekomme ich weiche Knie,
wenn ich mir diese Szene vorstelle.) „Ich hatte lange keinen Paul
Klee gesehen, also sind wir in den Saal rüber, wo seine Bilder hängen", sagte der kunstverständige Einbrecher, „aber da war es dunkel, stockdunkel, und da haben wir vier abgehängt und in einen
Vorraum mitgenommen, um sie uns anzuschauen." Auf dem Weg
dorthin kamen sie an einigen Picassos vorbei. „Mein Gott, Picassos!", sagte er. „Komm, wir nehmen zwei mit."

Die beiden Zechkumpane hatten ohne ihr Wissen einen Alarm
ausgelöst, aber bis die Männer einer privaten Wach- und Schließ-
gesellschaft eingetroffen waren, hatten sich die Diebe mit sechs Bildern unter dem Arm aus dem Staub gemacht. Die Witzfiguren, die

für die Firma arbeiteten, die sie, wie ich hoffe, umgehend gefeuert hat, entdeckten nichts Ungewöhnliches. Als die zwei Klee-Kleptomanen gegen drei Uhr morgens wieder nüchtern wurden, bekamen sie es mit der Angst zu tun. Sie beschlossen, die gestohlenen Bilder zurückzubringen, und trabten daher mit den vier Klees und den zwei Picassos unter dem Arm wieder hinüber zum Museum, wo sie jedoch vor verschlossenen Türen standen.

Als sie in der Morgenzeitung lasen, welchen Wert ihre Beute hatte und welches Strafmaß sie erwartete, ließ der jüngere der inzwischen stocknüchternen Diebe die Kunstwerke in einem Pappkarton auf der dritten Ebene eines Parkhauses in der Innenstadt stehen und informierte die Polizei, die die Gemälde am Nachmittag darauf dem SFMOMA zurückbrachte.

Kunstdiebstähle sind ein Problem. Viel häufiger aber hat man es mit Fälschungen von Werken berühmter Künstler zu tun. Man könnte sie als eine Art zweifelhaftes Kompliment betrachten, gegen das Paul Klee nicht immun war. 1977 lud mich Felix Klee, der einzige Sohn des Malers, in seine Berner Wohnung ein, um mir seine sagenhafte Sammlung zu zeigen. Als einer der größten Kenner von Klees Werk wurde er auch oft gebeten, Werke seines Vaters zu begutachten. Er zeigte mir seine Sammlung von „Fälschungen", die nicht nur erstaunlich groß war, sondern auch großen Unterhaltungswert hatte. Damals hätte ich nicht gedacht, dass auch ich einmal einen Schwindel aufdecken würde, nämlich ausgerechnet bei Sotheby's, einem Auktionshaus, wo man vermuten würde, dass man sich dort gewissenhaft um Echtheitsnachweise bemüht.

Vor einigen Jahrzehnten bot Sotheby's bei einer Auktion eine handkolorierte Klee-Grafik an. Klee hatte gelegentlich einige seiner Grafiken von Hand koloriert, was deren Wert natürlich steigerte, da sie relativ selten waren. Die besagte Grafik, von der ich einen Druck besaß, war in handkolorierter Form noch nie irgendwo aufgelistet gewesen, sodass mein Interesse geweckt wurde. Zufällig war ich kurz vor der Auktion einige Tage in New York und konnte das Werk daher persönlich in Augenschein nehmen. Obwohl es reizvoll war, erschien es mir irgendwie suspekt. Zum einen war in Kornfelds Buch über Klees grafisches Werk keine handkolorierte Version aufgelistet, was zwar nicht ausschloss, dass es sie gab, was aber doch ein Warnsignal war. Außerdem beunruhigte mich die Provenienz, eine unbekannte Galerie im Mittleren Westen, deren Namen ich im Zusammenhang mit Klee noch nie gelesen hatte. Im Übrigen sah das Blatt zu sauber aus. Am meisten störte mich aber, dass das Werk von der Klee-Stiftung in Bern nicht verifiziert worden war, wie man mir auf Nachfrage mitteilte. Doch die Vorstellung, möglicherweise eine neue, einzigartige handkolorierte Grafik entdeckt zu haben, veranlasste mich, mit meinen Recherchen fortzufahren. Als ich die Abmessungen des angeblichen Klees bei Sotheby's kontrollierte, stellte ich fest, dass sie nicht denen der regulären Schwarzweiß-Druckedition entsprachen, die in Kornfelds Nachschlagewerk genannt waren. Wie konnte Klee eines mit leicht anderen Abmessungen gemalt haben? Mein Verdacht erwies sich als begründet: Einige Tage später zog Sotheby's das Werk aus der Auktion zurück.

Der vielleicht berühmteste Essay eines Sammlers über ein Werk von Paul Klee ist Walter Benjamins Schrift *Über den Begriff der Geschichte*. Seine neunte These beginnt mit den folgenden Worten:

Es gibt ein Bild von Klee, das Angelus Novus heißt. Ein Engel ist darauf dargestellt, der aussieht, als wäre er im Begriff, sich von etwas zu entfernen, worauf er starrt. Seine Augen sind aufgerissen, sein Mund steht offen und seine Flügel sind ausgespannt. Der Engel der Geschichte muss so aussehen. Er hat das Antlitz der Vergangenheit zugewendet. Wo eine Kette von Begebenheiten vor uns erscheint, da sieht er eine einzige Katastrophe, die unablässig Trümmer auf Trümmer häuft und sie ihm vor die Füße schleudert. Er möchte wohl verweilen, die Toten wecken und das Zerschlagene zusammenfügen. Aber ein Sturm weht vom Paradiese her, der sich in seinen Flügeln verfangen hat und so stark ist, dass der Engel sie nicht mehr schließen kann. Dieser Sturm treibt ihn unaufhaltsam in die Zukunft, der er den Rücken kehrt, während der Trümmerhaufen vor ihm zum Himmel wächst. Das, was wir den Fortschritt nennen, ist dieser Sturm.

Diese Worte Benjamins haben Paul Klees Aquarell seit den 1960er Jahren zu einem seiner berühmtesten Werke gemacht. Wie ist das

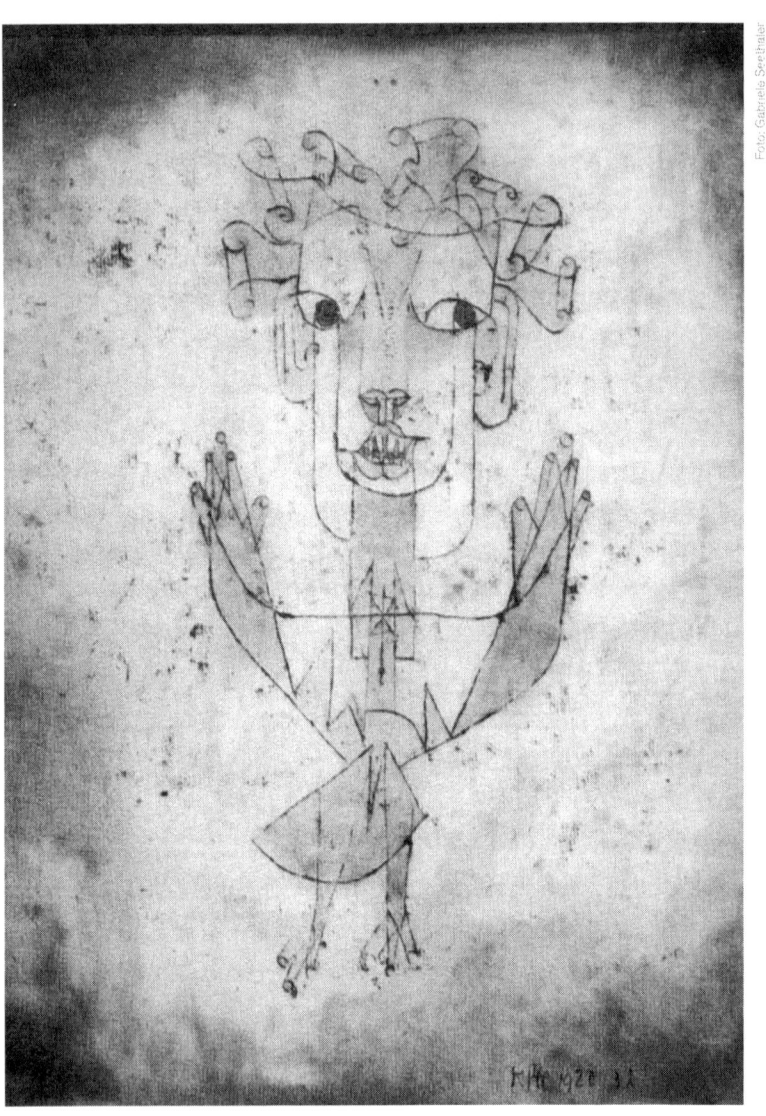

Paul Klee: *Angelus Novus* (1920)

möglich, möchte man fragen, wenn die Originalzeichnung bereits 1921 von Benjamin in München erworben wurde, der sie zuvor in einer kleinen Ausstellung in Berlin gesehen hatte, eine Zeichnung, deren Anblick der Öffentlichkeit 66 Jahre lang verwehrt blieb! Bis zu Walter Benjamins Selbstmord 1940 in Spanien befand sie sich in dessen Privatbesitz; danach ging sie an Theodor W. Adorno, der 1969 starb, und dann an Gershom Scholem in Jerusalem, der wiederum 1982 starb. Erst 1987 fand sie ihr jetziges, öffentlich zugängliches Domizil: das Israel-Museum in Jerusalem. Doch schon lange davor – ungesehen bis auf die eine oder andere Reproduktion in einer der zahlreichen Veröffentlichungen von Benjamins „Neunter These" – war sie zu einem legendären Kunstwerk geworden.

Die Erklärung liegt auf der Hand: Die drei aufeinander folgenden Besitzer der Zeichnung, vor allem Walter Benjamin, der für viele der wichtigste „literarische Philosoph" im Europa des 20. Jahrhunderts ist, genossen Weltruhm; Benjamin erlangte ihn erst posthum, ab den späten 1950er Jahren, vor allem durch die Bemühungen seiner Freunde Adorno und Scholem, die die Veröffentlichung seiner gesamten Schriften vorantrieben, einschließlich seiner Thesen *Über den Begriff der Geschichte*. Mit anderen Worten: Klees *Angelus Novus* wurde von einem intellektuellen Publikum verehrt, das die Zeichnung selbst nie gesehen hatte, aber beeindruckt war von ihren berühmten Besitzern und den Worten, die einer von ihnen über sie geschrieben hatte!

Benjamin und seine Bewunderer waren von seiner metaphorischen Interpretation des *Angelus Novus* so fasziniert, dass kaum einer daran dachte, was Klee, ihr Schöpfer, wohl im Sinn gehabt hatte, um sich die Frage zu stellen, die ich weiter vorne formuliert habe: „Was war für Sie, Herr Klee, der erste Anstoß, gerade dieses Bild zu schaffen?"

Selbst was die Darstellung als solche betrifft, fehlen Klees Zeichnung viele Elemente, auf die Benjamin näher eingeht, so etwa „der Trümmerhaufen, der vor ihm zum Himmel wächst", wo die braune Farbe entlang des Blattrands in Klees Übertragungstechnik mit Ölfarbe von Benjamin mit Trümmern verwechselt wurde. Wenn dem so wäre, dann würde das bedeuten, dass Klee von Trümmern besessen war, denn sie fänden sich dann in aberdutzend Werken, die er um diese Zeit in seiner neu erfundenen Maltechnik schuf. Als Bewunderer Klees ärgert mich, dass sich Kritiker nur allzu oft das Recht anmaßen, ein Kunstwerk ohne entsprechende Überprüfung der Intention und der Motivation des Künstlers zu interpretieren. Was ich davon halte, habe ich in der Stimme von Arnold Schönberg in *Vier Juden auf dem Parnass* bereits gesagt.

Ich habe bereits an anderer Stelle Auszüge aus *Vier Juden auf dem Parnass* zitiert, weil mir dieses Buch dazu diente, autobiografische Themen zu präsentieren, die mir am Herzen liegen. Es dürfte daher kaum verwundern, dass Klee darin eine wichtige Rolle spielt. In einer langen Szene auf dem Parnass stelle ich Vermutungen darüber an, was Klee wohl im Sinn gehabt hat, als er das Werk 20 Jahre davor schuf. Dabei greife ich einen Punkt auf, den erstmals der Kunsthistoriker Konrad Eberlein angesprochen hat: dass Paul Klee mit dem *Angelus Novus* Adolf Hitler gemeint haben könnte – angesichts der Tatsache, dass dieses Kunstwerk von seinen drei jüdischen Besitzern so geliebt wurde und sich heute im Israel-Museum in Jerusalem befindet, wäre das ein Treppenwitz der Geschichte.

BENJAMIN: Und woran dachte Klee, Ihrer Meinung nach, als er diesen Engel malte und ihn Angelus Novus nannte?

SCHÖNBERG: Gute Frage ... und eine, über die ich viel nachgedacht habe, seit mir Ihre Obsession mit diesem Werk bekannt ist. Wissen Sie zufällig, wo Klee es gemalt hat?

BENJAMIN: In München?

SCHÖNBERG: Genau! Und welchen anderen Malern könnte er in München begegnet sein?

BENJAMIN: *(abfällig)* Den ganzen Blauen Reitern ... Kandinsky ... Franz Marc ... Gabriele Münter ...

SCHÖNBERG: *(ungeduldig)* Gewiss, gewiss ... und Alfred Kubin ... und Jawlensky ... und so weiter und so fort. Wir alle kennen ihre große Ausstellung in München. Aber welche Maler waren *noch* zu der Zeit in München? Unbedeutende Maler. Sehr unbedeutende. Und zwar 1920!

BENJAMIN: Woher soll ich das wissen? Fragen Sie Scholem. Er lebte zu der Zeit in München.

SCHÖNBERG: Ein sehr unbedeutender Maler ... der später allbekannt wurde ... sogar berüchtigt.

BENJAMIN: Keine Ahnung.

SCHÖNBERG: Denken Sie doch mal nach. Sehr unbedeutend ... und später auf der ganzen Welt berüchtigt.

SCHOLEM: *(bestürzt)* Sie meinen doch nicht ...?

SCHÖNBERG: Genau der!

BENJAMIN: Von wem reden Sie?

ADORNO: Ich glaube, er meint Adolf Hitler.

BENJAMIN: Hitler?

SCHÖNBERG: *(nickt)* Adolf Hitler. Und was trug der damals immer?

SCHOLEM: Einen Trenchcoat.

SCHÖNBERG: So ist es ... zum Beispiel diesen schäbigen hier, als er noch versuchte, sich als mittelmäßiger Maler von Straßenszenen durchzuschlagen, während er davon phantasierte, Architekt zu werden. Und nun vergleichen Sie einmal Hitler mit erhobenen Armen und Trenchcoat mit Klees Angelus Novus. Sogar die Füße ähneln sich.

BENJAMIN: Absolut grotesk! Warum sollte sich Klee ausgerechnet Hitler für diese wunderbare Zeichnung ausgesucht haben?

SCHÖNBERG: Sie wechseln jetzt zur Kunst über ... während es mir um die psychologische Wahrscheinlichkeit geht ... ja sogar die metaphorische Interpretation. Wenn Sie sich diesen Luxus in Ihrem Essay über den Begriff der Geschichte erlauben konnten, warum räumen Sie dann nicht auch mir dieses Recht ein? Sie verliebten sich in Ihren Angelus Novus ... Sie schrieben in den 1930er Jahren über ihn und auch 1940. Sie konnten nicht von Ihrer romantischen Vernarrtheit in dieses Bild lassen ...

SCHOLEM: Wie dem auch sei! Was ist mit Klees Vision?

SCHÖNBERG: Er war der zynische Realist ... der Visionär ... der Hitler durchaus begegnet sein mag ... dem noch immer enttäuschten, erfolglosen Maler, der aber schon heftig schwadronierte. Sie dürfen nicht vergessen, dass das 1919 und 1920 war, als Hitler gerade zum berufsmäßigen politischen Agitator geworden war und in Münchner Wirtshaussälen geifernde Reden schwang. Könnte Klee nicht das Wort „Angelus" im hebräischen Sinn eines „Verkünders" und „Novus" in der bitteren, furchtbaren Bedeutung benutzt haben, dass es hier um den neuen Verkünder des kommenden Deutschland geht? Das Äquivalent des römischen „homo novus" – des Parvenüs. Vor gar nicht langer Zeit hat ein Wissenschaftler das Bild sogar als Karikatur eines Priesters bezeichnet, der vorgibt, ein Landstreicher zu sein.

SCHOLEM: Haben Sie Beweise für diese abstruse Hypothese?

SCHÖNBERG: Nicht mehr ... und nicht weniger als Herr Benjamin für seine abstruse Auffassung vom Engel der Geschichte ... und kaum plausiblere als die Ähnlichkeit mit Hitler, die ich gerade dargelegt habe. Es ist ja nicht so, als ob Klee nie etwas gemalt hätte, das Hitler ähnelte. Schauen Sie sich die beiden Bilder an.

Ich werde so schließen, wie ich dieses Kapitel begonnen habe: Warum habe ich Kunst gesammelt? Und was ist Kunst? Eine Antwort darauf findet sich in meinem Theaterstück *Phallstricke*:

REGINA: Wenn *diese* Statue belanglos ist, was ist dann mit der Kunst?

REX: Definieren Sie Kunst.

REGINA: Ein Abbild aus dem Spiegel des Lebens.

REX: (*höhnisch*) Allmächtiger!

REGINA: Na schön. Wie wäre es damit: Kunst ist das, was man *nicht* im Spiegel sieht?

REX: Schon besser. Und wie notwendig ist das?

REGINA: Kunst ist nicht notwendig. Aber Kunst ist unerlässlich.

Für mich ist Kunst unerlässlich. Nicht für mich als Sammler, sondern als menschliches Wesen. Denn ist nicht die Kunst das, was uns von jeder anderen Spezies unterscheidet?

Bonobos

Mein erster Kontakt mit Zwergschimpansen (*Pan paniscus*), heute allgemein Bonobos genannt, fand vor 40 Jahren statt. Das Ganze war aufregend und amüsant und selbst für einen Weltenbummler wie mich ungewöhnlich, denn es trug sich in der Provinz Équateur in Zaire zu, einem Land, in dem ich noch nie gewesen war und das ich später nie wieder besucht habe. Dieses afrikanische Abenteuer war jedoch auch eine durchaus wichtige Episode in meinem Leben als Naturwissenschaftler, da ich mich als solcher immer dafür eingesetzt habe, den auf dem Gebiet der Naturwissenschaften herrschenden Abstand zwischen den reichen und den armen Staaten zu verkleinern. Der Grund, weshalb die Bonobos im englischen Titel meiner 1992 erschienenen Autobiografie *The Pill, Pygmy Chimps, and Degas' Horse* gleich nach der Pille und noch vor Edgar Degas kommen, wird aus der folgenden Passage deutlich:

Ich hatte festgestellt, daß Zaire der natürliche Lebensraum der größten Anzahl von Gorillas und Schimpansen in der Welt ist. Außerdem beschäftigte mich damals das Fehlen geeigneter Tiermodelle für die Kontrazeptiva-Forschung. Die Fortpflanzung ist die artspezifischste Eigenschaft lebender Organismen; und die höheren Primaten, besonders die Schimpansen, galten als für diesen Zweck am geeignetsten. Doch wegen ihrer Größe, ihrer Kraft und ihrem unbändigen Temperament sind sie nicht leicht zu handhaben; zudem brachten die Schimpansen-Zuchtstätten in den Vereinigten Staaten nur eine begrenzte Anzahl von Tieren hervor, und das genau zu dem Zeitpunkt, als die Food and Drug Administration für die Zulassung hormoneller Kontrazeptiva zehnjährige toxikologische Studien an Affen vorschrieb. Deshalb, und auch wegen der Kosten, mußten die weniger geeigneten niederen Primaten verwendet werden. Ich wußte, daß *Pan paniscus*, allgemein Zwergschimpanse (oder Bonobo, nach dem afrikanischen Sprachgebrauch) genannt, höchstens dreiviertel so groß war wie der gewöhnliche Schimpanse (*Pan troglodytes*) und daß er auf die Liste der bedrohten Tiere gesetzt worden war. Ich fragte mich, ob wir erwägen sollten, *Pan paniscus* als biomedizinisches Tiermodell zu benutzen und gleichzeitig etwas gegen seinen bedrohten Status zu tun. Das müßte doch allen recht sein, dachte ich, den Wissenschaftlern, die sich mit Geburtenkontrolle beschäftigten, und den Umweltschützern, denen es um die Erhaltung einer schwindenden Tierart ging. Rückblickend bezweifle ich, daß ich diesen scheinbar harmlosen Vorschlag gemacht hätte, wenn ich einige seiner hochpolitischen Konsequenzen vorausgesehen hätte.

All dies habe ich in meinem Buch, das nunmehr vergriffen ist, in allen Einzelheiten geschildert, und zwar in dem Kapitel „Zwergschimpansen", das ich in dieser allerletzten Autobiografie in gekürzter Fassung zitieren will. Offenbar haben die Zwergschimpansen keinerlei Schatten auf mein Privatleben geworfen, sodass es kaum gerechtfertigt erscheint, ihnen hier Platz einzuräumen. Wie Sie am Ende dieses Kapitels sehen werden, liefern spätere Entwicklungen doch noch gute Gründe, warum die Bonobos auch in meiner letzten Autobiografie auftauchen.

1971 hieß das Land noch Demokratische Republik Kongo und begann sich gerade von der Zerrüttung und Instabilität zu erholen, die auf den Abzug der Belgier im Jahre 1960 folgten. Der erste Ministerpräsident, Patrice Lumumba, war ermordet worden; der erste Staatspräsident der Republik, Joseph Kasawubu, war gestorben; die von Moise Tschombé betriebene Loslösung der Provinz Katanga war beendet worden; und durch eine Kombination aus Gerissenheit und Korruption war Mobutu Sese-Seko als neuer Machthaber hervorgetreten. Da den Kongolesen daran lag, ihre Unabhängigkeit von ihren ehemaligen Kolonialherren auf jede erdenkliche Weise zu demonstrieren, luden sie die *National Academy of Sciences* in Washington ein, in Kinshasa ein Seminar zu veranstalten, das Forschungsprioritäten für ihr Land empfehlen sollte. Die amerikanische Reaktion illustriert nicht nur den Enthusiasmus, sondern auch die Naivität wohlmeinender Wissenschaftler aus einem hochtechnisierten Land, die versuchen, sich mit Bedürfnissen von Menschen zu befassen, die vor grundlegenden Überlebensfragen stehen.

In den späten 1960er und frühen 1970er Jahren war ich für die Akademie bei BOSTID aktiv, dem *Board on Science and Technology for International Development*, davon die letzten Jahre als Vorsitzender. Das von den Kongolesen angesprochene Problem ähnelte in hohem Maße dem, das ich vier Jahre davor auf einer Pugwash-Konferenz in Schweden erörtert hatte. In meinem Referat mit dem Titel „Forschungszentren in Entwicklungsländern – eine hohe Priorität?" legte ich nahe, dass, vom Standpunkt des wissenschaftlichen Fortschritts aus betrachtet, ein „Entwicklungsland" erst dann zum „entwickelten" Land wird, wenn von ihm originäre Forschung ausgeht. Die Folgen dieser Art von Forschung sind letzten Endes technologische Innovationen, die sich Länder zunutze machen können, die über die Arbeitskräfte verfügen, derartige Innovationen aufzugreifen, aber nicht unbedingt über die technischen Fähigkeiten, sie selbst zu schaffen. Die Fähigkeit, anspruchsvolle Forschung zu betreiben, ob an einer Universität oder an einem anderen Forschungszentrum, taucht auf der Prioritätenliste der Entwicklungsländer gewöhnlich ganz weit unten auf. Vorrang haben der Ausbau des Grundschulwesens, um die Analphabetenrate zu senken, und die Errichtung von Universitäten und technologischen Instituten, deren Hauptzweck es ist, Techniker auszubilden. Aus diesem Pool kommen die Lehrer, die Beamten, die Bediensteten des öffentlichen Gesundheitswesens und die praktischen Technologen, die für die Führung eines jeden Landes unerlässlich sind. Verbesserungen dieser Art brauchen jedoch Jahre, um Wirkung zu zeigen. Im Lichte des ständig zunehmenden Tempos des wissenschaftlichen und technologischen Fortschritts in den Industrieländern wird die Schaffung konkurrenzfähiger Zentren für Grundlagenforschung in einem Entwicklungsland mit herkömmlichen Mitteln zu einem hoffnungslosen Unterfangen. Dies trifft insbesondere in der naturwissenschaftlichen Forschung zu, wo es nur einen einzigen Leistungsstandard gibt. Zu sagen: „Das ist sehr gute chemische Forschung für Kenia, aber nicht für Schweden", drückt im Grunde doch nur aus, dass in Kenia mangelhafte chemische Forschung betrieben wird.

Es entbehrt nicht einer gewissen Ironie, dass ich Kenia als Beispiel für ein Entwicklungsland gewählt habe, denn ausgerechnet dort wurde die in meinem Referat ausgesprochene Empfehlung tatsächlich realisiert. Ich wies darauf hin, um die Zusammenfassung im *Bulletin of the Atomic Scientists*, dem Hausorgan des amerikanischen Pugwash-Komitees, zu zitieren, dass sich, selbst wenn das erforderliche einheimische wissenschaftliche Potential fehlt, unter folgenden Voraussetzungen ein Forschungszentrum einrichten lässt:

(1) ein internationaler Kader aus Postdoktoranden; (2) wissenschaftliche Gesamtleitung durch eine Gruppe nebenamtlicher Direktoren aus führenden Universitäten verschiedener Industrieländer; und (3) Auswahl von Forschungsbereichen, die letztendlich wirtschaftlichen Gewinn versprechen und als maximaler Multiplikationsfaktor wirken.

Meine Empfehlung wurde von einem afrikanischen Entomologen aufgegriffen, nämlich von Professor Thomas Odhiambo von der Universität Nairobi, der mir 1968 schrieb:

Könnte man ein solches leistungsförderndes Zentrum nicht mitten in Afrika einrichten, zum Beispiel in Nairobi? Selbst auf die Gefahr hin, anmaßend zu erscheinen, würde ich ein solches Zentrum – für Insektenphysiologie und -endokrinologie – gerne in Nairobi gegründet sehen. Insekten spielen im tropischen Afrika eine sehr wesentliche Rolle; Insektenendokrinologie ist eines der neueren Gebiete der aufstrebenden modernen Biologie; und es wartet nur darauf, durch interdisziplinäre Forschung ausgebeutet zu werden. Nairobi wäre auch aus anderen Gründen ein idealer Standort (Klima, internationale Verbindungen etc.). Hätten Sie Anregungen, wie dies zu erreichen wäre? Wären Sie bereit, beim Start eines solchen Projekts mitzuhelfen?

Selbst unter normalen Umständen wäre es mir vermutlich schwergefallen, eine Herausforderung dieser Art auszuschlagen. Aber 1968 war noch dazu das Jahr des Insekts in meinem persönlichen chinesischen Kalender, das Jahr, in dem ich bei der neugegründeten *Zoecon Corporation* die Leitung der Abteilung übernahm, die Anwendungsmöglichkeiten der jüngsten Fortschritte auf dem Gebiet der Insektenendokrinologie erkunden sollte – eine Arbeit, die Jahre später gewürdigt wurde, als mir Präsident H. W. Bush 1991 im Weißen Haus die *National Medal of Technology* verlieh. Außerdem hatte ich mich auf früheren Reisen mit meinen Kindern in Ostafrika verliebt, wo wir die Nationalparks in Uganda, Tansania und Kenia durchstreiften. Der amerikanischen *Academy of Arts and Sciences* in Boston, damals auch Sitz des amerikanischen Pugwash-Komitees, gelang es, Geld von verschiedenen philanthropischen Einrichtungen zu bekommen, um die Reisekosten einiger renommierter amerikanischer Entomologen nach Nairobi zu bestreiten. Als wir wussten, dass die amerikanische Beteiligung gesichert war, sprachen die Mitarbeiter dieser Akademie sowie der *National Academy of Sciences* mehrere ausländische Akademien und Forschungsinstitute an – darunter die *Royal Society* in London, die holländische Akademie, die Max-Planck-Gesellschaft und (was sich als besonders wichtig erwies) die Königlich-Schwedische Akademie der Wissenschaften – und bewegten sie dazu mitzumachen. Aus der vorbereitenden Tagung im Herbst 1969 in Nairobi ging das ICIPE hervor, das *International Center of Insect Physiology and Ecology*, ein bemerkenswertes Beispiel für die internationale Zusammenarbeit wissenschaftlicher Akademien. Sponsor des ICIPE wurde schließlich ein aus 21 nationalen Akademien bestehendes Konsortium, wobei die Schwedische Akademie die Räumlichkeiten und das Personal für ein internationales Sekretariat zur Verfügung stellte. Bis Mitte der 1970er Jahre reiste ich ein bis zwei Mal im Jahr nach Nairobi und an andere Tagungsorte, wo ich die beiden amerikanischen Sponsor-Akademien vertrat, nämlich die *National Academy of Sciences* in Washington und die *American Academy of Arts and Sciences* (das einzige Mal in meinem Leben, dass ich ganz legal zwei Stimmen abgeben durfte).

In den vier Jahrzehnten, die seit damals vergangen sind, ist das ICIPE ein international bekanntes Zentrum der Insektenforschung geworden, das heute über einen Multimillionen-Etat verfügt. Mein ursprüngliches Rezept für die Gründung einer Oase in einer wissenschaftlichen Wüste hätte sich als mildtätige Humanitätsduselei oder gar als eine Art wissenschaftlicher Neokolonialismus herausstellen können. Aber dem war nicht so: Sowohl Odhiambo als auch der Beirat des ICIPE erkannten, dass die Afrikanisierung des Projekts das höchste Kriterium seines Erfolges sein musste, und tatsächlich bestehen Leitung und Personal heute hauptsächlich aus afrikanischen Wissenschaftlern. Der Jahresbericht der Königlich-Schwedischen Akademie der Wissenschaften stellte bereits 1988 fest: „Das ICIPE wurde als ein Zentrum für wissenschaftliche Spitzenleistungen gegründet, um auf dem gleichen Niveau zu arbeiten wie wissenschaftliche Einrichtungen in Industrieländern und um in Afrika eine eigenständige wissenschaftliche Infrastruktur zu entwickeln ... Zweifellos ist das ICIPE auf seinem Gebiet die führende wissenschaftliche Einrichtung in Afrika."

Da die Einrichtung eines anspruchsvollen internationalen Forschungszentrums in Kenia bereits realisiert worden war, fragte ich mich, ob sich mein Modell auch auf den Kongo übertragen ließ. Dass ich von diesem Land nicht viel wusste, störte mich nicht weiter; die Kongolesen waren nicht auf der Suche nach Kongo-Experten (dazu hätten sie auf die Belgier zurückgreifen können), sondern suchten den unvoreingenommenen Rat von Fachleuten in bestimmten technischen Bereichen und in der Wissenschaftspolitik. Harrison Brown, ein Geochemiker von *Caltech* und damals der für auswärtige Angelegenheiten zuständige Sekretär der Akademie, bat mich, den Vorsitz einer kleinen amerikanischen Projektgruppe zu übernehmen. Neben Brown gehörten ihr unter anderem an: John McKelvey, der Leiter des landwirtschaftlichen Entwicklungsprogramms der *Rockefeller Foundation*, Carl Eicher, ein Agrarwirtschaftler von der *Michigan State University*, Ernst Pariser, ein Ernährungswissenschaftler vom MIT, und James Carter, ein schwarzer Facharzt für Pädiatrie von der *Vanderbildt University*. BOSTIDs Stabsoffizier für unsere Gruppe war Julien Engel, ein Afrikanist, der fehlerfrei Französisch sprach. Wir sollten in Kinshasa zusammenkommen, um dort von unseren Gastgebern instruiert zu werden, an ihrer Spitze Joseph Ileo, ein cleverer kongolesischer Politiker, der eine führende Persönlichkeit innerhalb der Unabhängigkeitsbewegung und Herausgeber einer Zeitung gewesen war. Obwohl er wissenschaftlicher Laie war, hatte ihn Staatspräsident Mobutu zum Präsidenten des kongolesischen Nationalen Forschungs- und Entwicklungsrates ernannt, auch in Anerkennung seiner Verdienste als interimistischer Premierminister nach Lumumba und als Kabinettsmitglied in mehreren Regierungen während der 1960er Jahre. Die Ernennung war ein Beweis für Ileos Überlebenstalent in einem notorisch unbeständigen Land: Er war einer der wenigen Politiker, denen es gelungen war, ununterbrochen Mitglied des Politbüros der Einheitspartei des Landes zu bleiben. Nach der Einweisung hatten Ileo und sein Stab eine einwöchige Inspektionsreise durch den östlichen Kongo mit uns geplant, gefolgt von offiziellen Gesprächen in Kinshasa und dem abschließenden Bericht für die kongolesische Regierung.

Die amerikanische Gruppe flog von Washington aus nach Kinshasa, aber da ich gerade eine Woche in ICIPE-Angelegenheiten in Nairobi verbrachte, hatte ich vor, mit der *Air Zaire* nach Bujumbura, der Hauptstadt von Burundi, zu fliegen, wo ich weitere Instruktionen erhalten würde. Der amerikanische Botschafter Thomas Melady bot mir das Gästezimmer seiner Residenz an, eine willkommene Geste, die mir die Erkundung von Bujumbura und seiner Umgebung sehr viel leichter machte. Obwohl ich wusste, dass Burundi eines der am dichtesten besiedelten Länder der Erde war, verblüfften mich doch die wogenden Massen von Kindern und jungen Leuten – eine anschauliche Demonstration des afrikanischen Bevölkerungsproblems.

Am späten Vormittag des zweiten Tages brachte mich der Chauffeur des Botschafters über die Grenzen von Burundi und Ruanda in den Kongo. Mein Ziel war das amerikanische „Konsulat" in Bukavu, wo eine weitere Nachricht aus Kinshasa auf mich warten sollte. Alles, was ich vorfand, waren jedoch zwei junge Männer in Hemdsärmeln, die sich über ein Telexgerät beugten. Sie sahen wie CIA-Typen aus: Warum hätte es denn sonst ein amerikanisches Konsulat an einem Ort geben sollen, in den in Anbetracht der periodisch stattfindenden Aufstände und der allgemeinen Instabilität seit Jahren kaum mehr ein Tourist oder Geschäftsmann gekommen war? Die beiden waren offenkundig bemüht, mich loszuwerden.

Zur Darstellung der Bevölkerungsexplosion in Burundi (1971)

„Ihre Gruppe wird morgen zu Ihnen stoßen", lautete die Botschaft, aber sie wussten nicht wo. „Versuchen Sie es am IRSAC in Lwiro", sagte der eine barsch.

Das klang plausibel. Das IRSAC war das *Institut pour la Recherche Scientifique en Afrique Centrale* – das führende belgische Forschungsinstitut der ehemaligen Kolonie und eine vorgesehene Station unserer Reiseroute. Leider legte der burundische Fahrer, obwohl er behauptete, den Weg nach Lwiro zu kennen, erst über 100 Kilometer auf ausgefahrenen Straßen zurück, ehe er zugab, dass wir uns verirrt hatten. Schließlich setzte er mich vor einem abbröckelnden, schimmelig-grauen Hotel mit fest geschlossenen Fensterläden ab, das unter den Belgiern eindeutig bessere Tage gesehen hatte. Das abgerissene, betagte Individuum, das hinter dem Empfang herumlungerte – Portier, Page und Kassierer in einem –, war offensichtlich überrascht, einen zahlenden Gast vor sich zu sehen; später erfuhr ich, dass das vierstöckige Haus nur noch einen weiteren Gast hatte. Als ich mich nach einem Restaurant erkundigte, wurde ich an ein Bistro am Ende der Straße verwiesen, das von einem der wenigen Belgier betrieben wurde, die nach dem Söldneraufstand von 1967 geblieben waren. Das einzige

Hauptgericht erwies sich als Fisch in einer Tunke aus goldgelber Mayonnaise, idealer Nährboden für sämtliche bekannten Krankheitserreger und eine ganze Reihe unbekannter dazu. Aber da ich seit dem Frühstück nichts gegessen hatte, ließ ich es auf Magenkrämpfe und Durchfall ankommen und langte zu – allerdings nicht, ohne zuvor den Versuch zu machen, den größten Teil des goldgelben Giftes abzukratzen.

Hundemüde, wie ich war, schlief ich, bis mich gegen zehn Uhr morgens das hartnäckige Hupen eines Autos weckte. Vom Fenster meines im zweiten Stock gelegenen Zimmers bot sich mir ein willkommener Anblick: Mehrere sandfarbene Mercedes-Limousinen hielten vor dem Hotel, denen eine sehr gemischte Gesellschaft entstieg. Die Kongolesen, die dunkle Straßenanzüge mit Westen und Krawatten trugen, schwitzten stark. Die Amerikaner waren in Hemdsärmeln und bis auf McKelvey alle ohne Schlips, während Engel mit seinem Krawattenschal wie ein europäischer Dandy aussah. „Monsieur le Président", rief er herauf, als er mich winken sah, „kommen Sie herunter! Ich möchte Ihnen Ihre Delegation vorstellen!" Von da an nannten mich die Kongolesen bei allen offiziellen Anlässen „Monsieur le Président de la Délégation Américaine", was mir zunehmend besser gefiel.

Da wir im Gefolge von Präsident Ileo reisten, wurde uns große Beachtung und die unter den gegebenen Umständen bestmögliche Behandlung zuteil. Wir verbrachten die nächsten Tage in der Provinz Kiwu mit einer Vielzahl von Besichtigungen und etwas Tourismus. Bukavu machte einen verlotterten Eindruck. Die Villen und Häuser der zweifellos von schlechtbezahlten Dienstboten umsorgten belgischen Kolonisten müssen einmal üppige, gepflegte Gärten besessen haben, doch inzwischen waren sie voller Unkraut. Viele der Fenster waren eingeschlagen, die Farbe blätterte ab, der Putz bröckelte, und die Häuser selbst waren verlassen oder von irgendwelchen Leuten in Besitz genommen worden, denen es mehr ums Überleben ging als um den Erhalt einer Immobilie.

Das IRSAC erwies sich als Monument einer kurzsichtigen Kolonialherrschaft, die ihr zwangsläufiges Ende nie in Betracht gezogen hatte. Die riesige Einrichtung, einst angeblich das beste Forschungsinstitut Zentralafrikas, war von den Belgiern bei der

Unabhängigkeit aufgegeben worden. Sie hatten praktisch keine einheimischen Wissenschaftler ausgebildet; und bis auf eine Handvoll kongolesischer Techniker und einen deutschen Primatologen, der als Interimsleiter fungierte, bot das Institut einen erbärmlichen Anblick. Obwohl die Primatologie eines der Spezialgebiete des IRSAC gewesen war, hockten jetzt nur noch ein paar armselige Gorillas in einem großen, vertieft angelegten Gehege herum. Die Bibliothek war lächerlich pompös und reich mit dunklem Holz getäfelt wie in einer alten mitteleuropäischen Universität. Zeitschriften-Abonnements und Bücherkäufe waren natürlich eingestellt worden, doch die Bibliothek selbst war unangetastet und offenbar unbenutzt geblieben. Als ich auf einem Tisch in ungebundenen Publikationen blätterte, fielen mir zu meinem Erstaunen die Protokolle der Albanischen Akademie der Wissenschaften in die Hand. Ich hatte gar nicht gewusst, dass es ein derartiges Journal überhaupt gab; selbst die *Library of Congress* in Washington führte es nicht, wie ich nach meiner Rückkehr in die Staaten herausfand. Doch hier in Zentralafrika lag eine komplette Sammlung, ungelesen, und wartete nur auf die unvermeidliche Ankunft der Termiten. Als ich meine Verwunderung über diese und andere kaum weniger esoterische und in Anbetracht der dringenden Bedürfnisse des Kongos unnütze Zeitschriften zum Ausdruck brachte, erfuhr ich, dass man sie im Gegenzug erhalten hatte, als die Berichte des IRSAC in seiner belgischen Glanzzeit noch an Berufsverbände und Institute auf der ganzen Welt verschickt wurden. Falls ich jemals nach Tirana komme, werde ich die Albaner nach ihrer Kongo-Connection fragen.

Etwas positiver stimmte mich der Besuch des noch in Betrieb befindlichen Nationalen Bergwerksinstituts, dessen europäischer Leiter mir die linke Hand reichte; seine Rechte fehlte unterhalb des Handgelenks, wie ich bemerkte. „Monsieur le Président", sagte einer unserer kongolesischen Gastgeber zu mir, „darf ich Ihnen den Institutsleiter, Monsieur Alexandre Prigogine, vorstellen?" „Prigogine?" wiederholte ich überrascht. „Es gibt einen Chemiker dieses Namens, einen Ilya Prigogine." (Der belgische Physikochemiker erhielt 1977 den Nobelpreis.) „Das ist mein Bruder", lautete die Antwort, und ich dachte nicht weiter darüber nach.

Am Ende unseres Ausflugs, kurz bevor wir unsere Fokker Friendship für den Flug nach Kinshasa bestiegen, sagte unser touristischer Reiseführer zu mir: „Kommen Sie alleine wieder, dann arrangiere ich eine richtige Safari für Sie." Er organisierte von Berufs wegen Safaris, und die Fahrzeuge, die wir benutzt hatten, gehörten ihm. „Geben Sie mir Ihre Adresse", sagte ich, und tatsächlich nahm mein Sohn einige Jahre später Alberts Angebot an. „Schreiben Sie einfach an ‚Albert in Goma', Postfach brauchen Sie nicht." „Aber wie ist Ihr Nachname?", drängte ich. „Prigogine", antwortete er. Ich wiederholte meinen Satz von vor ein paar Tagen: „Es gibt einen Chemiker ..." Albert zuckte die Achseln: „Mein Onkel in Brüssel." „Und der Leiter des Bergwerksinstituts?" „Mein Vater", sagte er und erzählte mir dann von seiner eingeborenen Mutter und von dem Leoparden, der seinem Vater die Hand abgebissen hatte, bevor dieser die Bestie töten konnte.

Der ernste Teil der Reise begann in Kinshasa. Meine Kollegen beschäftigten sich mit Forschungsbereichen, die mit vielen der brennenden Probleme des Kongos in Verbindung standen. Harrison Brown sprach über die Notwendigkeit, einheimische Geologen auszubilden, wenn man die reichen Bodenschätze des Kongo jemals angemessen ausbeuten wollte. Angesichts des traurigen Zustands der Kinder, die wir in der Nähe von Bukavu gesehen hatten und deren aufgedunsene Bäuche und rötliche Haare darauf hindeuteten, dass sie an Kwashiorkor litten, weil sie hauptsächlich Bananen aßen und so gut wie keine proteinhaltige Nahrung, schlugen James Carter und Ernst Pariser unter anderem vor, Protein in Form von Fisch zugänglich zu machen. McKelvey und Eicher befassten sich mit landwirtschaftlichen Projekten, während ich ein neues Forschungsgebiet skizzierte, basierend auf einem ganz speziellen natürlichen Reichtum des Kongos, nämlich Bonobos.

Auf der Tagung in Kinshasa schlug ich ein mehrstufiges Projekt vor: das Einfangen einiger Tiere beiderlei Geschlechts, die Ermittlung ihres Gesundheitszustands und schließlich ihre Freilassung auf einer Insel in der Nähe ihres natürlichen Lebensraums, um festzustellen, ob sie sich in dieser relativen Freiheit fortpflanzten. Eine kleinere Insel hätte den Vorteil, dass man keine Einzäunung bräuchte, um die Tiere am Entwischen zu hindern; außerdem konnte man für ausreichend Futter sorgen, indem man zusätzlich zu der Bereitstellung ihrer Hauptnahrung auch Obstbäume pflanzte, wie Orangen, Papayas und Guaven. Zudem ließe sich auf einer Insel leichter Wilderei verhindern, die in bewohnten Gebieten gang und gäbe war. Gleichzeitig müssten an einigen männlichen und weiblichen Tieren detaillierte biochemische Analysen durchgeführt werden, um festzustellen, ob *Pan paniscus* dem Menschen ähnelt, was endokrinologische Funktionen, Blutzusammensetzung und Stoffwechsel betrifft. Falls sich die Annahme einer engen evolutionären Verwandtschaft bestätigte, konnte der Zwergschimpanse durchaus eine wichtige Ergänzung der kleinen Gruppe von Tierarten werden, die Pharmakologen und Toxikologen bei der Entwicklung von Arzneimitteln für Menschen benutzten. Tiere sind nun einmal, ob es uns gefällt oder nicht, unentbehrliche Komponenten fast aller vorklinischen Erprobungen; außerdem sind Primaten in bestimmten Bereichen die einzigen geeigneten Tiermodelle. Ein Beispiel dafür ist die Reproduktionsbiologie, wo staatliche Bestimmungen die Verwendung von Primaten vorschreiben.

Die kleinere Größe des Zwergschimpansen würde die Handhabung im Labor ebenso erleichtern wie sein friedlicheres Wesen und sein relativer Mangel an Aggression, wie in Zoos und in der Wildnis beobachtet wurde. Seine typischen „Hei, hei, hei"-Schreie, im Gegensatz zu dem schrillen, lauten „Hu, hu, hu" des gewöhnlichen Schimpansen, verdeutlichen die Unterschiede im Temperament. Wenn vorausgehende Studien es rechtfertigten, dann konnte man, wie ich fand, im Kongo ein interdisziplinäres Institut einrichten nach dem Muster des *Internationalen Zentrums für Insektenphysiologie und Ökologie* in Nairobi, an dessen Gründung ich einige Jahre davor beteiligt gewesen war. Dort konnte man kongolesische Staatsangehörige nicht nur in einer Vielzahl von wissenschaftlichen Disziplinen ausbilden, die mit Reproduktionsbiologie und Toxikologie verwandt sind, sondern sie auch im Verhalten von Primaten und in der großangelegten Züchtung von *Pan paniscus* unterweisen. Es konnte sogar mehr Interesse an Empfängnisverhütung wecken, ein Thema, das in diesem Land

nicht einmal angesprochen wurde, obwohl die fehlende Geburtenkontrolle eine tickende Zeitbombe war.

Mein Vorschlag wurde von Ileo und Beamten anderer Institutionen in Kinshasa begeistert angenommen, so auch vom *Institut
National pour la Conservation de la Nature*, das in Anbetracht seiner völlig unzureichenden Mittel darin eine willkommene Zufuhr
von Geldern und sachkundigen Arbeitskräften sah, um sein Ziel,
die Erhaltung bedrohter Tierarten, zu fördern. Letzteres wurde zu
einem der Kernpunkte unserer offiziellen schriftlichen Empfehlung an die kongolesische Regierung. Aufgrund meiner Erfahrungen bei früheren BOSTID-Seminaren in Lateinamerika und Asien
wusste ich, dass man Empfehlungen ad acta legen kann und sich
nicht unbedingt daran halten muss. Doch schon wenige Monate
später bat der kongolesische Nationale Forschungsrat unsere *National Academy of Sciences* offiziell, eine kleine Arbeitsgruppe zu bilden, um das Bonobo-Projekt in Gang zu bringen. Obwohl ich diesen
Vorschlag selbst gemacht hatte, war ich überrascht, als die Akademie mich – einen Organiker ohne Erfahrung auf dem Gebiet der
Primatologie – bat, als Vorsitzender der amerikanischen Gruppe
zu fungieren. Die Ernennung machte mich unter Affenspezialis-
ten sofort zur *persona summa grata*. Als Außenseiter, der kein Verlangen hatte, in ihr berufliches Revier einzudringen, regte ich ein
internationales Forschungsprojekt unter der Schirmherrschaft
der erlauchtesten wissenschaftlichen Körperschaft Amerikas in
einem Land an, das zwar ein Paradies für Primatologen war, in
dem damals aber politische Unruhen ein Arbeiten schier unmöglich machten.

Die anderen von der Akademie ausgewählten Amerikaner
waren der Harvarder Endokrinologe Roy Greep, Richard Thoring-
ton von der Abteilung Säugetiere der *Smithsonian Institution* und
Geoffrey Bourne, der Leiter des *Yerkes Regional Primate Research
Center* der *Emory University* und Herausgeber einer sechsbändigen
Abhandlung über Schimpansen. Vor unserer Abreise verbrachte
Bourne ein ganzes Wochenende damit, mir die Einrichtungen seines Primaten-Forschungszentrums zu zeigen; manch ein menschliches Baby würde als verwöhnt gelten, wenn es so behandelt
würde, wie das *Yerkes Center* seine Orang-Utan-Babys unterbrachte

und versorgte. Bourne war ein enthusiastischer Verfechter des Zwergschimpansen-Projekts, da *Pan paniscus* die einzige höhere Affenspezies war, die zu der Zeit am *Yerkes Center* nicht vertreten war. Bestimmt hätte er sich nie träumen lassen, welche Schwierigkeiten die ersten Zwergschimpansen dort verursachen sollten.

Norma, meine damalige Frau, die mich gewöhnlich auf Geschäftsreisen ins Ausland begleitete, war das einzige weibliche Mitglied unserer afrikanischen Gruppe, der auch Julien Engel angehörte, der auf unserer ersten Kongo-Reise die Last des administrativen Kleinkrams getragen hatte und, wie sich herausstellte, auf dieser nun sein ganzes beachtliches diplomatisches Geschick brauchen sollte. Das wichtigste Mitglied der Gruppe aus Zaire war jedoch Joseph Ghesquiere, ein im Lande lebender Belgier und Professor für Physiologie an der Universität Kinshasa. Seine Kenntnis der früheren und derzeitigen politischen Verhältnisse, die sich mit einem brutalen, aber auch humorvollen Realismus paarte, erwies sich als unschätzbar. Noch bedeutsamer aber war, dass er erst kurz davor zum stellvertretenden Leiter des IRSAC ernannt worden und für die Versuchsstation Mabali in der Provinz Équateur zuständig war, wo angeblich die meisten Zwergschimpansen lebten. Er hatte wunderbare Neuigkeiten für uns: Die Regierung von Zaire würde uns eine oder mehrere kleine Inseln im Tumba-See für die Bonobo-Zuchtkolonie überlassen und stellte unserer Gruppe ansonsten schwer zu beschaffende Transportmittel zur Verfügung.

Am frühen Morgen fuhren wir von unserem Hotel in Kinshasa zu einem Militärflugplatz, wo wir unser Privatflugzeug bestiegen, eine alte weiße DC-3, deren Fenster leuchtend rot umrahmt waren. Der Flug nach Mbandaka, einem wichtigen Handelszentrum am Zaire, dauerte über zwei Stunden, wobei wir die meiste Zeit in weniger als 300 Metern Höhe über dem dichten Baldachin des tropischen Urwalds flogen, einem verschwommenen Mosaik aus Grüntönen. Wir hatten einen großartigen Blick auf die mannigfaltige tropische Flora, auf Bäche und gelegentliche Siedlungen, aber da das Flugzeug keine funktionierende Klimaanlage besaß, war es heiß und stickig. Die beste Möglichkeit, sich etwas abzukühlen, bestand darin, sich neben die Tür zu stellen, die sich nicht ganz schließen ließ, und den frischen Luftstrom zu genießen, der durch den

In einem Volkswagen unterwegs
nach Mabali in Zentral-Zaire

Spalt kam; und so verbrachte ich den größten Teil des Fluges im Stehen. Die Autofahrt über fürchterliche Pisten zur IRSAC-Station in Mabali am Tumba-See dauerte fast vier Stunden, sodass wir danach völlig erschöpft waren. Außer meiner Frau und mir fuhren alle in Toyota-Jeeps mit Segeltuchverdeck. Doch das Protokoll verlangte, dass wir das einzige Automobil benutzten, einen weißen Volkswagen-Käfer, der sich für den roten Morast und die tiefen Pfützen, die wir während eines tropischen Platzregens durchqueren mussten, sowie für den feinen roten Staub, der später durch jede Ritze und Öffnung drang, als das denkbar schlechteste Gefährt erwies. Folglich waren wir genau so rot wie der VW, als wir das Gästehaus erreichten. Wie man mir sagte, war das riesige Bett, das darin stand, eigens für den ungewöhnlich großen König Leopold III. angefertigt worden, der hier zu Besuch weilte, als Zaire noch Belgisch-Kongo war. Dieses königliche Lager wurde mir und meiner Gemahlin zugewiesen.

Die nächsten Tage vergingen damit, die zukünftige Inselheimat der Zwergschimpansen zu besichtigen, das eingezäunte Gehege der Station zu überprüfen, das für die anfängliche Quarantäne und die Untersuchungen auf Tuberkulose und Parasiten bestimmt war, und logistische Details zu klären: Sollte man einen Tierarzt vom *Yerkes Center* an das IRSAC abkommandieren oder einen Zairer nach Atlanta schicken, um ihn dort in den anerkannten Methoden umsichtiger und humaner Behandlung von Affen zu unterweisen? Wie durch ein Wunder waren der IRSAC-Station die Verwüstungen erspart geblieben, die in den frühen 1960er Jahren im Kongo gang und gäbe waren. Neben mehreren größeren Gebäuden, in denen die Forschungs- und Nebeneinrichtungen untergebracht waren, gab es acht Wohnhäuser für leitende Angestellte, das besagte Gästehaus und zwei Eingeborenendörfer für die Arbeiter der Versuchsstation. Die Bauweise der im europäischen Stil errichteten Häuser war sehr einfach: gemauerte Stützen, weiße Stuckwände und Strohdächer. Was die Gebäude unterschied, waren die primitiven Wandmalereien von einheimischen Pflanzen, Tieren und Menschen, die an Höhlenzeichnungen erinnerten und erstaunlich gut erhalten waren. Die Station und die Eingeborenendörfer lagen im tropischen Urwald, doch jedes Haus und jede Hütte war von einer freien Fläche umgeben, die häufig geharkt oder gefegt wurde und unter anderem dazu diente, Giftschlangen schneller zu entdecken. Die Tarnung dieser Tiere war erstaunlich. So machte ich einmal Farbdias von einer Einfriedung aus Maschendraht, in dem sich ein langer, bräunlicher, blattloser Zweig verfangen hatte. Erst als ich eine rote Zunge herausschnellen sah, wurde mir klar, welchen Gefahren die nackten Dorfkinder jeden Tag ausgesetzt waren und weshalb ihre Eltern die Flächen rings um die Hütten, wo sie spielten, so sorgfältig fegten.

Wir waren uns einig, dass sich der Tumba-See für unsere Zwecke eignete und dass die Insel groß genug war, um ihren zukünftigen Bewohnern ein akzeptables Abbild ihres natürlichen Urwald-Habitats zu bieten. Das Einzige, was fehlte, waren die Schimpansen. Im Jahr davor war in der Nähe der IRSAC-Station eine Gruppe gesichtet worden, doch inzwischen waren ihre Schlafnester in den Bäumen verlassen. Waren die Schimpansen von Jägern getötet worden oder hatten sie sich einfach in ein natürliches Refugium zurückgezogen, beispielsweise in den neu errichteten und faktisch unzugänglichen Salonga-Nationalpark?

(Einige Monate nach unserer Abreise und unabhängig von unserem Projekt kam der amerikanische Primatologe Arthur Horn vom *Peabody-Museum* in Yale nach Mabali und bemühte sich über ein Jahr lang mit minimalem Erfolg um eine Bestandsaufnahme der *Pan paniscus*-Population.) Wir kamen zu dem Schluss, dass wir, um eine Zuchtkolonie auf die Insel zu bringen, eine Expedition mit Netzen und Beruhigungsmitteln starten mussten.

Auch der Rückflug nach Kinshasa war kaum ereignislos zu nennen. Eine Stunde nach dem Start packte mich meine Frau am Arm und deutete aus dem Fenster. Einer der Propeller drehte sich nicht. Ich weiß nicht, wie lange das schon der Fall war, aber gleich darauf flog die Maschine eine weite Kurve, und der Pilot erschien in der Kabine. „Wir fliegen zurück nach Mbandaka", verkündete er mit merklich fehlender Zuversicht in der Stimme, „bevor wir *le point de non retour* erreichen." Keiner von uns sprach, während wir verfolgten, wie der grüne Baldachin des Urwalds nur etwa 100 Meter unter uns vorbeirauschte. Nach einer tiefen Schleife über der Stadt, um irgendwen zu alarmieren, zum Flugplatz zu kommen, landeten wir dicht neben einem beschädigten Flugzeug, das noch immer im Gras lag, wohin es einige Tage davor geschoben worden war. Es überraschte mich nicht zu hören, dass wir die Nacht hier verbringen und auf eine Ersatzmaschine warten mussten, weil niemand den Motor reparieren konnte. Wir setzten uns in der sengenden Hitze auf die Stufen des geschlossenen Flughafengebäudes und hofften, dass irgendjemand in Mbandaka stutzig wurde und hergefahren kam. Um die Zeit sinnvoll zu nutzen, zog ich mein schmutziges, verschwitztes Hemd aus und wusch es unter einem Wasserhahn an der Seite des Gebäudes. Kaum hatte ich das Hemd auf einer niedrigen Backsteinmauer ausgelegt, als wir Motorengeräusche in der Ferne hörten. Kurz darauf sahen wir einen Mercedes und einen Pick-up auf uns zukommen. Im ersteren saß der örtliche Gouverneur, der uns erst vor wenigen Stunden verabschiedet hatte und angefahren kam, um festzustellen, was passiert war. Als *Monsieur le Président* konnte ich diesem Beamten im frisch gestärkten *abacost* unmöglich halbnackt gegenübertreten. Also zog ich schnell wieder mein Hemd an und hoffte, er würde entweder nicht bemerken, dass es tropfnass war, oder aber den Umstand, dass es nass war, dem Schweiß des weißen Mannes zuschreiben. Wie ich mir hätte denken können, wurde ich aufgefordert, im Mercedes mitzufahren, was ich auch tat, stocksteif und ohne die Rückenlehne zu berühren aus Angst, einen nassen Fleck zu hinterlassen. Während der Fahrt ließ der natürliche Kapillareffekt kleine Bäche an meinem Hemd herunterlaufen. Ich konnte nur hoffen, dass wir am Rathaus ankamen, bevor sie meine Leistengegend und mein Gesäß erreichten. Glücklicherweise endete die Fahrt, ehe ich auf die plumpe förmliche Erklärung zurückgreifen musste, die ich mir zurechtgelegt hatte: „Je ne souffre pas d'incontinence."

Das Protokoll setzte mir auch weiterhin zu. Da es in der Stadt kein Hotel gab, wurden drei der Amerikaner im Gästequartier der Brauerei von Mbandaka untergebracht. Ich hätte nichts dagegen gehabt, ebenfalls dort abzusteigen: Obwohl ich kein Biertrinker bin, hatte ich auf dieser Reise entlang des Äquators das Erzeugnis dieser Brauerei gleich fassweise konsumiert, wie mir schien, weil ich es für das einzige ungefährliche Getränk in der ganzen Äquatorialprovinz hielt. Doch meine Frau und ich wurden zusammen mit Roy Greep, dem ältesten Mitglied unserer Gruppe, in muffigen, staubigen Räumen der örtlichen Bank untergebracht, ohne Zimmermädchen und sogar ohne Kassierer, da die Schalterstunden längst vorbei waren. Die Bank galt in der örtlichen Hackordnung als absolute Spitze.

In Kinshasa einigten sich die Zairer und die Amerikaner kurz vor unserer Abreise in die Vereinigten Staaten darauf, Ghesquire zum örtlichen Betreuer des Projekts zu ernennen. Seine Aufgabe war es, den Transport einiger Zwergschimpansen an das *Yerkes Center* in die Wege zu leiten, wo erste biochemische, immunologische und genetische Studien durchgeführt werden sollten, bevor man die nächsten und kostspieligeren Phasen meines Vorschlags in Angriff nahm. Das *Yerkes* würde die Mittel beschaffen, damit ein zairischer Tierarzt die Schimpansen begleiten und ein Jahr an der *Emory University* ausgebildet werden konnte. Obgleich ich enttäuscht war, keinem einzigen Zwergschimpansen auf freier Wildbahn begegnet zu sein (am Tumba-See dachte ich jeden Morgen beim Aufwachen: „Heute ist es so weit!"), hatte ich doch das Gefühl, dass die

Sache genauso schnell vorankam wie das Projekt, das innerhalb von zwei Jahren zur Gründung des ICIPE in Nairobi geführt hatte. Wie sich herausstellte, dauerte es drei Jahre, bevor die ersten Zwergschimpansen am *Yerkes Center* eintrafen; und wie bei allen wichtigen und selbst unwichtigen Entscheidungen in Zaire war auch in diesem Fall das Eingreifen von Staatspräsident Mobutu erforderlich.

Aufgrund einer statistischen Unwahrscheinlichkeit, wie sie im Leben immer wieder einmal eintritt, schreibe ich diesen Bericht über den Ausgang der *Pan-paniscus*-Affäre an Bord einer Sabena-Maschine auf dem Flug von Afrika nach Brüssel. Es ist 17 Jahre später, Mitte Juli 1989, und ich bin auf dem Weg zurück nach Stanford nach einer einwöchigen wissenschaftlichen Konferenz über Meereschemie im Senegal. Auf dem Hinflug war der Film, der gezeigt wurde, kein anderer als *Gorillas im Nebel*, die Geschichte der Amerikanerin Dian Fossey, die jahrelang die Berggorillas in Ruanda studierte, ehe sie ermordet wurde. Ausnahmsweise bat ich die Stewardess um Kopfhörer. Ich hatte Dian Fosseys Arbeit seit einiger Zeit verfolgt und wusste, dass sie in Zaire angefangen hatte und nur von den politischen Unruhen über die Grenze nach Ruanda vertrieben worden war. Während ich auf den Beginn des Films wartete, dachte ich über die Gorilla-Connection meiner Familie nach.

Als Student in Stanford lernte mein Sohn Dale Anfang der 1970er Jahre Francine Patterson kennen, eine Diplom-Psychologin, deren Doktorarbeit ihren Versuch zum Thema hatte, mittels Zeichensprache eine Kommunikationsmöglichkeit mit Koko herzustellen, einem jungen Gorillaweibchen, das mit ihr zusammen in einem Wohnwagen auf dem Campus in Stanford lebte. Dale interessierte sich für das Projekt, und die beiden wurden rasch Freunde. Einmal musste ich in der Nähe meiner Ranch südlich von San Francisco auf der schmalen Bear Gulch Road abbremsen, um einen entgegenkommenden Wagen vorbeizulassen, in dem ein Gorilla aufrecht auf dem Beifahrersitz saß. Es waren Francine Patterson und Koko, die zu Dales Haus fuhren. Ich folgte ihnen und konnte schnell feststellen, was für ein zutrauliches Tier die junge Koko war. Bestimmt, aber freundlich legte sie einen Arm um meine Schul-

Dale und der Gorilla Koko auf der
SMIP-Ranch im Jahr 1976

tern und versuchte dann, mit Zeigefinger und Daumen der anderen Hand einen Leberfleck auf meiner Stirn zu entfernen, den sie offensichtlich für ein Insekt hielt. (Bald darauf ließ ich ihn chirurgisch entfernen.) Ein andermal, als ich einen Spaziergang auf Dales Seite der Ranch machte, sah ich plötzlich zwei Gorillas auf mich zulaufen. Ich wusste nicht, dass Koko einen Gefährten namens Michael bekommen hatte, und glaubte einen verrückten Moment lang, wieder in Afrika zu sein.

Koko war der Star von Dales Debüt als Filmemacher. Zusammen mit einem Freund, dem französischen Produzenten und Regisseur Barbet Schroeder, drehte er einen Dokumentarfilm über Francine Pattersons enge Beziehung und Interaktion mit Koko, der sowohl in den Staaten als auch in Europa gezeigt wurde. Dieses Projekt war der Auftakt zu einem wesentlich ehrgeizigeren Film über die Rückkehr der im Zoo von San Francisco geborenen Koko in ihre afrikanische Heimat. Michael war noch nicht in Kokos Leben getreten, und bis dahin hatte das Gorillaweibchen nur menschliche Gesellschaft gekannt und mittels Zeichensprache eine primitive Verständigung hergestellt. Thema des Films sollte der „Kulturschock" sein, der Koko bei der Begegnung mit ihren Berggorilla-Vettern im Osten von Zaire erwartete. Dale und Schroeder beauftragten Sam Shepard, das Drehbuch zu schreiben, und im Dezember 1976 flogen sie nach Bujumbura, um festzustellen, was zur Realisierung des Films notwendig war. Adrien Deschryver, ein Belgier, der damals in der Nähe von Bukavu lebte und die Berggorillas auf der zairischen Seite eingehend studiert hatte, stellte ihnen ein kleines Flugzeug zur Verfügung, damit sie sich einen Überblick über das Gebiet verschaffen konnten. Später wanderten sie, teils mit Hilfe von Albert Prigogines Organisation, durch den Kahuzi-Biega-Nationalpark, ein von Deschryver gegründetes Gorillaschutzgebiet in den Bergen zwischen Zaire und Ruanda, wo sie ihre erste Gemeinschaft von Gorillas aufspürten. Dales Familienname verschaffte ihm sogar Zutritt beim neuen zairischen Leiter des IRSAC, der ihnen für ihren Film Unterstützung vor Ort zusagte. Doch leider wurde das Vorhaben nie realisiert, und nur der Dokumentarfilm wurde gedreht. Während mein Jet Richtung Dakar raste, konnte ich die Professionalität von *Gorillas im Nebel* nur bewundern und mir die logistischen Schwierigkeiten ausmalen, die der Produzent und der Regisseur zu überwinden hatten.

Aber wie es in Zaire so oft der Fall ist, hatte es am IRSAC und im Nationalen Forschungs- und Entwicklungsrat einen kompletten Personalwechsel gegeben, was bedeutete, dass das Rad erst neu erfunden werden musste, bevor eine akzeptable Vereinbarung über den Transfer der Tiere an das *Yerkes Center* erzielt werden konnte – ein Vorgang, der meine Akten über das Zaire-Projekt exponentiell anwachsen ließ. In dieser Zeit entdeckte Ghesquiere, dass ein belgisches Arztehepaar, das in der Nähe von Bosondjo in der Äquatorialprovinz lebte, von Jägern vier Zwergschimpansenbabys gekauft hatte und diese liebevoll aufzog. Die beiden waren bereit, *Yerkes* ein Pärchen zu leihen. Doch bevor das Angebot weiter verfolgt werden konnte, war das Ehepaar wieder nach Belgien gezogen und hatte es irgendwie geschafft, die Schimpansen ohne Genehmigung auszuführen. Die Tiere wurden schließlich in erstklassigen Gehegen im Stuttgarter Zoo untergebracht, dessen Direktor anbot, *Yerkes* zwei der Tiere für biomedizinische Untersuchungen zu leihen. Als sich diese Möglichkeit aufgrund einer gesetzlichen (und meiner Meinung nach weisen) Bestimmung zerschlug – Tiere, die auf der Liste der bedrohten Arten stehen, dürfen nicht ohne amtliche Erlaubnis des Herkunftslandes (in diesem Falle Zaire) in die Vereinigten Staaten eingeführt werden –, griffen wir auf unseren ursprünglichen Plan zurück, der vorsah, unter der Schirmherrschaft des IRSAC einige Tiere einzufangen. Inzwischen war das Büro von Staatspräsident Mobutu auf der Bildfläche erschienen. Mobutu hatte sich einen eigenen Privatzoo eingerichtet und wollte, dass die Zuchtkolonie dort statt am Tumba-See eingerichtet wurde. Dem amerikanischen Botschafter Sheldon Vance gelang es jedoch, ihn dazu zu bewegen, im Rahmen eines Leih-Pacht-Abkommens den Versand von drei ausgewachsenen Zwergschimpansen an das *Yerkes Center* zu autorisieren, woraufhin ich einen kleinen Forschungszuschuss vom *Commonwealth Fund* bekommen konnte, um die Kosten für das Einfangen und den Transport der Tiere zu decken.

Ghesquiere schrieb mir ausführlich, wie alles ablief. Bürger Jeje Songo, der außer seiner Muttersprache Lingala auch fließend Französisch und Deutsch, aber kein Englisch sprach, war am IRSAC schon früher beim Einfangen von Gorillas und Schimpansen dabei gewesen. Geoffrey Bourne hatte die Mittel aufgetrieben, um Jeje nach Atlanta zu holen und ein Jahr am *Yerkes* auszubilden; und Jeje wurde dazu bestimmt, die eingefangenen Tiere in die Vereinigten Staaten zu begleiten. Jeje und Sinclair Dunnett, ein Engländer, der mit einer britischen Expedition nach Zaire gekommen war, um Stanleys Route durch den Kongo zu folgen („Mr. Livingstone, I presume?"), machten sich auf den Weg zu der Plantage bei Bosondjo, wo das belgische Ehepaar seine vier Zwergschimpansenbabys gekauft und aufgezogen hatte. Über das Einfangen selbst schrieb Ghesquiere:

Die südliche Route war seit Jahren nicht mehr benutzt worden, und so brauchten wir fünf Stunden (in einem Toyota-Pick-up mit Allradantrieb), um etwa 25 Kilometer zurückzulegen, da wir uns die meiste Zeit den Weg freihacken mussten. Wir setzten uns mit den Dorfbewohnern in Verbindung, die alle bestätigten, dass es im Urwald jede Menge Bonobos *(Pan paniscus)* gab. Das Einfangen von Jungtieren sei kein Problem – die könnten sie innerhalb von ein bis zwei Tagen liefern –, aber bei ausgewachsenen Tieren sehe die Sache anders aus. Sie waren sich jedoch einig, dass es mit den hier üblichen Netzen zu schaffen sei. Das Ganze läuft im Grunde genau so ab, wie *Citoyen* Jeje die Fangexpeditionen in Kiwu schilderte. Zuerst folgen Späher den Schimpansen, manchmal tagelang, bis sie die Schlafnester ausfindig machen, die die Tiere gewöhnlich eine Stunde vor Einbruch der Dunkelheit aufsuchen und vor Tagesanbruch nicht mehr verlassen. Dann werden die übrigen Fänger zu der Stelle gebracht, wo sie die Netze auslegen. Am frühen Morgen wird ein Mann auf den Baum geschickt, auf dem sich die Schimpansen befinden, um sie aufzuscheuchen. Die Zwergaffen lassen sich auf die Erde fallen, wo sie von den anderen Männern in Richtung der Netze getrieben werden. Sobald ein Schimpanse im Netz ist, hält ihn der Fänger, der am nächsten steht, mit einem langen Stock fest, bis ihn einer von uns mit einer intramuskulären Injektion Natriumpentothal betäuben kann. Dann wird der Schimpanse in einen Käfig gesetzt und bekommt am ersten Tag etwas Valium ins Futter, damit er ruhig bleibt.«

Auf diese Weise fingen *Citoyen* Jeje und Sinclair Dunnett ein pubeszentes Männchen und Weibchen sowie ein älteres Weibchen. Die Bewohner von Bosondji boten ihnen zwei Schimpansenbabys an, offenbar die unverspeisten Überreste einer Jagd nach Fleisch. Diese Tiere waren schwach und litten an Darmparasiten, was bei Tieren, die von Dorfbewohnern gehalten werden, häufig der Fall ist. Alle fünf Schimpansen wurden vom amerikanischen Militärattaché in seiner Beechcraft nach Kinshasa geflogen und dann, nach einem zweiwöchigen Aufenthalt in Präsident Mobutus Privatzoo, wo erste medizinische Untersuchungen durchgeführt wurden, in ein Transportflugzeug der Pan Am nach New York verladen. Jeje blieb auf dem ganzen Flug bei ihnen, gab ihnen Futter und Wasser und kontrollierte die Kabinentemperatur. Am 26. März 1975 trafen die fünf Schimpansen kurz vor Mitternacht auf dem New Yorker Kennedy Airport ein, wo sie von Dr. Grant Kuhn in Empfang genommen wurden, dem leitenden Tierarzt des *Yerkes Center*, der sie in einem beheizten Lastwagen in das örtliche Tierheim brachte. Am nächsten Tag ging es mit einer DC-10 der Delta Airlines nach Atlanta und in einem beheizten Lastwagen zur Quarantänestation des

Yerkes. Innerhalb eines Tages wurden Rektum- und Halsabstriche gemacht, Blutproben für diverse hämatologische Untersuchungen entnommen und TB-Tests durchgeführt. Es war zwingend erforderlich, ihren Gesundheitszustand zu ermitteln, bevor man mit ernsthaften biochemischen, immunologischen und endokrinologischen Tests begann.

Nach zehn Tagen hörten die Babys wegen einer schweren *Candida*-Infektion auf zu fressen. Trotz einer Behandlung mit Penicillin und dem Fungizid Nystatin und nachfolgender künstlicher Ernährung starben die beiden Kleinen. Die Autopsie ergab, dass sie an einer Vielzahl von Krankheiten litten, darunter Angina, Lebernekrose und chronische Perikarditis; es besteht kaum ein Zweifel, dass sie auch in Zaire an diesen Krankheiten gestorben wären. Die drei Schimpansen, die Jeje und Dunnett eingefangen hatten, erhielten die Namen Lokolema (ein ausgewachsenes Weibchen, das knapp 25 Kilogramm wog), Matata (ein 9 Kilogramm schweres Weibchen) und Bosondjo (ein etwas über 11 Kilogramm wiegendes Männchen). Abgesehen von Darmparasiten, die sie aus Zaire mitgebracht hatten und die mit Wurmkuren leicht in Schach zu halten waren, gediehen die drei Tiere am *Yerkes Center* prächtig und lieferten mit der Zeit eine Fülle von Informationen.

1923 erwarb Robert Yerkes, der damals in Yale lehrte und später das nach ihm benannte Primatenzentrum gründete, vom Bronx Zoo seine beiden ersten Schimpansen, denen er die Namen Chim und Panzee gab. Erst nachdem *Pan paniscus* im Jahre 1928 offiziell beschrieben worden war, stellte sich heraus, dass Chim, den Yerkes ein „intellektuelles Genie" nannte und dessen „bemerkenswerte Flinkheit und schnelle Auffassungsgabe sich mit einem fröhlichen und zufriedenen Wesen verbanden, das ihn bei jedermann beliebt machte", ein Zwergschimpanse war. Seit seiner wissenschaftlichen Erfassung glaubt man, dass *Pan paniscus*, unter anderem wegen seiner Größe und Körperhaltung, enger mit den mutmaßlichen Vorfahren des Menschen (wie dem *Ramapithecus* und dem *Australopithecus*) verwandt ist als jeder andere lebende Menschenaffe.

Die ersten Blutwerte und hämatologischen Ergebnisse der drei Zwergschimpansen schienen diese Ansicht über eine Verwandtschaft zu erhärten. Als jemand, der ständig auf seinen Cholesterinspiegel achtet und ihn nur dank heroischer Diätkuren bei 195 hält, freute es mich zu hören, dass Lokolema einen Cholesterinspiegel von 202 hatte, Matata und Bosondjo dagegen von 182 und 195 – und das ohne fettarmen Joghurt und Fisch. Nach den ersten Gesundheitskontrollen wurden die drei Zwergschimpansen einer sorgfältigen Beobachtung unterzogen, die im Falle der jüngeren Tiere Matata und Lokolema auch den engen körperlichen Kontakt mit einem menschlichen Beobachter beinhaltete. Die Psychologin Sue Savage beschrieb die beiden Tiere in Worten, die Dr. Yerkes gefallen hätten. Neben ihrer Flinkheit und Lebhaftigkeit und ihrer Empfänglichkeit für soziale Signale vermerkte sie „eine Scheu, Unentschlossenheit, Sensibilität und Zärtlichkeit, die man bei gewöhnlichen Schimpansen nicht findet". Während Letztere meist für sich sitzen, wenn sie nicht spielen oder sich gegenseitig pflegen, „neigen Zwergschimpansen dazu beisammenzusitzen, den einen Arm gewöhnlich lässig um die Schultern des Gefährten gelegt". Auch das Sexualverhalten des Zwergschimpansen hört sich in Sue Savages Bericht nachgerade menschlich an:

Die Kopulation findet entweder ventro-ventral oder dorso-ventral statt, und in beiden Positionen können verschiedene Stellungen eingenommen werden. Direktes Anstarren und Blickkontakt gehen fast jedem Begattungsakt voraus ... Empfänglichkeit für den Gesichtsausdruck des Partners und das Ausstoßen von Lauten während des Begattungsaktes scheinen eher die Regel als die Ausnahme zu sein.

Diese Beispiele beweisen, welche Fürsorge und Aufmerksamkeit die Leute am *Yerkes* ihren zeitweiligen Gästen aus Zaire zuteilwerden ließen. Folglich waren alle am Projekt Beteiligten über den plötzlichen Ausbruch geradezu hysterischer Anschuldigungen und Unterstellungen sehr verärgert. Diese wurden durch einen einseitigen Artikel in der *New York Times* vom 15. Mai 1975 ausgelöst, in dem die Ankunft der fünf Tiere am *Yerkes Center*, der Tod der beiden Schimpansenbabys und die wissenschaftliche Grundlage des Projekts geschildert wurden. Die darauf folgenden wüsten Beschimpfungen gingen vermutlich auf die in dem Artikel aufgestellte falsche Behauptung zurück, alle fünf Schimpansen seien unter der Schirmherrschaft unseres Projekts mit Netzen eingefangen worden, und implizierten, dass wir für den Tod von zwei Tieren einer bedrohten Spezies verantwortlich seien. Die ersten Briefe kamen von einer Shirley McGreal, die sich als zweite Vorsitzende der *International Primate Protection League* in Bangkok auswies. Nachdem sie an Bourne geschrieben und eine lange, höfliche Antwort erhalten hatte, schrieb sie an Engel und bat um detaillierte Auskünfte bezüglich der Beteiligung der *National Academy of Sciences* sowie um genaue Angaben, wann unser Komitee in Zaire gewesen war und wie viel Zeit jeweils in Kinshasa und vor Ort verbracht wurde. Nachdem Engel mit einem langen Brief geantwortet hatte, schrieb McGreal an das amerikanische Außenministerium, an den Präsidenten der Akademie und schließlich an mich. Detaillierte Antworten von jedem von uns stellten sie nicht zufrieden: Sie war überzeugt, dass wir ein finsteres Komplott geschmiedet hatten, um den Bonobo-Bestand zu dezimieren. Obgleich ich viel Verständnis für Umweltschützer habe und Bewunderung empfinde, wie sie sich mit bescheidenen Mitteln und gegen übermächtige Interessen bemühen, eine wichtige Sache zu fördern, war mein reiches Reservoir an gutem Willen fast erschöpft, ehe mir klar wurde, dass McGreal nicht an Fakten interessiert war, sondern uns schlicht und einfach als brutale Tiermörder teeren und federn wollte. (Ich habe noch nie zugelassen, dass auf unserer Ranch ein Reh oder ein Kojote getötet wird; ich bin weder jemals auf die Jagd gegangen, noch habe ich je ein Gewehr besessen.) Folglich war Bournes in der *New York Times* zitierte Erklärung, ein wichtiges Ziel der Zusammenarbeit zwischen dem *Yerkes* und dem IRSAC sei es, „ein Programm zum Schutze eines der letzten in Freiheit lebenden Zwergschimpansenbestandes zu entwickeln", für diese Dame ohne jede Bedeutung. Genauso wenig wie die schriftliche Widerlegung seitens des Schimpansen-Experten und Verhaltensforschers A. Kortlandt aus Amsterdam und des früheren Generaldirektors des kongolesischen Nationalinstituts für die Erhaltung der Natur, Jacques Verschuren, der sogar den bedrohten Status von *Pan paniscus* in Zweifel zog. Aber es sollte noch schlimmer kommen.

Veranlasst durch besagten *Times*-Artikel brachte ein Dr. W. C. McGrew von der Universität Stirling in Schottland eine schließlich von 43 Einzelpersonen unterzeichnete Petition in Umlauf, die mit der eklatanten Anschuldigung begann, das *Yerkes Center* habe illegal fünf Schimpansen eingeführt, die zu diesem Zweck gefangen worden und von denen zwei bereits gestorben seien. Nach einer Verurteilung des *Yerkes Center* drängte die Resolution „die Regierung und das Volk von Zaire, das Einfangen von Zwergschimpansen in der Wildnis vollständig zu verbieten". Kopien gingen an zahlreiche wissenschaftliche und staatliche Einrichtungen, unter anderem an das amerikanische Innenministerium und an Präsident Mobutu. Und dann war wirklich die Hölle los.

Ausfuhr und Fangen von Schimpansen waren in Zaire bereits streng verboten und nur mit einer Sondergenehmigung erlaubt, die wir erhalten hatten. Dass weder die Regierung von Zaire noch irgendein anderes afrikanisches Land imstande gewesen war, die Jagd und den Schmuggel insgesamt zu unterbinden, war natürlich allgemein bekannt; aber es war nicht gerade hilfreich, auf dieser Tatsache herumzureiten, schon gar nicht bei Präsident Mobutu, der auf einer Tagung des Internationalen Naturschutzbundes in Kinshasa die Eröffnungsansprache halten sollte. Ein urkomischer Brief aus Zaire schilderte mir, wie der neue Leiter des IRSAC, auf den Knien liegend und praktisch den Boden küssend, dem Präsidenten die Petitionen von McGreal und McGrew unterbreitete, woraufhin Mobutu – offiziell bekannt als *Citoyen Président Fondateur du Mouvement Populaire et Président de la Republique* – tobte, dies sei ein „outrage à la souveraineté nationale". Ghesquiere zufolge konnte man von Glück sagen, dass die Kopie der Petition, die Mobutu vorgelegt wurde, nicht die Namen der Unterzeichner enthielt, da ihnen andernfalls verboten worden wäre, jemals nach Zaire einzureisen und eben jene Spezies zu studieren, die sie schützen wollten. Mobutu verkündete, dass sich Zaire in puncto Naturschutz von niemandem Vorschriften machen lassen werde; dass *Pan paniscus* alleiniger und ausschließlicher Besitz von Zaire sei und mit ihm so verfahren werde, wie die Regierung es für richtig erachte; und schließlich, dass die Pläne für die Zuchtkolonie mit Volldampf weiterverfolgt würden.

Trotz dieses Präsidenten-Edikts kam das Zwergschimpansen-Projekt nie über die biomedizinische Forschungsphase am *Yerkes Center* hinaus – und zwar aus zwei Gründen. Erstens gab es keinen Zairer, der entsprechend einflussreich und gewillt gewesen wäre, seine Zeit und seine Karriere der Verwirklichung dieses Projekts zu verschreiben, wie Thomas Odhiambo es beim ICIPE in Kenia getan hatte. Ghesquiere, obwohl Belgier, hätte die nötige Begabung und auch die Tatkraft besessen, um die Sache durchzuziehen, aber er war nach Belgien zurückgekehrt, um in Louvain zu lehren. Der zweite Grund war, dass Mitte und Ende der 1970er Jahre keine günstige Zeit war, um Geld für wissenschaftliche Forschungsarbeiten in Entwicklungsländern, insbesondere in Afrika, aufzutreiben; die erforderlichen Mittel waren von Organisationen wie der UNESCO und der WHO, bei denen Anträge eingereicht worden waren, einfach nicht zu bekommen.

Die Unterzeichner der McGrew-Petition waren ein bunter Haufen, unter denen sich auch berühmte Namen befanden, beispielsweise Jane Goodall, die Schimpansen-Verhaltensforscherin. Fast ein Viertel der Unterzeichner waren Studenten aus Stanford, die bei Jane Goodall am *Gombe Stream Research Center* im westlichen Tansania gearbeitet hatten. Drei von ihnen waren von Rebellen aus Zaire entführt worden, die sie mehrere Wochen in der Provinz Kiwu festhielten, bevor ein Lösegeld bezahlt wurde, um ihre Freilassung zu erwirken. Diese bedauerliche Angelegenheit war im Wesentlichen der Grund für Jane Goodalls „Trennung" von Stanford. Ich lud acht dieser Studenten in mein Büro ein und fand dann heraus, wie wenig sie in Wahrheit über *Pan paniscus* als Spezies und das Projekt selbst wussten. Erst als ich in meinen dicken Aktenordnern kramte und konkrete Beweise vorlegte, wurde klar, dass man ihnen eine verfälschte und unvollständige Version aufgetischt hatte; als sie gingen, wussten sie, dass unser Projekt kein korruptes Unternehmen war, um den Zwergschimpansen-Bestand von Zaire zu dezimieren.

April 1991. Als im Überfliegen wissenschaftlicher Zeitschriften erfahrener Mensch blätterte ich rasch die neueste Ausgabe von *Science* durch, als ein erstaunliches Farbfoto meinem ungeduldigen Finger Einhalt gebot. Die Bildunterschrift „*Big talker.* Zwergschimpanse Kanzi formt Steinwerkzeug" ließ die Seite einen Moment lang vor meinen Augen erstarren, gerade lange genug, um den Teil eines Satzes zu erhaschen: „Sue Savage-Rumbaugh von der Georgia State University und Patricia Marks Greenfield von der University of California in Los Angeles behaupten, ein Zwergschimpanse namens Kanzi könne grammatikalische Sätze bilden wie ein zweijähriges Kind – und sogar neue Syntaxregeln erfinden." Das klang schon recht überzeugend, doch der nächste Satz des *Science*-Artikels – „Es hat den Anschein, als müsste die Debatte, ob Sprache etwas nur dem Menschen Eigenes ist, neu eröffnet werden" – ließ mich erneut zu meinen dicken Zwergschimpansen-Akten greifen.

Sie führten mich zwar nicht zu Kanzi, aber ich fand dort eine Sue Savage, die Psychologin, die Mitte der 1970er Jahre als Erste längere Zeit persönlichen Kontakt mit zwei unserer zairischen Zwergschimpansen-Einwanderer am *Yerkes Center* hatte, nämlich mit Matata und Lokolema. Auf meine Anfrage hin schrieb sie mir, dass Matata vier Junge zur Welt gebracht hatte – drei Weibchen und ein Männchen –, die alle von Bosondjo gezeugt worden waren, dem älteren männlichen Einwanderer aus den 1970er Jahren. Unsere Matata war auch die Stiefmutter von Kanzi, den sie seiner leiblichen Mutter Lorel (einer Leihgabe des Zoos von San Diego) gestohlen hatte. Kanzi und zwei seiner Stiefschwestern leben heute außerhalb von Atlanta in einem etwa 20 Hektar großen Wald, dem *Language Research Center* (einem gemeinsamen Unternehmen des *Yerkes* und der *Georgia State University*), wo sie Teil eines Programms zur Erforschung ihrer kognitiven Fähigkeiten sind.

Ich war auf diese erst jetzt entdeckten Folgen unseres Bonobo-Projekts viel zu stolz, um bei den vorläufigen Forschungsergebnissen zu kiebitzen, die Sue Savage-Rumbaugh zusammengetragen hatte, selbst wenn ich beruflich dazu qualifiziert gewesen wäre. Außerdem war ich ungeheuer beeindruckt, als ich sie und Kanzi am *Language Research Center* besuchte, wo sie damals ihre Experimente durchführte. Warum sollte ich Kanzis Fähigkeiten in Frage stellen, durch Verändern der Wortfolge eine andere Bedeutung auszudrücken? Als die Trainerin beispielsweise Kanzis Stiefmutter Matata packte, benutzte Kanzi die entsprechenden Symbole in der Reihenfolge „packen Matata". Aber als die Stiefmutter einen Mann biss, wählte Kanzi „Matata beißen". Andere Beweise für die Sprachgewandtheit des Zwergschimpansen sind Auszügen eines Briefes zu entnehmen, den mir Sue Savage-Rumbaugh schrieb: „Heute Morgen sagte er: ‚Sue Ball', damit ich ihm einen Ball bringe, ‚Schlüssel auf', um in den angrenzenden Wohnbereich zu Matata gelassen zu werden, und ‚verstecken Matata', als ich ihm sagte, dass er die Tür nicht öffnen könne. Dann sagte er: ‚Kolonieraum Schlafraum', um mir zu erklären, dass er durch den Kolonieraum in den Schlafraum gehen wollte." Wie Savage 1976 erwähnt hatte, unterscheiden sich Zwergschimpansen vom gewöhnlichen Schimpansen *Pan troglodytes* durch die große Ähnlichkeit mit dem Menschen, was Sozial- und Sexualverhalten betrifft. Nun, im Jahre 1991, ließ sie durchblicken, das Sprachverhalten unserer Zwergschimpansen-Verwandten deute darauf hin, dass Sprache auf einen gemeinsamen affenartigen Vorfahren (vor rund fünf Millionen Jahren) zurückgehen könnte und nicht allein dem Menschen eigen ist.

Das größte Problem bei der Erweiterung dieser aufregenden Studien ist die äußerst geringe Zahl von Versuchstieren (nur sieben Gründertiere in ganz Nordamerika). Wäre unsere Zuchtkolonie am Tumba-See zustande gekommen, dann wäre diese Insel in Zaire der ideale Ort für eine Art idyllischen Bonobo-Kibbuz gewesen, wenn man in Betracht zieht, dass Zwergschimpansen im Gegensatz zu anderen Menschenaffen „Kibbuz-Verhalten" an den Tag legen: Alle erwachsenen Tiere beiderlei Geschlechts beteiligen sich an der Aufzucht der Jungen sowie am Sammeln und an der Verteilung der Nahrung.

Nur ihr Sexualverhalten, das erst jüngst von dem japanischen Primatologen Takayoshi Kano beschrieben wurde und sich deutlich von dem normaler Schimpansen unterscheidet, würde in einem Kibbuz wohl kaum Zustimmung finden.

Von einem Versteck aus konnte Kano eine Gemeinschaft von rund 60 Zwergschimpansen beobachten, die sich an einer Futterstelle versammelten, die jeden Tag mit frischen Früchten und Zuckerrohr versorgt wurde. Nicht anders als normale Schimpansen ließen die Bonobos zunächst große Erregung erkennen. Aber im Gegensatz zu den Schimpansen, bei denen diese Erregung rasch in Aggression und Streit um die Nahrung umschlug, entlud sich die anfängliche Aufregung der Zwergschimpansen prompt in sexuellen Verkehr in der Missionarsstellung. Kano konnte nie eine erzwungene Kopulation oder heterosexuellen Analverkehr beobachten. Wenn sich zwei Weibchen während der anfänglichen Erregungsphase, die mit Nahrung im Zusammenhang steht, begegnen, nähern sie sich Bauch an Bauch, reiben ihre Genitalien aneinander und beginnen dann zu fressen. Eine ähnliche Begegnung zwischen zwei Männchen gleichen Ranges manifestiert sich in einer Annäherung Rücken an Rücken, gefolgt von schnellem Aneinanderreiben der Hinterteile. Kano interpretiert dieses Verhalten als eine Form der Begrüßung und die heterosexuelle wie auch die homosexuelle Aktivität als einen Mechanismus, um die Erregung abzubauen, die sich beim Anblick einer größeren Nahrungsmenge einstellt. All diese sexuellen Äußerungen hören innerhalb von zehn Minuten auf, woraufhin sich die Tiere zusammendrängen und die Nahrung friedlich teilen. Ein weiterer faszinierender Unterschied zwischen gewöhnlichen Schimpansen und Bonobos ist, aus Kanos Sicht, die hierarchische Stellung der weiblichen Tiere. Bei den gewöhnlichen Schimpansen dominiert in der Regel das Männchen, sodass selbst Männchen auf der niedrigsten Stufe noch über dem ranghöchsten Weibchen stehen. Bei den Bonobos dagegen nehmen häufig rangältere Weibchen, und vor allem Muttertiere, die dominierende Position ein. Es freute mich zu hören, dass der Feminismus unter den Primaten seinen Ursprung bei den Zwergschimpansen gehabt haben könnte.

Das hier gekürzt wiedergegebene Kapitel aus meiner früheren Autobiografie endete 1991. Doch wie ich 17 Jahre später feststellte, war das weder das Ende der Bonobo-Geschichte noch das meiner persönlichen Beteiligung daran.

Die von mir vorgeschlagene Zuchtkolonie am Tumba-See kam aus mehreren Gründen nicht zustande. Eine Reihe von Primatologen, die sich mit dem ursprünglichen Vorschlag nicht anfreunden konnten, kämpften weiterhin dagegen an, aber die äußerst gefährliche politische Lage sowie die fehlende Finanzierung machten eine Umsetzung ohnehin unmöglich. Sue Savage-Rumbaugh, zweifellos die engagierteste Forscherin auf dem Gebiet der Sprachaneignung bei Bonobos, setzte ihre wegweisende Arbeit am *Language Research Center* mit mehreren Bonobos fort, insbesondere mit Kanzi (geboren 1980 am *Yerkes Center*) und seiner Adoptivmutter Matata, die 1970 in Zaire zur Welt gekommen und 1975 im Rahmen unseres von der *National Academy of Sciences* initiierten Projekts an das *Yerkes Primate Center* gebracht worden war. Matata ist noch immer gesund und munter, nachdem sie 2000 ihr letztes Junges, Maisha, zur Welt gebracht hat.

2002 wurde in Des Moines in Iowa der *Great Apes Trust*, eine private philanthropische Einrichtung, gegründet, um die Ursprünge und die Zukunft von Kultur, Sprache, Werkzeug und Intelligenz von Menschenaffen zu studieren. Die eigentliche Arbeit begann 2005, als Sue Savage-Rumbaugh an das Institut kam, zusammen mit Matata, der unangefochtenen Matriarchin, und sechs weiteren Bonobos, die alle mit Matata verwandt waren, nämlich ihren Kindern Panbanisha, Elykia und Maisha, ihrem Adoptivkind Kanzi und ihren Enkelkindern Nyota und Nathan. Teco, ein weiterer Bonobo der dritten Generation, der Sohn von Kanzi und Matatas Tochter Elikya, wurde 2010 geboren. Ich erwähne diese Details, um den inzestuösen Charakter der Beziehung zwischen einigen von ihnen herauszustreichen, weil es, wie ich schildern werde, zu Problemen führte.

Kanzi genießt wegen seiner rezeptiven Kompetenz für gesprochenes Englisch mit einem Vokabular von mehreren hundert Wörtern zurecht die größte Aufmerksamkeit. Eine weitere Besonderheit, die Kanzi mit seiner Halbschwester Panbanisha teilt, ist die Fähigkeit, mit einer großen Computertastatur mit zahlreichen Bildsymbolen umzugehen. Alle diese Studien, verbunden mit den früheren biochemischen, endokrinologischen Forschungen und Verhaltensstudien, führen zu dem Schluss, dass Bonobos bei weitem die engsten Verwandten der Menschen sind.

Tatsächlich wurde bereits angeregt, die Gattung *Pan*, der die Bonobos als *Pan paniscus* angehören, als Untergattung der Gattung *Homo* einzustufen. Die Verfechter dieser dramatischen taxonomischen Neuzuordnung weisen darauf hin, dass „Kultur, Selbstsein/Identität, Kreativität, Vorstellungsgabe, elementares moralisches Handeln und Denkvermögen bisher Kompetenzen waren, die man ausschließlich für dem Menschen eigen hielt ... und dass der Besitz dieser Reihe von Eigenschaften zusammen mit Sprach- und Zeichenkompetenz ebenfalls ein hominidenübergreifendes Phänomen von *Pan* sein könnte". Als ich in den 1970er Jahren erstmals den Vorschlag machte, Bonobos als Tiermodelle für die menschliche Fortpflanzung zu studieren, wäre mir nicht in meinen kühnsten Träumen eingefallen, dass die Ähnlichkeiten zwischen *Homo sapiens* und *Pan paniscus* so weitreichend sein könnten.

Nach jahrzehntelanger ununterbrochener Arbeit mit einer so eng verwandten Tiergruppe ist es heute möglich, die generationenübergreifenden Auswirkungen von Sprache und Kultur an Bonobos der zweiten und dritten Generation zu studieren, die in einem bikulturellen Umfeld aufgewachsen sind. Inzwischen gibt es Versuche, diese bikulturelle Mensch-Bonobo-Interaktion auf eine Bonobo-Mensch-Variante auszuweiten, was in Zusammenarbeit des *Primate Learning Center* in Iowa mit der Universität Haifa geschieht. Ziel dieser Versuche ist es, die wechselseitige intelligente Kommunikation zwischen autistischen, kommunikativ behinderten Jugendlichen und sprachkompetenten Bonobos zu erforschen. Obwohl ich die Erfolgsaussichten dieses Projekts nicht beurteilen kann, halte ich die Idee, Menschen mit Hilfe von Bonobos etwas beizubringen, für so ungewöhnlich, dass es schade wäre, wenn man es nicht versuchen würde.

So weit so gut, aber 2008 war plötzlich die Hölle los, als Pläne bekannt wurden, Matata und ihren Sohn Maisha aus ihrem Zuhause im *Great Ape Trust* in Iowa in den Zoo von Milwaukee zu verlegen, damit die knapp 40-jährige Matata möglichst noch einmal trächtig wurde und weitere Nachkommen bekam, um so die in Georgia herrschenden Zuchtbedingungen mit Tieren der gleichen Abstammung zu vermeiden. Der Umzug wurde vom Zoo in Atlanta initiiert, wo man behauptete, Eigentümer von Matata zu sein. Während die Angestellten des Zoos offenbar nie meine Autobiografie gelesen hatten, wussten Savage-Rumbaugh und Kollegen sowie ihr Anwalt William Zifchak sehr wohl Bescheid, wie und warum Matata überhaupt in die USA gekommen war. Sie baten mich, den Vorgang in einem Schreiben zusammenzufassen, das ich hier wiedergebe:

London, 7. November 2008

„Bescheinigung"

Als Vorsitzender von BOSTID (Board of Science and Technology
for International Development) der National Academy of Sciences leitete ich 1972 eine kleine Gruppe von Primatologen (darunter
Geoffrey Bourne, damals Direktor des Yerkes Center), um ein Auf-
zuchtprogramm und entsprechende biochemische Untersuchungen von *Pan paniscus* (Bonobo) in Gang zu setzen, der damals als
bedrohte Primatenspezies galt. Dies führte dazu, dass fünf Bonobos, darunter das als Matata bekannte Tier, in Zaire (dem heutigen
Kongo) eingefangen und im Rahmen eines von Präsident Mobutu
genehmigten Leih-Pacht-Abkommens in die Vereinigten Staaten
gebracht wurden. 1975 wurden Matata und die anderen vier Bonobos an das Yerkes Research Center in Atlanta geschickt zu dem
ausdrücklichen Zweck, Genetik und Eigenschaften der Zwergschimpansen, d.h. der Bonobos, zu studieren. Meines Wissens hat
Zaire/der Kongo nie auf sein Eigentumsrecht an Matata verzichtet, und falls die Voraussetzungen, aufgrund derer Matata an das
Yerkes Research Center in Atlanta ausgeliehen wurde, nicht mehr
existieren, kann die kongolesische Regierung zu Recht verlangen,
dass sie dem Kongo zurückgegeben wird. Ich kenne keinen einzigen Grund, weshalb der Zoo von Atlanta den Anspruch erheben
könnte, rechtmäßiger Besitzer von Matata zu sein, was er in den
mehr als 30 Jahren seit Matatas Ankunft in den Vereinigten Staaten
auch nie getan hat. Für weitere Informationen verweise ich auf
Kapitel 14 meiner Autobiografie „The Pill, Pygmy Chimps, and
Degas' Horse", erschienen 1992 bei Basic Books, das einen detaillierten Bericht über die frühe Geschichte von Matata und das Leih-
Pacht-Programm enthält.

Hochachtungsvoll,
Carl Djerassi
(Prof. emeritus der Stanford University,
Mitglied der National Academy of Sciences und des Institute
of Medicine)

Die Folge war, dass die Originalverträge in den Archiven der *National Academy of Sciences* ausfindig gemacht wurden. Nicolas Mwanza, der Generaldirektor des kongolesischen Forschungs-zentrums für Ökologie und Forstwirtschaft der Provinz Équateur, dem mein Bericht ebenfalls bekannt war, bestätigte den Sach-verhalt kurz darauf in einem Briefwechsel, sodass die vom Zoo initiierten Versuche unterbunden wurden. Die schriftlichen Peti-tionen seitens einer Reihe von Primatologen und Biologen und die von Ursula Goodenough von der Washington University in St. Louis organisierte „Matata-Initiative" trugen, unterstützt durch den detaillierten Bericht in meiner 1992 erschienenen Autobiografie, vor Gericht den Sieg davon und verhinderten die vom Zoo in Atlanta geplante Verlegung von Matata und Manisha. Selbst bei flüchtiger Prüfung der Anträge des Zoos wird dessen fehlerhafte Beweisführung offenkundig. Matata hatte bereits sieben Junge geboren oder aufgezogen, sie ist jetzt 42 Jahre alt, und ihre letz-ten beiden Trächtigkeiten endeten mit Fehlgeburten, was bedeu-tet, dass es alles andere als sicher ist, dass sie weiteren Nachwuchs bekommen kann. Falls es der Zoo für wichtig hält, einen weiteren Versuch zu wagen, könnte man einfach ein männliches Tier nach Iowa schicken oder auf künstliche Befruchtung zurückgreifen.

Im Jahr 2012 befinden sich noch alle Bonobos in Iowa, da ein Richter in Des Moines zu dem Urteil kam, dass der Zoo in Atlanta keinen Rechtsanspruch auf Matata und ihren Nachkommen Maisha hat. Obwohl sich schwer sagen lässt, ob diese äußerst ver-wickelte Geschichte damit endgültig beendet ist, führe ich sie hier als Beweis an, dass autobiografischen Ergüssen gelegentlich noch andere Absichten zugrunde liegen als Selbstbefriedigung, Eigen-werbung und Exhibitionismus. Ich frage mich, was der linguistisch kompetente Kanzi zu all dem sagen würde. Um eine berühmte Zeile aus dem Gedicht *Life on a Battleship* von Wallace Stevens zu paraphrasieren:

So fragt ein Rabbiner.
Lasst die Bonobos antworten.

Was wäre, wenn?

Wenn im alten Griechenland Rechtsgelehrte nach einem interessanten Fall zusammenkamen, stellten sie sich provozierende Fragen wie: „Was wäre, wenn das und das geschehen wäre?", „Was wäre, wenn er das und das getan hätte?", „Was wäre, wenn ...?" Solche Fragen sollen der Ursprung der Dichtung gewesen sein. „Was würde ich heute anders machen, wenn ich noch einmal von vorne anfangen könnte?" Auch daraus folgt natürlich eine Art von Dichtung. Vielleicht ist es auch die Art von Dichtung, der sich der Mensch am häufigsten überlässt, wenn sich sein Leben dem Ende nähert.

Ich weiß noch, dass ich mich in den 1930er Jahren als Teenager in Wien zum ersten Mal mit der Frage „Was wäre, wenn?" zu beschäftigen begann, nachdem ich Stefan Zweigs *Sternstunden der Menschheit* gelesen hatte und darüber nachdachte, wie anders die Geschichte verlaufen wäre, wenn die Protagonisten der 14 Episoden jeweils einen Schritt in eine andere Richtung gemacht hätten. Eine weitere Begebenheit, an die ich mich erinnere, trug sich ein Vierteljahrhundert später zu, bei einem Mittagessen mit Fred Terman, dem legendären Provost der *Stanford University* und Begründer des Silicon Valley. Ich war aus Mexico City angereist, um mit Terman über die mir angebotene Professur in Stanford zu sprechen. Während der Unterhaltung erwähnte ich ein Buch des australischen Journalisten Alan Moorehead über die Russische Revolution, das ich auf dem Flug nach San Francisco gelesen hatte. Ich bemerkte, wie gut Moorehead die Figur Kerenskijs gezeichnet hatte und wie ganz anders die Geschichte verlaufen wäre, wenn dieser gemäßigte russische Revolutionär nur in wenigen Fällen eine andere Entscheidung getroffen hätte, was möglicherweise verhindert hätte, dass die Bolschewiken die Macht ergriffen. Terman beugte sich augenzwinkernd über den Tisch. „Das sollten Sie Kerenskij selbst sagen. Er sitzt direkt hinter Ihnen." Ich hatte angenommen, Kerenskij sei tot, doch nun erfuhr ich, dass der kleine alte Mann, der da ganz allein sein Sandwich aß, ein *Senior Fellow* der Stanforder *Hoover Institution* war. Ich dachte über den Unterschied zwischen seinem Schicksal und dem seines Mitrevolutionärs

Leon Trotzkij nach (dessen Enkel seinen Nachnamen in Wolkow geändert hatte und damals einer meiner Mitarbeiter bei Syntex war), den Stalins Schergen bis nach Mexiko verfolgt und ermordet hatten.

Zu diesem Zeitpunkt war ich 37 Jahre alt, zu jung noch, um Vermutungen anzustellen, was ich vielleicht anders gemacht hätte, wenn ich die Wahl gehabt hätte, aber alt genug, um darüber nachzudenken, was aus mir geworden wäre, wenn zwei verhängnisvolle Ereignisse nicht stattgefunden hätten. Was wäre, wenn es 1938 *nicht* zum Anschluss durch die Nazis gekommen wäre, wenn die Juden *nicht* aus Österreich vertrieben worden wären? Als einziges Kind zweier Ärzte, die beide zu Hause praktizierten, hätte ich zweifellos in Wien Medizin studiert und wäre nicht Chemiker, sondern praktischer Arzt geworden. Und was wäre, wenn ich etwa zu dieser Zeit *keine* tuberkulöse Infektion und *keinen* Skiunfall gehabt hätte, was später dazu führte, dass mein Knie dauerhaft versteift werden musste, weil die Tuberkelbazillen aus meiner Lunge sich im Kniegelenk angesiedelt hatten? Wie die meisten Angehörigen dieser Flüchtlingsgeneration hätte ich in der amerikanischen Armee gedient und nicht den Luxus genossen, spielend College und Studium zu absolvieren, danach zu promovieren und meine formale Ausbildung in dem Jahr abzuschließen, in dem der Krieg endete und die Soldaten, die überlebt hatten, heimkehrten und ihre Ausbildung begannen.

Doch diese Überlegungen verblassen bis zur Bedeutungslosigkeit, wenn ich daran denke, wie sich die Frage „Was wäre, wenn?" am 5. Juli 1978 stellte; sie hat mich seit dem Freitod meiner Tochter Pamela nicht mehr losgelassen. Hätte ich irgendetwas tun können, um diese größte Tragödie meines Lebens zu verhindern? In jedem meiner früheren autobiografischen Bücher kam ich gegen Ende auf diese Frage zurück, und ich muss dies nun wieder tun, da nie ein dunklerer Schatten auf mein Leben gefallen ist – ein Schatten, der sich nie gelichtet hat. Das erklärt auch, warum das erste Kapitel dieses Buches mit meiner persönlichen Einstellung zum Freitod beginnt. Und da ein solcher Akt der Selbstzerstörung unweigerlich eine Botschaft an die Hinterbliebenen enthält, weil der Akt an sich schon eine Botschaft ist, selbst wenn kein Abschiedsbrief vorliegt, fühle ich mich veranlasst, hier weite Teile meiner Schilderung des Freitods meiner Tochter aus einer früheren Autobiografie wiederzugeben. Ich möchte, dass der volle Umfang ihrer Botschaft nicht vergessen wird, vor allem deshalb, weil meine Reaktion darauf eine Dynamik entwickelte, die bis heute fortwirkt.

Ich fürchte mich vor der Frage: „Haben Sie Kinder?" oder, wie sie im Orient formuliert wird: „Wie viele Kinder haben Sie?" Soll ich antworten: „Einen Sohn", und es dabei bewenden lassen? Oder soll ich sagen, dass ich auch einmal eine Tochter hatte? Wenn ich das tue, verfolgt jeder Zweite das Thema weiter, gewöhnlich nach einem verlegenen und mitleidigen Blick. „Wie ist sie gestorben?", diese Frage schließt sich dann fast zwangsläufig an.

Soll ich die ganze Geschichte erzählen? Wie ich am 5. Juli 1978 vom Labor auf die Ranch heimkam, wo ich damals seit der Scheidung von meiner zweiten Frau Norma allein lebte, um die von panischer Angst erfüllte Stimme meines Schwiegersohnes zu hören, die mir mitteilte, dass meine Tochter Pamela am Morgen einen Brief hinterlassen hatte. Er lautete:

Nach langen Gesprächen mit mir selbst, mit Dir und mit anderen bin ich zu dem Schluß gekommen, daß heute der Tag ist, der mein letzter sein soll. Ich kann nicht so nutzlos weiterleben – ich bin in meiner Kunst schon zu lange gelähmt und inaktiv und kann nicht noch einmal von vorne anfangen ... Ich habe seit Jahren chronische Depressionen, und es wird nur immer schlimmer. Ich will einfach nicht mehr darunter leiden, auch nicht unter meinen eigenen Schuldgefühlen, weil ich zu nichts nütze bin, noch unter meiner Einsamkeit und Isoliertheit ... Ich gehe von hier weg, um irgendwo im Wald aus dem Leben zu scheiden, weil ich nicht möchte, daß Du mich findest. Diese Aufgabe soll ein anderer übernehmen ...

Am Ende fiel diese Aufgabe mir zu.

Auf Pamis Brief stand oben „11 Uhr". Falls sie sich für Schmerztabletten oder Beruhigungsmittel entschieden hatte, wovon sie wegen ihrer chronischen Rückenschmerzen einen großen Vorrat besaß, war es ausschlaggebend, sie schnell zu finden: Wenn man ihr den Magen auspumpte, war ihr Leben möglicherweise noch zu retten. Steve berichtete, ihr grüner 1972er Opel Caravan sei verschwunden. Ich rief das Büro des Sheriffs an, wo eine mitfühlende Stimme mich zu beruhigen versuchte: „Verschwundene Autos finden wir fast immer." „Aber wann?", hätte ich am liebsten gebrüllt. Ich versuchte örtliche Rundfunksender zu erreichen, um sie zu bitten, eine Beschreibung des Wagens durchzugeben und eine Belohnung auszusetzen. Aber inzwischen war es bereits nach 18 Uhr, und bei jedem Sender, den ich anrief, meldete sich nur der Anrufbeantworter mit Hinweisen auf das Programm und die regulären Bürostunden. In meiner Panik kam es mir nicht in den Sinn, mich bei der Telefonauskunft nach anderen Nummern zu erkundigen. Stattdessen nutzten Steve und ich die wenigen Stunden bis zum Einbruch der Dunkelheit, um den Opel zu suchen – er im Westen und ich im Osten der Bear Gulch Road, die unsere Ranch durchschneidet. Ich fuhr diese Straße bis zum Skyline Boulevard ab, der wichtigsten Nord-Süd-Zufahrt entlang des Kamms der Santa-Cruz-Berge. Nirgendwo stand ein grüner Opel. Verzweifelt suchte ich den Waldweg innerhalb der Ranch ab, der zwar unbefestigt ist, aber außer während der winterlichen Regenzeit von Kraftfahrzeugen befahren werden kann. Als es dunkel wurde und wir noch immer nichts gefunden hatten, sahen Steve und ich ein, dass die Lage hoffnungslos war.

Da meine frühere Frau zu der Zeit nicht mit mir sprach, rief ich ihren Anwalt an, der mir während unserer äußerst unerquicklichen Scheidung als ein warmherziger Mensch erschienen war. Er fand heraus, dass Norma in Hawaii war, und versprach, sie ausfindig zu machen. Mein Vater befand sich in Europa, und ich brachte es einfach nicht übers Herz, ihn zu benachrichtigen. Mein Sohn Dale war in Argentinien, wo er einen Dokumentarfilm über den südamerikanischen Fußball drehte. Obwohl ich die Privatnummer eines seiner Kollegen in der Provinzstadt San Juan hatte, beschloss ich, ihn erst anzurufen, wenn wir Näheres über Pamis Schicksal wussten. Tatsächlich telegrafierte ihm seine Mutter, als sie die Nachricht erhielt, und er flog sofort nach Hause.

Jahre später berichtete er mir von einigen erstaunlichen Zufällen. Am 5. Juli filmte er in dem Städtchen Balcarce, dem Standort der ersten Satelliten-Bodenstation Argentiniens, die für die Übertragung der Fußballweltmeisterschaft errichtet worden war. Am Abend las er Georg Büchners Novelle *Lenz*, die auf dem traurigen Leben und mutmaßlichen Selbstmord von Goethes Freund Jakob Lenz basiert und von manchen als das erste „moderne" Prosawerk der deutschen Sprache betrachtet wird. Büchner, der selbst im Alter von 23 Jahren starb, fasst Lenz' Melancholie in den letzten Sätzen der Novelle zusammen: „Er tat Alles wie es die Andern taten, es war aber eine entsetzliche Leere in ihm, er fühlte keine Angst mehr, kein Verlangen. Sein Dasein war ihm eine notwendige Last. So lebte er hin." Dale erinnerte sich noch an den schrecklichen Alptraum, aus dem er am nächsten Morgen erwachte, die Laken zerknüllt, er selbst schweißgebadet. Als er nach Buenos Aires zurückkam und das Telegramm seiner Mutter vorfand, die ihn von einem Notfall in der Familie unterrichtete, buchte er einen Platz im nächsten Flugzeug. Wolkenbruchartige Regenfälle, die schlimmsten seit Jahren, hinderten ihn fast daran, zum Flughafen zu kommen. Als er zwei Jahre später seine zukünftige Frau kennenlernte, entdeckte er, dass sie an dem besagten Tag ebenfalls auf dem Flughafen von Buenos Aires gewesen und zur gleichen Zeit in der Abflughalle gesessen war, um nach einem Besuch bei ihrem Bruder in Argentinien nach Hause zu fliegen.

In den folgenden vier Tagen waren mein Entsetzen und mein Gefühl der Einsamkeit so übermächtig, dass ich mich noch nicht mit der eigentlichen Tragödie von Pamis Entschluss auseinandersetzen konnte. Am frühen Morgen des 6. Juli informierte ich die wenigen Rancher in der Nachbarschaft sowie Robin Toews, die ehemalige Grundschullehrerin meines Sohnes, die als Mieterin mit ihrer Tochter im ehemaligen Verwalterhaus lebte, da wir die Rinderzucht im Jahr meiner Scheidung aufgegeben hatten. Alle wollten mitsuchen; am Abend waren alle zu dem Schluss gekommen, dass sich der grüne Opel nicht auf der Ranch befand. Trotz der vielen Pfade und Cañons und unerschlossenen Gebiete, in denen ein Leichnam verborgen sein konnte, war nur eine begrenzte Anzahl von Stellen mit dem Wagen zu erreichen. Pami musste woandershin gefahren sein, „um im Wald aus dem Leben zu scheiden". Bestärkt durch den Rat von Freunden klammerte sich ihre Mutter an die

Hoffnung, Pami habe sich nur irgendwo verkrochen, vielleicht in einem Motel. Norma hatte sogar eine Hellseherin ausfindig gemacht, die versprochen hatte, ihre übersinnlichen Kräfte zu benutzen, um Pami zu finden. Steve und ich waren jedoch überzeugt, dass Pami sich umgebracht hatte. Aber wo? Und wenn ihr Wagen gestohlen worden war, nachdem sie ihn an irgendeinem Waldweg abgestellt hatte, und der unfehlbare Sheriff ihn, Tage oder Wochen später, an einer ganz anderen Stelle entdeckte, vielleicht aberhundert Meilen entfernt? Wie sollten wir überhaupt wissen, wo wir mit der Suche nach ihrem Leichnam anfangen sollten?

Meine größte Angst war, vielleicht nie zu erfahren, was mit meiner Tochter geschehen war, die während der vergangenen vier Jahre meine engste Freundin und einzige Vertraute geworden war. „Irgendwo im Wald" musste nicht in *unserem* Wald heißen. Die Santa-Cruz-Berge umfassten meilenweit unbewohnte Wälder. Und was war mit den Sierras? Wir waren früher oft mit dem Rucksack durch das Desolation Valley am Lake Tahoe und durch die Tuolumne Meadows im Yosemite gewandert. Nur zwei Winter davor hatten Pami und ich ein verlängertes Wochenende auf Langlaufskiern in der Nähe des Donner-Pass verbracht. Es waren mit die märchenhaftesten Wintertage, die wir je erlebt hatten: blauer Himmel, frisch gefallener Schnee, der bis auf die neuesten Spuren alles zudeckte, die Temperaturen gerade tief genug, um nach stundenlangem schnellem Langlaufen nicht ins Schwitzen zu kommen. Während der langen Gespräche, in der Sauna oder im heißen Whirlpool draußen im Schnee unter den Redwood-Bäumen, hatte sich meine Tochter in eine Ebenbürtige verwandelt, ja sogar in eine Art Beichtvater und Ratgeberin. Was war, wenn sie in diese Bergwälder gefahren war, 200 Meilen nördlich von uns?

Am Abend des 9. Juli, nach vier furchtbaren Tagen, stand ich in der Küche meines Hauses an der Spüle und merkte plötzlich, dass ich nicht allein war. Die Sonne war noch nicht untergegangen, aber unter den Redwood-Bäumen, die mein Haus umgeben, war die Dämmerung bereits so weit fortgeschritten, dass es innen bis auf das Licht in der Küche dunkel war. Als ich mich zur Glastür umdrehte, konnte ich die Silhouette von drei Personen ausmachen. Ich konnte nicht erkennen, wer es war, aber angesichts ihrer absoluten Regungslosigkeit blieb mir das Herz stehen. Schließlich ging ich auf die drei zu und sah, dass es meine Mieterin, ihre kleine Tochter und Bob Mann waren, der Verwalter der Ranch, die auf Pamis Seite an unseren Besitz grenzt. Als ich vor ihnen stand und uns nur noch die Glasscheibe trennte, sah ich Tränen in Bobs Augen.

An dem Abend, so berichtete Bob, als die untergehende Sonne horizontal über den Pazifik auf ein Gebiet fiel, an dem er während seiner Suche schon zwei Mal vorbeigekommen war, bemerkte er im Gras die schwachen Umrisse von Reifenspuren, die ihm davor entgangen waren. Als er den Spuren hinunter zum Waldrand folgte, sah er den grünen Opel, der teilweise zwischen Büschen versteckt war. Daraufhin kam er unverzüglich zu meinem Haus auf der anderen Seite der Bear Gulch Road. Ich rief sofort den Sheriff und meinen Schwiegersohn an. Steve bat mich zu tun, was getan werden musste.

Als Arzt hatte Steve Bush schon manche Leiche gesehen, während ich in dieser Hinsicht ein bemerkenswert behütetes Leben geführt hatte. Obwohl ich aus dem nationalsozialistischen Österreich geflohen war und die ganze Welt bereist hatte, hatte ich noch nie einen Menschen gesehen, der durch eine Schusswaffe oder eine andere Art von Gewaltanwendung getötet worden war; tatsächlich hatte ich noch nie eine Leiche gesehen. Abgesehen vom Tod meiner Großmutter, an den ich mich kaum erinnern kann, da ich damals noch ein Kind war, und dem Tod meiner Mutter, die erst kurz zuvor mit 91 Jahren in einem Pflegeheim gestorben war, 3.000 Meilen entfernt, hatte ich kaum jemals auch nur an den Tod *gedacht*.

Ich folgte Bobs Jeep zu der Stelle, wo die schwachen Reifenspuren in der Dämmerung gerade noch auszumachen waren. Er weigerte sich, mich weiter zu begleiten, und so ging ich allein die goldbraune Wiese hinunter. Durch die Windschutzscheibe des Opels sah ich das entsetzlich verunstaltete und aufgedunsene Gesicht meiner hübschen Tochter; ich floh, ohne die Wagentür zu öffnen. Mit meinem steifen Bein kämpfend, humpelte ich so schnell wie möglich zu meinem Wagen und fuhr weg. Endlose Minuten später sah ich in der Ferne die blinkenden Lichter des Polizeifahrzeugs und dahinter die des Rettungswagens.

Bis zu diesem Zeitpunkt hatte ich als Erwachsener so gut wie nie geweint. Doch in dieser Nacht weinte ich stundenlang. Selbst heute, mehr als drei Jahrzehnte später, treten mir Tränen in die Augen, wenn ich an diesen Abend zurückdenke, an das Entsetzen jenes ersten Anblicks, an die plötzliche Erleichterung, dass die quälende Ungewissheit ein Ende hatte, an die heraufdämmernde furchtbare Erkenntnis, dass Pamis Selbstmord nun eine unabänderliche Tatsache war.

Wir waren uns einig, dass Pamis Leichnam nach der Autopsie verbrannt und die Asche an der Stelle ausgestreut werden sollte, die sie am meisten liebte – auch wenn ich deshalb zu einer Lüge greifen musste. Ein merkwürdiges kalifornisches Gesetz verbietet das offene Verstreuen menschlicher Asche überall außer im Ozean, was die Formel „Asche zu Asche, Staub zu Staub" im *Golden State* rechtswidrig macht. Wir wählten eine Stelle, die Pami und ich Jahre davor zum schönsten Platz der ganzen SMIP-Ranch erklärt hatten: einen kleinen Wasserfall, wo der Harrington Creek an moosbedeckten Felsen vorbei auf einen glatten, glänzenden Stein fließt, der wie die Öffnung einer geneigten Amphore geformt ist und aus der sich das Wasser in einen klaren Teich ergießt. Da der Harrington Creek in den San Gregorio Creek mündet, der wiederum im Pazifik endet, handelten wir vielleicht doch nicht ganz außerhalb der Legalität. Mit den riesigen, üppigen Farnen am Rande des Teichs und den Bäumen, die eine natürliche Kuppel bilden, durch die die Sonnenstrahlen einfallen, erinnert die Stelle an Hawaii. Pami und ich hatten sie vor Jahren auf einer unserer Wanderungen entdeckt. Ich hatte beschlossen, dass dies der Ort war, an dem dereinst meine Asche ausgestreut werden sollte, ohne mir je träumen zu lassen, dass mir das Schlimmste bevorstand, das einem Vater oder einer Mutter widerfahren kann: der Hinterbliebene zu sein und im Krematorium die Schachtel mit der Asche meines Kindes abholen zu müssen.

Diane Middlebrook, die damals noch nicht meine Frau war, aber zu Pamis wenigen Vertrauten gehörte, war anwesend, als Steve, zu den Klängen sephardischer Gesänge aus dem 15. Jahrhundert, die Asche auf den geformten Stein an der Mündung des Wasserfalls

Pamela mit Eltern in Mexico City (1950) und beim Pilzesammeln auf der SMIP-Ranch vor ihrem Freitod im Jahr 1978

Pamela und Diane Middlebrook 1977

streute, während wir Blütenblätter in den rasch wieder klar werdenden Teich warfen. Dale und ich hielten einander fest, und ich flehte leise: „Bitte verlass mich nicht, Dalito." Später schrieb Diane das elegische Gedicht *Beim Verstreuen der Asche*, ohne zu ahnen, dass diese Zeilen auch das ausdrückten, was ich drei Jahrzehnte später empfand, als ich an der gleichen Stelle ihre Asche ausstreute.

> Die Wolke zieht durch meine Träume
> Teil meiner Blutbahn nun:
> Trübe, dann klar, der Teich am Fuße der Fälle –
> Ein gleichförmiges Grau: Du ...
> So sei es. Doch mich verfolgt das reine Bild
> Des Wassers, das deinen Tod empfängt;
> Verändert wird; weiterfließt.

Bei einem Todesfall – insbesondere aufgrund eines Unfalls oder einer plötzlichen Krankheit – stellt sich oft die bittere Frage: „Warum?" Unweigerlich ist sie an Gott oder gegen Gott gerichtet und besagt: „Warum hast du das zugelassen?" Bei einem Freitod kommt noch ein anderes „Warum" hinzu, das sich zwangsläufig an den Menschen richtet, der nun tot ist. Doch dazu war ich damals viel zu verzweifelt, und ich war auch noch nicht bereit, mich zu fragen, ob ich selbst etwas hätte tun können, um ihn zu verhindern. Am 4. Juli, dem Tag, bevor sie sich das Leben nahm, hatte Pami einen Spaziergang zu meinem Haus gemacht, um ein paar Stunden mit mir in der Sonne zu sitzen und über ihre Zukunft zu sprechen. Nichts in ihrem Ton oder ihren Worten hatte mich auch nur dunkel ahnen lassen, dass sie sich am Rande des Abgrunds bewegte.

Meine unmittelbare Reaktion auf Pamis Tod war typisch dafür, wie ich in jener Phase meines Lebens mit persönlichen Katastrophen umging: Ich stürzte mich in die Arbeit. 17-Stunden-Tage sorgten dafür, dass ich auf der Stelle einschlief, wenn ich endlich ins Bett fiel. Außerdem hatte ich juristische und finanzielle Dinge zu regeln, da ich Pamis Testamentsvollstrecker war und sich ihr Besitz, genau wie der von Dale, durch das Steigen der Syntex-Aktien um ein Vielfaches vermehrt hatte. Aber nachdem ich mich 11 Wochen lang mit Arbeit betäubt hatte, beschloss ich plötzlich zu verreisen und lud Diane Middlebrook ein, mich zu begleiten. Bei all meinen Reisen nach Italien hatte ich es bewusst vermieden, Venedig und Florenz zu besuchen: Ich fand, dass man diese beiden Juwele nicht im Rahmen eines Touristenprogramms besichtigen sollte, bei dem eine Sehenswürdigkeit auf die andere folgt, sodass ihre jeweilige Besonderheit nicht zur Geltung kommt. Insbesondere in Florenz wollte ich mich auf die Kunst konzentrieren und das mit der richtigen Begleiterin.

Drei Abende hintereinander saßen Diane und ich in einem Straßencafé an der Piazza della Signoria gegenüber dem Palazzo Vecchio, um die Eindrücke des Tages Revue passieren zu lassen – und um über Pamis Entscheidung zu sprechen. War es der unvermeidliche Schritt einer an Depressionen leidenden jungen Frau, die nicht bereit gewesen war, eine Therapie in Betracht zu ziehen? Waren es die chronischen Schmerzen, die sie in den letzten beiden Jahren ihres Lebens daran gehindert hatten, im Garten oder mit Tieren zu arbeiten, was sie so liebte? Sie konnte kaum mehr die Pferde füttern, die ihr so viel bedeutet hatten, vom Reiten ganz zu schweigen. Waren es ihre desillusionierenden Erfahrungen mit der Kunstszene, mit den demütigenden Kompromissen, die einer jungen Künstlerin abverlangt werden? Oder war es der Mangel an Gleichgesinnten, der sich aus ihrer selbstgewählten Isolation in der majestätischen, überwältigenden Welt der SMIP-Ranch ergab? Ihr Mann, der im Krankenhaus den ganzen Tag von Menschen umgeben war, hatte kaum Zeit zur Muße. Genau wie ich fand er es beruhigend, am Abend in die Einsamkeit des Küstengebirges mit seinen Nebelschleiern heimzukehren, die vom Ozean her durch die Cañons hereinziehen. Die außerordentliche Stille, das Fehlen menschenbedingter Geräusche, abgesehen vom gelegentlichen Brummen des Kühlschrankmotors, war ein wohltuender Kontrast zu dem lauten Treiben am Arbeitsplatz. Aber was war mit dem Menschen, der den ganzen Tag allein zurückblieb? Muss die Schönheit der Natur, wenn sie in Einsamkeit erlebt wird, immer beruhigen und gefallen, oder kann sie nicht auch Angst einflößen? Einige von Pamis bittersten Gedichten, die von ihrer Mutter posthum veröffentlicht wurden, entstanden in dieser Periode ihres Lebens.

Pami hatte immer gerne gelesen, und in diesen letzten Jahren las sie besonders viel. Meist waren es Bücher von Frauen und feministische Literatur, die den fruchtbaren Boden für ihre eigenen Vorstellungen von der Rolle der Frau in der Kunst lieferten. Ihre künstlerischen Vorbilder, ihre ehemaligen Lehrer am *San Francisco Art Institute* und an der *Stanford University*, waren alle Männer gewesen. Tatsächlich gab es in Stanford bis zu Pamis Tod kein einziges weibliches Fakultätsmitglied in der Abteilung Bildende Kunst. Diane Middlebrook, die damals neben ihrem Lehrstuhl in Englisch auch das *Center for Research in Women* (CROW) leitete, machte mich mit den tagtäglichen Affronts bekannt, denen Frauen in einer männlich orientierten Kultur ausgesetzt sind. Um diese und viele andere Themen kreisten unsere abendlichen Gespräche auf der Piazza della Signoria, praktisch zu Füßen des tänzelnden Bronzepferdes, von dem Cosimo de Medici auf die Pracht herabblickt, die der Förderung seiner Familie zu verdanken ist. „Nicht auszudenken, was Florenz ohne die Medici wäre", sagte ich und deutete auf die Bronzestatue von Giambologna. „Aber stell dir einmal vor, was es heute wäre, wenn sich ihr Mäzenatentum auch auf Frauen erstreckt hätte", sagte Diane.

In dieser Stunde nahm meine persönliche Antwort auf Pamis Freitod schließlich Gestalt an. Ein Selbstmord ist eine Botschaft an die Hinterbliebenen, aber ihren Inhalt muss jeder einzelne – ob Vater, Mutter, Bruder, Schwester, Ehemann, Ehefrau, Freund oder Freundin – im Lichte seiner oder ihrer Beziehung zu dem Verstorbenen interpretieren. Die Frage „Warum?" kann nur der Hinterbliebene beantworten; an jenem Septemberabend in Florenz beschloss ich, dass meine Antwort, oder zumindest meine Reaktion, in einem Mäzenatentum bestehen sollte, von dem Pami profitiert hätte. Bei dieser Aufgabe wurde Diane – sowohl intellektuell als auch in der Praxis – meine Partnerin. Als wir in den 1960er Jahren das Land erwarben, aus dem die SMIP-Ranch wurde, waren meine Kinder und ich uns einig, dass es in seinem ursprünglichen Zustand erhalten bleiben sollte, um später einmal der Öffentlichkeit zugute zu kommen. Obwohl wir uns über die näheren Einzelheiten noch nicht klar waren, trug dieser Entschluss zur rechtsgültigen Gründung der *Djerassi Foundation* bei, einer gemeinnützigen Stiftung, die wir als den späteren Nutzießer unserer jeweiligen Testamente ins Auge gefasst hatten. Alle philanthropischen Schenkungen, die ich in den späten 1960er und in den 1970er Jahren machte, liefen über diese Stiftung, aber größere Aktivitäten mussten bis zu meinem Tod warten. 1978 waren Pamela und Dale die beiden Treuhänder, die befugt waren, darüber zu entscheiden, wie mein eigenes Vermögen – Grundbesitz, Kunstgegenstände und andere Werte – von der Stiftung verteilt werden sollte; aber keiner von uns dachte damals an den Tod, und die eigentliche Tätigkeit der Stiftung schien noch Jahre entfernt zu sein.

Das änderte sich am 5. Juli 1978, als ein Fläschchen Tabletten das Konzept der Stiftung in ein reales Gebilde mit beträchtlichem Kapital und Eigentumsrechten an einem beachtlichen Teil des SMIP-Grundbesitzes sowie an Pamelas Haus und Atelier verwandelte. Kurz nachdem Diane und ich aus Italien zurückkehrten, schloss sich mein Schwiegersohn Steve einer radiologischen Forschungsgruppe in Los Alamos, New Mexico, an, um sich mit einer neuen Strahlenquelle zur Krebsbehandlung vertraut zu machen. Da Pamelas Haus und Atelier somit zur Verfügung standen, beschlossen wir, der Abteilung Bildende Kunst der *Stanford*

University die Nutzung dieser Einrichtungen sowie einen jährlichen Betrag anzubieten, um Künstlerinnen von Rang einen einjährigen Aufenthalt auf der SMIP-Ranch zu ermöglichen. Die Stipendiatin sollte keinen Lehrauftrag erfüllen müssen, aber bereit sein, offene Atelierveranstaltungen durchzuführen und die Interaktion zwischen Kunststudenten und Lehrkörper zu fördern. Gegen Ende ihres Aufenthalts sollten die während des zurückliegenden Jahres entstandenen Arbeiten im Kunstmuseum der *Stanford University* ausgestellt werden. Die Stiftung verpflichtete sich zunächst für vier Jahre, um die Durchführbarkeit des Projekts zu testen. Wir glaubten, dass sich auf diese Weise zumindest zwei Dinge erreichen ließen, die Pamela am Herzen lagen: Förderung durch öffentliche Ausstellung in einem Museum, frei von kommerziellen Erwägungen; und enger Kontakt erfahrener Künstlerinnen mit der Kunstszene in Stanford. Aber während der Museumsdirektor mit der geforderten Ausstellung einverstanden war und einige Professoren für Kunstgeschichte, insbesondere Albert Elsen, die Sache unterstützten, war die Abteilung Bildende Kunst nicht bereit, Verpflichtungen einzugehen, die es einer Gastkünstlerin erlaubt hätten, sich willkommen zu fühlen. Am Ende wurde CROW der Stanforder Sponsor, und Mitglieder von CROW, die Abteilung Kunst und einige externe Kunstsachverständige und Museumsdirektoren bildeten ein Auswahlgremium, das Fachleute auf der ganzen Welt bat, Vorschläge zu machen.

Aus den etwa 40 Kandidatinnen wurden vier ausgewählt. 1979 kam Tamara Rikman, eine Grafikerin aus Jerusalem, die von ihrem Mann, dem Dichter T. Carmi, begleitet wurde. Ihr folgte Barbara Greenberg, eine New Yorker Textilkünstlerin und Bildhauerin, die von ihrer Lehrerin nominiert worden war, der bekannten polnischen Textilkünstlerin Magdalena Abakanowicz. Barbara Greenberg brachte in Pamis Haus ihr erstes Kind zur Welt und baute außerdem ein drei Meter hohes „Vogelnest" aus Zweigen, Ästen und Sisal. Da das Nest zu groß war, um in einem Lastwagen auf der schmalen Bear Gulch Road transportiert zu werden, nahm ein Hubschrauber das Nest an eine Schlinge und deponierte es vor dem Stanforder Museum, wo es sich im Laufe der nächsten sechs Monate allmählich auflöste.

Ein Hubschrauber transportiert Barbara Greenbergs
Bird Nest zum Stanford Museum (Mai 1981)

Die dritte Künstlerin war eine schwarze Schriftstellerin und Dichterin aus Berkeley, nämlich Joyce Carol Thomas, die kurz vor der Vollendung ihres ersten Romans, *Marked by Fire*, stand. Pamis Haus bot die ungestörte Konzentration, die sie dazu brauchte; außerdem schrieb sie während ihrer Zeit als Stipendiatin der *Djerassi Foundation* einen beträchtlichen Teil ihres zweiten Romans. *Marked by Fire* trug Joyce Carol Thomas den *National Book Award* in der Kategorie Jugendbuch ein, und zwar zum gleichen Zeitpunkt, als ihre Freundin Alice Walker diese Auszeichnung für *Die Farbe Lila* erhielt. Die vierte Künstlerin war Sue Gussow, Professorin für Malerei an der New Yorker *Cooper Union*, deren künstlerisches Werk sich qualitativ und quantitativ als überragend erwies, die sich von der Stanforder Künstlergemeinschaft aber zu isoliert fühlte.

Wir mussten schließlich feststellen, dass die Geisteshaltung einfach zu unterschiedlich war, obwohl die räumliche Entfernung zwischen Pamis Atelier und der *Stanford University* nur wenige Meilen betrug. Die Künstlerinnen konnten zwar unter geradezu idealen äußeren Bedingungen arbeiten, doch ihre Anwesenheit hatte nur minimale Auswirkungen auf die Stanforder Kunstszene.

Barbara Greenberg hatte während ihres Aufenthalts angedeutet, dass sich die mir gehörenden Gebäude auf meiner Seite der Ranch – das Haus des Ranchverwalters und die zwölfseitige Scheune – gut in eine kleine Künstlerkolonie verwandeln ließen, die das Gefühl der Isoliertheit und die fehlende Interaktion mit Gleichgesinnten (auch Pamis Problem) überwinden würde, die die Künstlerinnen empfanden, die ohne Begleitung für ein ganzes Jahr gekommen waren. Ich begann zu erkennen, dass frei verfügbare kreative Zeit, die mit keinerlei Bedingungen verknüpft ist, für einen Künstler vielleicht das größte Geschenk ist, dass es aber ein unvollkommenes Geschenk ist, wenn es das grundlegende menschliche Bedürfnis nach Gesellschaft verwehrt.

In ihrer Funktion als Treuhänderin der Stiftung besuchte Diane nicht nur die beiden ältesten Künstlerkolonien an der Ostküste, Yaddo und McDowell, sondern auch zwei kleinere, nämlich die *Edna St. Vincent Millay Colony* und *Hand Hollow* – letztere hatte einer meiner Freunde, der kinetische Bildhauer George Rickey, auf seiner Farm in East Chatham, New York, gegründet. Dianes Bericht und Rickeys Ratschläge veranlassten mich, das ehemalige Verwalterhaus mit seinen vier Schlafzimmern so umzubauen, dass acht Schlafzimmer und fünf Badezimmer entstanden, und in der Scheune zwei Ateliers einzurichten. Leigh Hyams, eine Malerin aus San Francisco, wurde zur Interimsdirektorin ernannt; und Ende des Jahres 1982 wurde die Künstlerkolonie der *Djerassi Foundation* geboren – später umbenannt in *Djerassi Resident Artists Program* (DRAP). Als sich die Gemeinschaft erweiterte, wurde die Beschränkung auf Frauen gestrichen; und um unser Programm einer größeren Zahl von Künstlern zugänglich zu machen, wurden die Aufenthalte auf ein bis drei Monate begrenzt. Da alle Schlafzimmer groß waren und, mit einer Ausnahme, Balkons oder direkten Zugang zum Garten hatten, konnten sie den Schriftstellern ohne weiteres auch als Arbeitsraum dienen. Die beiden Ateliers in der Scheune waren für bildende Künstler und Komponisten gedacht. Rickey betrachtete gutes Essen für den Erfolg einer Künstlerkolonie als unerlässlich – ein Rat, den wir dadurch befolgten, dass wir seine Köchin einstellten, die in *Hand Hollow* für eine erstklassige Küche gesorgt hatte.

Binnen eines Jahres hatten wir 52 Künstler beherbergt und verköstigt, darunter 28 Frauen. Die Freundschaften und Gemeinschaftsprojekte, die dabei entstanden, gingen über das rein Berufliche hinaus: Zwei Bildhauer, Patricia Leighton aus Schottland und Del Geist aus New York, sowie Josefa Vaughan, Malerin aus Houston, und der Komponist Charles Boone aus San Francisco heirateten, nachdem sie sich beim DRAP kennengelernt hatten. (In den folgenden Jahren kamen weitere Ehen hinzu, aber es gab auch Anlass zu Scheidungen.) Unser erster Komponist, John Adams, der später mit seiner Oper *Nixon in China* internationale Anerkennung fand, verbrachte drei Monate in der Stiftung, wo er die Musik zu *Available Light* schrieb, einem Werk, das für die Eröffnung des *Museum of Contemporary Art* in Los Angeles in Auftrag gegeben worden war. Bei mehreren Gelegenheiten klagte Adams mir gegenüber darüber, wie schwierig es sei, mit seiner 3.000 Meilen entfernt lebenden Choreografin Lucinda Childs zusammenzuarbeiten. Adams' Bemerkungen überzeugten mich davon, dass wir die interdisziplinäre Zusammenarbeit fördern sollten, indem wir in der zwölfseitigen Scheune weitere Ateliers einrichteten.

Inzwischen hatten die Kosten der Kolonie begonnen, die Gelder der Stiftung und meine persönlichen Mittel zu übersteigen. Zum einen hatte sich mein Vermögen durch meine Scheidung um die Hälfte verringert, zum anderen war viel davon in Grundbesitz auf SMIP und in Kunstwerken angelegt. Den größten Teil meines SMIP-Besitzes sowie das Haus mit den Künstlerappartements und die zu Ateliers umgebaute Scheune hatte ich der Stiftung geschenkt, aber es war weit mehr erforderlich. Abgesehen von meiner Paul-Klee–Sammlung begann ich viele meiner Kunstwerke zu verkaufen, in der Hauptsache die Werke toter Künstler, um mit dem Erlös die Arbeit lebender Künstler zu unterstützen. Aber selbst das reichte nicht aus: Neben dem Koch hatten wir inzwischen auch einen hauptamtlichen Direktor, der im Haus meiner Tochter wohnte, einen auf SMIP lebenden Manager und einen Verwalter. Mehrere örtliche Stiftungen – insbesondere die *Hewlett*, die *Irvine* und die *San Francisco Foundation*, später auch die *MacArthur Foundation* und das *National Endowment for the Arts* – ließen uns großzügige

Zuschüsse zukommen, die es, zusammen mit Spenden von Einzelpersonen und Unternehmen, erlaubten, weitere Ateliers zu bauen, die für Choreografie und darstellende Künste, Musik, Fotografie und Keramik bestimmt waren. Beim Umbau der Scheune wurden außerdem drei Schlafräume unter dem Dach geschaffen, sodass unsere Aufnahmekapazität auf neun Künstler stieg. Dies hat sich als eine ideale Größe erwiesen: klein genug, dass beim Essen alle an einem Tisch sitzen können, aber groß genug, um echten Gedankenaustausch zu ermöglichen.

30 Jahre später hat das Projekt – unter der aufeinanderfolgenden Leitung von Leigh Hyams, Susan Learned-Driscoll, Sally M. Stillman, Charles Boone (ein ehemaliger Stipendiat der Sparte Komposition), Charles Amirkhanian, Dennis O'Leary und derzeit Margot Knight – einen Umfang erreicht, dass es heute, mit über 2.000 Künstlern aus praktisch allen US-Bundesstaaten und über 30 Ländern, die größte Künstlerkolonie westlich des Mississippi ist. Unter den Künstlern waren ein Nobelpreisträger, mehrere Stipendiaten der *MacArthur Foundation*, zahlreiche Inhaber von Guggenheim-Stipendien, Gewinner von Literatur- und Kunstpreisen sowie viele Künstler, die noch keine breite öffentliche Beachtung gefunden hatten, jedoch von unseren Auswahlgremien – die jedes Jahr wechseln, um Vielfalt zu garantieren – für förderungswürdig befunden wurden. In den ersten 15 Jahren, als ich selbst noch einen Großteil meiner Zeit in meinem benachbarten Ranchhaus verbrachte, traf ich die meisten Künstler beim Abendessen – meist gefolgt von Lesungen, Diavorführungen, Musik- oder Tanzdarbietungen oder guten Gesprächen. Wenn ich Musik höre, die gerade erst komponiert wurde, oder in einem Atelier vor einem Gemälde stehe, das noch feucht ist; wenn ich einen Autor Zeilen vortragen höre, die nur hier entstehen konnten, so wie die der 90-jährigen Janet Lewis:

Ein Ton, eine sichtbare Substanz, Erhabenheit
Der Mannigfaltigkeit und des Überschwangs
Unter dem Band aus tiefem Blau,
Ohne das der Berg nicht vollkommen ist

dann ertappe ich mich bei dem Gedanken, was meine Tochter wohl zu alledem sagen würde.

Fünf Jahre nach Pamis Tod erhielt ich einen aufgeregten Anruf von der Künstlerin, die damals in Pamis früherem Haus wohnte und sagte, sie habe hinten in einer Schublade einen Brief gefunden. Sie zitterte, als sie mir das Blatt Papier mit der Handschrift meiner Tochter reichte, die Botschaft eines Geistes. Am Abend schrieb ich folgende Zeilen in mein Tagebuch, die ich 34 Jahre nach Pamelas Freitod in meinem Gedichtband unter dem Titel *Es gibt nichts mehr zu sagen* veröffentlichte:

„Es gibt nichts mehr zu sagen,
Also sage ich nichts mehr.
Es gibt nichts mehr zu tun,
Also mache ich den Laden dicht."

Fünf Jahre nach deinem Tod,
Meine einzige Tochter,
Finde ich diese Zeilen.

Kein Datum
Keine Adresse
Kein Namenszug
Deine Handschrift.

Geschrieben für wen?

Geschrieben wann?
Stunden,
Tage,
Wochen,
Monate vielleicht,
Bevor du in den Wald gingst?

Ach, hättest du diese Worte doch zu mir gesagt!

Sechs Jahre später, an Thanksgiving 1989, waren der Bildhauer David Nash und ich auf der Suche nach gefällten Redwood-Stämmen mit einem Durchmesser von mindestens 1,50 Metern. Das war das Mindeste, was er für die dreiteilige Skulptur brauchte, die er neben einigen ausgebrannten Redwood-Stümpfen aufstellen wollte, die auf unserem Besitz noch hie und da von Holzfällungen im 19. Jahrhundert zu finden waren. Nash ist einer der renommiertesten Künstler, die unsere Stiftung beherbergt hat. Der britische Bildhauer, der heute in Wales arbeitet, kam 1987 zur Zeit seiner Retrospektive im *Museum of Modern Art* in San Francisco zum ersten Mal als Stipendiat. Obwohl Holz (das er den „König der Pflanzen" nennt) sein einziges künstlerisches Ausdrucksmittel ist und Kettensäge oder Axt sein wichtigstes Werkzeug, hatte er davor noch nie mit dem Holz von Redwood oder Madrone (Menzieserdbeerbäumen, *Arbutus menziesiiare*) gearbeitet, den beiden verbreitetsten Arten in unserem Wald. Während seines ersten Aufenthalts hatte er eine Gruppe von Madrone-Skulpturen für eine äußerst erfolgreiche Ausstellung in Los Angeles geschaffen; außerdem hatte Nash aus einem riesigen Redwood-Stamm, der jahrzehntelang im Harrington Creek gelegen hatte, seine *Sylvan Steps* angefertigt – eine im steilen Winkel aus dem Wasser in den Himmel ragende Jakobsleiter. Als er die Stelle auswählte – die nur entlang des Bachbetts zu erreichen ist, indem man über Felsbrocken und umgestürzte Bäume klettert –, hatte er keine Ahnung, dass wir nur ein kleines Stück flussaufwärts 1978 die Asche meiner Tochter ausgestreut hatten. Gleich darauf müssen einige Partikel von Pamis Asche an der Stelle vorbeigeschwommen sein, an der später Nashs Leiter emporragte. *Sylvan Steps* war eine wunderbar schlichte Skulptur, die von vielen nachfolgenden Künstlern gezeichnet, fotografiert oder beschrieben wurde. Hier muss ich die Vergangenheitsform benutzen, denn rund ein Dutzend Jahre später, nach einem verheerenden Sturm über den Santa-Cruz-Bergen, war sie nicht mehr da! Ich merkte es als Erster, auf einer meiner Wanderungen, und hielt es schlicht für unmöglich: ein riesiger bearbeiteter Baumstamm, der aberhundert Kilogramm wog, hatte sich einfach in Luft aufgelöst? Einige Tage später machten sich einige von uns auf die Suche nach der Skulptur und entdeckten, dass sie in den

David Nashs *Sylvan Steps* am Harrington Creek, SMIP-Ranch

Bach gespült worden war, der sich bei dem Sturm in einen reißen-
den Strom verwandelt hatte, und an Felsblöcken hängengeblieben
war. Mit schwerem Gerät wurde *Sylvan Steps* schließlich herausgeholt und neben dem Bachbett abgelegt, doch der ungewöhnliche
ursprüngliche Winkel und das Element der Jakobsleiter konnten
nicht wiederhergestellt werden.

Aber zu Thanksgiving 1989, während David Nashs zweitem Aufenthalt, konnten wir den mächtigen Stamm, den er brauchte, einfach
nicht finden. Auf unserer Suche entdeckten wir eines Vormittags
dann vier Stellen im Wald, an denen geschwärzte Stämme aus dem
Farn ragten – genau der richtige Hintergrund für die Pyramide, den
Würfel und die Kugel aus versengtem Holz, die Nash vorschweb-
ten. Was aber noch immer fehlte, war der richtige hölzerne Ahn
für diese Formen. Natürlich durchquerten wir den Schatten vieler lebender Redwoodbäume, aber einen zu fällen, kam nicht in
Frage. Dann erinnerte ich mich, dass der Wald auf dem Land unseres Nachbarn auf der anderen Seite der Bear Gulch Road gerade
gelichtet worden war; erst wenige Tage davor hatte ich ungeduldig
hinter einem Laster herfahren müssen, der hoch mit Redwood-

David Nashs *Charred Sphere* auf der SMIP-Ranch

Stämmen beladen war. Vielleicht war *unser* Exemplar noch nicht abtransportiert worden.

Ich rechnete nicht damit, dass zu Thanksgiving dort gearbeitet wurde, aber nachdem wir über das versperrte Tor geklettert und den Waldweg hinuntergegangen waren, der zentimeterhoch mit Staub bedeckt war (es hatte seit Wochen nicht geregnet), hörten wir in der Ferne Motorengeräusche. Bald darauf stießen wir auf einen gigantischen Traktor, der Gräben anlegte, um zu verhindern, dass die Straße während der winterlichen Regenzeit unterspült wird.

„Haben Sie schon alle Stämme weggeschafft?", rief ich zu dem bärtigen Fahrer hinauf, nachdem er den donnernden Motor abgestellt hatte. „Wir brauchen ...", sagte ich und erklärte dann, wer David Nash war und warum wir einen ganz besonderen Redwood-Stamm suchten und nicht etwa einen Truthahn für Thanksgiving.

„Alles weg", sagt er, doch dann fiel ihm noch ein: „Ein ziemlich großer Baum ist auf den Zaun an der Grundstücksgrenze gestürzt. Vermutlich schon vor Jahren ... bei einem Sturm." Angeblich war er teilweise verfault, sodass es sich nicht mehr lohnte, ihn ins Säge-werk zu bringen. Nash bezweifelte, dass er zu gebrauchen sein würde, aber ich sagte: „Wir können ihn ja mal anschauen."

Wir folgten den Anweisungen des Mannes und erreichten den Zaun, den man nach einem knappen Kilometer auf dem Waldweg erreicht. Dort angekommen, verschlug es mir die Sprache. 11 Jahre davor war ich hier entlanggehumpelt, so schnell mein steifes Bein es erlaubte – aber aus der entgegengesetzten Richtung kommend, nämlich von unserer Seite des Grundstücks her die Wiese hinunter und auf diesen Zaun zu, auf dem nun der mächtige Stamm lag, in drei gewaltige Teile zerborsten. Es war die Stelle, an der sich meine Tochter das Leben genommen und an die ich nie zurückzukehren gewagt hatte. Wir stellten fest, dass die Fäule nur oberflächlich war; das Holz war genau das, was David Nash den ganzen Tag über gesucht hatte.

Damit komme ich zum letzten „Was wäre, wenn". Rückblickend bin ich mir fast sicher, dass meine Tochter an chronischen Depressionen litt und bei der richtigen Diagnose und der entsprechenden Behandlung wahrscheinlich am Leben geblieben wäre. Aber obwohl sie sogar in ihrem Abschiedsbrief schrieb, sie habe „seit Jahren chronische Depressionen, und es wird nur immer schlimmer", hatten weder ihre Eltern noch ihr Bruder die Symptome erkannt. Ich wusste zwar von ihren Stimmungsschwankungen, doch mein Kontakt mit Pamela während der letzten Jahre ihres Lebens, als sie mit ihrem Mann auf der Ranch unserer Familie lebte, gestaltete sich so, dass ich sie vor allem in Phasen emotionaler Hochstimmung erlebte. Ich erinnere mich noch an die Wärme und Offenheit, als wir beide nur 24 Stunden vor ihrem Freitod, die Füße im Wasser, lachend an meinem Swimmingpool in der Sonne saßen. Auch glaube ich nicht, dass ihr Mann, der selbst Arzt ist, sich über ihren Gesundheitszustand im Klaren war; wenn dies der Fall gewesen wäre, hätte er sicher die Familie informiert. Doch dieses „Was wäre, wenn" führt nicht weiter, da es nur in Schuldzuweisungen und nicht in Lösungen mündet. Stattdessen möchte ich die Frage mit Blick nach vorn anders formulieren: Was wäre von den rund 2.000 Künstlern wohl alles nicht geschaffen worden, wenn sie nie die Möglichkeit gehabt hätten, auf einem der schönsten Fleckchen Nordkaliforniens zu arbeiten? Ich kann nicht aufzählen, wie viele Künstler die inspirierende Wirkung erwähnten, die die überwältigende Landschaft auf ihre Arbeit hatte, oder von der Empathie sprachen, die das Wissen um den tragischen Anlass auslöste, der ihren Aufenthalt hier möglich gemacht hatte; ebenso wenig wie die zahlreichen Kunstwerke, insbesondere Gedichte und Gemälde, die diesem einmaligen Ort und dem Freitod, der ihn bis heute überschattet, Anerkennung zollten.

Die größte und bewegendste Hommage ist das riesige Ölgemälde, an dem Jim Rosen mit Unterbrechungen ein Jahr lang gearbeitet hat und das heute in einsamer Pracht an der größten Wand meines Ranchhauses hängt: eine rätselhafte, verschleierte Version des berühmten Vermeer-Gemäldes in der *National Gallery* in London – *Junge Frau am Virginal stehend* –, auf dem Pamela Gestalt annimmt, wenn man sich auf das Gesicht der jungen Frau konzentriert. Es besteht aus so subtilen Grautönen, dass ihm kein Foto gerecht wird. Es braucht die Intimität zwischen Auge und Bild.

Was wäre, wenn Pamela nicht gestorben wäre? Hätte ich dann das *Djerassi Resident Artists Program* gegründet? Hätte ich fast meine gesamte Kunstsammlung verkauft und meinen Teil der SMIP-Ranch samt den Gebäuden für eine Künstlerkolonie gestiftet – also die Arbeit lebender Künstler gefördert, statt Kunst nur zu sammeln? Die ehrliche Antwort lautet: Höchstwahrscheinlich nicht.

Liebste Pamela. Ich wünschte von Herzen, es hätte nicht deines Todes bedurft, um mich ernsthaft um die Förderung der Lebenden zu bemühen.

The Big Drop

Ein Buch, in dem sich ein alternder Mann darauf konzentriert, die Schatten in seinem Leben aufzuspüren – ob real oder imaginär –, muss nicht unbedingt mit einer dunklen Note enden. Stattdessen habe ich beschlossen, mit einem Kapitel aus meiner vergriffenen Autobiografie zu schließen, um zu beweisen, dass ich mich nicht immer ernst nehme, dass ich einen gewissen Sinn für Humor besitze und dass Pannen oder Rückschläge, von denen es in diesem Kapitel nur so wimmelt, nicht zwangsläufig als persönliche Katastrophen bezeichnet werden müssen, sondern durchaus Stoff für amüsante Tischgespräche liefern können.

Clint Eastwood und ich

Ein schweigsamer Mann, den ich nicht kannte, saß zwischen mir und Sheldon Glashow, dem Nobelpreisträger für Physik aus Harvard, der die Existenz Charm besitzender Hadronen vorhergesagt hatte. Wir waren auf dem Podium beim *Banquet of the Golden Plate,* einer Verleihungszeremonie, die von einer unternehmerischen Organisation mit dem großspurigen Namen *American Academy of Achievements* veranstaltet wurde. Eine Schar sogenannter „Captains of Achievement" saß einem Haufen Oberschüler gegenüber, die irgendetwas Tolles geleistet hatten: Preisträger des National-Merit-Wettbewerbs, Nationalspieler, junge Superfarmer, Sieger eines Wettbewerbs in patriotischer Kunst, die Miss Junior America (gesponsert von Coca-Cola), der Champion des landesweiten Rechtschreibwettbewerbs und ein Zwölfjähriger namens David Glassner, der dem bebilderten Programmheft zufolge bei der College-Aufnahmeprüfung in Mathematik glatt die Höchstzahl von 800 Punkten erreicht hatte, der eine Zahnspange trug, einen Norwegischen Elchhund namens King besaß und natürlich Zeitungen austrug. Die Namen meiner „Kapitäns"-Kollegen waren mir größtenteils unbekannt: Ed Asner, Cicely Tyson, Darrell Griffith, Henry

Winkler waren die Namen einiger der Personen, deren Identität mir erst später enthüllt wurde. Ich war darauf erpicht, mich mit den wenigen anderen anwesenden Wissenschaftlern zu unterhalten. Aber wer war nur der Mann neben mir, der im Mittelpunkt des Interesses einer Schar verzückter Schülerinnen stand, die ihn immer wieder bestürmten, ihre Programmhefte zu signieren? Warum baten sie Glashow und mich nicht um ein Autogramm? „Leben Sie hier?", fragte ich den Mann. Einen Moment lang war er etwas verdutzt und folgte mit den Augen meiner den ganzen Festsaal umfassenden Handbewegung, bis er begriff, dass ich Los Angeles meinte. „Yeah", sagte er und starrte mich misstrauisch an. Er hatte harte Augen, eine scharfe, wohlgeformte Nase, dicke Koteletten und eine hohe Stirn, die weniger auf Intelligenz, sondern eher auf beginnenden Haarausfall hindeutete, was durch das dunkle Haar noch unterstrichen wurde, das ihm hinten über den Kragen fiel und seine Ohren teilweise bedeckte. Die Falten in seinem Gesicht sahen aus wie die Schmisse eines preußischen Offiziers. Er schien argwöhnisch zu sein, denn er beobachtete ständig meinen Mund. „Arbeiten Sie hier?", fragte ich, schon etwas verlegen. „Yeah", sagte er nickend und kniff wieder die Augen zusammen. „Und was machen Sie?", fragte Glashow, der allzeit neugierige Physiker. Nachdem der Mann mit schwungvoller Gebärde und laut kratzender Feder ein paar Programme signiert hatte, sagte er zu Glashow gewandt: „Ich arbeite in Hollywood." „Sie meinen, in der Filmindustrie?", mischte ich mich wieder ein, um ihm weiterzuhelfen. „Yeah", räumte er ein. Er brauchte lange, das nächste Programmheft zu signieren, als wüsste er nicht so recht, was er schreiben sollte. „Und was machen Sie da?", hakte Glashow nach. „Sind Sie Regisseur?", fügte ich hinzu; für einen Schauspieler sah er einfach nicht fesch genug aus. „Yeah", räumte er ein, „ich führe auch Regie." Ich war bereit aufzugeben, doch Glashow bohrte weiter: „Bei was für Filmen?" Unser Nachbar antwortete: *„Play Misty for Me"*, und drehte sich dann zu mir um: *„Breezy, Bronco Billy."* „Ah ja", sagte ich, obwohl ich von keinem dieser Filme jemals gehört hatte; nichtsdestoweniger war ich beeindruckt. „Wie war doch gleich Ihr Name?", fragte Glashow, der uns ersparen wollte, unauffällig das ganze 128 Seiten lange Programmheft durchblättern zu müssen. Darauf folgte eine wahrhaft bedeutungsschwangere Pause, bevor der Mann antwortete: „Eastwood." „Sehr erfreut", sagte Glashow und streckte ihm die Hand hin, „ich bin Shelly Glashow." Bis zum heutigen Tag ist mir nicht klar, ob der Name „Eastwood" Glashow irgendetwas sagte. 1978 bedeutete dieser schlichte amerikanische Name für mich nur, dass der Mann, der ihn trug, im Gegensatz zu mir nicht jedes Mal buchstabieren musste, wenn er telefonisch einen Tisch im Restaurant bestellte. „Und ich bin Carl Djerassi", fügte ich hinzu und fuhr leutselig fort: „Sagen Sie mal, Mr. Eastwood, warum wollen die jungen Leute alle ein Autogramm von Ihnen?" Darauf verzog sich Clint Eastwoods ernstes Gesicht zum ersten Mal zu einem Lachen. „Soll das ein Witz sein?", fragte er mich herausfordernd.

Ich sehe selten fern (vor 1985 besaß ich nicht einmal ein Gerät) und setze nur hin und wieder Kopfhörer auf, wenn im Flugzeug ein Film gezeigt wird. Ich fliege so oft lange Strecken, dass ich die Gelegenheit genieße, ungestört lesen oder schreiben zu können. Um meine Neugier zu befriedigen, genügt es voll und ganz, wenn ich hin und wieder einen Blick auf die Leinwand werfe. Folglich sehe ich auf diese Weise zwar ziemlich viele Filme, doch an ihre Titel oder an die Namen der Schauspieler erinnere ich mich nur selten.

Meine Unwissenheit war derart groß, dass ich Mr. Eastwood von meinen Erfahrungen als Filmboss erzählt hätte, wenn dazu Zeit gewesen wäre. Für diese Peinlichkeit war die riesige protzige Blechmedaille, die jeder „Captain of Achievement" an einem rot-weiß-blauen Band um den Hals hängen hatte, genau die richtige Auszeichnung, desgleichen der dazugehörige Teller mit Goldrand, in dessen Mitte in erhabenen Buchstaben mein Name prangte – das passende Vehikel, um ein gerupftes Huhn zu servieren.

Vorspiel in der Filmbranche

Im Jahre 1957 verbrachte ich vier Wochen im amerikanisch-britischen Cowdray-Krankenhaus in Mexico City, wo die operative Versteifung meines Knies vorgenommen worden war, die die zunehmenden Schmerzen zu lindern versprach, unter denen ich seit Jahren gelitten hatte. Zu der Zeit musste man bei Knieversteifungen üblicherweise mehrere Monate in einem Gipsbett verbringen. Aber Dr. Juan Farill in Mexico City – der in einer Woche mehr Knieversteifungen durchführte als die meisten amerikanischen Chirurgen in Monaten und der selbst ein versteiftes Knie hatte (und noch dazu Frieda Kahlos Chirurg war) – setzte stattdessen zwei Metallnägel in Schienbein- und Oberschenkelknochen ein und verschraubte sie von außen, wo sie aus dem Bein ragten. Nachdem ich auf diese Weise etwa einen Monat lang bewegungsunfähig gemacht worden war, brauchte ich danach nur noch einen Gehgips, bis die Knieversteifung vollständig verheilt war. (Die Operation war so erfolgreich, dass ich einige Jahre später, nach einer Zwangspause von zwei Jahrzehnten, wieder Ski zu laufen begann, wenn auch mit einer seltsamen steifbeinigen Technik und einem speziell angefertigten linken Skischuh.)

In dem Monat, den ich im Krankenhaus verbrachte, freundete ich mich mit der amerikanischen Leiterin des Pflegepersonals an. Bei ihren Besuchen erzählte sie mir von ihrem Mann, der in der aufstrebenden mexikanischen Fernsehbranche tätig war, aber eigentlich Drehbücher schreiben, Regie führen und einen Spielfilm produzieren wollte. Einige Wochen später, als ich das Krankenhaus verlassen hatte, lernte ich ihn kennen, und er erzählte mir von der mexikanischen Filmindustrie. Sie war ziemlich groß, wie er behauptete, und verfügte über die ganze Infrastruktur, die erforderlich war: Studios, Toningenieure, Kameraleute, Beleuchter, Techniker – alles. Einen Film in Mexiko zu machen, kostete nur einen Bruchteil dessen, was in Hollywood anfiel, dem üblichen Lieferanten zweitrangiger Filme für Autokinos und Provinztheater, in die man nur ging, um zu schmusen. Wenn ein Film in der Hauptsache aus Sex und Suspense bestand, dann waren auch die wenigen, die den Film tatsächlich sehen wollten, zufrieden. Bei genug S&S brauchte man nicht einmal einen teuren Farbfilm zu nehmen. Wie er sagte, kostete das billigste B-Movie in Hollywood damals mehrere hunderttausend Dollar, wohingegen ein ausgewachsener Spielfilm in Mexiko mit einem mittleren fünfstelligen Budget zu produzieren war. Und wenn man keine Gewerkschaftsmitglieder nahm und den Hauptdarstellern und dem Stab eine Gewinnbeteiligung anbot, konnte man mit 30.000 Dollar etwas zustande bringen, das den unersättlichen Appetit der Gringos befriedigte. „Und warum macht man es dann nicht?", fragte ich, ohne zu merken, dass ich bereits am Köder knabberte. „Weil die hiesige Filmindustrie nur spanische Filme für den lateinamerikanischen Markt macht: für Mexiko, Zentren Spanisch sprechender Einwanderer jenseits der Grenze wie Los Angeles und San Antonio und andere lateinamerikanische Länder." Er sah mich von der Seite an. „Der wahre Markt müsste natürlich der englischsprachige sein. Aber die einzigen Filme, die in Mexiko für dieses Publikum gemacht werden, sind solche mit vielen Außenaufnahmen und Stars wie Elizabeth Taylor. Und darum ...", sagte er langsam. „Und darum?", wiederholte ich. „Braucht man Drehbücher in Englisch mit mexikanischen Schauplätzen; wenige Atelieraufnahmen, was auch die meisten Probleme mit der Gewerkschaft eliminiert; nur zwei oder drei Hauptfiguren, die Amerikaner sind, und Nebenrollen, die so angelegt sind, dass sie von Mexikanern übernommen werden können, die Englisch mit Akzent sprechen ... schwarzweiß ... Sex und Suspense ... Geld sparen und synchronisieren ... flotte Musik ...“ Inzwischen drangen nur noch Schlagworte zu mir durch. Im Geiste sah ich schon eine Art Metro-Goldwyn-Mayer im Kleinformat vor mir, und das mit einer ersten Investition in Höhe von 30.000 Dollar. „Schön und gut", murmelte ich, „aber wie kommt man an ein solches Drehbuch?" „Ganz einfach. Ich hab eins."

Schließlich las ich sein Drehbuch und, so unbegreiflich mir das heute auch erscheint, es gefiel mir. Ich hatte noch nie ein Filmscript gelesen, aber schon die ersten Zeilen klangen ungeheuer professionell: „WILLIE hat gerade ein Taschentuch herausgeholt. Er beginnt sich den Mund abzuwischen. Er schaut nach oben, reagiert auf etwas außerhalb des Bildes. Die KAMERA fährt auf Nahaufnahme vor. Ein Grinsen macht sich auf WILLIES Gesicht breit, während er langsam, bedächtig ...“

Man brauchte nur einen Teil der Summe, um anzufangen. Binnen weniger Wochen hatte ich drei Freunde überredet, sich an dieser Goldgrube zu beteiligen. Am leichtesten zu überzeugen war mein ältester Freund Gilbert Stork, damals Professor für Chemie an der *Columbia University*, der genauso wenig vom Filmgeschäft verstand wie ich. Die beiden anderen waren meine Syntex-Kollegen George Rosenkranz und Alejandro Zaffaroni, zu denen ich während einer zweijährigen Beurlaubung von meiner Professur an der *Wayne State University* gestoßen war, um bei Syntex Vizepräsident der Forschung zu werden. Alex hatte sogar den Weitblick, eine panamaische Holding namens SOXA zu gründen. „Wer weiß", meinte er, „wenn das ein *espektakulärer* Erfolg wird, dann sollten wir die Gewinne lieber gleich in einer Steueroase unterbringen, um den nächsten Film zu finanzieren." Wir verstanden zwar nicht gerade viel vom Filmgeschäft, aber immerhin hatten wir gelernt, Cortison und das erste hormonelle Empfängnisverhütungsmittel zu synthetisieren; einen Film zu produzieren, war da doch wohl ein Kinderspiel.

Wenn man ein Filmscript liest, ist es, als würde man die Rohentwürfe eines Architekten betrachten und sich das fertige Haus vorstellen. Oder, was noch schwerer ist, sich vorzustellen versuchen, wie es sich darin leben wird. Das Drehbuch hatte den – im Rückblick ominösen – Titel *The Big Drop* (etwa: *Der große Reinfall*). Die Story war ganz einfach, zu der Zeit sogar überzeugend einfach: Willie, ein amerikanischer Gangster, veruntreut mit Hilfe eines korrupten amerikanischen Polizisten eine Menge Geld, das der Mafia gehört. Aus irgendwelchen Gründen, die im Drehbuch nicht weiter erhellt werden (und dem Publikum später auch nicht), soll dieses Geld in Mexico City übergeben werden, wo Willie und sein Leibwächter, der Polizist, es abholen wollen. Die Sache geht schief, als die Hauptfiguren mit der Bahn in Mexiko eintreffen, dicht gefolgt von Killern, die die Mafia geschickt hat. Trotz des ehrlichen und dummen jüngeren Bruders des Gangsters, einer reizenden mexikanischen Hure und der neuen mexikanischen Freundin des Polizisten verhindert eine Folge von Komplikationen die Abholung des Geldes bis zum großen Showdown, der hoch droben auf der Spitze des zehnstöckigen *Monumento a la Revolución* in Mexico City stattfindet. Der Gangster stürzt auf der Spitze des Monuments über die Brüstung und landet zerschmettert drunten auf dem Pflaster. Leider erging es den Filmproduzenten fast ähnlich.

Item: Das Script sah zwei amerikanische Hauptdarsteller vor, den Gangster und den Cop, sowie einige amerikanische Nebenfiguren – die Killer des Syndikats, den jüngeren Bruder. Alle anderen Schauspieler konnten Mexikaner mit minimalen Englischkenntnissen sein. Wie sich herausstellte, sprachen die mexikanischen Schauspieler besser Englisch als die beiden „amerikanischen" Hauptdarsteller, die unser Regisseur nach langer Suche aufgespürt hatte. Beide waren Franzosen. Marc, der Cop, sprach zwar passabel Englisch, aber mit starkem Akzent; zumindest bewegte er die Lippen richtig, sodass man ihn synchronisieren konnte. Willie, der angeblich aus Jersey City stammende Gangster, wurde dagegen von einem kleinen zottelhaarigen Franzosen gespielt, der kein Wort Englisch sprach. Seine klassisch gallische Mimik und Gestik hätten zu einem Mafioso aus Marseilles gepasst, aber nicht zu einem aus Jersey City. „Keine Sorge", versicherte uns der Regisseur, „wir synchronisieren alles, um Geld zu sparen. Wir schreiben einen speziellen französischen Text für Julien, damit sich seine Lippen passend zum englischen Text bewegen." Das Resultat war zum Brüllen: Aus Drohungen wie „Ich schlag dir den Schädel ein" wurde „Je t'aime beaucoup" oder ein ähnlich zärtliches Gesäusel.

Item: Am zweiten Tag der auf 40 Tage angesetzten Dreharbeiten, als das Team zu Außenaufnahmen in Morelia war, wurde die Kamera gestohlen. Einfallsreiche Leute können bei unerwarteten Katastrophen improvisieren, aber diese Kamera war der kostbare Besitz des einzigen nicht gewerkschaftlich organisierten Kameramanns in ganz Mexiko, der bereit war, für einen Prozentsatz der in Aussicht gestellten Gewinne zu arbeiten. Der Kauf einer Ersatzkamera hätte unser gesamtes Produktionsbudget gesprengt. Nachdem uns der Polizeichef von Morelia einige Tage hatte schmoren lassen, ließ er uns wissen, dass er den Gegenstand unserer Begierde für eine unbescheidene, aber keineswegs exorbitante Summe wieder beschaffen könne. Natürlich konnte er das, denn die Kamera war von der örtlichen Polizei gestohlen worden.

Item: Die Dreharbeiten dauerten nicht 40 Tage, sondern zogen sich mehr als acht Monate hin. Einige der Schauspieler, beispielsweise die Frau, die die Freundin des Polizisten spielte, mussten

sich während dieses häufig unterbrochenen Marathons andere
Arbeit suchen. In einer Szene gab die blonde Frau ihrem Freund
einen Abschiedskuss. Eine Szene, die zehn Minuten später spielt,
wurde vier Monate danach gedreht, und in dieser Zeit hatte sich
die Frau die Haare schwarz gefärbt, um den Anforderungen eines
lukrativeren Engagements zu entsprechen, das sich ihr inzwischen
geboten hatte. Also musste sie in der zweiten Szene ein Kopftuch
tragen, das so eng anlag, dass keine einzige schwarze Strähne zu
sehen war. Selbst der Ayatollah wäre zufrieden gewesen.

Item: Die letzte und blutrünstigste Szene, in der der Körper des
Gangsters vom Himmel herunter auf die harte Erde knallt, musste
wiederholt werden. Als wir die Muster anschauten, trauten wir
unseren Augen nicht: Da saß doch in einer Ecke des Bildes, zuge-
benermaßen zehn bis fünfzehn Meter von dem zerschmetterten
Körper entfernt, ein Arbeiter und mampfte seelenruhig eine Tor-
tilla. „Hör mal", flüsterte ich dem Regisseur zu, „vielleicht hat er den
Körper ja nicht fallen gesehen, aber *gehört* hätte er ihn bestimmt."

Item: Wären die Dreharbeiten nach 40 oder auch nach 80 Tagen
abgeschlossen gewesen, dann hätte es auch kein Problem mit der
Gewerkschaft gegeben. Wir benutzten kein Filmatelier, das Team
war klein und der Ansporn, die ganze Unternehmung geheim zu
halten, groß. Aber irgendwann im Laufe der achtmonatigen Dreharbeiten hatte die Gewerkschaft von *The Big Drop* Wind bekommen und ein Exportembargo veranlasst, jedoch keine Konfiszie-
rung – in der zutreffenden Annahme, dass es für unser Meisterwerk
keinen Markt in Mexiko geben würde. Folglich mussten wir zu
ungesetzlichen Mitteln greifen: Jedes Mal, wenn einer von uns
in die Staaten flog, verstauten wir neben Hemden und Unterwä-
sche auch zwei bis drei Filmbüchsen im Gepäck. Nachdem wir
den Film mehrere Monate lang tröpfchenweise über die Grenze
geschmuggelt hatten, lagen immer noch 16 Büchsen in Mexico City.
Gilbert Stork wurde bei einem seiner wissenschaftlichen Berater-
trips in New York erwartet, und da er mit einem mexikanischen
Touristenvisum reiste, bestand kaum Gefahr, dass sein Gepäck bei
der Ausreise auf dem Flughafen von Mexico City durchsucht werden würde. Wir füllten einen ganzen Koffer mit den restlichen
Büchsen, die wir alle sorgfältig mit der Aufschrift „Professor Gil-

bert Stork, Fachbereich Chemie, Columbia University" versehen hatten.

„Ist das ein Lehrfilm?", fragte der Beamte am *Idlewild Airport* in New York respektvoll, als er den Aufkleber las.

„Nicht direkt", erwiderte Gilbert.

„Handelt es sich um pornografisches Material?"

„Schön wär's!", sagte Gilbert und grinste.

„Werden Sie daran Geld verdienen?", hakte der Beamte nach. Gilberts aufrichtiges „Das bezweifle ich" trug den Sieg davon.

„Der Nächste!", bellte der Beamte und winkte *The Big Drop* durch.

Item: In New York wurde eine Arbeitskopie hergestellt, und der Regisseur tat einige Verleiher auf, die bereit waren, sich unser episches Werk anzusehen. „Was glauben Sie eigentlich, was das ist, *Vom Winde verweht?*", war noch der nachsichtigste Kommentar. Uns wurde sehr bald klar, dass der Film drastisch geschnitten werden musste, wenn er für den Markt für B-Movies – oder überhaupt irgendeinen Markt – tauglich sein sollte, und dass die Kosten dafür in den Staaten untragbar wären. Also mussten wir die etwas über 30 Filmbüchsen allesamt wieder nach Mexiko schmuggeln. Für den Fall, dass es bei Vergehen dieser Art keine Verjährung gibt, will ich auf die Einzelheiten lieber nicht näher eingehen.

Item: Nachdem die Filmbüchsen wieder in Mexico City eingetroffen waren, zusammen mit der Forderung nach einer zusätzlichen Kapitalspritze, die wegen der Schneidekosten nötig geworden war, stellte Alex Zaffaroni seine Geschäftstüchtigkeit unter Beweis, indem er verkündete, dass seine Beteiligung an *The Big Drop* und alle entsprechenden panamaischen SOXA-Aktien zum Verkauf ständen. Er wolle kein vernünftiges Angebot ausschlagen. Mit dem gleichen Charme, dessen ich mich bediene, wenn ich neuen Doktoranden potentielle Dissertationsprobleme schildere, wies ich einen weiteren Freund auf diese fantastische Gelegenheit hin. Elkan Blout, der frühere Vizepräsident der Forschungsabteilung von Polaroid, hatte gerade eine Professur für Biochemie in Harvard übernommen. Ich vermutete, dass seine Erfahrung bei Polaroid ihn für ein Unternehmen, das etwas mit Film zu tun hatte, empfänglich machen würde. Elkan nahm das Angebot an, beschloss jedoch, das Risiko zu streuen. Ob wir etwas dagegen hätten, wenn er nur die Hälfte von Zaffaronis Anteilen übernehme und seinen Schwager Jack Dreyfus als weiteren Partner einbringe? Mir war's recht. Dreyfus hatte zwar keinen Doktortitel, doch er hatte den bekannten Dreyfus-Fonds gegründet und war für unsere Gruppe von Geldgebern zweifellos ein Aushängeschild. Also wurde *The Big Drop* auf eine Länge von 75 Minuten gekürzt und eigens komponierte Musik in die Tonspur aufgenommen. Letzteres verzögerte die Fertigstellung um über ein Jahr, aber selbst heute halte ich die Musik noch für das Beste an dem Film. Den Namen des Komponisten habe ich längst vergessen; ich weiß nur noch, dass er freiberuflich tätig war, nachdem er angeblich die Musik für den Frank-Sinatra-Film *Der Mann mit dem goldenen Arm* komponiert hatte.

Erfüllung

Als *The Big Drop* seine endgültige Gestalt angenommen hatte, waren über vier Jahre vergangen, und ich war wieder in den Staaten und lehrte Chemie an der *Stanford University*. Unsere neuen Partner von der Ostküste, Blout und Dreyfus, hatten gute Beziehungen. *The Big Drop* wurde nach New York geschafft und umgehend Warner Brothers, Columbia und weniger bedeutenden Vertretern der Branche vorgeführt. Mein innerer Abwehrmechanismus sorgt dafür, dass ich mich nur an zwei der freundlicheren Äußerungen erinnere: „Viel zu künstlerisch für ein B-Movie", und: „Viel zu B-haft für einen künstlerischen Film." (Ich vermute, die Studios wollten Jack Dreyfus nicht vor den Kopf stoßen.) Also schraubten wir unsere Ansprüche zurück und stießen schließlich auf einen kleinen Filmverleiher in Georgia, der Autokinos auf dem Lande belieferte. Mit der Arroganz der Nordstaatler gingen wir davon aus, dass unser gewagter Film bei den Hinterwäldlern südlich der *Mason-Dixon-Line* ein Renner werden würde und dass das Geld nur so hereinströmen werde.

Wir warteten ein paar Jahre. Wir bekamen nichts, wir hörten nichts, wir konnten nicht einmal klären, wo unsere Kopie abgeblieben war. Der Verleiher aus Georgia hatte sich samt dem Film in

Luft aufgelöst. Etwa zu der Zeit verbrachte ein Fakultätsmitglied der *Emory University* in Atlanta sein Sabbatjahr in meinem Labor in Stanford. Ihn fragte ich, ob er einen Anwalt (einen *billigen*, wie ich betonte) kenne, der uns helfen würde, den Film-Veruntreuer aufzuspüren, der sich mit unserem *Big Drop* abgesetzt hatte. Er kannte einen Scheidungsanwalt, der bereit war, unseren Fall zu übernehmen, und dem es schließlich auch gelang, den Missetäter aufzuspüren, der passenderweise E. M. Creamer – „Absahner" – hieß. Die Botschaft unseres Anwalts („Das hier ist eine ländliche Gegend, und obwohl Mr. Creamer nicht aus Georgia gebürtig ist, könnte es für uns schwierig werden, falls es zu einer Hauptverhandlung kommen sollte.") schloss mit der Empfehlung, als Gegenleistung für die Rückgabe des Films und die Erstattung der Gerichtskosten von einer Klage abzusehen. Creamer hatte Glück: Das Bezirksgericht von Carroll County forderte die fürstliche Summe von 14,50 Dollar (Anno Domini 1965). Also ließen wir den Prozess sausen und schnappten uns *The Big Drop*. Inzwischen war auch unser Anwalt in Atlanta vom Filmfieber gepackt worden: Gegen eine bescheidene Beteiligung an den zukünftigen Gewinnen bot er an, einen ehrlichen Verleiher in den Südstaaten aufzutreiben. Wir gaben ihm diese Option, doch das Einzige, was dabei herauskam, war, dass die Neugier des Anwalts befriedigt wurde. Er und sein potentieller Verleiher kamen zu dem Schluss, dass *The Big Drop* nichts für Georgia war. „Viel zu intellektuell", erklärte er.

Neun Jahre waren vergangen, seit ich mein Krankenlager in Mexico City verlassen hatte, bis ich schließlich in Palo Alto, Kalifornien, den schweren Metallkoffer in Händen hatte, der alle Filmbüchsen der einzigen Kopie von *The Big Drop* enthielt. Zu diesem Zeitpunkt wollte ich nur noch endlich das fertige Opus sehen. Ich kannte zahllose Muster ohne Ton, Sequenzen mit getrennter und nicht übereinstimmender Tonspur, aber noch nicht die komplette Version oder gar ihre feingeschnittene Kopie. Ich bekam eine Gänsehaut, ich fühlte mich wie ein Prospektor, der sicher ist, dass der glitzernde Steinbrocken in seinen Händen Gold enthält.

Ich fand heraus, dass man einen 35-Millimeter-Projektor nicht einfach ausleihen konnte; man musste ein ganzes Kino mieten. Meine Sekretärin stieß auf eine unwiderstehliche Gelegenheit:

Als Fakultätsmitglied konnte ich in den Weihnachtsferien kostenlos das *Memorial Auditorium* der *Stanford University* benutzen, vorausgesetzt, ich bezahlte dem Studenten, der den Projektor bediente, sechs Dollar die Stunde. Für die lächerliche Summe von 12 Dollar sollten meine Frau und meine beiden Kinder, die sich, während *The Big Drop* ausgetragen wurde, von Kleinkindern zu Teenagern entwickelt hatten, diesen Film in der einsamen Pracht eines 800 Personen fassenden Auditoriums zu sehen bekommen. Um die Pracht etwas weniger einsam zu machen, lud ich Gäste ein. Noch vor Ende der Woche waren über 500 Einladungen per Hauspost verschickt oder an Schwarzen Brettern angeschlagen worden: „Carl Djerassi lädt ein zur Welturaufführung des Films THE BIG DROP um 20 Uhr im Memorial Auditorium."

Meine kühnsten Hoffnungen erfüllten sich. Über 400 Leute erschienen: Dekane, Professoren, Studenten, Freunde, Freunde von Freunden, vereinzelte Passanten. Als ich vor der riesigen Leinwand stand und dem aufmerksam lauschenden Publikum erklärte, dass es im Begriff war, einen Film zu sehen, der Odysseus gleich durch die Welt geirrt war, ehe er Palo Alto erreichte; als ich, der routinierte Professor, der für gewöhnlich auf glasige Augen und unterdrücktes Gähnen eingestellt ist, die gespannte Erwartung der Zuschauer spürte, bekam ich einen flüchtigen Eindruck davon, was eine Oscar-Verleihung in Hollywood ausmacht. Dies war der Höhepunkt aller meiner Filmträume. Ich beendete meine Ansprache und ließ mich neben meinem Sohn nieder, direkt vor dem Dekan der medizinischen Fakultät und seiner Frau, einer Ärztin. Auf mein Handzeichen hin ertönten die Trompetenklänge einer Mariachi-Band, und auf der Leinwand erschien die erste Szene von *The Big Drop*.

Je länger der Film dauerte, desto tiefer rutschte ich in meinen Sitz, bis ich praktisch hinter der Rückenlehne verschwunden war. Es lag nicht an der verzweifelten Frage, mit der sich der Dekan an seine Frau wandte: „Was zum Teufel geht hier eigentlich vor?" – diese Frage hatte ich mir schon lange davor selbst zu stellen begonnen. Das sich vor unseren Augen offenbarende Desaster war in keinster Weise darauf zurückzuführen, dass der Film unsachgemäß geschnitten war oder auf die altmodische Form der Autos oder

der Kleidung der Schauspieler. Tatsächlich hatte der zehn Jahre währende Hiatus zwischen Empfängnis und Taufe dem Film das Wenige an Reiz verliehen, das er besaß. Davon abgesehen konnte man nur zu dem Schluss kommen, dass das ursprüngliche Produkt miserabel gewesen sein muss, dass die vier Doktoren und der Bankier vor lauter Habgier mit Blindheit geschlagen waren. Wie konnte man von Spannung sprechen, wenn die Zuschauer nicht den blassesten Schimmer hatten, was da vor ihren Augen geschah?

Und wie konnte man von Suspense sprechen, wenn die erotischste Szene darin bestand, dass die mexikanische Hure geziert vor einem Himmelbett stand, in einem züchtigen Nachthemd, das ihr bis unter die Knie reichte und nur die Spur eines Ansatzes zwischen ihren üppigen, aber sittsam verhüllten Brüsten erkennen ließ? Sie stand nur da, leckte sich die Lippen und ließ ihre Hände langsam einen der Bettpfosten auf und ab gleiten. („Alles klar?", hatte der Regisseur obszön gegrinst, als wir uns die Muster anschauten.) In dem Jahrzehnt, das seither vergangen war, hatte die sexuelle Revolution Platz gegriffen – zum Teil aufgrund des oralen Kontrazeptivums, das einige der Geldgeber des Films selbst entwickelt hatten; und was in den 1950er Jahren sexy gewesen sein mochte, rief in den 1960ern nur Gähnen hervor.

Als ich das Auditorium verließ, gab ich vor, niemanden zu sehen. Ich konzentrierte mich auf meinen grinsenden Sohn, der seinen Vater noch nicht oft so kläglich hatte scheitern sehen. „Aber die Musik war doch gut, stimmt's?", fragte ich immer wieder. Zumindest wurde meinen Kollegen und Freunden das seltene Erlebnis zuteil, an ein und demselben Abend sowohl die erste als auch die letzte Aufführung eines Films zu sehen.

Ausgang

Ich hätte Clint Eastwood mit meiner Geschichte unterhalten können, aber vielleicht war ein Bankett der *Academy of Achievement* nicht der richtige Ort. Auf jeden Fall war meine Verbindung mit der Filmindustrie damit nicht beendet. Wenn aus *The Big Drop* eine Lehre zu ziehen war, so hat mein Sohn sie gründlich ignoriert.

Dale ist nämlich Filmemacher geworden und hat zusammen mit seiner früheren Frau einen Spielfilm, '68, produziert, der Anfang 1988 herauskam. Der Film schildert die Ereignisse des Jahres 1968 aus der Sicht einer ungarischen Einwandererfamilie in den USA und wurde 1987 an Schauplätzen in San Francisco gedreht. Einmal brauchte Dale Komparsen für eine Szene in einem Restaurant, wo eine ungarische Geburtstagsfeier stattfand. Also ging ich mit Alex Zaffaroni hin (er war nach Palo Alto gezogen, wo er ein eigenes pharmazeutisches Unternehmen, ALZA, gründete). Beide haben wir silbergraues Haar, sehen leidlich distinguiert aus und besitzen noch Anzüge aus den späten 1960ern. Drei Stunden saßen wir in einem Film-Restaurant und spielten Film-Schach, während wir in Erinnerungen an unsere Abenteuer in Mexiko schwelgten. Ich wusste zwar, dass es keine Superrolle war, doch die Bedeutung meines kurzen Auftritts wurde mir erst klar, als eine der Assistentinnen die Dreharbeiten unterbrach und mich bat, meine Digitaluhr abzunehmen: „Gab's 1968 noch nicht!"

Dales Film wurde bei einer Wohltätigkeitsveranstaltung im *Palace of Fine Arts* in San Francisco vor über 1.000 Gästen uraufgeführt. Die erste Szene von '68 erschien auf der Leinwand: Wochenschauausschnitte von russischen Panzern, die 1956 durch Budapest rollten, gefolgt von einem Blick eine hügelige Straße in San Francisco hinunter, und der Film lief. Ich achtete kaum auf die Verrenkungen und den erstaunlichen Balanceakt des nackten Paares, das auf der Sitzbank eines Motorrads kopulierte. Ich trommelte mit den Fingern nervös den Takt der zeittypischen Musik, während die Hippies bei einem Rockkonzert im Golden-Gate-Park ausflippten; ich wusste, dass wir Aufnahmen von der Ermordung Martin Luther Kings und Robert Kennedys sehen würden. Aber wo blieb die Restaurant-Szene? Endlich kam sie mit lauter ausgelassenen Ungarn, deren Singsang mir in den Ohren dröhnte, ins Bild. An einem Tisch erspähte ich die kleine Tochter des Regisseurs. „Schamloser Nepotismus", dachte ich. Als die Geburtstagsfeier zu Ende ging und der letzte Gast das Restaurant verließ, dämmerte mir, dass kein Mensch jemals die elegante Bewegung meines Seiko-losen Handgelenks zu sehen bekommen würde, mit der ich meinen Bauern aufnahm, um Alex' Königin zu schlagen. Wo waren diese wunderbaren Charakterstudien, die weder auf Madjarisch noch auf Englisch einer Erklärung bedurften, um starken Eindruck beim Publikum zu hinterlassen? Auf dem Boden des Schneideraums, wie ich schließlich erfuhr, dort waren die Aufnahmen gelandet.

Biografischer Abriss

Carl Djerassi, geboren in Wien, Studium in den USA, ist Schriftsteller und emeritierter Professor der Chemie. Er ist der Autor von über 1.200 wissenschaftlichen Publikationen und sieben Monografien und war bis 2012 der einzige amerikanische Chemiker, dem sowohl die *National Medal of Science* (1973 für die erste Synthese eines oralen Verhütungsmittels – der „Pille") als auch die *National Medal of Technology* (1991 für die Entwicklung neuer Methoden auf dem Gebiet der Insektenbekämpfung) verliehen wurde. Djerassi ist Mitglied der amerikanischen *National Academy of Sciences* und der *American Academy of Arts and Sciences* sowie der *Royal Society* (London), der *Leopoldina* (Deutschland) und vieler anderer ausländischer Akademien und hat 32 Ehrendoktorate sowie zahlreiche weitere Auszeichnungen erhalten, darunter den ersten Wolf-Preis für Chemie, den ersten *Award for the Industrial Application of Science* der *National Academy of Sciences,* die höchste Auszeichnung der *American Chemical Society,* die Priestley-Medaille, und in jüngster Zeit die Erasmus-Medaille der *Academia Europaea* (2003), das *Große Verdienstkreuz der Bundesrepublik Deutschland* (2003), die Goldmedaille des *American Institute of Chemists* (2004), den Serono-Preis für Literatur (Rom, 2005), das *Große silberne Ehrenzeichen für Verdienste um die Republik Österreich* sowie den Ehrenring der Österreichischen Akademie der Wissenschaften in Gold (2008) und die Edinburgh-Medaille (2011). 2005 gab die Österreichische Post ihm zu Ehren eine Briefmarke heraus. In den letzten 25 Jahren hat er Kurzgeschichten, Gedichte und fünf Romane veröffentlicht, die als „Science-in-Fiction" die menschliche Seite der Naturwissenschaft und die persönlichen Konflikte illustrieren, mit denen sich Naturwissenschaftler konfrontiert sehen; außerdem eine Autobiografie, Memoiren, eine Biografie in Dialogform und neun Theaterstücke. Sein jüngstes Buch ist *Chemie im Theater. Killerblumen* (2012).

Djerassi ist der Gründer des *Djerassi Resident Artists Program* in der Nähe von Woodside, Kalifornien, einer Stiftung, die Arbeitsstipendien in Form von Aufenthalten und Atelierräumen für Künstler aus den Bereichen bildende Kunst, Literatur, Choreografie und darstellende Kunst sowie Musik vergibt. Seit ihrer Gründung 1982 hat die Stiftung mehr als 2.000 Künstler bedacht. Djerassi lebt in San Francisco, Wien und London.

http://www.djerassi.com

Prosa
Wie ich Coca-Cola schlug und andere Geschichten
Cantors Dilemma (im Sammelband *Stammesgeheimnisse*)
Das Bourbaki Gambit (im Sammelband *Stammesgeheimnisse*)
EGO
Marx, verschieden
Menachems Same (im Sammelband *Aufgedeckte Geheimnisse*)
NO (im Sammelband *Aufgedeckte Geheimnisse*)

Lyrik
Tagebuch des Grolls. A Diary of Pique 1983–1984

Dramen
Unbefleckt
Oxygen (mit Roald Hoffmann)
Kalkül / Unbefleckt
ICSI: Sex im Zeitalter der technischen Reproduzierbarkeit
NO: Wissenschaftliches Theater im Klassenraum
    (mit Pierre Laszlo)
EGO
Phallstricke. Tabus
Vorspiel
Chemie im Theater. Killerblumen

Sachbücher
Die Mutter der Pille. Autobiographie
Von der Pille zum PC
This Man's Pill: Sex, die Kunst und Unsterblichkeit
Vier Juden auf dem Parnass. Ein Gespräch. Benjamin,
    Adorno, Scholem, Schönberg

By the Same Author (in englischer Sprache)

Fiction
How I Beat Coca-Cola and Other Tales of One-Upmanship
Cantor's Dilemma
The Bourbaki Gambit
Marx, Deceased
Menachem's Seed
NO

Poetry
A Diary of Pique 1983–1984
The Clock Runs Backwards

Plays
An Immaculate Misconception
Oxygen (with Roald Hoffmann)
Calculus
Sex in an Age of Technological Reproduction: ICSI and Taboos
NO – a pedagogic wordplay for 3 voices (with Pierre Laszlo)
EGO (Three on a Couch)
Phallacy
Foreplay
Chemistry in Theatre: Insufficiency, Phallacy or Both?

Nonfiction
The Pill, Pygmy Chimps, and Degas' Horse
From the Pill to the Pen
This Man's Pill: Reflections on the 50th Birthday of the Pill
Four Jews on Parnassus – a Conversation: (Benjamin, Adorno, Scholem,
    Schönberg)
The Politics of Contraception
Steroids Made it Possible
From the Lab into the World: A Pill for People, Pets, and Bugs

Scientific Monographs
Optical Rotatory Dispersion: Applications to Organic Chemistry
Steroid Reactions: An Outline for Organic Chemists (editor)
Interpretation of Mass Spectra of Organic Compounds (with H. Budzikiewicz &
    D. H. Williams)
Structure Elucidation of Natural Products by Mass Spectrometry
    (with H. Budzikiewicz & D. H. Williams)
Mass Spectrometry of Organic Compounds (with H. Budzikiewicz &
    D. H. Williams)

Carl Djerassi im Haymon Verlag

This Man's Pill. Sex, die Kunst und Unsterblichkeit (2001)

Stammesgeheimnisse. Zwei Romane aus der Welt der
Wissenschaft (2002)
   Cantors Dilemma
   Das Bourbaki Gambit

Kalkül / Unbefleckt. Zwei Theaterstücke aus der Welt der
Wissenschaft (2003)

EGO. Roman und Theaterstück (2004)

Aufgedeckte Geheimnisse. Zwei Romane aus der Welt der
Wissenschaft (2005)
   Menachems Same
   NO

Phallstricke. Tabus. Zwei Theaterstücke aus den Welten der
Naturwissenschaft und der Kunst (2006)

Vier Juden auf dem Parnass. Ein Gespräch.
Benjamin, Adorno, Scholem, Schönberg.
Mit Fotokunst von Gabriele Seethaler (2008)

Vorspiel. Ein Theaterstück (2011)

Tagebuch des Grolls. A Diary of Pique 1983–1984 (2012)

Chemie im Theater. Killerblumen (2012)

Carl Djerassi
Tagebuch des Grolls. A Diary of Pique 1983–1984
Aus dem Amerikanischen von Sabine Hübner
192 Seiten, gebunden mit Schutzumschlag
€ 19.90
ISBN 978-3-85218-719-8

Am 8. Mai 1983 wird Carl Djerassi von der großen Liebe seines Lebens, Diane Middlebrook, verlassen. Der Naturwissenschaftler und „Vater der Pille" macht sich an ein für ihn neuartiges Experiment: Gekränkt und unglücklich nimmt er Rache in Form einer „poetischen Vulkaneruption". Er beginnt, Gedichte zu schreiben, die in jeder Hinsicht offen sind – zum einen, weil sie einen höchst persönlichen und intimen Einblick in die Gefühlswelt Djerassis erlauben, zum anderen, weil sie formal frei gestaltet sind.

Dieser Gedichtband ist das lyrische Tagebuch eines Mannes, der voll Zorn und Selbstmitleid, aber auch mit schonungsloser Ehrlichkeit das Ende seiner Beziehung betrauert, bis Diane 1984 zu ihm zurückkehrt und ihn wenig später heiratet. Erst mehrere Jahre nach ihrem Tod 2007 hat sich Djerassi abermals mit diesen Gedichten beschäftigt und sie überarbeitet. Das Zusammenspiel seiner beiden Lebenssprachen eröffnet neue Blickwinkel auf den Wissenschaftler, den Kunstkenner und vor allem auf den Menschen Carl Djerassi.

„berührend ... in diesen sehr persönlichen Gedichten entdeckt man mehr als bloß Verletzlichkeit."
Kurier, Peter Pisa

www.haymonverlag.at